四川省“十二五”普通高等教育本科规划教材

无机及分析化学学习指导

（第三版）

钟国清　主编

科学出版社

北　京

内 容 简 介

本书是《无机及分析化学(第三版)》(钟国清主编,科学出版社,2021年)配套的教学辅助用书,章节顺序与该教材一致。内容包括各章的学习要求、内容要点、例题解析、习题解答、自测习题及答案。通过对精选的例题解析和教材配套的习题解答,分析解题方法、技巧和过程,引导学生审题和解题,巩固和掌握有关的基本原理和基本知识。此外,本书还有若干套模拟试题和硕士研究生入学试题。

本书可供工、农、林、水产、医、师范等高等学校材料类、环境类、生物类专业本科生学习无机及分析化学课程时参考使用,也可作为相关专业考研的参考资料,还可供其他院校的学生和教师参考。

图书在版编目(CIP)数据

无机及分析化学学习指导/钟国清主编.—3 版 .—北京:科学出版社,2021.4

四川省“十二五”普通高等教育本科规划教材

ISBN 978-7-03-067095-3

Ⅰ.①无… Ⅱ.①钟… Ⅲ.①无机化学-高等学校-教学参考资料②分析化学-高等学校-教学参考资料 Ⅳ.①O61②O65

中国版本图书馆 CIP 数据核字(2020)第 242572 号

责任编辑:侯晓敏 郑祥志/责任校对:何艳萍

责任印制:赵 博/封面设计:迷底书装

科学出版社出版

北京东黄城根北街 16 号

邮政编码:100717

http://www.sciencep.com

北京华宇信诺印刷有限公司印刷

科学出版社发行 各地新华书店经销

*

2007 年 7 月第 一 版 开本:787×1092 1/16

2014 年 6 月第 二 版 印张:19 1/4

2021 年 4 月第 三 版 字数:493 000

2025 年 1 月第十九次印刷

定价:69.00 元

(如有印装质量问题,我社负责调换)

《无机及分析化学学习指导(第三版)》编写委员会

主　编　钟国清

副主编　蒋琪英　朱远平　孔　林　徐　科

编　委(按姓名汉语拼音排序)

陈　阳　蒋琪英　孔　林　梁　华

沈　娟　王崇臣　徐　科　杨定明

张　欢　张廷红　钟国清　朱远平

第三版前言

本书对启迪学生的科学思维、答疑解惑和提高学生自主学习与创新能力有良好的辅助作用。全书共14章，内容包括：绪论，气体、溶液和胶体，化学热力学初步，化学反应速率与化学平衡，物质结构基础，酸碱平衡与酸碱滴定法，沉淀溶解平衡与沉淀滴定法，氧化还原平衡与氧化还原滴定法，配位平衡与配位滴定法，吸光光度分析法，电势分析法，非金属元素化学，金属元素化学，定量分析中的分离方法等章节的学习要求、内容要点、例题解析、习题解答、自测习题及答案，以及模拟试题、硕士研究生入学试题及其参考答案。

本书可以单独使用或者配合《无机及分析化学(第三版)》(钟国清主编，科学出版社，2021年)教材使用，也可以作为硕士研究生入学考试的复习参考书。

为了帮助学生学好无机及分析化学课程，编者在学银在线平台建立了无机及分析化学精品在线开放课程，进入网站 http://xueyin.chaoxing.com，在搜索框内输入本书主编姓名或者无机及分析化学，即可搜索到本课程。学生也可以在移动客户端安装"学习通"APP，方便加入课程，免费注册与使用，随时随地参与在线讨论，完成在线作业、章节测验、在线考试等，提高自主学习能力，为终身学习打下良好基础。

参与本书修订的有：西南科技大学钟国清、蒋琪英、张欢、沈娟、杨定明、陈阳、梁华、张廷红，安徽大学孔林，北京建筑大学王崇臣，嘉应学院朱远平，贵州师范学院徐科。全书由钟国清任主编，蒋琪英、朱远平、孔林、徐科任副主编，主编、副主编对有关内容进行统稿，最后由钟国清定稿。

由于编者水平所限，书中不妥和疏漏之处在所难免，恳请广大读者和同仁批评指正，以期不断得到改进和完善，编者不胜感谢！

编　者
(zgq316@163.com)
2020年10月

第二版前言

本书和配套的《无机及分析化学(第二版)》、《无极及分析化学实验》为四川省“十二五”普通高等教育本科规划教材。

本书第一版自2007年出版以来,受到广大读者的喜爱和欢迎,启迪了学生的科学思维,起到了答疑解惑和提高学生独立学习与创新能力的作用。为适应新形势下无机及分析化学课程建设与教学改革的需要,编者联合有关高校对第一版进行了修订。

本书共14章,包括:绪论(误差与数据处理),气体、溶液和胶体,化学热力学初步,化学反应速率与化学平衡,物质结构基础,酸碱平衡与酸碱滴定法,沉淀溶解平衡与沉淀滴定法,氧化还原平衡与氧化还原滴定法,配位平衡与配位滴定法,吸光光度分析法,电势分析法,非金属元素化学,金属元素化学,定量分析中的分离方法等内容的学习要求、内容要点、例题解析、习题解答、自测习题及答案。本书与《无机及分析化学》教材的量和单位的体系、名称和符号以及所用物理常数均保持一致。模拟试题可使学生对本课程基本教学内容的掌握情况进行测试,是期末复习迎考的好参考。通过硕士研究生入学试题学生可以了解目前有关学校的试题类型及考试内容,以便有针对性地进行学习与复习。

参加本次修订的单位有:西南科技大学、西南石油大学、北京建筑大学、华北水利水电大学、西昌学院、嘉应学院。参加修订的人员有:陈阳(第1章),王海荣(第2、4章),方景毅(第3、5章),郑飞(第6章),张万明、焦钰(第7章),钟国清、沈娟(第8、9章),朱远平(第10章),张廷红(第11章),王崇臣(第12、14章),张欢(第13章),杨定明(模拟试题),蒋琪英(硕士研究生入学试题)。全书由主编、副主编统稿、修改,最后由钟国清通读、定稿。

由于编者的水平有限,加之时间仓促,书中难免存在疏漏之处,敬请读者批评指正。

编　者

2014年4月

第一版前言

无机及分析化学课程在材料、生物及环境学科有关专业的教学中占有举足轻重的地位，它为相应专业的后续课程的学习建立坚实的基础。长期以来我们在教学实践中体会到，无机及分析化学课程的内容多、课时相对较少、教学进度快，教师在课堂上难于列举一定数量的例题，教材因篇幅限制，例题数量有限。同时本课程一般在大学一年级的第一学期开设，学生预习、复习较吃力，学习这门课程时感到基本概念多、重点难于掌握、计算题解题困难等；特别是在许多专业的硕士研究生入学考试科目中安排有本课程，而这类参加考研的学生对本课程的学习已经是三年多前的事情了，其复习难度必然会加大。为适应上述两类学生对无机及分析化学课程学习的需要，启迪科学思维，培养学生的独立学习和创新能力，我们编写了《无机及分析化学学习指导》。

《无机及分析化学学习指导》主要解决学生在学习无机及分析化学时抓不住重点的问题，通过对教材后的习题解答，引导学生审题和解题，以掌握和巩固无机及分析化学的基本原理和基本知识；通过自测习题可检验学生的学习效果，提高学生的解题能力；模拟试题力求题目典型，覆盖面广，是学生期末考试和考研生复习的好参考。

本书共 14 章，主要内容包括：误差与数据处理，气体、溶液和胶体，化学热力学初步，化学反应速率和化学平衡，物质结构基础，酸碱平衡与酸碱滴定法，沉淀溶解平衡及在定量分析中的应用，氧化还原平衡与氧化还原滴定法，配位平衡与配位滴定法，吸光光度分析法，电势分析法，定量分析中的分离方法，非金属元素化学，金属元素化学等内容的学习要求，内容要点，例题解析，习题解答，自测习题及答案。本书与《无机及分析化学》（钟国清、朱云云主编，科学出版社，2006 年）教材在量和单位的体系上、名称和符号上保持一致。学习要求：介绍该章应掌握、理解和了解的基本内容；内容要点：概括介绍该章的基本概念、有关原理、主要公式及应用；例题解析：选择一些经典的例题，分析解题的方法、技巧和过程；习题解答：对《无机及分析化学》教材课后的习题进行解答；自测习题：每章编有选择、判断、填空、简答、计算等类型的习题若干，用于检测该章主要知识的掌握情况。模拟试题可对本课程内容的全面掌握情况进行了解，以便有针对性地学习与复习。

本书的编写人员均是长期从事无机及分析化学课程教学的第一线教师，他们对本课程的教学内容有较为全面的认识，非常熟悉学习本课程的学生的需求和学生结业考试及研究生入学考试的情况。因此我们希望本书既能成为本科学生学习无机及分析化学课程的得力助手，又可以成为考研学生复习的参考书。

参加本书编写的单位有：西南科技大学、西南大学、石家庄学院、楚雄师范学院。本书由钟国清、朱云云任主编，张欢、陈朝晖、段书德、王波任副主编。参加编写的人员有：蒋琪英（第一章）、吴方琼（第二章）、阳泽平（第三章）、张欢（第四、八章）、钟国清（第六、十四章及试题）、杨定明（第五章）、王波（第七章）、陈朝晖（第九章）、段书德（第十章）、次立杰（第十一章）、张廷红（第十二章）、朱云云（第十三章）。全书由主编、副主编统稿、修改，最后由钟国清通读、定稿。

由于编者的水平有限，加之时间仓促，书中难免存在不完善和错漏之处，请读者批评指正。

编　者

2007 年 4 月

目　　录

第1章 绪　　论

1.1 学习要求

(1) 了解化学的基本概念及研究范围,懂得学习有关化学知识的重要意义。

(2) 熟悉误差的来源并掌握误差的各种表示方法,熟悉提高分析结果准确度的方法。

(3) 正确理解有效数字的意义,掌握有效数字的运算规则。

(4) 掌握分析结果的处理与报告的方法。

1.2 内容要点

1.2.1 无机及分析化学的内容和任务

化学是在原子和分子水平上研究物质的组成、结构、性质、变化及变化过程中的能量关系的学科。传统化学分为无机化学、有机化学、分析化学和物理化学四大分支。无机化学是研究所有元素的单质和化合物(碳氢化合物及其衍生物除外)的组成、结构、性质和反应的学科;分析化学是研究物质成分及其含量的测定原理、测定方法和操作技术的学科。无机及分析化学是一门介绍无机化学和分析化学等学科中的基础知识、基本原理和基本操作技术的重要课程。

1.2.2 误差及数据处理

1. 误差的分类

误差分为系统误差和偶然误差。系统误差是由某些比较确定的原因所引起的,对分析结果的影响比较固定,又分为方法误差、仪器及试剂误差、操作误差;偶然误差是由一些偶然因素所导致的误差,这类误差对分析结果的影响不固定,它符合正态分布规律。

2. 误差和偏差的表示方法

(1) 准确度与误差。测定值与真实值之间的接近程度称为准确度,用误差表示,误差越小,准确度越高。误差又分为绝对误差和相对误差。

绝对误差:

$$E = x - T$$

相对误差:

$$E_r = \frac{E}{T} \times 100\%$$

对多次测定结果则采用平均绝对误差和平均相对误差,即

$$\bar{E} = \bar{x} - T \qquad \bar{E}_r = \frac{\bar{E}}{T} \times 100\%$$

(2) 精密度与偏差。对同一样品多次平行测定结果之间的符合程度称为精密度,用偏差

表示。偏差越小，说明测定结果精密度越高。偏差有多种表示方法。

绝对偏差是指某一次测定值与平均值的差异，即

$$d_i = x_i - \bar{x}$$

相对偏差是指某一次测定的绝对偏差占平均值的百分数，即

$$d_r = \frac{d_i}{\bar{x}} \times 100\%$$

平均偏差：

$$\bar{d} = \frac{|d_1| + |d_2| + |d_3| + \cdots + |d_n|}{n} = \frac{\sum_{i=1}^{n} |d_i|}{n}$$

相对平均偏差：

$$\bar{d}_r = \frac{\bar{d}}{\bar{x}} \times 100\%$$

标准偏差：

$$s = \sqrt{\frac{\sum_{i=1}^{n} (x_i - \bar{x})^2}{n-1}} = \sqrt{\frac{\sum_{i=1}^{n} d_i^2}{n-1}}$$

相对标准偏差(也称变异系数)：

$$s_r = \frac{s}{\bar{x}} \times 100\%$$

3. 提高分析结果准确度的方法

准确度表示测定的准确性，精密度表示测定的重现性。评价分析结果时，只有精密度和准确度都好的方法才可取。在同一条件下，对样品多次平行测定中，精密度高只表明偶然误差小，不能排除系统误差存在的可能性，即精密度高，准确度不一定高。只有在消除或减小系统误差的前提下，才能以精密度的高低衡量准确度的高低。

为了获得准确的分析结果，必须减少分析过程中的误差，其方法有：

(1) 选择适当的分析方法。不同的分析方法有不同的准确度和灵敏度。

(2) 减小测定误差。为了提高分析结果的准确度，必须尽量减小各测定步骤的误差。

(3) 减小偶然误差。在消除或减小系统误差的前提下，增加平行测定的次数，可以减小偶然误差。一般平行测定 3～5 次，取算术平均值即可。

(4) 消除系统误差。检验和消除系统误差的主要方法如下：

(i) 对照实验。它分为标准样品对照实验和标准方法对照实验等。标准样品对照实验是用已知准确含量的标准样品(或纯物质配成的合成试样)与待测样品按同样方法进行平行测定，找出校正系数以消除系统误差。标准方法对照实验是用可靠的分析方法与被检验的分析方法对同一试样进行分析对照。若测定结果相同，说明被检验的方法可靠，无系统误差。

(ii) 空白实验。在不加样品的情况下，按照与样品相同的分析方法和步骤进行分析，所得结果称为空白值。从样品分析结果中减去空白值，得到更接近真实值的分析结果。

(iii) 校准仪器。

(iv) 回收实验。用所选定的分析方法对已知组分的标准样品进行分析，或对人工配制的已知组分的试样进行分析，或在已分析的试样中加入一定量被测组分再进行分析，从分析结果观察已知量的检出情况，这种方法称为回收实验。

4. 置信度与置信区间

真实值所在的范围称为置信区间；真实值落在置信区间的概率称为置信度。

真值 μ 与平均值 $\bar{x}$ 之间的关系(平均值的置信区间)为

$$\mu = \bar{x} \pm ts/\sqrt{n}$$

5. 可疑值的取舍

在一组数据中，若某一数值与其他值相差较大，这个数值称为可疑值或离群值。能否将其舍去，可用 Q 值检验法判断。其方法是将测定数据按大小顺序排列，求出该可疑值与其邻近值之差，然后除以极差(最大值与最小值之差)，所得舍弃商称为 Q 值，即

$$Q = \frac{x_n - x_{n-1}}{x_n - x_1}$$

若 Q 大于或等于对应次数的舍弃商 Q 值，应舍去；否则，应保留。

6. 分析结果的数据处理与报告

例行分析中通常一个试样只需平行测定两次，取它们的平均值报告分析结果；如果超过允许的误差，再做一份，取两份不超过允许误差的测定结果的平均值报告分析结果。

在非例行分析中，可用平均值 $\bar{x}$、标准偏差 s 和平均值的置信区间报告分析结果。

7. 有效数字及其运算规则

分析工作中实际能测定到的数字称为有效数字。“0”在数字之前起定位作用，不属于有效数字；在数字之间或之后属于有效数字。对数值有效数字的位数取决于小数部分的位数。有效数字的运算规则如下：

(1) 记录测定数值时，只保留一位可疑数字。

(2) 尾数的舍弃办法采取“大五入，小五舍，五留双，一次修约”的规则。

(3) 几个数据相加或相减时，其和或差的有效数字的保留，应以小数点后位数最少(绝对误差最大)的数字为准。

(4) 乘除运算有效数字的保留，应以有效数字位数最少(相对误差最大)的为准。

(5) 对数计算中，所取对数的位数应与真数的有效数字位数相等。

(6) 非测定所得的数据可以视为有无限多位有效数字。

(7) 误差和偏差一般只取一位有效数字，最多取两位有效数字。

1.3 例题解析

例 1.1 根据有效数字运算规则计算下列各题。

(1) $\dfrac{(0.3032 \times 25.89 - 0.5241 \times 5.55)}{1.000} \times \dfrac{52.00}{3000}$

(2) $1.187\times0.85+9.6\times10^{-3}-0.0326\times0.00824\div(2.1\times10^{-3})$

解　(1) 原式$=\frac{(7.850-2.91)}{1.000}\times\frac{52.00}{3000}=\frac{4.94}{1.000}\times\frac{52.00}{3000}=0.0856$

(2) 原式$=1.0+9.6\times10^{-3}-0.13=0.9$

例 1.2　某矿石含铁量为 39.16%，甲的分析结果为 39.12%、39.15%、39.18%，乙的分析结果为 39.19%、39.24%、39.28%。试比较甲、乙两人分析结果的准确度和精密度。

解　平均值

$$\bar{x}(甲)=\frac{39.12+39.15+39.18}{3}=39.15(\%)$$

$$\bar{x}(乙)=\frac{39.19+39.24+39.28}{3}=39.24(\%)$$

平均相对误差

$$\bar{E}_r(甲)=\frac{39.15-39.16}{39.16}\times100\%=-0.03\%$$

$$\bar{E}_r(乙)=\frac{39.24-39.16}{39.16}\times100\%=0.2\%$$

相对平均偏差

$$\bar{d}_r(甲)=\frac{\bar{d}}{\bar{x}}\times100\%=\frac{(0.03+0+0.03)/3}{39.15}\times100\%=0.05\%$$

$$\bar{d}_r(乙)=\frac{\bar{d}}{\bar{x}}\times100\%=\frac{(0.05+0+0.04)/3}{39.24}\times100\%=0.08\%$$

甲的分析结果准确度和精密度都比乙的好。

例 1.3　测定某一试样中 NiO 的质量分数，共进行七次平行测定，在校正系统误差后其测定结果分别为 79.58%、79.45%、79.47%、79.50%、79.62%、79.38%和 79.80%。根据 Q 值检验法对可疑数据决定取舍，然后求出平均值、平均偏差、标准偏差、相对标准偏差和置信度为 90%时平均值的置信区间。

解　$n=7$，$Q_{0.90}=0.51$，分别对 79.38%和 79.80%进行检验。

置信度为 90%时：

$$Q=\frac{79.80-79.62}{79.80-79.38}=0.43<Q_{0.90},\quad Q=\frac{79.38-79.45}{79.38-79.80}=0.17<Q_{0.90}$$

此时，79.38%和 79.80%均应保留。

平均值

$$\bar{x}=\frac{79.58+79.45+79.47+79.50+79.62+79.38+79.80}{7}=79.54(\%)$$

平均偏差

$$\bar{d}=\frac{|0.04|+|-0.09|+|-0.07|+|-0.04|+|0.08|+|-0.16|+|0.26|}{7}=0.11(\%)$$

标准偏差

$$s=\sqrt{\frac{(0.04)^2+(-0.09)^2+(-0.07)^2+(-0.04)^2+(0.08)^2+(-0.16)^2+(0.26)^2}{7-1}}=0.14(\%)$$

相对标准偏差

$$s_r = \frac{0.14}{79.54} \times 100\% = 0.18\%$$

置信度为 90%时平均值的置信区间(查表,$n=7$,$t=1.943$)

$$\mu = \bar{x} \pm \frac{ts}{\sqrt{n}} = 79.54 \pm \frac{1.943 \times 0.14}{\sqrt{7}} = (79.54 \pm 0.10)(\%)$$

1.4　习 题 解 答

1. 下列各测定数据或计算结果分别有几位有效数字(只判断不计算)。

pH = 8.32 ________,3.7×10^3 ________,18.07% ________,0.0820 ________,$\frac{0.1000 \times (18.54 - 13.24)}{0.8328} \times 100\%$________。

答　2 位;2 位;4 位;3 位;3 位。

2. 修约下列数字为 3 位有效数字:

0.566 690 0 ________,6.230 00 ________,1.2451 ________,7.125 00 ________。

答　0.567;6.23;1.25;7.12

3. 下列情况分别引起什么误差?如果是系统误差,应如何消除?

(1) 砝码被腐蚀;(2) 天平两臂不等长;(3) 天平称量时有一位读数估计不准;(4) 试剂中含有少量被测组分;(5) 容量瓶和吸管不配套;(6) 滴定终点与计量点不符;(7) 试样未充分混匀;(8) 在称量时样品吸收了少量水分。

答　(1) 系统误差(更换砝码);(2) 系统误差(校正仪器);(3) 偶然误差;(4) 系统误差(空白实验);(5) 系统误差(更换吸管);(6) 系统误差(对照实验);(7) 系统误差(对照实验);(8)系统误差(对照实验)。

4. 判断题。

(1) 偶然误差是由某些难以控制的偶然因素所造成的,因此无规律可循。　(×)

(2) 精密度高的一组数据,其准确度一定高。　(×)

(3) 绝对误差等于某次测定值与多次测定结果平均值之差。　(×)

(4) pH=11.21 的有效数字为四位。　(×)

(5) 偏差与误差一样有正、负之分,但平均偏差恒为正值。　(√)

(6) 因使用未经校正的仪器而引起的误差属于偶然误差。　(×)

5. 选择题。

(1) 测定结果的精密度很高,说明(D)。

A. 系统误差大　B. 系统误差小　C. 偶然误差大　D. 偶然误差小

(2) 0.0008g 的准确度比 8.0g 的准确度(B)。

A. 大　B. 小　C. 相等　D. 难以确定

(3) 减少随机误差常用的方法是(C)。

A. 空白实验　B. 对照实验　C. 多次平行实验　D. 校准仪器

(4) 下列说法正确的是(C)。

A. 准确度越高则精密度越好

B. 精密度越好则准确度越高

C. 只有消除系统误差后,精密度越好准确度才越高

D. 只有消除系统误差后,精密度才越好

(5) 甲乙两人同时分析一试剂中的含硫量,每次采用试样 3.5g,分析结果的报告为:甲 0.042%,乙 0.041 99%,则下面叙述正确的是(C)。

A. 甲的报告准确度高　　B. 乙的报告准确度高

C. 甲的报告比较合理　　D. 乙的报告比较合理

(6) 下列数据中,有效数字是 4 位的是(C)。

A. 0.132　　B. 1.0×10^{3}　　C. 6.023×10^{23}　　D. 0.0150

6. 用碳酸钠作基准物质对盐酸溶液进行标定,共做了 6 次实验,测得盐酸溶液的浓度($mol\cdot L^{-1}$)分别为:0.5050、0.5042、0.5086、0.5063、0.5051、0.5064,则上述 6 个数据,哪一个是可疑值?该值是否应舍弃?

解 0.5086 是可疑值。

舍弃商

$$Q=\frac{0.5086-0.5064}{0.5086-0.5042}=0.5<Q_{0.90}=0.56$$

故该值不应舍弃。

7. 某分析天平的称量误差为 0.0001g,如果称取样品 0.05g,相对误差是多少?如果称取样品 1g,相对误差又是多少?说明了什么问题?

解 称取样品 0.05g,相对误差为

$$\frac{\pm0.0002}{0.05}\times100\%=\pm0.4\%$$

称取样品 1g,相对误差为

$$\frac{\pm0.0002}{1}\times100\%=\pm0.02\%$$

在天平的称量范围内,称取样品的质量越大,称量的相对误差越小。

8. 滴定管的读数误差为 0.01mL,如果滴定时用去滴定剂 2.50mL,相对误差是多少?如果滴定时用去滴定剂 25.00mL,相对误差又是多少?说明了什么问题?

解 用去滴定剂 2.50mL 时,相对误差为

$$\frac{\pm0.02}{2.50}\times100\%=\pm0.8\%$$

用去滴定剂 25.00mL 时,相对误差为

$$\frac{\pm0.02}{25.00}\times100\%=\pm0.08\%$$

在滴定管的读数范围内,用去滴定剂的体积越大,则读数的相对误差越小。

9. 某学生称取 0.4240g 苏打石灰样品,该样品含有 50.00% 的 Na_2CO_3,用 $0.1000mol\cdot L^{-1}$ HCl 溶液滴定时用去 40.10mL,计算绝对误差和相对误差。已知:Na_2CO_3 的摩尔质量为 $106.00g\cdot mol^{-1}$。

解 测定结果为

$$w(Na_2CO_3)=\frac{0.1000\times40.10\times10^{-3}\times1/2\times106.00}{0.4240}\times100\%=50.12\%$$

绝对误差

$$E=50.12\%-50.00\%=0.12\%$$

相对误差

$$E_r=\frac{0.12}{50.00}\times100\%=0.24\%$$

10. 按合同订购了有效成分为24.00%的某种肥料产品，对已收到的一批产品测定5次的结果为23.72%、24.09%、23.95%、23.99%及24.11%，求$P=95\%$时平均值的置信区间，产品质量是否符合要求？

解　平均值

$$\bar{x}=\frac{23.72+24.09+23.95+23.99+24.11}{5}=23.97(\%)$$

标准偏差

$$s=\sqrt{\frac{(-0.25)^2+(0.12)^2+(-0.02)^2+(0.02)^2+(0.14)^2}{5-1}}=0.16(\%)$$

$P=95\%$时平均值的置信区间为

$$\mu=\bar{x}\pm\frac{ts}{\sqrt{n}}=23.97\pm\frac{2.776\times0.16}{\sqrt{5}}=(23.97\pm0.20)(\%)$$

即置信区间为23.77%～24.17%，订购的有效成分为24.00%的肥料产品质量符合要求。

11. 甲乙两人测同一试样得到两组数据，绝对偏差分别为：甲+0.4，+0.2，0.0，−0.1，−0.3；乙+0.5，+0.3，−0.2，−0.1，−0.3。这两组数据中哪组的精密度较高？

解

$$s_{甲}=\sqrt{\frac{(0.4)^2+(0.2)^2+(0.0)^2+(-0.1)^2+(-0.3)^2}{5-1}}=0.27(\%)$$

$$s_{乙}=\sqrt{\frac{(0.5)^2+(0.3)^2+(-0.2)^2+(-0.1)^2+(-0.3)^2}{5-1}}=0.35(\%)$$

因此，甲的精密度较乙的高。

12. 测定某样品的含氮量，6次平行测定结果为：20.48%、20.55%、20.58%、20.60%、20.53%、20.50%。

(1) 计算测定结果的平均值、平均偏差、标准偏差、相对标准偏差。

(2) 若此样品含氮量为20.45%，求测定结果的平均绝对误差和平均相对误差。

解　(1)

$$\bar{x}=\frac{20.48+20.55+20.58+20.60+20.53+20.50}{6}=20.54(\%)$$

$$\bar{d}=\frac{|-0.06|+|0.01|+|0.04|+|0.06|+|-0.01|+|-0.04|}{6}=0.04(\%)$$

$$s=\sqrt{\frac{(-0.06)^2+(0.01)^2+(0.04)^2+(0.06)^2+(-0.01)^2+(-0.04)^2}{6-1}}=0.05(\%)$$

$$s_r=\frac{0.05}{20.54}\times100\%=0.2\%$$

(2)

$$\bar{E}=20.54\%-20.45\%=0.09\%$$

$$\bar{E}_r=\frac{0.09}{20.45}\times100\%=0.4\%$$

1.5 自测习题

(一) 填空题

1. 根据误差的性质和产生的原因,可将误差分为__________和__________。

2. 系统误差的正负、大小一定,具有__________向性,主要来源有__________、__________、__________。

3. 消除系统误差的方法有三种,分别为__________、__________、__________。

4. 随机误差符合__________规律,可以用__________方法减小。

5. 相对误差是指__________在__________中所占的百分数。

6. 衡量一组数据的精密度,可以用__________,也可以用__________,用__________更准确。

7. 有效数字的可疑值是其____;某同学用万分之一天平称量时可疑值为小数点后第____位。

8. 滴定分析中,化学计量点与滴定终点之间的误差称为__________,它属于__________误差。

9. 根据误差的来源,判断下列情况产生何种误差?

天平的零点突然变动__________;吸光光度分析法测磷时电压变动__________;重量法测定 SiO_2 时,硅酸沉淀不完全__________。

10. 定量分析中,影响测定结果准确度的主要是__________误差,影响测定结果精密度的是__________误差。

11. 置信度一定时,增加测定次数 n,置信区间变__________;n 不变时,置信度提高,置信区间变__________。

12. 测定某样品的质量分数时,6 次测定的平均值为 27.34%,标准偏差为 0.06%。已知置信度为 90%,$n=6$ 时,$t=2.015$,则平均值的置信区间可表示为__________;若置信度提高,平均值的置信区间将__________。

(二) 判断题(正确的请在括号内打√,错误的打×)

13. 系统误差的出现有规律,而随机误差的出现没有规律。 ( )

14. 精密度高是准确度高的必要条件。 ( )

15. 用 Q 值检验法进行数据处理时,若 $Q_{计}<Q_{0.90}$,该可疑值应保留。 ( )

16. 标定某溶液的浓度(单位 $mol \cdot L^{-1}$)得以下数据:0.019 06、0.019 10,其相对偏差为 0.2096%。 ( )

17. 为了提高测定结果的精密度,每完成一次滴定,都应将标准溶液加至零刻度附近。 ( )

(三) 选择题(下列各题只有一个正确答案,请将正确答案填在括号内)

18. 读取滴定管读数时,最后一位数字估计不准属于( )。

A. 系统误差　　B. 偶然误差

C. 过失误差　　D. 非误差范畴

19. 测定结果的准确度低，说明(　　)。

A. 误差大　　B. 偏差大

C. 标准偏差大　　D. 平均偏差大

20. 从精密度好就可判断分析结果可靠的前提是(　　)。

A. 偶然误差小　　B. 系统误差小

C. 相对标准偏差小　　D. 平均偏差小

21. 消除或减小试剂中微量杂质引起的误差常用的方法是(　　)。

A. 空白实验　　B. 对照实验

C. 平行实验　　D. 校准仪器

22. 下列叙述错误的是(　　)。

A. 方法误差属于系统误差　　B. 系统误差具有单向性

C. 系统误差又称可测误差　　D. 系统误差呈正态分布

23. 2/5 含有效数字的位数是(　　)。

A. 0　　B. 1　　C. 2　　D. 无限多

24. 已知 $\frac{4.178 \times 0.0037}{0.040} = 0.386\ 465$，按有效数字运算规则，正确的答案应该是(　　)。

A. 0.3865　　B. 0.4　　C. 0.386　　D. 0.39

25. 某小于 1 的数精确到万分之一位，此有效数字的位数是(　　)。

A. 1　　B. 2　　C. 4　　D. 无法确定

26. pH=2.56 的溶液中 H^+ 的浓度为(　　)$mol \cdot L^{-1}$。

A. 3×10^{-3}　　B. 2.7×10^{-3}　　C. 2.8×10^{-3}　　D. 2.75×10^{-3}

27. 在分析化学实验中要求称量准确度为 0.1%时，用千分之一天平进行差减法称量至少要称取(　　)g 药品。

A. 1　　B. 2　　C. 10　　D. 0.1

28. 定量分析要求测定结果的误差(　　)。

A. 越小越好　　B. =0

C. 略大于允许误差　　D. 在允许的误差范围内

29. $x = 0.3123 \times 48.32 \times (121.25 - 112.10)/0.2845$ 的计算结果应取(　　)位有效数字。

A. 1　　B. 2　　C. 3　　D. 4

30. 标定某溶液浓度($mol \cdot L^{-1}$)，三次平行测定结果为 0.1056、0.1044、0.1053，要使测定结果不为 Q 值检验法所舍弃($n=4$，$Q_{0.90}=0.76$)，最低值应为(　　)。

A. 0.1017　　B. 0.1012　　C. 0.1008　　D. 0.1006

31. 用千分之一的天平称取 0.3g 左右的样品，下列记录正确的是(　　)。

A. 0.3047g　　B. 0.305g　　C. 0.30g　　D. 0.3g

32. 滴定管读数误差为±0.02mL，甲滴定时用去标准溶液 0.20mL，乙用去 25.00mL，则(　　)。

A. 甲的相对误差更大　　B. 乙的相对误差更大

C. 甲、乙具有相同的相对误差　　D. 不能确定

33. 按 Q 值检验法（$n=4$ 时，$Q_{0.90}=0.76$），下列哪组数据中有该舍弃的可疑值？（　　）

A. 0.5050，0.5063，0.5042，0.5067

B. 0.1018，0.1024，0.1015，0.1040

C. 12.85，12.82，12.79，12.54

D. 35.62，35.55，35.57，35.36

（四）计算题

34. 某学生测定一样品中 N 的质量分数，得到以下数据：20.48%、20.55%、20.60%、20.53%、20.50%。

（1）用 Q 值检验法判断 20.60%是否保留。

（2）计算分析结果的平均值和标准偏差。

（3）若真实值为 20.56%，计算结果的相对误差。

（4）求置信度为 95%时平均值的置信区间，并说明含义。

35. 某试样中含铁量平行测定 5 次，结果为：39.10%、39.12%、39.19%、39.17%、39.22%。

（1）求置信度为 95%时平均值的置信区间。

（2）如果要使置信度为 95%时置信区间为±0.05，则至少应平行测定多少次？

36. 测定某试样得到以下结果：15.48%、15.51%、15.52%、15.52%、15.53%、15.53%、15.54%、15.56%、15.68%，试用 Q 值检验法判断有无异常值需舍弃（置信度 90%）。

自测习题答案

（一）填空题

1. 系统误差，偶然误差；2. 单，方法误差，仪器及试剂误差，操作误差；3. 对照实验，空白实验，校准仪器；4. 正态分布，多次测定取其平均值；5. 绝对误差，真实值；6. 平均偏差，标准偏差，标准偏差；7. 最后一位，四；8. 终点误差，系统；9. 偶然误差，偶然误差，系统误差；10. 系统，偶然；11. 窄，宽；12. (27.34±0.05)%，变宽。

（二）判断题

13. ×，14. √，15. √，16. ×，17. √。

（三）选择题

18. B，19. A，20. B，21. A，22. D，23. D，24. D，25. D，26. C，27. B，28. D，29. C，30. D，31. B，32. A，33. C。

（四）计算题

34. (1) 20.60%应保留；(2) 20.53%，0.035%；(3) −0.15%；(4) (20.53±0.04)%，说明在 20.53%±0.04%区间中包括总体平均值 μ 的把握为 95%。

35. (1) (39.16±0.06)%；(2) 6 次。

36. 15.68%应舍弃，15.48%应保留。

第 2 章　气体、溶液和胶体

2.1　学 习 要 求

(1) 熟悉理想气体状态方程及其应用，理解道尔顿分压定律及其应用。

(2) 熟悉稀溶液的依数性及其应用。

(3) 了解胶体的基本概念、结构和性质、稳定性与聚沉的关系。

2.2　内 容 要 点

2.2.1　气体

(1) 理想气体状态方程($pV=nRT$)。压力 p 的单位为 Pa，体积 V 的单位为 m^3，热力学温度 T 的单位为 K，物质的量 n 的单位为 mol。R 为摩尔气体常量，$8.314 J \cdot mol^{-1} \cdot K^{-1}$。

(2) 分压定律。一定温度下，混合气体中任一组分气体 i 单独占有整个混合气体容器时所呈现的压力称为该气体的分压力 p_i。在一定温度下，混合气体的总压力等于各组分气体的分压力之和，称为道尔顿分压定律。

$$p_{总} = p_1 + p_2 + p_3 + \cdots + p_i = \sum_i p_i, p_i = p_{总} x_i$$

混合气体中某组分气体 i 的分压力等于总压力乘以该气体的摩尔分数，这是道尔顿分压定律的另一种表示形式。

2.2.2　溶液

(1) 分散系。一种或多种物质分散在另一种物质中形成的系统称为分散系。分散系中，被分散的物质称为分散质，而容纳分散质的物质称为分散剂。

(2) 物质的量及其单位。物质的量 n_B 是以摩尔为计量单位表示物质组成的物理量。摩尔(mol)是一系统物质的量，该系统中所包含的基本单元数与 0.012kg ^{12}C 的原子数目相同。基本单元可以是分子、离子、原子、电子、光子及其他粒子或这些粒子的特定组合，使用物质的量时必须在其单位符号(mol)或量符号(n)后用元素符号或化学式指明其基本单元，不能用文字。

1mol 物质所具有的质量称为摩尔质量，其单位常用$g \cdot mol^{-1}$。

$$M_B = m/n_B$$

对同一物质，当选择不同基本单元时，有

$$M_{aB} = aM_B$$

物质的量 n_B 与物质的质量 m、物质的摩尔质量 M_B 之间的定量关系如下：

$$n_B = m/M_B$$

对同一物质，当选择不同基本单元时，有

$$n_{aB}=\frac{1}{a}n_B$$

(3) 溶液的组成量度。

质量分数：某组分 i 的质量与混合物质量之比。

$$w_i=m_i/m$$

体积分数：某组分 i 的分体积与总体积之比。

$$\varphi_i=V_i/V$$

质量浓度：溶质的质量与溶液的体积之比。

$$\rho=m/V$$

单位用 $g\cdot L^{-1}$、$mg\cdot L^{-1}$、$g\cdot mL^{-1}$、$\mu g\cdot L^{-1}$等。注意质量浓度与密度的区别。

物质的量浓度(简称浓度)：1L 溶液中所含溶质 B 的物质的量。

$$c_B=n_B/V$$

对同一物质，当选择不同基本单元时，有

$$c_{aB}=\frac{1}{a}c_B$$

质量摩尔浓度：1kg 溶剂中所含溶质 B 的物质的量。

$$b_B=n_B/m_A$$

(4) 等物质的量规则及其应用。对于任意反应：$aA+bB=\!=\!=cC+dD$，有

$$n(aA)=n(bB)=n(cC)=n(dD)$$

这个关系式称为等物质的量规则。正确使用等物质的量规则的关键是基本单元的确定。酸碱反应中，一般选择得失一个质子(H^+)对应的粒子组合或化学式为基本单元，如碳酸钠常选($1/2Na_2CO_3$)、硫酸常选($1/2H_2SO_4$)作基本单元；氧化还原反应中常选得失一个电子的粒子组合或化学式为基本单元，如 1mol $K_2Cr_2O_7$ 还原为 Cr^{3+} 要得到 6mol 电子，故选($1/6K_2Cr_2O_7$)作基本单元，酸性介质中高锰酸钾常选($1/5KMnO_4$)作基本单元。

2.2.3 稀溶液的通性

(1) 溶液的蒸气压下降。一定温度下，难挥发非电解质稀溶液的蒸气压 p 等于纯溶剂的饱和蒸气压 p^* 与溶液中溶剂的摩尔分数 x_A 的乘积，即拉乌尔定律。数学表达式为

$$p=p^*x_A$$

经整理可得

$$\Delta p=p^*-p=p^*x_B$$

$$\Delta p=Kb_B\qquad(K=p^*/55.52)$$

拉乌尔定律又可叙述为：在一定温度下，难挥发非电解质稀溶液的蒸气压下降与溶质的质量摩尔浓度成正比，而与溶质的本性无关。

(2) 溶液的沸点升高和凝固点降低。沸点是指液体的饱和蒸气压等于外界大气压时的温度。稀溶液的沸点升高值 ΔT_b 与溶质的质量摩尔浓度 b_B 成正比，与溶质的本性无关，即

$$\Delta T_b=T_b-T_b^*=K_bb_B$$

在一定外压下，若某物质固态的蒸气压和液态的蒸气压相等，则液固两相平衡共存，此时的温度称为该物质的凝固点。难挥发非电解质稀溶液凝固点降低值 ΔT_f 与溶质的质量摩尔

浓度 b_B 成正比，与溶质本性无关，即

$$\Delta T_f = T_f^* - T_f = K_f b_B$$

(3) 溶液的渗透压。物质自发地由高浓度向低浓度迁移的现象称为扩散。由物质粒子通过半透膜自动扩散的现象称为渗透。渗透平衡时液面高度差所产生的压力称为渗透压，或者说渗透压是阻止渗透作用进行所需加给溶液的额外压力。

稀溶液的渗透压 π(kPa)与溶液的物质的量浓度 c_B($mol \cdot L^{-1}$)、热力学温度 T(K)成正比，与溶质的本性无关，即

$$\pi = c_B RT$$

式中：R 为摩尔气体常量，8.314$kPa \cdot L \cdot mol^{-1} \cdot K^{-1}$。对于稀溶液来说，物质的量浓度在数值上约等于质量摩尔浓度，即

$$\pi = c_B RT \approx b_B RT$$

溶剂分子通过半透膜从溶液或从浓溶液中被压出来的现象称为反渗透现象。利用反渗透技术可进行海水的淡化和废水处理。如果半透膜两边溶液的渗透压相等，则这两种溶液称为等渗溶液。渗透压高的溶液称为高渗溶液，渗透压低的溶液称为低渗溶液。

稀溶液定律：难挥发非电解质稀溶液的某些性质(蒸气压下降、沸点升高、凝固点降低和渗透压)与一定量溶液中所含溶质的物质的量成正比，而与溶质的本性无关。

2.2.4 胶体溶液

1. 固体在溶液中的吸附

分子吸附：吸附剂对非电解质或弱电解质整个分子的吸附。其吸附规律是：极性吸附剂易于吸附极性的溶质或溶剂；非极性吸附剂易于吸附非极性的溶质或溶剂，即“相似相吸”。

离子吸附：溶液中吸附剂对强电解质的吸附是离子吸附。离子吸附又分为离子选择吸附与离子交换吸附两种。离子选择吸附是吸附剂从溶液中优先选择吸附与其组成、性质有关的离子。离子交换吸附是当吸附剂从溶液中吸附某种离子时，吸附剂本身等电荷地置换出另一种符号相同的离子到溶液中。

2. 溶胶的性质

光学性质——丁铎尔效应：当一束光照到溶胶上，在与光路垂直的方向上可看到一条明亮的光柱。产生原因是胶粒对光的散射。

动力学性质——布朗运动：溶胶粒子不断地做无规则的热运动。产生布朗运动的原因是周围分散剂分子不断从各个方向撞击这些胶粒。

电学性质——电泳：胶体粒子在电场作用下定向移动的现象。胶粒带电的原因主要有两种：①吸附带电；②解离带电。

3. 胶团的结构

溶胶具有扩散双电层结构。若 KI 过量，则与 $AgNO_3$ 溶液制得的溶胶胶团结构式为

$$\{(AgI)_m \cdot nI^- \cdot (n-x)K^+\}^{x-} \cdot xK^+$$

氢氧化铁、三硫化二砷和硅胶的胶团结构式可分别表示如下：

$$\{[Fe(OH)_3]_m \cdot nFeO^+ \cdot (n-x)Cl^-\}^{x+} \cdot xCl^-$$
$$\{(As_2S_3)_m \cdot nHS^- \cdot (n-x)H^+\}^{x-} \cdot xH^+$$
$$\{(H_2SiO_3)_m \cdot nHSiO_3^- \cdot (n-x)H^+\}^{x-} \cdot xH^+$$

4. 溶胶的稳定性和聚沉

胶体能保持一定的稳定，主要是由于胶粒带有相同符号的电荷，胶粒之间有静电斥力，阻止了它们互相接触而聚合成较大的电荷；另外胶粒较小，布朗运动剧烈，吸附在胶粒表面的离子都能水化，在胶粒表面形成一层水化膜，也能阻止胶粒的聚集。使胶粒凝聚成较大颗粒而沉降的过程称为聚沉。使胶体聚沉的方法有：①加入电解质；②加入相反电荷的溶胶；③加热。几种方法中，最主要的是加入电解质法。使 1L 溶胶在一定时间内开始聚沉所需电解质的最低浓度称为该电解质的聚沉值。离子电荷越高，聚沉能力越大，聚沉值越小。

5. 高分子溶液和乳浊液

高分子化合物溶解在适当的溶剂中形成高分子化合物溶液。加入大量电解质使高分子化合物聚沉的作用称为盐析。在溶胶中加入适量的高分子化合物，能大大提高溶胶的稳定性，这就是高分子化合物对溶胶的保护作用。保护作用在生理过程中具有重要意义。

乳浊液是分散质和分散剂均为液体的粗分散系。乳浊液可分为两大类：一类是水包油型乳浊液，以油/水或 O/W 表示；另一类是油包水型乳浊液，以水/油或 W/O 表示。乳浊液的稳定剂称为乳化剂。常用的亲水性乳化剂有钾肥皂、钠肥皂、蛋白质、动物胶等。亲油性乳化剂有钙肥皂、高级醇类、高级酸类、石墨等。

2.3 例题解析

例 2.1 将 7.0g 结晶草酸（$H_2C_2O_4 \cdot 2H_2O$）溶于 93.0g 水，所得溶液的密度为 $1.025g \cdot mL^{-1}$，求该溶液的：(1)质量分数；(2)质量浓度；(3)物质的量浓度；(4)质量摩尔浓度；(5)摩尔分数。

解 已知 $M(H_2C_2O_4 \cdot 2H_2O)=126.07g \cdot mol^{-1}$，$M(H_2C_2O_4)=90.04g \cdot mol^{-1}$，则

$$m(H_2C_2O_4)=7.0\times 90.04/126.07=5.0(g)$$

(1)
$$w(H_2C_2O_4)=\frac{5.0}{7.0+93.0}=0.050$$

(2)
$$V(H_2C_2O_4)=\frac{m(\text{溶液})}{\rho}=\frac{7.0+93.0}{1.025}=97.6(mL)$$

$$\rho(H_2C_2O_4)=\frac{m(H_2C_2O_4)}{V}=\frac{5.0}{97.6}=0.051(g \cdot mL^{-1})$$

(3)
$$n(H_2C_2O_4)=\frac{m(H_2C_2O_4)}{M(H_2C_2O_4)}=\frac{5.0}{90.04}=0.056(mol)$$

$$c(H_2C_2O_4)=\frac{n(H_2C_2O_4)}{V}=\frac{0.056}{97.6\times 10^{-3}}=0.57(mol \cdot L^{-1})$$

(4)
$$b(H_2C_2O_4)=\frac{n(H_2C_2O_4)}{m(H_2O)}=\frac{0.056}{(93.0+7.0-5.0)/1000}=0.58(mol \cdot kg^{-1})$$

(5)
$$n(H_2O)=\frac{m(H_2O)}{M(H_2O)}=\frac{93.0+2.0}{18.0}=5.28(mol)$$

$$x(H_2C_2O_4)=\frac{n(H_2C_2O_4)}{n(H_2C_2O_4)+n(H_2O)}=\frac{0.056}{0.056+5.28}=0.010$$

例 2.2　溶液 A 为 15g 尿素溶于 1kg 水，溶液 B 为 57g 蔗糖溶于 500g 水。则:(1)哪一溶液的沸点高?(2)A、B 同置于密闭钟罩内，水将如何转移，转移多少?

解　(1)
$$\Delta T_b(A)=K_b b_A=0.52\times\frac{15/60}{1}=0.13(K)$$

$$\Delta T_b(B)=K_b b_B=0.52\times\frac{57/342}{500/1000}=0.17(K)$$

故溶液 B 的沸点高。

(2) 水将从 A 溶液转移到 B 溶液，直到两者的质量摩尔浓度相等，设转移水的质量为 xg，则

$$\frac{15/60}{1000-x}=\frac{57/342}{500+x}$$

解得

$$x=100(g)$$

例 2.3　已知苯在 293K 时的饱和蒸气压为 9.99kPa，若将 1.00g 某未知有机物溶于 10.0g 苯中，测得溶液的饱和蒸气压为 9.50kPa。求该未知物的相对分子质量。

解　由拉乌尔定律有 $\Delta p=p^*-p=p^*x_B$，即

$$9.99-9.50=9.99\times\frac{1.00/M}{1.00/M+10.0/78.0}$$

解得

$$M=151(g\cdot mol^{-1})$$

因此，该未知物的相对分子质量为 151。

例 2.4　在 293.15K 时，15.0g 葡萄糖溶于 200.0g 水中，试计算该溶液的蒸气压、沸点、凝固点和渗透压。已知:293.15K 时水的蒸气压为 2.337kPa。

解
$$p=p^*x_A=p^*\times\frac{n(H_2O)}{n(H_2O)+n(C_6H_{12}O_6)}$$

$$=2.337\times\frac{200.0/18}{200.0/18+15.0/180}=2.32(kPa)$$

$$b(C_6H_{12}O_6)=\frac{15.0/180}{200.0/1000}=0.417(mol\cdot kg^{-1})$$

$$\Delta T_b=K_b b(C_6H_{12}O_6)=0.52\times0.417=0.22(K)$$

$$\text{沸点}\ T_b=373.15+0.22=373.37(K)$$

$$\Delta T_f=K_f b(C_6H_{12}O_6)=1.86\times0.417=0.78(K)$$

$$\text{凝固点}\ T_f=273.15-0.78=272.37(K)$$

$$\text{渗透压}\ \pi=b(C_6H_{12}O_6)RT=0.417\times8.314\times293.15=1.02\times10^3(kPa)$$

例 2.5　一种化合物含碳 40.00%，氢 6.67%，氧 53.33%，实验表明 9.00g 这种化合物溶

解于 500g 水中时，水的沸点升高了 0.052℃。求该化合物的分子式及相对分子质量。

解 由 $\Delta T_b = K_b b_B = 0.52\times\frac{m_B/M_B}{m_A}$，即

$$0.052 = 0.52\times\frac{9.00/M_B}{500/1000}$$

解得

$$M_B = 180(\mathrm{g\cdot mol^{-1}})$$

因此，该化合物的相对分子质量为 180。

含 C 原子的个数为：180×40.00%/12.01=6

含 H 原子的个数为：180×6.67%/1.008=12

含 O 原子的个数为：180×53.33%/16.00=6

所以该化合物的分子式为 $C_6H_{12}O_6$。

2.4 习题解答

1. 判断题。

(1) $n(1/2H_2)$表示基本单元为氢的物质的量。 (×)

(2) 1mol 物质的量称为摩尔质量。 (×)

(3) $c(1/2H_2SO_4)=1\mathrm{mol\cdot L^{-1}}$与$c(H_2SO_4)=0.5\mathrm{mol\cdot L^{-1}}$的溶液，其浓度完全相等。 (×)

(4) 质量摩尔浓度是指 1kg 溶液中含溶质的物质的量。 (×)

(5) 5%蔗糖溶液和 5%葡萄糖溶液的渗透压不相同。 (√)

(6) 葡萄糖与蔗糖的混合水溶液(总的质量摩尔浓度为 b_B)的沸点与质量摩尔浓度为 b_B 的尿素水溶液的沸点不同。 (×)

(7) 把 0℃的冰放在 0℃的 NaCl 溶液中，因为它们处于相同的温度下，所以冰、水两相共存。 (×)

(8) 渗透压是任何溶液都具有的特征。 (√)

(9) 电解质对溶胶的聚沉值越大，其聚沉能力越小。 (√)

2. 选择题。

(1) 由 $3H_2+N_2 \rightleftharpoons 2NH_3$ 化学反应方程式确定的氢的基本单元是(B)。

A. H_2　　B. $3H_2$　　C. $3/2H_2$　　D. H

(2) 25℃时以排水集气法收集氧气于钢瓶中，测得钢瓶压力为 150.5kPa，已知该温度时水的饱和蒸气压为 3.2kPa，则钢瓶中氧气的压力为(A) kPa。

A. 147.3　　B. 153.7　　C. 150.5　　D. 101.325

(3) KBr 和 $AgNO_3$ 在一定条件下可生成 AgBr 溶胶，如胶团结构为$\{(AgBr)_m\cdot nBr^-\cdot(n-x)K^+\}^{x-}\cdot xK^+$，反应中过量的溶液是(B)。

A. $AgNO_3$　　B. KBr　　C. 都过量　　D. 都不过量

(4) 四份质量相等的水中，分别加入相等质量的下列物质，水溶液凝固点最低的是(D)。

A. 葡萄糖(相对分子质量 180)　　B. 甘油(相对分子质量 92)

C. 蔗糖(相对分子质量 342)　　D. 尿素(相对分子质量 60)

(5) 相同温度下,0.1%的下列溶液中沸点最高的是(D)。

A. 葡萄糖($C_6H_{12}O_6$)　　B. 蔗糖($C_{12}H_{22}O_{11}$)

C. 核糖($C_5H_{10}O_5$)　　D. 甘油($C_3H_8O_3$)

(6) 室温下,0.1mol·kg^{-1}糖溶液的渗透压接近于(C)kPa。

A. 2.5　　B. 25　　C. 250　　D. 10

(7) 医学上称5%的葡萄糖溶液为等渗溶液,这是因为(C)。

A. 它与水的渗透压相等　　B. 它与5%的NaCl溶液渗透压相等

C. 它与血浆的渗透压相等　　D. 它与尿的渗透压相等

(8) 难挥发物质的水溶液,在不断沸腾时,它的沸点是(A)。

A. 继续升高　　B. 恒定不变　　C. 继续下降　　D. 无法确定

(9) 淡水鱼与海鱼不能交换生活环境,因为淡水与海水的(C)。

A. pH不同　　B. 密度不同　　C. 渗透压不同　　D. 溶解氧不同

(10) 下列物质的浓度均为0.1mol·L^{-1}时,对负溶胶聚沉能力最大的是(A)。

A. $Al_2(SO_4)_3$　　B. Na_3PO_4　　C. $CaCl_2$　　D. NaCl

3. 计算下列常用试剂的浓度:(1) 密度为1.84g·mL^{-1},质量分数为96.0%的硫酸;(2) 密度为1.19g·mL^{-1},质量分数为38.0%的盐酸。

解　(1)
$$c(H_2SO_4)=\frac{w(H_2SO_4)\rho}{M(H_2SO_4)}=\frac{0.960\times1.84}{98.0\times10^{-3}}=18.0(\text{mol}\cdot\text{L}^{-1})$$

(2)
$$c(HCl)=\frac{w(HCl)\rho}{M(HCl)}=\frac{0.380\times1.19}{36.5\times10^{-3}}=12.4(\text{mol}\cdot\text{L}^{-1})$$

4. 配制$c(NaOH)=0.10\text{mol}\cdot\text{L}^{-1}$的溶液300mL,需用固体NaOH多少克?取这种溶液20mL,恰好与25mL盐酸完全中和,求此盐酸的浓度。

解
$$m(NaOH)=c(NaOH)VM(NaOH)$$
$$=0.10\times(300/1000)\times40=1.2(\text{g})$$
$$c(HCl)=c(NaOH)V(NaOH)/V(HCl)$$
$$=0.10\times20/25=0.080(\text{mol}\cdot\text{L}^{-1})$$

5. 把30.3g乙醇(C_2H_5OH)溶于50.0g CCl_4所配成溶液的密度为1.28g·mL^{-1}。计算:(1) 乙醇的质量分数;(2) 乙醇的摩尔分数;(3) 乙醇的质量摩尔浓度;(4) 乙醇的物质的量浓度(mol·L^{-1})。

解　(1)
$$w(C_2H_5OH)=30.3/(30.3+50.0)=0.377$$

(2)
$$x(C_2H_5OH)=\frac{30.3/46}{30.3/46+50.0/154}=0.670$$

(3)
$$b(C_2H_5OH)=\frac{30.3/46}{50.0/1000}=13.2(\text{mol}\cdot\text{kg}^{-1})$$

(4)
$$c(C_2H_5OH)=\frac{0.377\times1.28}{46\times10^{-3}}=10.5(\text{mol}\cdot\text{L}^{-1})$$

6. 通常用作消毒剂的过氧化氢的质量分数为3.0%,这种水溶液的密度为1.0g·mL^{-1},请计算这种水溶液中过氧化氢的质量摩尔浓度、物质的量浓度。

解
$$b(H_2O_2)=\frac{3.0/34}{97.0/1000}=0.91(\text{mol}\cdot\text{kg}^{-1})$$

$$c(H_2O_2)=\frac{3.0\%\times1.0}{34\times10^{-3}}=0.88(mol \cdot L^{-1})$$

7. 取某难挥发的非电解质 100.00g 溶于水，可使溶液的凝固点降低到 271.15K，求此溶液常压下的沸点。

解 由 $\Delta T_f=K_fb_B$ 有 $b_B=\Delta T_f/K_f=2.00/1.86=1.08(mol \cdot kg^{-1})$，故

$$\Delta T_b=K_bb_B=0.52\times1.08=0.56(K)$$

$$T_b=373.15+0.56=373.71(K)$$

8. 1L 糖水溶液中含糖($C_{12}H_{22}O_{11}$)7.18g，求 298.15K 时此溶液的渗透压。

解 $$\pi=c_BRT=\frac{n_B}{V}RT=\frac{m}{M_BV}RT=\frac{7.18}{342\times1}\times8.314\times298.15=52.0(kPa)$$

9. 3.6g 葡萄糖溶于 200.0g 水中，未知物 20.0g 溶于 500.0g 水中，两溶液同温下同时结冰，求未知物的相对分子质量。已知：葡萄糖的相对分子质量为 180。

解 因两溶液同温下同时结冰，故其质量摩尔浓度相等。

$$\frac{3.6/180}{200.0/1000}=\frac{20.0/M}{500.0/1000}$$

解得

$$M=400(g \cdot mol^{-1})$$

所以未知物的相对分子质量为 400。

10. 纯苯的凝固点为 5.50℃，0.322g 萘溶于 80.0g 苯所配制的溶液的凝固点为 5.34℃，已知苯的 K_f 值为 5.12K · kg · mol^{-1}，求萘的相对分子质量。

解 由 $\Delta T_f=K_fb_B=K_f\dfrac{m/M}{m_A}$，有

$$M=\frac{K_fm}{\Delta T_fm_A}=\frac{5.12\times0.322}{(5.50-5.34)\times80.0/1000}=129(g \cdot mol^{-1})$$

所以萘的相对分子质量为 129。

11. 医学上用的葡萄糖($C_6H_{12}O_6$)注射液是血液的等渗溶液，测得其凝固点降低了 0.543℃。(1)计算葡萄糖溶液的质量分数；(2)如果血液的温度为 37℃，血液的渗透压是多少？

解 (1) 由 $\Delta T_f=K_fb_B$ 有 $b_B=\Delta T_f/K_f=0.543/1.86=0.292(mol \cdot kg^{-1})$

$$w(C_6H_{12}O_6)=\frac{0.292\times180}{0.292\times180+1000}=0.0499$$

(2) $$\pi=c_BRT\approx b_BRT=0.292\times8.314\times310.15=753(kPa)$$

12. 某水溶液的沸点是 100.28℃，(1) 求该溶液的凝固点；(2) 已知 25℃时纯水的蒸气压为 3167.73Pa，求该温度下溶液的蒸气压；(3) 求 0℃时此溶液的渗透压。

解 (1) 由 $\Delta T_b=K_bb_B$ 有 $b_B=\Delta T_b/K_b=0.28/0.52=0.54(mol \cdot kg^{-1})$，故

$$\Delta T_f=K_fb_B=1.86\times0.54=1.00(K)$$

$$T_f=273.15-1.00=272.15(K)$$

(2) $$p=p^*x_A=p^*\times\frac{n_A}{n_B+n_A}$$

$$=3167.73\times\frac{1000/18.02}{0.28/0.52+1000/18.02}$$

$$=3137.29(\text{Pa})$$

(3)　　$\pi=c_BRT\approx b_BRT=(0.28/0.52)\times8.314\times273.15=1222.8(\text{kPa})$

13. 某蛋白质的饱和溶液含溶质 5.18g · L^{-1}，293.15K 时渗透压为 0.413kPa，求此蛋白质的摩尔质量。

解　根据公式：$\pi=c_BRT=\frac{n_B}{V}RT=\frac{m}{M_BV}RT$，得

$$M_B=\frac{mRT}{\pi V}=\frac{5.18\times8.314\times298.15}{413\times10^{-3}\times1}=3.11\times10^3(\text{g}\cdot\text{mol}^{-1})$$

14. 冬天为防止仪器结冰，要使溶液的凝固点降低至 270.15K，应在 500.0g 水中加入甘油($C_3H_8O_3$)多少克？

解　由 $\Delta T_f=K_fb_B=K_f\frac{m/M(C_3H_8O_3)}{m_A}$有

$$m=\frac{\Delta T_fm_AM(C_3H_8O_3)}{K_f}=\frac{3.00\times(500.0/1000)\times92.09}{1.86}=74.3(\text{g})$$

15. 将 0.02mol · L^{-1} KCl 溶液 100mL 与 0.05mol · L^{-1} $AgNO_3$ 溶液 100mL 混合制得 AgCl 溶胶，电泳时，胶粒向哪一极移动？写出胶团结构式。

解　由于 $AgNO_3$ 过量，故电泳时胶粒向负极移动，胶团结构式为

$$\{(AgCl)_m\cdot nAg^+\cdot(n-x)NO_3^-\}^{x+}\cdot xNO_3^-$$

16. 将 10mL 0.02mol · L^{-1} $AgNO_3$ 溶液和 100mL 0.005mol · L^{-1} KCl 溶液混合以制备 AgCl 溶胶，写出胶团结构式，通电后胶粒向哪一极移动？$MgCl_2$ 和 $K_3[Fe(CN)_6]$这两种电解质对该溶胶的聚沉值哪个较大？

解　由于 KCl 过量，故胶团结构式为$\{(AgCl)_m\cdot nCl^-\cdot(n-x)Ag^+\}^{x-}\cdot xAg^+$，通电后胶粒向正极移动。电解质 $K_3[Fe(CN)_6]$对该溶胶的聚沉值较大。

2.5　自 测 习 题

(一) 填空题

1. 牛奶是常见的__________型乳浊液，含水原油属于__________型乳浊液。

2. 为防止水箱中的水结冰，可以加入甘油以降低其凝固点，如需冰点降至 −2℃，应在 100g 水中加甘油__________ g。已知：H_2O 的 $K_f=1.86\text{K}\cdot\text{kg}\cdot\text{mol}^{-1}$，甘油的相对分子质量为 92。

3. 相同条件下，相同物质的量浓度的氯化钠和尿素所产生的渗透压相比较的结果是__________大。

4. 将 0.450g 某物质溶于 30g 水中，使冰点下降了 0.15℃，这种化合物的相对分子质量是__________。已知：水的 $K_f=1.86\text{K}\cdot\text{kg}\cdot\text{mol}^{-1}$。

5. 已知水的 $K_b=0.512\text{K}\cdot\text{kg}\cdot\text{mol}^{-1}$，$K_f=1.86\text{K}\cdot\text{kg}\cdot\text{mol}^{-1}$，水在 25℃时的饱和蒸气压为 3.17kPa，测得某蔗糖(相对分子质量为 342)稀溶液的沸点为 100.045℃，则该溶液中

溶质的质量分数为__________，摩尔分数为__________，凝固点为__________，25℃时的渗透压为__________，25℃时溶液的蒸气压为__________。

6. 渗透作用可以发生在__________与__________之间或两种__________的溶液之间。

7. 溶液产生渗透现象应具备的条件是__________和__________。

8. 将 12mL 0.01mol · L^{-1} KCl 溶液和 100mL 0.005mol · L^{-1} $AgNO_3$ 溶液混合以制备 AgCl 溶胶，其胶团结构__________，通电后胶粒向__________极移动。

9. 硫化砷溶胶的胶团结构为$\{(As_2S_3)_m \cdot nHS^- \cdot (n-x)H^+\}^{x-} \cdot xH^+$，电位离子是__________，反离子是__________，该溶胶属于__________，要使这种溶胶聚沉，可以加入电解质，Na_2CO_3、$BaCl_2$、$K_3[Fe(CN)_6]$、NH_4NO_3 和$[Co(NH_3)_6]Br_3$ 中，对上述溶胶聚沉能力最大的是__________，而聚沉值最小的是__________。

10. 溶胶具有聚结稳定性的原因有二：一是__________；二是__________。

11. 胶粒带电的原因有二：一是__________带电；二是__________带电。

12. 当把直流电源两极插到由 $FeCl_3$ 水解制备的氢氧化铁溶胶中，通电后，在__________极附近颜色逐渐变深，这种现象称为__________。

13. 在一定温度下，恰能阻止__________通过半透膜进入溶液，所需施加于溶液的最小__________称为溶液的__________。

14. 溶液中的溶剂通过半透膜向纯溶剂方向流动，这个过程是__________。利用这个原理可使海水__________。

15. 当溶剂中溶解了溶质以后，溶剂的部分表面被__________所占据，使__________蒸发的机会减少，所以达到平衡时溶液的__________低于__________的蒸气压。

16. 亲水性乳化剂分子中亲水部分比亲油部分强，易形成__________型乳浊液；亲油性乳化剂分子中亲油部分比亲水部分强，易形成__________型乳浊液。

17. 1.000L $K_2Cr_2O_7$ 溶液中含 24.52g $K_2Cr_2O_7$，则 $c(1/6K_2Cr_2O_7)$为__________ mol · L^{-1}。已知：$M(K_2Cr_2O_7)=294.18g \cdot mol^{-1}$。

18. 15%NaCl 溶液的摩尔分数经过计算为__________。已知：$M(NaCl)=58.5g \cdot mol^{-1}$。

19. 配制 250g 25%的硫酸溶液，需 98%的硫酸__________ g。

20. 今有两种溶液：一种为 1.50g 尿素溶于 200g 水中；另一种为 42.8g 未知物溶于 1000g 水中，这两种溶液在同一温度下沸腾，则该未知物的相对分子质量__________。

21. 2.50g 水中溶解 0.585g NaOH，此溶液的质量摩尔浓度为__________。

22. 苯和水混合后加入钾肥皂，得到__________型乳浊液；加入镁肥皂又得__________型乳浊液。

(二) 判断题（正确的请在括号内打√，错误的打×）

23. 在 60.0mL 质量浓度为 1.065g · mL^{-1}、质量分数为 58.0%的乙酸溶液中含有 37.1g 乙酸。 (　　)

24. 在 Wg 溶液中，含有溶质（相对分子质量 M）yg，溶液相对密度为 d，则该溶液的物质的量浓度表达式为 $c=\dfrac{y/M}{W/d}\times 1000$。 (　　)

25. 强电解质稀溶液的“依数性偏差(i)”是指其 Δp、ΔT_f、ΔT_b 及 π 的数值高于同浓度难挥发非电解质稀溶液相应值。 (　　)

26. 稀溶液的依数性规律是由溶液的沸点升高而引起的。　(　)

27. 电解质溶液的蒸气压也要降低，但表现出的规律性没有非电解质溶液的强。　(　)

28. 1000g 溶液中含有 1mol 溶质 B，则 $b_B = 1mol \cdot kg^{-1}$。　(　)

29. 蒸气压下降是溶液的通性。　(　)

30. 相同温度下，渗透压相等的两种非电解质溶液，其浓度也相同。　(　)

31. 相同质量的碘分别溶于 100g CCl_4 和苯中，两种溶液具有相同的凝固点。　(　)

32. 在溶胶电泳实验中，胶粒恒向电场的正极一方移动。　(　)

33. 电解质对溶胶的聚沉值越大，其聚沉能力越小。　(　)

(三) 选择题（下列各题只有一个正确答案，请将正确答案填在括号内）

34. 市售浓盐酸的浓度为(　　)$mol \cdot L^{-1}$。

A. 6　　B. 12　　C. 18　　D. 36

35. 下列关于基本单元的叙述错误的是(　　)。

A. 它可以是分子、原子、离子、电子及其他粒子

B. 它可以是上述粒子的组合与分割

C. 它可以是一个反应式，如 $3H_2 + N_2 \rightleftharpoons 2NH_3$

D. 它必须是客观存在的粒子

36. 4.0g 氢的 $n(3/2H_2)$ 等于(　　) mol。

A. 3/4　　B. 4/3　　C. 3　　D. 4

37. 同一反应式中，某物质的基本单元由 2A 变成 A 时，其物质的量的关系为(　　)。

A. $n(2A) = 2n(A)$　　B. $n(2A) = n(1/2A)$

C. $n(2A) = 1/2n(A)$　　D. $2n(A) = 1/2n(A)$

38. 同体积 $c(1/2H_2SO_4) = 1.0mol \cdot L^{-1}$ 与 $c(H_2SO_4) = 0.5mol \cdot L^{-1}$ 的溶液，其正确的说法是(　　)。

A. 浓度完全相等　　B. 质量完全相等

C. 物质的量相等　　D. 以上三者都对

39. 2.0g H_2 和 14g N_2 混合，N_2 的摩尔分数是(　　)。

A. 1/4　　B. 1/2　　C. 1/5　　D. 1/3

40. 反应 $aA + bB = dD + eE$，若基本单元分别为 aA、bB、dD、eE 时，该反应的等物质的量规则为(　　)。

A. $n(a) = n(b) = n(d) = n(e)$

B. $n(A) = n(B) = n(D) = n(E)$

C. $n(aA) = n(bB) = n(dD) = n(eE)$

D. $n(a/aA) = n(b/aB) = n(d/aD) = n(e/aE)$

41. 土壤中养分的保持和释放与离子交换吸附有密切的关系，当土壤施入铵态氮时，土壤中的 Ca^{2+} 将被(　　)交换。

A. Na^+　　B. NH_4^+　　C. NH_3　　D. 酸根离子

42. 施肥过多引起烧苗是由于土壤溶液的(　　)比植物细胞液高。

A. 蒸气压　　B. 冰点　　C. 沸点　　D. 渗透压

43. 相同温度下，5.85%的 NaCl 溶液产生的渗透压接近于(　　)。

A. 5.85%的$C_6H_{12}O_6$　　B. 5.85%的$C_{12}H_{22}O_{11}$

C. 2.0mol·L^{-1} $C_6H_{12}O_6$　　D. 1mol·L^{-1} $C_6H_{12}O_6$

44. 1mol·L^{-1}下列溶质的水溶液，哪种溶液的沸点最高？（　　）

A. $MgSO_4$　　B. $Al_2(SO_4)_3$　　C. K_2SO_4　　D. $C_6H_5SO_3H$

45. 一密闭容器内有一杯纯水和一杯糖水，若外界条件不改变，久置后这两个杯中（　　）。

A. 照旧保持不变　　B. 糖水一半转移到纯水杯中

C. 纯水一半转移到糖水杯中　　D. 纯水几乎都能转移到糖水杯中

46. 浮在海面上的冰，其中含盐的量（　　）。

A. 比海水多　　B. 和海水一样　　C. 比海水稍少　　D. 极少

47. 天气干旱时，植物会自动调节增大细胞液可溶物含量，以降低（　　）。

A. 冰点　　B. 沸点　　C. 蒸气压　　D. 渗透压

48. 气候变冷时，植物会自动调节细胞液的浓度，使冰点降低，细胞液浓度将（　　）。

A. 增大　　B. 减小　　C. 不变　　D. 都不是

49. 输液用5%的葡萄糖溶液或0.9%的生理盐水与人体血液的（　　）相等。

A. 血压　　B. 大气压　　C. 渗透压　　D. 蒸气压

50. 温度相同时，下列溶液渗透压最小的是（　　）。

A. 0.01mol·L^{-1}甘油　　B. 0.01mol·L^{-1}HAc

C. 0.01mol·L^{-1}NaCl　　D. 0.05mol·L^{-1}蔗糖

51. 下列说法正确的是（　　）。

A. 在温度相同时，相同质量摩尔浓度的盐溶液和难挥发非电解质溶液的蒸气压相同

B. 两溶液在同一温度下相比，溶液蒸气压大者是因为其相对分子质量大

C. 凝固点降低常数K_f的数值只与溶剂的性质有关

D. 难挥发非电解质稀溶液的依数性不仅与溶质的质量摩尔浓度有关，还与溶质的本性有关

52. 真溶液的粒子直径比入射光的波长小得多，但看不到丁铎尔效应，其原因是（　　）。

A. 发生了光的反射　　B. 发生了光的透射

C. 发生了光的干涉　　D. 发生了光的折射

53. 胶体溶液是动力学稳定体系，因为它有（　　）。

A. 丁铎尔效应　　B. 电泳　　C. 电渗　　D. 布朗运动

54. 决定溶胶胶粒带电的离子称为（　　）。

A. 吸附层反离子　　B. 扩散层反离子

C. 电位离子　　D. 反离子

55. $CaCO_3$和$Ca_3(PO_4)_2$是难溶物质，但在血液中能以溶胶状态稳定存在，主要原因是（　　）。

A. 难溶物的高度分散

B. 由于布朗运动获得动力学稳定性

C. 血液中血清蛋白等高分子化合物溶液的保护作用

D. 增加了血液中溶胶的电性

56. 如果下列溶液的浓度相同，沸点逐渐降低的顺序为（　　）。

① $MgSO_4$　　② $Al_2(SO_4)_3$　　③ K_2SO_4　　④ $C_6H_{12}O_6$

A. ①②③④　　B. ④③②①　　C. ②③①④　　D. ③②①④

57. 四种浓度相同的溶液，按其渗透压由大到小顺序排列的是(　　)。

A. $HAc>NaCl>C_6H_{12}O_6>CaCl_2$　　B. $C_6H_{12}O_6>HAc>NaCl>CaCl_2$

C. $CaCl_2>NaCl>HAc>C_6H_{12}O_6$　　D. $CaCl_2>HAc>C_6H_{12}O_6>NaCl$

58. 脂肪在消化过程中，需胆酸帮助才能变成微小液滴分散在水中，被胃肠黏膜吸收，胆酸所起的作用为(　　)。

A. 保护作用　　B. 催化作用　　C. 乳化作用　　D. 固化作用

59. 混合气体中含气体 A 1mol，气体 B 2mol，气体 C 3mol，混合气体总压力为 200kPa，则其中 B 的分压接近下列哪个值？(　　)

A. 200kPa　　B. 133kPa　　C. 67kPa　　D. 33kPa

60. 用下列电解质凝聚由 $FeCl_3$ 水解生成的 $Fe(OH)_3$ 溶胶，聚沉能力最强的是(　　)。

A. NaCl　　B. $MgSO_4$　　C. $Al_2(SO_4)_3$　　D. $K_3[Fe(CN)_6]$

61. 空气的组成是 21%（体积分数）的 O_2 及 79%的 N_2，如果大气压为 98.6kPa，那么 O_2 的分压最接近的值是(　　)kPa。

A. 30　　B. 50　　C. 21　　D. 84

62. 混合等体积 $0.0080mol\cdot L^{-1}$ KI 溶液和 $0.001mol\cdot L^{-1}$ $AgNO_3$ 溶液制得一种 AgI 溶胶。下列电解质聚沉能力最强的是(　　)。

A. $MgCl_2$　　B. NaCl　　C. $CaCl_2$　　D. $AlCl_3$

63. 由过量 KBr 溶液与 $AgNO_3$ 溶液混合得到的溶胶，其(　　)。

A. 反离子是 NO_3^-　　B. 电位离子是 Ag^+

C. 扩散层带负电　　D. 溶胶是负溶胶

64. 相同质量摩尔浓度的蔗糖溶液与 NaCl 溶液，其沸点(　　)。

A. 前者大于后者　　B. 后者大于前者

C. 两者相同　　D. 不能判断

65. 将 0℃冰投入 0℃盐水溶液中，其结果是(　　)。

A. 水会结冰　　B. 冰将融化

C. 冰与溶液共存　　D. 不能判断

66. 将牛奶放入离心机进行离心分离，可使牛奶脱脂，该方法可以破坏(　　)。

A. 真溶液　　B. 溶胶　　C. 乳浊液　　D. 脂肪

67. 水和脂肪互不溶解，但牛奶中能均匀地混合在一起，其原因是(　　)。

A. 牛奶中的蛋白质起了乳化剂的作用　B. 牛奶中又加入了乳化剂

C. 牛奶中的蛋白质溶于水　　D. 牛奶中的乳糖是乳化剂

68. 表面活性物质的分子结构中含有(　　)。

A. 极性基团　　B. 非极性基团

C. 两种都有　　D. 两种都没有

69. 溶于水能显著降低水的表面张力的物质(如肥皂)称为(　　)。

A. 活化剂　　B. 催化剂

C. 表面活性物质　　D. 钝化剂

70. 高分子化合物溶液对半透膜的行为(　　)。

A. 不能透过　　B. 能透过

C. 部分能透过　　　　D. 随半透膜不同而异

(四) 计算题

71. 质量分数 10.0% 的盐酸，密度为 $1.047g \cdot mL^{-1}$。求：(1) 盐酸的物质的量浓度 $c(HCl)$；(2) 质量摩尔浓度 $b(HCl)$；(3) 摩尔分数 $x(HCl)$。

72. 有 10.3g $K_2CO_3 \cdot 15H_2O$ 的样品溶于 150g 水中，以 K_2CO_3 计，溶液中 K_2CO_3 的质量分数为多少？溶质的质量摩尔浓度又为多少？已知：$K_2CO_3 \cdot 15H_2O$ 的相对分子质量为 408，K_2CO_3 的相对分子质量为 138。

73. 在 1mol 氯仿中溶解 8.3g 某电解质物质，所得溶液的蒸气压为 68.13kPa。已知此时纯溶剂氯仿的蒸气压是 70.13kPa，求：(1) 溶质的物质的量；(2) 溶质的摩尔分数；(3) 溶质的相对分子质量。

74. 20℃时，将 1.00g 血红素溶于水中，配制成 100mL 溶液，测得其渗透压为 0.336kPa。(1) 求血红素的摩尔质量；(2) 计算说明能否用其他依数性测定血红素的摩尔质量。

75. 密闭钟罩内有两杯溶液，A 杯含 1.68g 蔗糖和 20.00g 水，B 杯含 2.45g 某非电解质和 20.00g 水。在恒温下放置足够长的时间达到动态平衡，A 杯水溶液总质量变为 24.9g，求该非电解质的摩尔质量。

76. 将 50mL $0.02mol \cdot L^{-1}$ KBr 溶液和 100mL $0.02mol \cdot L^{-1}$ $AgNO_3$ 溶液混合以制备 AgBr 溶胶，写出胶团结构式，该溶胶在电场中向哪极移动？并比较 $AlCl_3$、Na_2SO_4 和 $K_3[Fe(CN)_6]$这三种电解质对该溶胶的聚沉能力。

自测习题答案

(一) 填空题

1. 油/水，水/油；2. 9.89；3. 前者；4. 186；5. 0.0292，0.00158，272.987K，217.8kPa，3.16kPa；6. 溶液，溶剂，不同浓度；7. 半透膜，浓度差；8. $\{(AgCl)_m \cdot nAg^+ \cdot (n-x)NO_3^-\}^{x+} \cdot xNO_3^-$，负；9. HS^-，H^+，负溶胶，$[Co(NH_3)_6]Br_3$，$[Co(NH_3)_6]Br_3$；10. 同一溶胶胶粒带相同电荷相互排斥，胶粒水化膜(或溶剂化膜)的保护作用；11. 吸附作用，电离作用；12. 负，电泳；13. 溶剂，压力，渗透压；14. 反渗透，淡化；15. 溶质分子，溶剂，蒸气压，纯溶剂；16. 油/水，水/油；17. 0.5001；18. 0.052；19. 63.8；20. 342.4；21. $5.85mol \cdot kg^{-1}$；22. 油/水，水/油。

(二) 判断题

23. ×，24. √，25. √，26. ×，27. √，28. ×，29. ×，30. √，31. ×，32. ×，33. √。

(三) 选择题

34. B，35. D，36. B，37. C，38. B，39. D，40. C，41. B，42. D，43. C，44. B，45. D，46. D，47. C，48. A，49. C，50. A，51. C，52. B，53. D，54. C，55. C，56. C，57. C，58. C，59. C，60. D，61. C，62. D，63. D，64. B，65. B，66. C，67. A，68. C，69. C，70. A。

(四) 计算题

71. (1) $2.87mol \cdot L^{-1}$；(2) $3.04mol \cdot kg^{-1}$；(3) 0.0519。

72. 0.0218，$0.168mol \cdot kg^{-1}$。

73. (1) 0.0294mol；(2) 0.0286；(3) 282.3。

74. (1) $7.25 \times 10^4 g \cdot mol^{-1}$；(2) 不能用沸点升高和凝固点降低法测定血红素的摩尔质量。

75. $690g \cdot mol^{-1}$。

76. 胶团结构式为：$\{(AgBr)_m \cdot nAg^+ \cdot (n-x)NO_3^-\}^{x+} \cdot xNO_3^-$，胶粒向负极移动，对该溶胶的聚沉能力 $K_3[Fe(CN)_6] > Na_2SO_4 > AlCl_3$。

第 3 章　化学热力学初步

3.1　学 习 要 求

(1) 理解热力学有关基本概念及热力学第一定律。

(2) 掌握化学反应热效应的表示方法、赫斯定律的运用及反应焓变的计算。

(3) 掌握熵的定义、物质熵值的规律及标准摩尔熵变的定义和计算。

(4) 掌握吉布斯自由能和吉布斯自由能变的概念、反应方向的判据、标准摩尔生成吉布斯自由能与标准摩尔生成吉布斯自由能变的计算。

3.2　内 容 要 点

3.2.1　基本概念

1. 化学反应进度(ξ)

任一反应

$$0=\sum_{B}\nu_{B}B$$

对于有限的变化,有

$$\Delta\xi=\Delta n_{B}/\nu_{B}$$

对于化学反应来讲,一般选尚未反应时 $\xi=0$,故

$$\xi=[n_{B}(\xi)-n_{B}(0)]/\nu_{B}$$

式中:$n_{B}(0)$为 $\xi=0$ 时物质 B 的物质的量;$n_{B}(\xi)$为 $\xi=\xi$ 时物质 B 的物质的量。

对于同一反应,反应方程式写法不同,ν_B 就不同,因而 ξ 就不同,所以当涉及反应进度时,必须指明化学反应方程式。

当反应按所给反应式的系数比例进行了一个单位的化学反应时,即 $\Delta n_{B}/1\text{mol}=\nu_{B}$,这时反应进度 ξ 就等于 1mol,即进行了 1mol 化学反应或简称摩尔反应。

2. 体系与环境

被划分出来作为人们研究的对象称为体系,体系以外与体系密切相关的部分则称为环境。热力学体系分为三种。

敞开体系:体系与环境间既有物质交换又有能量交换。

封闭体系:体系与环境间只有能量交换没有物质交换。

孤立体系:体系与环境间既无物质交换也无能量交换。真正的孤立体系是不存在的,热力学中有时把与体系有关的环境部分与体系合并在一起看作一孤立体系。

热力学中研究较多的是封闭体系。

3. 状态与状态函数

体系的状态是体系所有宏观性质的综合表现。体现体系存在状态的宏观物理量称为体系的状态函数，如压力(p)、温度(T)、密度(ρ)、体积(V)、物质的量(n)，以及热力学能(U)、焓(H)、熵(S)、吉布斯自由能(G)等。

状态函数的重要特点是：状态一定，状态函数值一定；状态变化，状态函数值变化；其值只取决于体系始态和终态，与过程变化所经历的具体步骤无关。

4. 过程与途径

体系状态发生变化的经过称为过程。体系状态变化所经历的具体步骤称为途径。过程着重于始态和终态，而途径着重于具体方式。一个过程可由许多途径来实现，但无论经历哪种途径，状态函数的改变量是相同的。

5. 热与功

体系与环境之间因温度差异而发生的能量交换形式称为热(Q)。热力学中规定：体系从环境吸热，Q 取正值；体系向环境放热，Q 取负值。

体系与环境之间除热外的其他各种能量交换形式统称为功(W)。热力学中规定：环境对体系做功，W 取正值；体系对环境做功，W 取负值。

功有多种形式，通常把功分为两大类。由于体系体积变化而与环境产生的功称为体积功或膨胀功，用 $-p\Delta V$ 表示；除体积功外的所有其他功都称为非体积功。

功和热的相同点：都是能量，在体系获得能量后，便不再区分热和功；都不是体系的状态函数，是与过程相联系的物理量。功和热的区别在于：功是有序运动的结果，热是无序运动的结果；功能完全转换为热，而热不能完全转换为功。

6. 热力学能与热力学第一定律

热力学能是体系内部所有质点能量之和，又称内能，用符号 U 表示。

热力学第一定律：自然界一切物质都具有能量，能量有各种不同的形式，它可以从一种形式转化为另一种形式，从一个物体传递给另一个物体，而在转化和传递的过程中能量的总数量保持不变，这就是能量守恒定律。而封闭体系与环境之间的能量传递除功的形式外，还有热的形式时，则能量守恒定律的数学表达式为

$$\Delta U = Q + W\text{（封闭体系）}$$

3.2.2 热化学

1. 化学反应热效应

在恒温条件下，若体系发生化学反应是在恒容且不做非体积功的条件下进行，则该过程中与环境之间交换的热量就是恒容反应热，即

$$Q_V = \Delta U$$

在恒温条件下，若体系发生化学反应是在恒压且不做非体积功的条件下进行，则该过程中与环境之间交换的热量就是恒压反应热，即

$$Q_p = \Delta H$$

恒温恒压只做体积功的过程中，$\Delta H>0$，表明体系是吸热的；$\Delta H<0$，表明体系是放热的。

$$\Delta U = \Delta H - p\Delta V$$

当反应物和生成物都为固态和液态时，反应的 $p\Delta V$ 值很小，可忽略不计，故 $\Delta H \approx \Delta U$。

对有气体参与的化学反应，$p\Delta V$ 值较大，假设为理想气体，则

$$\Delta H = \Delta U + \Delta n(\mathrm{g})RT$$

其中

$$\Delta n(\mathrm{g}) = \xi \sum_{\mathrm{B}} \nu_{\mathrm{B(g)}}$$

式中：$\sum_{\mathrm{B}} \nu_{\mathrm{B(g)}}$ 为化学反应计量方程式中反应前后气体的化学计量数之和(注意反应物 ν_{B} 取负值，生成物 ν_{B} 取正值)。

2. 热化学方程式

表示化学反应及其热效应关系的化学反应方程式称为热化学反应方程式。正确书写热化学反应方程式必须注意以下几点：

(1) 正确写出化学反应计量方程式，必须是配平的反应方程式。

(2) 必须注明参与反应的物质 B 的聚集状态。

(3) 注明反应的温度和压力。

3. 赫斯定律

任何一个化学反应，在不做其他功和处于恒压或恒容的情况下，化学反应热效应仅与反应的始、终态有关，而与具体途径无关。它适用于任何状态函数。

赫斯定律表明热化学反应方程式也可像普通代数方程式一样进行加减运算。利用一些反应的热效应数据，就可计算出另一些反应的热效应。

4. 反应焓变的计算

(1) 物质的标准状态。标准状态是在温度 T 及标准压力 $p^{\ominus}$($p^{\ominus}=100\mathrm{kPa}$)下的状态，用右上标“$\ominus$”表示。当体系处于标准状态时，指体系中所有物质均处于各自的标准状态。

纯理想气体的标准状态是气体处于标准压力 $p^{\ominus}$下的状态，混合理想气体中任一组分的标准状态是该气体组分的分压为 $p^{\ominus}$时的状态。

纯液体(或纯固体)的标准状态是标准压力 $p^{\ominus}$下的纯液体(或纯固体)。

溶液中溶质的标准状态是指标准压力 $p^{\ominus}$下溶质的浓度为 $c^{\ominus}$($c^{\ominus}=1\mathrm{mol\cdot L^{-1}}$)的溶液，严格地说是溶质的质量摩尔浓度为 $1\mathrm{mol\cdot kg^{-1}}$的理想溶液。

(2) 摩尔反应焓变 $\Delta_{\mathrm{r}}H_{\mathrm{m}}$、标准摩尔反应焓变 $\Delta_{\mathrm{r}}H_{\mathrm{m}}^{\ominus}$ 及标准摩尔生成焓 $\Delta_{\mathrm{f}}H_{\mathrm{m}}^{\ominus}$。对某化学反应，若反应进度为 ξ 时的反应焓变为 $\Delta_{\mathrm{r}}H$，则摩尔反应焓变为

$$\Delta_{\mathrm{r}}H_{\mathrm{m}} = \frac{\Delta_{\mathrm{r}}H}{\xi}$$

当化学反应处于温度 T 的标准状态时，该反应的摩尔反应焓变称为标准摩尔反应焓变，以 $\Delta_{\mathrm{r}}H_{\mathrm{m}}^{\ominus}(T)$表示。

规定在温度 T 及标准状态下，由指定参考状态的单质生成单位物质的量的纯物质B时反应的焓变称为物质B在温度 T 时的标准摩尔生成焓，用 $\Delta_f H_m^\ominus(B,\beta,T)$ 表示，单位为 $kJ \cdot mol^{-1}$。

水合离子标准摩尔生成焓是指在温度 T 及标准状态下由参考状态单质生成溶于大量水的水合离子B(aq)的标准摩尔反应焓变，符号为 $\Delta_f H_m^\ominus(B,\infty,aq,T)$，单位为 $kJ \cdot mol^{-1}$。符号"∞"表示"在大量水中"或"无限稀薄水溶液中"，常省略。

(3) 标准摩尔燃烧焓 $\Delta_c H_m^\ominus$。在温度 T 及标准状态下1mol物质B完全燃烧时的标准摩尔反应焓变称为物质B的标准摩尔燃烧焓，用 $\Delta_c H_m^\ominus(B,\beta,T)$ 表示，单位为 $kJ \cdot mol^{-1}$。

(4) 标准摩尔反应焓变 $\Delta_r H_m^\ominus$ 的计算。其计算方法有多种。

用热化学方程式的组合计算 $\Delta_r H_m^\ominus$：多个化学反应计量式相加(或相减)，所得化学反应计量式的 $\Delta_r H_m^\ominus(T)$ 等于原各化学计量式的 $\Delta_r H_m^\ominus(T)$ 之和(或之差)。

由标准摩尔生成焓计算 $\Delta_r H_m^\ominus$：$\Delta_r H_m^\ominus = \sum_B \nu_B \Delta_f H_m^\ominus(B)$。

由标准摩尔燃烧焓计算 $\Delta_r H_m^\ominus$：$\Delta_r H_m^\ominus = \sum_B (-\nu_B) \Delta_c H_m^\ominus(B)$。

若体系的温度不是298.15K，反应的焓变改变不大，即反应的焓变基本不随温度而变。

$$\Delta_r H_m^\ominus(T) \approx \Delta_r H_m^\ominus(298.15K)$$

3.2.3 化学反应的方向与限度

1. 自发过程

不需要借助外力就能自动进行的过程称为自发过程，相应的化学反应称为自发反应。自发过程有以下特征：自发过程有一定的方向性，其逆过程是非自发的；自发过程能自动进行，非自发过程必须借助一定方式的外部作用才能进行；自发过程的最大限度是体系的平衡态；自发过程不受时间约束，与反应速率无关。

2. 熵函数

(1) 熵。用以表征体系混乱度大小的状态函数称为熵，符号为 S。体系的混乱度越大，熵值就越大。

热力学第三定律：在0K时，纯物质完美晶体的微观粒子排列是整齐有序的，此时体系的熵值 $S^*(B,0K)=0J \cdot K^{-1}$。其中"*"表示完美晶体。以此为基准，可确定其他温度下物质的熵值，即

$$\Delta S_m(B) = S_m(B,T) - S_m^*(B,0K) = S_m(B,T)$$

(2) 标准摩尔熵 $S_m^\ominus(B,T)$。在标准状态下物质B的摩尔规定熵称为标准摩尔熵，用 $S_m^\ominus(B,T)$ 表示，在298.15K时，可简写为 $S_m^\ominus(B)$，单位为 $J \cdot mol^{-1} \cdot K^{-1}$。注意：在298.15K及标准状态下，参考状态单质的标准摩尔熵 $S_m^\ominus(B)$ 不等于零，这与标准状态时参考状态单质的 $\Delta_f H_m^\ominus(B)=0kJ \cdot mol^{-1}$ 不同。

水合离子的标准摩尔熵是以 $S_m^\ominus(H^+,aq)=0J \cdot mol^{-1} \cdot K^{-1}$ 为基准而求得的相对值。

熵的一般变化规律：温度升高，熵值增大；压力增大，熵值减小(压力对液体和固体的熵值影响较小)；对同一种物质的熵值有 $S^\ominus(B,g,T)>S^\ominus(B,l,T)>S^\ominus(B,s,T)$；相同状态下，分子结构相似的物质，随相对分子质量增大，熵值增大；混合物或溶液的熵值往往比相应的纯物

质的熵值大;化学反应中,若物质种类增多,分子数增多,则体系的熵值增大。

(3) 标准摩尔反应熵变 $\Delta_r S_m^\ominus(T)$。

$$\Delta_r S_m^\ominus = \sum_B \nu_B S_m^\ominus(B)$$

反应的熵变基本不随温度而变化。

$$\Delta_r S_m^\ominus(T) \approx \Delta_r S_m^\ominus(298.15K)$$

3. 热力学第二定律

热力学第二定律的统计表达:在孤立体系中自发进行的反应必然伴随着熵的增加,或孤立体系的熵值总是趋向于极大值,即为熵增加原理,可表示如下:

ΔS(孤立) > 0　自发过程

ΔS(孤立) $= 0$　平衡状态

ΔS(孤立) < 0　非自发过程

4. 吉布斯自由能及其应用

(1) 吉布斯自由能(G)和吉布斯自由能变(ΔG)。定义:

$$G = H - TS$$

在恒温恒压不做非体积功的状态变化过程中,吉布斯自由能变 ΔG:

$$\Delta G = \Delta H - T\Delta S$$

上式称为吉布斯等温方程,是化学中最重要和最有用的方程之一。

(2) 反应自发性的判断。对恒温恒压不做非体积功的一般反应,其自发性的判断标准为

$\Delta G < 0$　自发过程,过程能向正方向进行

$\Delta G = 0$　体系处于平衡状态

$\Delta G > 0$　非自发过程,过程能向逆方向进行

ΔG 的值取决于 ΔH、ΔS 和 T,可归纳为下表的四种情况。

类型	ΔH	ΔS	ΔG	反应情况
1	−	+	−	任何温度下反应均自发,如:$1/2H_2(g) + 1/2F_2(g) \longrightarrow HF(g)$ $\Delta_r H_m^\ominus = -269kJ \cdot mol^{-1}$,$\Delta_r S_m^\ominus = +6.7J \cdot mol^{-1} \cdot K^{-1}$
2	+	−	+	任何温度下反应均非自发,如:$CO(g) \longrightarrow C(s) + 1/2O_2(g)$ $\Delta_r H_m^\ominus = +110.5kJ \cdot mol^{-1}$,$\Delta_r S_m^\ominus = -89.7J \cdot mol^{-1} \cdot K^{-1}$
3	+	+	低温+ 高温−	低温非自发,高温自发,如:$CaCO_3(s) \longrightarrow CaO(s) + CO_2(g)$ $\Delta_r H_m^\ominus = +177.8kJ \cdot mol^{-1}$,$\Delta_r S_m^\ominus = +160.7J \cdot mol^{-1} \cdot K^{-1}$
4	−	−	低温− 高温+	低温自发,高温非自发,如:$HCl(g) + NH_3(g) \longrightarrow NH_4Cl(s)$ $\Delta_r H_m^\ominus = -176.9kJ \cdot mol^{-1}$,$\Delta_r S_m^\ominus = -284.6J \cdot mol^{-1} \cdot K^{-1}$

(3) 标准摩尔生成吉布斯自由能与标准摩尔反应吉布斯自由能变。在温度 T 及标准状态下,由参考状态的单质生成物质 B 的反应,其反应进度为 1mol 且 $\nu_B = 1$ 时的标准摩尔反应吉布斯自由能变 $\Delta_r G_m^\ominus$,即为物质 B 在温度 T 时的标准摩尔生成吉布斯自由能,用 $\Delta_f G_m^\ominus$(B,

β,T)表示，单位为 kJ·mol^{-1}。在标准状态下所有参考状态的单质其标准摩尔生成吉布斯自由能 $\Delta_f G_m^\ominus$(B,298.15K)=0kJ·mol^{-1}。

水合离子的标准摩尔生成吉布斯自由能 $\Delta_f G_m^\ominus$(B,aq)的定义，也是以水合氢离子的 $\Delta_f G_m^\ominus$(H^+,aq,298.15K)=0 为基准而求得的相对值。

对任一化学反应，其 $\Delta_r G_m^\ominus$ 可由物质 B 的 $\Delta_f G_m^\ominus$(B,298.15K)计算：

$$\Delta_r G_m^\ominus = \sum_B \nu_B \Delta_f G_m^\ominus(B)$$

也可用吉布斯等温方程式计算：

$$\Delta_r G_m^\ominus(T) = \Delta_r H_m^\ominus(T) - T\Delta_r S_m^\ominus(T)$$

(4) ΔG 与温度的关系。化学反应的焓变与熵变受温度的影响并不明显，即 $\Delta_r H_m^\ominus(T) \approx \Delta_r H_m^\ominus(298.15\text{K})$，$\Delta_r S_m^\ominus(T) \approx \Delta_r S_m^\ominus(298.15\text{K})$。吉布斯等温方程近似公式：

$$\Delta_r G_m^\ominus(T) \approx \Delta_r H_m^\ominus(298.15\text{K}) - T\Delta_r S_m^\ominus(298.15\text{K})$$

由吉布斯等温方程近似公式可得出下式，近似求转变温度 T_c：

$$T_c \approx \frac{\Delta_r H_m^\ominus(298.15\text{K})}{\Delta_r S_m^\ominus(298.15\text{K})}$$

3.3 例题解析

例 3.1 已知在 100℃，100kPa 下，1mol 水气化为 1mol 水蒸气，气化热为 40.63kJ·mol^{-1}，试估算 1mol 水在蒸发过程中的体积功 W 和 $\Delta_r U_m$。(水蒸气在此可近似看作理想气体)

$$H_2O(l) \xlongequal{\quad} H_2O(g)$$

解 已知 $\Delta_r H_m = 40.63\text{kJ}\cdot\text{mol}^{-1}$

$$\Delta_r H_m - \Delta_r U_m = \sum \nu_{B(g)} RT = RT = 8.314 \times 10^{-3} \times 373.15 = 3.10(\text{kJ}\cdot\text{mol}^{-1})$$

$$\Delta_r U_m = 40.63 - 3.10 = 37.53(\text{kJ}\cdot\text{mol}^{-1})$$

$$W = -p\Delta V = -pV(\text{水蒸气}) = -\Delta n(g)RT = -3.10(\text{kJ}\cdot\text{mol}^{-1})$$

例 3.2 有一种甲虫名为投弹手，它能用由尾部喷射出的爆炸性排泄物的方法作为防卫措施，所涉及的化学反应是氢醌被过氧化氢氧化生成醌和水：

$$C_6H_4(OH)_2(aq) + H_2O_2(aq) \longrightarrow C_6H_4O_2(aq) + 2H_2O(l)$$

根据下列热化学方程式计算该反应的 $\Delta_r H_m^\ominus$。

(1) $C_6H_4(OH)_2(aq) \longrightarrow C_6H_4O_2(aq) + H_2(g)$ $\Delta_r H_m^\ominus(1) = 177.4\text{kJ}\cdot\text{mol}^{-1}$

(2) $H_2(g) + O_2(g) \longrightarrow H_2O_2(aq)$ $\Delta_r H_m^\ominus(2) = -191.2\text{kJ}\cdot\text{mol}^{-1}$

(3) $H_2(g) + 0.5O_2(g) \longrightarrow H_2O(g)$ $\Delta_r H_m^\ominus(3) = -241.8\text{kJ}\cdot\text{mol}^{-1}$

(4) $H_2O(g) \longrightarrow H_2O(l)$ $\Delta_r H_m^\ominus(4) = -44.0\text{kJ}\cdot\text{mol}^{-1}$

解 由反应式[(1)-(2)+2×(3)+2×(4)]，得

$$C_6H_4(OH)_2(aq) + H_2O_2(aq) \longrightarrow C_6H_4O_2(aq) + 2H_2O(l)$$

$$\begin{aligned}\Delta_r H_m^\ominus &= \Delta_r H_m^\ominus(1) - \Delta_r H_m^\ominus(2) + 2\Delta_r H_m^\ominus(3) + 2\Delta_r H_m^\ominus(4)\\ &= 177.4 - (-191.2) + 2\times(-241.8) + 2\times(-44.0)\\ &= -203.0(\text{kJ}\cdot\text{mol}^{-1})\end{aligned}$$

例 3.3　煤中总有含硫杂质，当煤燃烧时就有 SO_2 和 SO_3 生成，能否用 CaO 吸收 SO_3，以减少烟道废气对空气的污染？高温还是低温有利于反应自发进行？

解

	$CaO(s)$	+ $SO_3(g)$	$\longrightarrow CaSO_4(s)$
$\Delta_f H_m^\ominus(298.15K)/(kJ\cdot mol^{-1})$	-635.09	-395.72	-1434.1
$S_m^\ominus(298.15K)/(J\cdot mol^{-1}\cdot K^{-1})$	39.75	256.76	107

$$\begin{aligned}\Delta_r H_m^\ominus &= \sum_B \nu_B \Delta_f H_m^\ominus(B)\\ &= -1434.1-(-635.09-395.72)\\ &= -403.29(kJ\cdot mol^{-1})\end{aligned}$$

$$\begin{aligned}\Delta_r S_m^\ominus &= \sum_B \nu_B S_m^\ominus(B)\\ &= 107-(256.76+39.75)\\ &= -189.51(J\cdot mol^{-1}\cdot K^{-1})\end{aligned}$$

$$\begin{aligned}\Delta_r G_m^\ominus(298.15K) &= \Delta_r H_m^\ominus(298.15K) - 298.15\times\Delta_r S_m^\ominus(298.15K)\\ &= -346.35(kJ\cdot mol^{-1}) < 0\end{aligned}$$

$$T_c = \frac{\Delta_r H_m^\ominus}{\Delta_r S_m^\ominus} = \frac{-403.29\times 1000}{-189.51} = 2121(K)$$

由于 298.15K 时，$\Delta_r G_m^\ominus(298.15K)<0$，正反应自发进行，可以用 CaO 吸收 SO_3，在低温时有利于反应自发进行。

例 3.4　已知 $CO_2(g)$ 和 $Fe_2O_3(s)$ 的下列数据：

	$CO_2(g)$	$Fe_2O_3(s)$
$\Delta_f H_m^\ominus(298.15K)/(kJ\cdot mol^{-1})$	-393.509	-824.2
$\Delta_f G_m^\ominus(298.15K)/(kJ\cdot mol^{-1})$	-394.359	-742.2

反应 $Fe_2O_3(s)+3/2C(s)\longrightarrow 2Fe(s)+3/2CO_2(g)$ 在什么温度下能自发进行？

解

$$\begin{aligned}\Delta_r H_m^\ominus &= \sum_B \nu_B \Delta_f H_m^\ominus(B) = \frac{3}{2}\times(-393.509)-(-824.2)\\ &= 233.94(kJ\cdot mol^{-1})\end{aligned}$$

$$\begin{aligned}\Delta_r G_m^\ominus &= \sum_B \nu_B \Delta_f G_m^\ominus(B) = \frac{3}{2}\times(-394.359)-(-742.2)\\ &= 150.66(kJ\cdot mol^{-1})\end{aligned}$$

$$\Delta_r G_m^\ominus = \Delta_r H_m^\ominus - 298.15\times\Delta_r S_m^\ominus$$

$$\Delta_r S_m^\ominus = \frac{\Delta_r H_m^\ominus - \Delta_r G_m^\ominus}{298.15} = \frac{233.94-150.66}{298.15} = 0.279(kJ\cdot mol^{-1}\cdot K^{-1})$$

上述反应自发进行的温度为

$$T_c > \frac{\Delta_r H_m^\ominus}{\Delta_r S_m^\ominus} = \frac{233.94}{0.279} = 838(K)$$

例 3.5　$CuSO_4\cdot 5H_2O$ 的风化可用以下反应表示：

$$CuSO_4\cdot 5H_2O(s) = CuSO_4(s) + 5H_2O(g)$$

(1) 求 298K 时的 $\Delta_r G_m^\ominus$。

(2) 298K 时，若空气中水蒸气相对湿度为 60%，在敞口容器中上述反应的 $\Delta_r G_m$ 是多少？

此时 $CuSO_4 \cdot 5H_2O$ 是否会风化为 $CuSO_4$？

解 (1) $\Delta_r G_m^{\ominus} = (-661.9) + 5 \times (-228.572) - (-1880)$

$= 75.2(kJ \cdot mol^{-1})$

(2) 298K 时水的饱和蒸气为

$$p(H_2O) = 3.168kPa$$

由于

$$\Delta_r G_m = \Delta_r G_m^{\ominus} + RT\ln Q = 75.2 + 8.314 \times 10^{-3} \times 298 \times \ln\left(\frac{3.168 \times 60\%}{100}\right)^5$$

$$= 26.2(kJ \cdot mol^{-1}) > 0$$

此时反应正向非自发，故 $CuSO_4 \cdot 5H_2O$ 不会风化为 $CuSO_4$。

例 3.6 已知 298K 时：$FeO(s) + CO(g) = Fe(s) + CO_2(g)$

	FeO(s)	CO(g)	Fe(s)	CO_2(g)
$\Delta_f H_m^{\ominus}/(kJ \cdot mol^{-1})$	−266.5	−110.5	0	−393.5
$\Delta_f G_m^{\ominus}/(kJ \cdot mol^{-1})$	−246.0	−137.3	0	−394.4
$S_m^{\ominus}/(J \cdot mol^{-1} \cdot K^{-1})$	61.0	197.9	27.2	213.6

通过计算说明：

(1) 该反应在 298K 时的 $\Delta_r H_m^{\ominus}$、$\Delta_r G_m^{\ominus}$、$\Delta_r S_m^{\ominus}$ 各等于多少？

(2) 该反应在 298K 时的标准状态下能否自发进行？反应的平衡常数是多少？

(3) 若反应在 550K 温度下进行，反应进行的程度如何？

(4) 要使反应逆向进行，是否可通过改变温度实现？

解 (1) $\Delta_r H_m^{\ominus} = \sum_B \nu_B \Delta_f H_m^{\ominus}(B) = -393.5 + 110.5 + 266.5 = -16.5(kJ \cdot mol^{-1})$

$$\Delta_r G_m^{\ominus} = \sum_B \nu_B \Delta_f G_m^{\ominus}(B) = -394.4 + 137.3 + 246.0 = -11.1(kJ \cdot mol^{-1})$$

$$\Delta_r S_m^{\ominus} = \sum_B \nu_B S_m^{\ominus}(B) = 213.6 + 27.2 - 61.0 - 197.9 = -18.1(J \cdot mol^{-1} \cdot K^{-1})$$

(2) 因 $\Delta_r G_m^{\ominus} < 0$，故该反应在 298K 时能自发进行。又因为 $\Delta_r G_m^{\ominus} = -RT\ln K^{\ominus}$，即

$$-11.1 = -8.314 \times 10^{-3} \times 298 \times \ln K_{298}^{\ominus}, K_{298}^{\ominus} = 88.3$$

(3) 由 $\Delta_r G_m^{\ominus} = \Delta_r H_m^{\ominus} - T\Delta_r S_m^{\ominus} = -RT\ln K^{\ominus}$，有

$$-16.5 \times 10^3 - 550 \times (-18.1) = -8.314 \times 550 \times \ln K_{550}^{\ominus}, K_{550}^{\ominus} = 4.2$$

(4) 由于该反应的逆反应：$\Delta_r H_m^{\ominus} > 0$，$\Delta_r S_m^{\ominus} > 0$，因此在高温下反应能正常进行。要使反应逆向进行，必须使 $\Delta_r G_m^{\ominus} = \Delta_r H_m^{\ominus} - T\Delta_r S_m^{\ominus} > 0$，即

$$(-16.5 \times 10^3) - (-18.1)T > 0, \ T > 911.6K$$

3.4 习题解答

1. 判断题(正确的请在括号内打√，错误的在括号内打×)。

(1) 稳定单质的 $\Delta_f G_m^{\ominus}$、$\Delta_f H_m^{\ominus}$ 和 $S_m^{\ominus}$ 均为零。 (×)

(2) 热力学温度为零时，所有元素的熵为零。 (×)

(3) 因为 $\Delta H = Q_p$，$\Delta U = Q_V$，所以 Q_p、Q_V 均是状态函数。 (×)

(4) 碳酸钙受热分解是 $\Delta_r S_m^{\ominus} > 0$ 的反应。 (√)

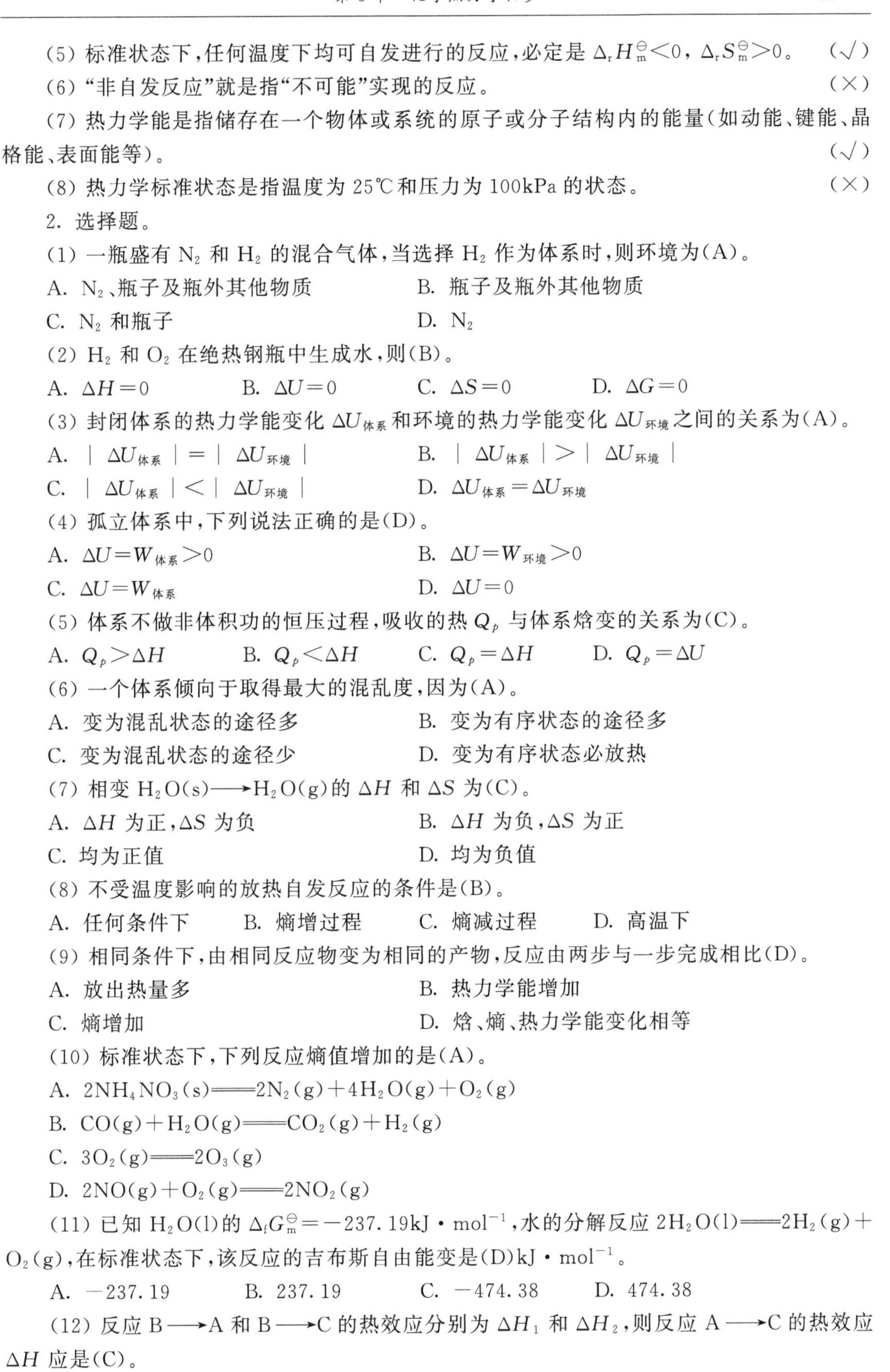

(5) 标准状态下，任何温度下均可自发进行的反应，必定是 $\Delta_r H_m^{\ominus}<0$，$\Delta_r S_m^{\ominus}>0$。　(√)

(6) “非自发反应”就是指“不可能”实现的反应。　(×)

(7) 热力学能是指储存在一个物体或系统的原子或分子结构内的能量(如动能、键能、晶格能、表面能等)。　(√)

(8) 热力学标准状态是指温度为 25℃和压力为 100kPa 的状态。　(×)

2. 选择题。

(1) 一瓶盛有 N_2 和 H_2 的混合气体，当选择 H_2 作为体系时，则环境为(A)。

A. N_2、瓶子及瓶外其他物质　B. 瓶子及瓶外其他物质

C. N_2 和瓶子　D. N_2

(2) H_2 和 O_2 在绝热钢瓶中生成水，则(B)。

A. $\Delta H=0$　B. $\Delta U=0$　C. $\Delta S=0$　D. $\Delta G=0$

(3) 封闭体系的热力学能变化 $\Delta U_{体系}$ 和环境的热力学能变化 $\Delta U_{环境}$ 之间的关系为(A)。

A. $|\Delta U_{体系}|=|\Delta U_{环境}|$　B. $|\Delta U_{体系}|>|\Delta U_{环境}|$

C. $|\Delta U_{体系}|<|\Delta U_{环境}|$　D. $\Delta U_{体系}=\Delta U_{环境}$

(4) 孤立体系中，下列说法正确的是(D)。

A. $\Delta U=W_{体系}>0$　B. $\Delta U=W_{环境}>0$

C. $\Delta U=W_{体系}$　D. $\Delta U=0$

(5) 体系不做非体积功的恒压过程，吸收的热 Q_p 与体系焓变的关系为(C)。

A. $Q_p>\Delta H$　B. $Q_p<\Delta H$　C. $Q_p=\Delta H$　D. $Q_p=\Delta U$

(6) 一个体系倾向于取得最大的混乱度，因为(A)。

A. 变为混乱状态的途径多　B. 变为有序状态的途径多

C. 变为混乱状态的途径少　D. 变为有序状态必放热

(7) 相变 $H_2O(s)\longrightarrow H_2O(g)$ 的 ΔH 和 ΔS 为(C)。

A. ΔH 为正，ΔS 为负　B. ΔH 为负，ΔS 为正

C. 均为正值　D. 均为负值

(8) 不受温度影响的放热自发反应的条件是(B)。

A. 任何条件下　B. 熵增过程　C. 熵减过程　D. 高温下

(9) 相同条件下，由相同反应物变为相同的产物，反应由两步与一步完成相比(D)。

A. 放出热量多　B. 热力学能增加

C. 熵增加　D. 焓、熵、热力学能变化相等

(10) 标准状态下，下列反应熵值增加的是(A)。

A. $2NH_4NO_3(s)=\!=\!=2N_2(g)+4H_2O(g)+O_2(g)$

B. $CO(g)+H_2O(g)=\!=\!=CO_2(g)+H_2(g)$

C. $3O_2(g)=\!=\!=2O_3(g)$

D. $2NO(g)+O_2(g)=\!=\!=2NO_2(g)$

(11) 已知 $H_2O(l)$ 的 $\Delta_f G_m^{\ominus}=-237.19\text{kJ}\cdot\text{mol}^{-1}$，水的分解反应 $2H_2O(l)=\!=\!=2H_2(g)+O_2(g)$，在标准状态下，该反应的吉布斯自由能变是(D)$\text{kJ}\cdot\text{mol}^{-1}$。

A. -237.19　B. 237.19　C. -474.38　D. 474.38

(12) 反应 $B\longrightarrow A$ 和 $B\longrightarrow C$ 的热效应分别为 ΔH_1 和 ΔH_2，则反应 $A\longrightarrow C$ 的热效应 ΔH 应是(C)。

A. $\Delta H_1+\Delta H_2$　　B. $\Delta H_1-\Delta H_2$　　C. $\Delta H_2-\Delta H_1$　　D. $2\Delta H_1-\Delta H_2$

(13) 赫斯定律认为化学反应的热效应与过程无关，这种说法之所以正确是因为反应处在(D)。

A. 可逆条件下进行　　B. 恒压无其他功条件下进行

C. 恒容无其他功条件下进行　　D. 上述中 B、C 都对

(14) 下列物质中，最稳定的单质是(B)。

A. C(金刚石)　　B. $Br_2(l)$　　C. S(l)　　D. Hg(s)

3. 下列说法是否正确，请解释。

(1) 放热化学反应都能自发进行。

(2) 自发过程的熵值都会增加。

(3) 化学反应自发进行的条件是吉布斯自由能变($\Delta_r G_m$)小于零。

(4) 稳定单质的 $\Delta_f H_m^\ominus=0$，$\Delta_f G_m^\ominus=0$，所以其规定熵 $S_m^\ominus=0$。

(5) 化学反应时，若产物分子数比反应物多，则反应的 $\Delta_r S_m^\ominus$ 一定为正值。

答 (1) 不正确。化学反应的自发性由反应的焓变和熵变共同决定。

(2) 不正确。只有在孤立体系中，自发过程的熵值一定增加。

(3) 不正确。"化学反应自发进行的条件是吉布斯自由能变($\Delta_r G_m$)小于零"的前提条件是：恒温恒压不做非体积功的反应体系。

(4) 不正确。在 298.15K 及标准状态下，参考状态的单质的标准摩尔熵 $S_m^\ominus(B)$并不等于零，这与标准状态时参考状态的单质的标准摩尔生成焓 $\Delta_f H_m^\ominus(B)=0kJ\cdot mol^{-1}$不同。

(5) 不正确。化学反应的熵变与各物质在反应时的状态及反应前后的分子数都有关。

4. 某体系由状态 1 沿途径 A 变到状态 2 时从环境吸热 314.0J，同时对环境做功 117.0J。当体系由状态 2 沿另一途径 B 变到状态 1 时体系对环境做功 44.0J，则此时体系吸收热量为多少？

解 (1) 状态 1→状态 2，因 $Q_1=314.0J$，$W_1=-117.0J$，则

$$\Delta U_{体系1}=314.0+(-117.0)$$

(2) 状态 2→状态 1，因 $W_2=-44.0J$，$\Delta U_{体系2}=-\Delta U_{体系1}$，则

$$\Delta U_{体系2}=Q_2+(-44.0)=-[314.0+(-117.0)]$$

$$Q_2=-153.0(J)$$

5. 298K 时，在一定容器中，将 0.5g 苯 $C_6H_6(l)$完全燃烧生成 $CO_2(g)$和 $H_2O(l)$，放热 20.9kJ。试求 1mol 苯燃烧过程的 $\Delta_r U_m$ 和 $\Delta_r H_m$ 值。

解 (1) 因是定容反应，所以反应过程的热效应 $\Delta U=Q_V=-20.9kJ$

$$C_6H_6(l)+7.5O_2(g)=\!=\!=6CO_2(g)+3H_2O(l)\qquad \Delta U$$

$$78 \qquad\qquad \Delta_r U_m$$

$$0.5 \qquad\qquad -20.9$$

由$\frac{78}{0.5}=\frac{\Delta_r U_m}{-20.9}$，得

$$\Delta_r U_m=-3260.4(kJ\cdot mol^{-1})$$

(2)
$$\Delta_r H_m=\Delta_r U_m+\Delta n(g)RT$$

$$=-3260.4+(6-7.5)\times 8.314\times 298\times 10^{-3}$$
$$=-3264.1(\text{kJ}\cdot\text{mol}^{-1})$$

6. 已知下列热化学反应：

$Fe_2O_3(s)+3CO(g)=\!=\!=2Fe(s)+3CO_2(g)$　　$\Delta_r H_m^\ominus=-27.61\text{kJ}\cdot\text{mol}^{-1}$

$3Fe_2O_3(s)+CO(g)=\!=\!=2Fe_3O_4(s)+CO_2(g)$　　$\Delta_r H_m^\ominus=-58.58\text{kJ}\cdot\text{mol}^{-1}$

$Fe_3O_4(s)+CO(g)=\!=\!=3FeO(s)+CO_2(g)$　　$\Delta_r H_m^\ominus=+38.07\text{kJ}\cdot\text{mol}^{-1}$

则反应 $FeO(s)+CO(g)=\!=\!=Fe(s)+CO_2(g)$的 $\Delta_r H_m^\ominus$ 为多少？

解　设以上 4 个反应分别为反应(1)、(2)、(3)、(4)，则有

$$(4)=[3\times(1)-(2)-2\times(3)]/6$$

所以

$$\Delta_r H_{m(4)}^\ominus=[3\times\Delta_r H_{m(1)}^\ominus-\Delta_r H_{m(2)}^\ominus-2\times\Delta_r H_{m(3)}^\ominus]/6$$
$$=-16.73(\text{kJ}\cdot\text{mol}^{-1})$$

7. 已知下列化学反应的反应热，求乙炔(C_2H_2,g)的生成热 $\Delta_f H_m^\ominus$。

(1) $C_2H_2(g)+5/2O_2(g)=\!=\!=2CO_2(g)+H_2O(g)$　$\Delta_r H_m^\ominus=-1246.2\text{kJ}\cdot\text{mol}^{-1}$

(2) $C(s)+2H_2O(g)=\!=\!=CO_2(g)+2H_2(g)$　　$\Delta_r H_m^\ominus=90.9\text{kJ}\cdot\text{mol}^{-1}$

(3) $2H_2O(g)=\!=\!=2H_2(g)+O_2(g)$　　$\Delta_r H_m^\ominus=483.6\text{kJ}\cdot\text{mol}^{-1}$

解　根据热化学方程式的组合，反应式[2×(2)－(1)－2.5×(3)]得

$$2C(s)+H_2(g)=\!=\!=C_2H_2(g)\qquad \Delta_r H_m^\ominus=\Delta_f H_m^\ominus(C_2H_2,g)$$

$$\Delta_f H_m^\ominus(C_2H_2,g)=2\Delta_r H_{m(2)}^\ominus-\Delta_r H_{m(1)}^\ominus-2.5\Delta_r H_{m(3)}^\ominus$$
$$=219.0(\text{kJ}\cdot\text{mol}^{-1})$$

8. 利用附录的数据，计算下列反应的 $\Delta_r H_m^\ominus$。

(1) $Fe_3O_4(s)+4H_2(g)=\!=\!=3Fe(s)+4H_2O(g)$

(2) $2NaOH(s)+CO_2(g)=\!=\!=Na_2CO_3(s)+H_2O(l)$

(3) $4NH_3(g)+5O_2(g)=\!=\!=4NO(g)+6H_2O(g)$

(4) $CH_3COOH(l)+2O_2(g)=\!=\!=2CO_2(g)+2H_2O(l)$

(5) $Fe(s)+Cu^{2+}(aq)=\!=\!=Fe^{2+}(aq)+Cu(s)$

(6) $AgCl(s)+Br^-(aq)=\!=\!=AgBr(s)+Cl^-(aq)$

解　(1)　　$Fe_3O_4(s)+4H_2(g)=\!=\!=3Fe(s)+4H_2O(g)$

$\Delta_f H_m^\ominus(298.15\text{K})/(\text{kJ}\cdot\text{mol}^{-1})$　　-1118.4　　0　　0　　-241.818

$$\Delta_r H_m^\ominus=\sum_B \nu_B\Delta_f H_m^\ominus(B)=4\times(-241.818)-(-1118.4)$$
$$=151.128(\text{kJ}\cdot\text{mol}^{-1})$$

(2)　　$2NaOH(s)+CO_2(g)=\!=\!=Na_2CO_3(s)+H_2O(l)$

$\Delta_f H_m^\ominus(298.15\text{K})/(\text{kJ}\cdot\text{mol}^{-1})$　-425.609　-393.509　-1130.68　-285.830

$$\Delta_r H_m^\ominus=\sum_B \nu_B\Delta_f H_m^\ominus(B)$$
$$=(-1130.68)+(-285.830)-[2\times(-425.609)-393.509]$$
$$=-171.783(\text{kJ}\cdot\text{mol}^{-1})$$

(3) $4NH_3(g)+5O_2(g)$ ══ $4NO(g)+6H_2O(g)$

$\Delta_f H_m^\ominus(298.15K)/(kJ\cdot mol^{-1})$ −46.11 0 90.25 −241.818

$$\Delta_r H_m^\ominus = \sum_B \nu_B \Delta_f H_m^\ominus(B)$$

$$=[4\times 90.25+6\times(-241.818)]-4\times(-46.11)$$

$$=-905.468(kJ\cdot mol^{-1})$$

(4) $CH_3COOH(l)+2O_2(g)$ ══ $2CO_2(g)+2H_2O(l)$

$\Delta_f H_m^\ominus(298.15K)/(kJ\cdot mol^{-1})$ −484.09 0 −393.509 −285.830

$$\Delta_r H_m^\ominus = \sum_B \nu_B \Delta_f H_m^\ominus(B)$$

$$=2\times(-393.509-285.830)-(-484.09)$$

$$=-874.588(kJ\cdot mol^{-1})$$

(5) $Fe(s)+Cu^{2+}(aq)$ ══ $Fe^{2+}(aq)+Cu(s)$

$\Delta_f H_m^\ominus(298.15K)/(kJ\cdot mol^{-1})$ 0 64.77 −89.1 0

$$\Delta_r H_m^\ominus = \sum_B \nu_B \Delta_f H_m^\ominus(B) = -89.1-64.77$$

$$=-153.87(kJ\cdot mol^{-1})$$

(6) $AgCl(s)+Br^-(aq)$ ══ $AgBr(s)+Cl^-(aq)$

$\Delta_f H_m^\ominus(298.15K)/(kJ\cdot mol^{-1})$ −127.068 −121 −100.37 −167.2

$$\Delta_r H_m^\ominus = \sum_B \nu_B \Delta_f H_m^\ominus(B)$$

$$=(-100.37-167.2)-(-127.068-121)$$

$$=-19.502(kJ\cdot mol^{-1})$$

9. 计算下列反应在 298.15K 的 $\Delta_r H_m^\ominus$、$\Delta_r S_m^\ominus$ 和 $\Delta_r G_m^\ominus$，并判断哪些反应能自发向右进行。

(1) $2CO(g)+O_2(g)$ ══ $2CO_2(g)$

(2) $4NH_3(g)+5O_2(g)$ ══ $4NO(g)+6H_2O(g)$

(3) $Fe_2O_3(s)+3CO(g)$ ══ $2Fe(s)+3CO_2(g)$

解 (1) $2CO(g)$ + $O_2(g)$ ══ $2CO_2(g)$

$\Delta_f H_m^\ominus(298.15K)/(kJ\cdot mol^{-1})$ −110.525 0 −393.509

$S_m^\ominus(298.15K)/(J\cdot mol^{-1}\cdot K^{-1})$ 197.674 205.138 213.74

$\Delta_f G_m^\ominus(298.15K)/(kJ\cdot mol^{-1})$ −137.168 0 −394.359

$$\Delta_r H_m^\ominus = \sum_B \nu_B \Delta_f H_m^\ominus(B) = 2\times(-393.509+110.525)$$

$$=-565.968(kJ\cdot mol^{-1})$$

$$\Delta_r S_m^\ominus = \sum_B \nu_B S_m^\ominus(B) = 2\times 213.74-(2\times 197.674+205.138)$$

$$=-173.006(J\cdot mol^{-1}\cdot K^{-1})$$

$$\Delta_r G_m^\ominus = \sum_B \nu_B \Delta_f G_m^\ominus(B) = 2 \times (-394.359 + 137.168)$$

$$= -514.382(kJ \cdot mol^{-1}) < 0$$，能自发进行。

(2) $$4NH_3(g) + 5O_2(g) = 4NO(g) + 6H_2O(g)$$

	$NH_3(g)$	$O_2(g)$	$NO(g)$	$H_2O(g)$
$\Delta_f H_m^\ominus(298.15K)/(kJ \cdot mol^{-1})$	−46.11	0	90.25	−241.818
$S_m^\ominus(298.15K)/(J \cdot mol^{-1} \cdot K^{-1})$	192.45	205.138	210.761	188.825
$\Delta_f G_m^\ominus(298.15K)/(kJ \cdot mol^{-1})$	−16.45	0	86.55	−228.572

$$\Delta_r H_m^\ominus = \sum_B \nu_B \Delta_f H_m^\ominus(B)$$

$$= [4 \times 90.25 + 6 \times (-241.818)] - 4 \times (-46.11)$$

$$= -905.47(kJ \cdot mol^{-1})$$

$$\Delta_r S_m^\ominus = \sum_B \nu_B S_m^\ominus(B)$$

$$= (6 \times 188.825 + 4 \times 210.761) - (4 \times 192.45 + 5 \times 205.138)$$

$$= 180.50(J \cdot mol^{-1} \cdot K^{-1})$$

$$\Delta_r G_m^\ominus = \sum_B \nu_B \Delta_f G_m^\ominus(B)$$

$$= [4 \times 86.55 + 6 \times (-228.572)] - 4 \times (-16.45)$$

$$= -959.43(kJ \cdot mol^{-1}) < 0$$，能自发进行。

(3) $$Fe_2O_3(s) + 3CO(g) = 2Fe(s) + 3CO_2(g)$$

	$Fe_2O_3(s)$	$CO(g)$	$Fe(s)$	$CO_2(g)$
$\Delta_f H_m^\ominus(298.15K)/(kJ \cdot mol^{-1})$	−824.2	−110.525	0	−393.509
$S_m^\ominus(298.15K)/(J \cdot mol^{-1} \cdot K^{-1})$	87.40	197.674	27.28	213.74
$\Delta_f G_m^\ominus(298.15K)/(kJ \cdot mol^{-1})$	−742.2	−137.168	0	−394.359

$$\Delta_r H_m^\ominus = \sum_B \nu_B \Delta_f H_m^\ominus(B)$$

$$= 3 \times (-393.509) - [3 \times (-110.525) - 824.2]$$

$$= -24.8(kJ \cdot mol^{-1})$$

$$\Delta_r S_m^\ominus = \sum_B \nu_B S_m^\ominus(B)$$

$$= (3 \times 213.74 + 2 \times 27.28) - (3 \times 197.674 + 87.40)$$

$$= 15.4(J \cdot mol^{-1} \cdot K^{-1})$$

$$\Delta_r G_m^\ominus = \sum_B \nu_B \Delta_f G_m^\ominus(B)$$

$$= 3 \times (-394.359) - [3 \times (-137.168) - 742.2]$$

$$= -29.4(kJ \cdot mol^{-1}) < 0$$，能自发进行。

10. 通常制高纯镍的方法是将粗镍在 323K 与 CO 反应，生成的 $Ni(CO)_4$ 经提纯后在约

473K 分解得到纯镍：

$$Ni(s) + 4CO(g) \underset{473K}{\overset{323K}{\rightleftharpoons}} Ni(CO)_4(l)$$

已知：反应的 $\Delta_r H_m^\ominus = -161kJ \cdot mol^{-1}$，$\Delta_r S_m^\ominus = -420J \cdot mol^{-1} \cdot K^{-1}$。试由热力学数据分析讨论该方法提纯镍的合理性。

解 根据 $\Delta_r G_m^\ominus = \Delta_r H_m^\ominus - T\Delta_r S_m^\ominus$，反应的转变温度

$$T_c = \frac{\Delta_r H_m^\ominus}{\Delta_r S_m^\ominus} = \frac{-161 \times 1000}{-420} = 383(K)$$

当 $T_c < 383K$ 时，$\Delta_r G_m^\ominus < 0$，反应正向自发进行；

当 $T_c > 383K$ 时，$\Delta_r G_m^\ominus > 0$，反应逆向自发进行。

因此，粗镍在 323K 与 CO 反应能生成 $Ni(CO)_4$，$Ni(CO)_4$ 为液态，很容易与反应物分离。$Ni(CO)_4$ 在 473K 分解可得到高纯镍。因此，上述制纯镍的方法是合理的。

11. 在 298K 及 $p^\ominus$ 下，C(金刚石)和 C(石墨)的 $S_m^\ominus$ 值分别为 $2.38J \cdot mol^{-1} \cdot K^{-1}$ 和 $5.74J \cdot mol^{-1} \cdot K^{-1}$，其 $\Delta_c H_m^\ominus$ 值依次为 $-395.4kJ \cdot mol^{-1}$ 和 $-393.51kJ \cdot mol^{-1}$。

(1) 求在 298K 及 $p^\ominus$ 下，石墨⟶金刚石的 $\Delta_r G_m^\ominus$ 值。

(2) 通过计算说明哪种晶形较稳定。

解 (1)

	C(石墨)⟶	C(金刚石)
$\Delta_c H_m^\ominus(298K)/(kJ \cdot mol^{-1})$	-393.51	-395.4
$S_m^\ominus(298K)/(J \cdot mol^{-1} \cdot K^{-1})$	5.74	2.38

$$\Delta_r H_m^\ominus = \sum_B (-\nu_B)\Delta_c H_m^\ominus(B) = 395.4 - 393.51$$

$$= 1.89(kJ \cdot mol^{-1})$$

$$\Delta_r S_m^\ominus = \sum_B \nu_B S_m^\ominus(B) = 2.38 - 5.74$$

$$= -3.36(J \cdot mol^{-1} \cdot K^{-1})$$

$$\Delta_r G_m^\ominus(298K) = \Delta_r H_m^\ominus(298K) - 298\Delta_r S_m^\ominus(298K)$$

$$= 1.89 - 298 \times (-3.36 \times 10^{-3})$$

$$= 2.89(kJ \cdot mol^{-1})$$

(2) 在 298K 的标准状态时，因 $\Delta_r G_m^\ominus(298K) > 0$，故石墨⟶金刚石的反应非自发，石墨更稳定。

12. 定性分析下列反应进行的温度条件。

(1) $2N_2(g) + O_2(g) \longrightarrow 2N_2O(g)$ $\Delta_r H_m^\ominus = +163kJ \cdot mol^{-1}$

(2) $Ag(s) + 0.5Cl_2(g) \longrightarrow AgCl(s)$ $\Delta_r H_m^\ominus = -127kJ \cdot mol^{-1}$

(3) $HgO(s) \longrightarrow Hg(l) + 0.5O_2(g)$ $\Delta_r H_m^\ominus = +91kJ \cdot mol^{-1}$

(4) $H_2O_2(l) \longrightarrow H_2O(l) + 0.5O_2(g)$ $\Delta_r H_m^\ominus = -98kJ \cdot mol^{-1}$

解 反应自发进行的判据是反应的 $\Delta_r G_m^\ominus < 0$，由公式 $\Delta_r G_m^\ominus = \Delta_r H_m^\ominus - T\Delta_r S_m^\ominus$ 可知，$\Delta_r G_m^\ominus$ 值与温度有关，反应温度的变化可能使其符号发生变化。

(1) $\Delta_r H_m^\ominus > 0$，$\Delta_r S_m^\ominus < 0$，任何温度下，$\Delta_r G_m^\ominus > 0$，反应都不能自发进行。

(2) $\Delta_r H_m^\ominus < 0$，$\Delta_r S_m^\ominus < 0$，较低温度时，$\Delta_r G_m^\ominus < 0$，反应低温能自发进行。

(3) $\Delta_r H_m^\ominus > 0$，$\Delta_r S_m^\ominus > 0$，较高温度时，$\Delta_r G_m^\ominus < 0$，反应高温时可自发进行。

(4) $\Delta_r H_m^\ominus < 0$，$\Delta_r S_m^\ominus > 0$，任何温度下，$\Delta_r G_m^\ominus < 0$，反应在任何温度均可自发进行。

13. 求反应 $CO(g) + NO(g) \longrightarrow CO_2(g) + 0.5N_2(g)$ 的 $\Delta_r H_m^\ominus$ 和 $\Delta_r S_m^\ominus$，并用这些数据讨论利用该反应净化汽车尾气中 NO 和 CO 的可能性。

解

	$CO(g)$	$+\ NO(g) \longrightarrow$	$CO_2(g)$	$+\ 0.5N_2(g)$
$\Delta_f H_m^\ominus(298.15K)/(kJ \cdot mol^{-1})$	-110.525	90.25	-393.509	0
$S_m^\ominus(298.15K)/(J \cdot mol^{-1} \cdot K^{-1})$	197.674	210.761	213.74	191.61

$$
\begin{aligned}
\Delta_r H_m^\ominus &= \sum_B \nu_B \Delta_f H_m^\ominus(B) \\
&= (-393.509) - (-110.525 + 90.25) \\
&= -373.23(kJ \cdot mol^{-1})
\end{aligned}
$$

$$
\begin{aligned}
\Delta_r S_m^\ominus &= \sum_B \nu_B S_m^\ominus(B) \\
&= (0.5 \times 191.61 + 213.74) - (197.674 + 210.761) \\
&= -98.89(J \cdot mol^{-1} \cdot K^{-1})
\end{aligned}
$$

$$
\begin{aligned}
\Delta_r G_m^\ominus(298.15K) &= \Delta_r H_m^\ominus(298.15K) - 298.15 \times \Delta_r S_m^\ominus(298.15K) \\
&= -373.234 - 298.15 \times (-98.89 \times 10^{-3}) \\
&= -343.75(kJ \cdot mol^{-1})
\end{aligned}
$$

由于 298.15K 时，$\Delta_r G_m^\ominus(298.15K) < 0$，所以正反应自发进行，可以利用该反应净化汽车尾气中的 NO 和 CO。

14. 利用热力学数据计算 298K 时反应：$MgCO_3(s) \xlongequal{} MgO(s) + CO_2(g)$ 的 $\Delta_r H_m^\ominus$ 和 $\Delta_r S_m^\ominus$ 值，并判断上述反应在 298K 时能否自发进行。求该反应自发进行的最低温度。

解　(1)

	$MgCO_3(s) \xlongequal{}$	$MgO(s)$	$+\ CO_2(g)$
$\Delta_f H_m^\ominus(298.15K)/(kJ \cdot mol^{-1})$	-1096	-601.70	-393.509
$S_m^\ominus(298.15K)/(J \cdot mol^{-1} \cdot K^{-1})$	65.7	26.94	213.74

$$
\begin{aligned}
\Delta_r H_m^\ominus &= \sum_B \nu_B \Delta_f H_m^\ominus(B) \\
&= [(-601.70) + (-393.509)] - (-1096) \\
&= 100.79(kJ \cdot mol^{-1})
\end{aligned}
$$

$$
\begin{aligned}
\Delta_r S_m^\ominus &= \sum_B \nu_B S_m^\ominus(B) \\
&= (26.94 + 213.74) - 65.7
\end{aligned}
$$

$$=174.98(\text{J}\cdot\text{mol}^{-1}\cdot\text{K}^{-1})$$

$$\Delta_r G_m^{\ominus}(298.15\text{K}) = \Delta_r H_m^{\ominus}(298.15\text{K}) - 298.15 \times \Delta_r S_m^{\ominus}(298.15\text{K})$$

$$= 100.79 - 298.15 \times 174.98 \times 10^{-3} = 48.62(\text{kJ}\cdot\text{mol}^{-1})$$

298.15K 时，$\Delta_r G_m^{\ominus}(298.15\text{K}) > 0$，所以 $MgCO_3$ 热分解反应非自发。

(2) 根据 $\Delta_r G_m^{\ominus} = \Delta_r H_m^{\ominus} - T\Delta_r S_m^{\ominus}$，反应自发进行的最低温度

$$T = \frac{\Delta_r H_m^{\ominus}}{\Delta_r S_m^{\ominus}} = \frac{100.79 \times 1000}{174.98} = 576(\text{K})$$

15. 碘钨灯泡是用石英(SiO_2)制作的。试用热力学数据论证："用玻璃取代石英的设想是不能实现的"(灯泡内局部高温可达 623K，玻璃主要成分之一是 Na_2O，它能与碘蒸气发生反应生成 NaI)。

物质	$Na_2O(s)$	$I_2(g)$	$NaI(g)$	$O_2(g)$
$\Delta_f H_m^{\ominus}/(\text{kJ}\cdot\text{mol}^{-1})$	−414.22	62.44	−287.78	0
$S_m^{\ominus}/(\text{J}\cdot\text{mol}^{-1}\cdot\text{K}^{-1})$	75.06	260.58	98.53	205.03

解 反应方程式为 $2Na_2O(s) + 2I_2(g) \xlongequal{\quad} 4NaI(g) + O_2(g)$

$$\Delta_r H_m^{\ominus} = \sum_B \nu_B \Delta_f H_m^{\ominus}(B)$$

$$= 4 \times (-287.78) - 2 \times (-414.22 + 62.44)$$

$$= -447.56(\text{kJ}\cdot\text{mol}^{-1})$$

$$\Delta_r S_m^{\ominus} = \sum_B \nu_B S_m^{\ominus}(B)$$

$$= (205.03 + 98.53 \times 4) - 2 \times (75.06 + 260.58)$$

$$= -72.13(\text{J}\cdot\text{mol}^{-1}\cdot\text{K}^{-1})$$

$$\Delta_r G_m^{\ominus}(623\text{K}) = \Delta_r H_m^{\ominus}(298.15\text{K}) - 623 \times \Delta_r S_m^{\ominus}(298.15\text{K})$$

$$= -447.56 - 623 \times (-72.13 \times 10^{-3})$$

$$= -402.62(\text{kJ}\cdot\text{mol}^{-1})$$

由于 623K 时，$\Delta_r G_m^{\ominus}(623\text{K}) < 0$，正反应自发进行，灯泡会熔化，因此用玻璃取代石英的设想是不能实现的。

16. 糖在人体的新陈代谢过程中发生以下反应：

$$C_{12}H_{22}O_{11}(s) + 12O_2(g) \xlongequal{\quad} 12CO_2(g) + 11H_2O(l)$$

根据热力学数据计算 $\Delta_r G_m^{\ominus}(310\text{K})$，若只有 30% 吉布斯自由能转化为有用功，则一食匙(约 3.8g)糖在体温 37℃时进行新陈代谢，可以得到多少有用功？

解

	$C_{12}H_{22}O_{11}(s)$	$+12O_2(g)$	$\xlongequal{\quad} 12CO_2(g)$	$+11H_2O(l)$
$\Delta_f H_m^{\ominus}(298.15\text{K})/(\text{kJ}\cdot\text{mol}^{-1})$	−2225.5	0	−393.509	−285.830
$S_m^{\ominus}(298.15\text{K})/(\text{J}\cdot\text{mol}^{-1}\cdot\text{K}^{-1})$	360.2	205.138	213.74	69.91

$$\Delta_r H_m^{\ominus} = \sum_B \nu_B \Delta_f H_m^{\ominus}(B)$$

$$= [(-393.509) \times 12 + (-285.830) \times 11] - (-2225.5)$$

$$=-5640.7(\text{kJ}\cdot\text{mol}^{-1})$$

$$\Delta_r S_m^{\ominus}=\sum_B \nu_B S_m^{\ominus}(B)$$
$$=(213.74\times12+69.91\times11)-(205.138\times12+360.2)$$
$$=512.0(\text{J}\cdot\text{mol}^{-1}\cdot\text{K}^{-1})$$
$$\Delta_r G_m^{\ominus}=\Delta_r H_m^{\ominus}-T\Delta_r S_m^{\ominus}=-5799.5(\text{kJ}\cdot\text{mol}^{-1})$$

因 $\xi=\nu_B^{-1}\Delta n_B=(-1)\times\left(\frac{-3.8}{342}\right)=1.1\times10^{-2}(\text{mol})$,故

$$W_{有}=-(\Delta_r G_m^{\ominus}\times\xi)\times30\%=19.3(\text{kJ})$$

17. 已知下列数据:$\Delta_f H_m^{\ominus}$(Sn,白)=0kJ·mol^{-1},$\Delta_f H_m^{\ominus}$(Sn,灰)=−2.1kJ·mol^{-1},$S_m^{\ominus}$(Sn,白)=51.5J·mol^{-1}·K^{-1},$S_m^{\ominus}$(Sn,灰)=44.3J·mol^{-1}·K^{-1}。求 Sn(白)与 Sn(灰)的相变温度。

解

$$\text{Sn(白)}\longrightarrow\text{Sn(灰)}$$
$$\Delta_r H_m^{\ominus}=\Delta_f H_m^{\ominus}(\text{Sn,灰})-\Delta_f H_m^{\ominus}(\text{Sn,白})$$
$$=-2.1(\text{kJ}\cdot\text{mol}^{-1})$$
$$\Delta_r S_m^{\ominus}=S_m^{\ominus}(\text{Sn,灰})-S_m^{\ominus}(\text{Sn,白})$$
$$=44.3-51.5=-7.2(\text{J}\cdot\text{mol}^{-1}\cdot\text{K}^{-1})$$

相变过程 $\Delta_r G_m^{\ominus}=0$,即 $\Delta_r H_m^{\ominus}-T\Delta_r S_m^{\ominus}=0$,得相变温度

$$T=\frac{\Delta_r H_m^{\ominus}}{\Delta_r S_m^{\ominus}}=\frac{-2.1\times1000}{-7.2}=291.7(\text{K})$$

3.5　自 测 习 题

(一) 填空题

1. 反应 $NH_4Cl(s)$══$HCl(g)+NH_3(g)$在 300K 时,$\Delta_r G_m^{\ominus}$=86.4kJ·mol^{-1},在 500K 时,$\Delta_r G_m^{\ominus}$=34.6kJ·mol^{-1},则 $\Delta_r S_m^{\ominus}$ 为__________,$\Delta_r H_m^{\ominus}$ 为__________。

2. 已知 $C_2H_2(g)$的 $\Delta_c H_m^{\ominus}(298)$=−1299.7kJ·mol^{-1},C(s)的 $\Delta_c H_m^{\ominus}(298)$=−353.5kJ·mol^{-1},$H_2(g)$的 $\Delta_c H_m^{\ominus}(298)$=−285.9kJ·mol^{-1},则反应:$2C(s)+H_2(g)$══$C_2H_2(g)$的标准摩尔反应焓变 $\Delta_r H_m^{\ominus}(298)$为__________。

3. T、p、V、U、H、S、G、W、Q 等物理量中,__________属于状态函数。

4. 反应 $2HCl(g)$══$H_2(g)+Cl_2(g)$的 $\Delta_r H_m^{\ominus}$=184.6kJ·mol^{-1},$\Delta_f H_m^{\ominus}$(HCl,g)=__________kJ·mol^{-1}。

5. 在__________条件下,化学反应的吉布斯自由能变可作为反应方向性的判据。

6. 反应的 ΔH 的物理意义是__________,$\Delta S_{体系}>0$ 的物理意义是__________。

7. 注明下列各符号的名称:H __________,$\Delta_r H_m$ __________,$\Delta_r H_m^{\ominus}$ __________,$\Delta_f H_m^{\ominus}$ __________。

8. $Q_V=\Delta U$ 的条件是__________;$Q_p=\Delta H$ 的条件是__________。

9. 赫斯定律是热力学第一定律在热化学中的体现,运用其计算过程热效应的三个前提是①__________;②__________;③__________。

10. 影响化学反应吉布斯自由能变的主要因素有__________和__________;利用吉布斯

自由能变判断过程自发性的前提条件是__________。

(二) 判断题(正确的请在括号内打√,错误的打×)

11. 反应过程中,随着产物的生成,体系的熵值增大。 (　　)
12. 热等于体系的焓值。 (　　)
13. 放热化学反应都能自发进行。 (　　)
14. 同种物质,相同温度,聚集状态不同时,气态物质的熵大于液态物质的熵,液态物质的熵大于固态物质的熵。 (　　)
15. 恒温恒压且不做非体积功条件下的自发过程,一定是热力学能降低的过程。 (　　)
16. Q 与 W 不是状态函数,ΔH、ΔS、ΔG 是状态函数。 (　　)
17. 标准状态下,任何温度下均不可自发进行的反应,必定是 $\Delta_r H_m^\ominus > 0$,$\Delta_r S_m^\ominus < 0$。 (　　)
18. 已知下列过程的热化学方程式为:$UF_6(l) = UF_6(g)$,$\Delta_r H_m^\ominus = 30.1kJ \cdot mol^{-1}$,则此温度时蒸发 1mol $UF_6(l)$会放出热 30.1kJ。 (　　)

(三) 选择题(下列各题只有一个正确答案,请将正确答案填在括号内)

19. 如果体系经过一系列变化过程最后又回到初始状态则体系(　　)。

A. $Q=0, W=0, \Delta U=0, \Delta H=0$　　B. $Q \neq 0, W \neq 0, \Delta U=0, \Delta H=Q$

C. $Q=-W, \Delta U=Q+W, \Delta H=0$　　D. $Q \neq -W, U=Q+W, \Delta H=0$

20. 下列物质中标准摩尔生成焓为零的是(　　)。

A. C(金刚石)　　B. P_4(白磷)　　C. $Br_2(g)$　　D. $O_3(g)$

21. 某反应 $\Delta H>0$,$\Delta S>0$,则该反应(　　)。

A. 高温自发,低温不自发　　B. 高温不自发,低温自发

C. 任何温度均自发　　D. 任何温度均不自发

22. 标准状态下,反应 $O_3(g) = 3/2O_2(g)$,已知 $O_3(g)$ 的标准摩尔生成焓是 $142kJ \cdot mol^{-1}$。上述反应的焓变 $\Delta_r H_m^\ominus$ 应是(　　)$kJ \cdot mol^{-1}$。

A. 117　　B. 142　　C. −142　　D. 319

23. 恒压下,任何温度均可自发进行的反应是(　　)。

A. $\Delta H>0, \Delta S>0$　　B. $\Delta H>0, \Delta S<0$

C. $\Delta H<0, \Delta S>0$　　D. $\Delta H<0, \Delta S<0$

24. 利用 ΔG 判定化学反应是否自发,应满足的条件是(　　)。

A. 恒温　　B. 恒压　　C. 不做非体积功　　D. 以上均是

25. 下列反应中 $\Delta_r H_m^\ominus$ 等于 AgBr(s)的 $\Delta_f H_m^\ominus$ 的是(　　)。

A. $Ag^+(aq) + Br^-(aq) = AgBr(s)$　　B. $2Ag(s) + Br_2(g) = 2AgBr(s)$

C. $Ag(s) + 1/2Br_2(g) = AgBr(s)$　　D. $Ag(s) + 1/2Br_2(l) = AgBr(s)$

26. 甲烷的燃烧热是−965.6kJ·mol⁻¹,其相应的热化学方程式是(　　)。

A. $C(g) + 4H(g) = CH_4(g)$　　$\Delta_r H_m^\ominus(298) = -965.6kJ \cdot mol^{-1}$

B. $C(g) + 2H_2(g) = CH_4(g)$　　$\Delta_r H_m^\ominus(298) = -965.6kJ \cdot mol^{-1}$

C. $CH_4(g) + 3/2O_2(g) = CO(g) + 2H_2O(l)$　　$\Delta_r H_m^\ominus(298) = -965.6kJ \cdot mol^{-1}$

D. $CH_4(g) + 2O_2(g) = CO_2(g) + 2H_2O(l)$　　$\Delta_r H_m^\ominus(298) = -965.6kJ \cdot mol^{-1}$

27. 下列反应中,反应的标准摩尔焓变等于生成物的标准摩尔生成焓的是(　　)。

A. $CO_2(g)+CaO(s)═CaCO_3(s)$ B. $1/2H_2(g)+1/2I_2(g)═HI(g)$

C. $H_2(g)+Cl_2(g)═2HCl(g)$ D. $H_2(g)+1/2O_2(g)═H_2O(g)$

28. 已知 $Cu_2O(s)+1/2O_2(g)═2CuO(s)$，$\Delta_r H_m^\ominus=-146.02kJ\cdot mol^{-1}$，$CuO(s)+Cu(s)═Cu_2O(s)$，$\Delta_r H_m^\ominus=-11.3kJ\cdot mol^{-1}$，则 $CuO═Cu(s)+1/2O_2(g)$ 的 $\Delta_r H_m^\ominus=$（ ）$kJ\cdot mol^{-1}$。

A. −78.66 B. −157.32 C. +314.64 D. 157.32

29. 下列反应在标准状态下（ ）。

反应Ⅰ：$2NO_2(g)\rightleftharpoons N_2O_4(g)$ $\Delta_r G_1^\ominus=-5.8kJ\cdot mol^{-1}$

反应Ⅱ：$N_2(g)+3H_2(g)\rightleftharpoons 2NH_3(g)$ $\Delta_r G_2^\ominus=-16.7kJ\cdot mol^{-1}$

A. 反应Ⅱ的速率较反应Ⅰ快 B. 反应Ⅱ的平衡常数比反应Ⅰ大

C. 反应Ⅰ的速率较反应Ⅱ快 D. 反应Ⅰ进行的趋势较反应Ⅱ大

30. 标准状态下，稳定单质 C(石墨)的（ ）为零。

A. $\Delta_f H_m^\ominus$、$S_m^\ominus$ B. $\Delta_f H_m^\ominus$、$\Delta_f G_m^\ominus$、$S_m^\ominus$

C. $S_m^\ominus$ D. $\Delta_f G_m^\ominus$、$\Delta_f H_m^\ominus$

31. 下列反应中，进行 1mol 反应时放出热量最多的是（ ）。

A. $CH_4(l)+2O_2(g)═CO_2(g)+2H_2O(g)$

B. $CH_4(g)+2O_2(g)═CO_2(g)+2H_2O(g)$

C. $CH_4(g)+2O_2(g)═CO_2(g)+2H_2O(l)$

D. $CH_4(g)+3/2O_2(g)═CO(g)+2H_2O(l)$

32. 不查表，下列物质中 $S_m^\ominus$(298.15K)值最大的是（ ）。

A. K(s) B. Na(s) C. $Br_2(l)$ D. KCl(s)

33. 下列物质中标准摩尔熵最大的是（ ）。

A. MgF_2 B. MgO C. $MgSO_4$ D. $MgCO_3$

34. 某体系经一过程熵变为负值，则该过程（ ）。

A. 一定能发生 B. 一定不能发生 C. 可能发生 D. 无法判断

35. 下列物质中，$\Delta_f H_m^\ominus$和 $\Delta_c H_m^\ominus$ 均为 $0kJ\cdot mol^{-1}$的是（ ）。

A. C(石墨) B. $O_2(g)$ C. CO(g) D. $H_2O(l)$

36. 1mol $O_2(g)$与 2mol $H_2(g)$完全反应生成 2mol $H_2O(g)$，反应进度 ξ 为（ ）。

A. 0.5mol B. 1mol C. 2mol D. 无法判断

37. 恒压反应热与反应焓变的关系式 $Q_p=\Delta H$ 成立的条件是（ ）。

A. 封闭体系 B. 恒温恒压过程 C. 不做非体积功 D. 同时满足以上条件

(四) 计算题

38. 在 298K 时，反应 $CaCO_3(s)\rightleftharpoons CaO(s)+CO_2(g)$ 的 $\Delta_r G_m^\ominus(298K)=130.0kJ\cdot mol^{-1}$，$\Delta_r S_m^\ominus(298K)=160.0J\cdot mol^{-1}\cdot K^{-1}$，计算该反应在 1000K 达平衡时的分压。

39. 已知：$H_2O(l)$ 的 $\Delta_f G_m^\ominus(298K)=-237.2kJ\cdot mol^{-1}$，NO(g) 的 $\Delta_f G_m^\ominus(298K)=86.69kJ\cdot mol^{-1}$，$NH_3(g)$的 $\Delta_f G_m^\ominus(298K)=-16.64kJ\cdot mol^{-1}$，计算反应 $4NH_3(g)+5O_2(g)═4NO(g)+6H_2O(l)$的 $\Delta_r G_m^\ominus(298K)$，并指出该反应能否自发进行？

40. 求下列反应的标准摩尔焓变 $\Delta_r H_m^\ominus(298K)$：

$$2Na_2O_2(s)+2H_2O(l)═4NaOH(s)+O_2(g)$$

已知：$\Delta_f H_m^{\ominus}(NaOH,s)=-426.8kJ\cdot mol^{-1}$，$\Delta_f H_m^{\ominus}(Na_2O_2,s)=-504.6kJ\cdot mol^{-1}$，$\Delta_f H_m^{\ominus}(H_2O,l)=-285.8kJ\cdot mol^{-1}$。

41. 利用标准燃烧热数据计算下列反应的标准摩尔焓变 $\Delta_r H_m^{\ominus}(298K)$：

$$CH_3COOH(l)+C_2H_5OH(l)=\!=\!=CH_3COOC_2H_5(l)+H_2O(l)$$

已知：$\Delta_c H_m^{\ominus}(CH_3COOH,l)=-871.5kJ\cdot mol^{-1}$，$\Delta_c H_m^{\ominus}(C_2H_5OH,l)=-1366.75kJ\cdot mol^{-1}$，$\Delta_c H_m^{\ominus}(CH_3COOC_2H_5,l)=-2254.21kJ\cdot mol^{-1}$。

42. 分别计算下列各体系的热力学能变：

(1)体系向环境放热 0.20kJ，环境对体系做功 0.52kJ。

(2)体系从环境吸热 0.50kJ，对环境做功 0.11kJ。

43. 已知反应 $2CuO(s)=\!=\!=Cu_2O(s)+1/2O_2(g)$，在 300K 时的 $\Delta_r G_m^{\ominus}=112.7kJ\cdot mol^{-1}$，400K 时的 $\Delta_r G_m^{\ominus}=101.6kJ\cdot mol^{-1}$。计算：

(1) $\Delta_r H_m^{\ominus}$ 与 $\Delta_r S_m^{\ominus}$(不查表)。

(2) 当 $p(O_2)=100kPa$ 时，该反应能自发进行的最低温度。

44. 已知反应 $PCl_5(g)=\!=\!=PCl_3(g)+Cl_2(g)$ 的热力学数据如下：

	PCl_5	PCl_3	Cl_2
$\Delta_f H_m^{\ominus}(298K)/(kJ\cdot mol^{-1})$	−374.9	−287.0	0
$S_m^{\ominus}(298K)/(J\cdot mol^{-1}\cdot K^{-1})$	364.6	311.78	222.9

试通过计算说明：

(1) 反应在 298K、标准状态时能否自发进行？

(2) 标准状态下，反应自发进行的温度是多少？

(3) 标准状态下，600K 时反应的 $K^{\ominus}$ 为多少？

自测习题答案

(一) 填空题

1. $259J\cdot mol^{-1}\cdot K^{-1}$，$164.1kJ\cdot mol^{-1}$；2. $306.8kJ\cdot mol^{-1}$；3. T、p、V、U、H、S、G；4. −92.3；5. 恒温、恒压、不做非体积功；6. 化学反应的反应热，体系的混乱度增大；7. 焓，摩尔焓变，标准摩尔焓变，标准摩尔生成焓；8. 恒温恒容不做非体积功的封闭体系，恒温恒压不做非体积功的封闭体系；9. ① 恒容，② 恒压，③ 不做非体积功；10. 温度，压力，恒温、恒压、不做非体积功。

(二) 判断题

11. ×，12. ×，13. ×，14. √，15. ×，16. ×，17. √，18. ×。

(三) 选择题

19. C，20. B，21. A，22. C，23. C，24. D，25. D，26. D，27. D，28. D，29. B，30. D，31. C，32. C，33. C，34. D，35. B，36. D，37. D。

(四) 计算题

38. 11.92kPa。

39. $-1703.4kJ\cdot mol^{-1}$，能自发进行。

40. $-126.4kJ\cdot mol^{-1}$。

41. $15.96kJ\cdot mol^{-1}$。

42. (1) 0.32kJ；(2) 0.39kJ。

43. (1) $146kJ\cdot mol^{-1}$，$111J\cdot mol^{-1}\cdot K^{-1}$；(2) 1315K。

44. (1) $\Delta_r H_m^{\ominus}=87.9kJ\cdot mol^{-1}$，$\Delta_r S_m^{\ominus}=170.08J\cdot mol^{-1}\cdot K^{-1}$，$\Delta_r G_m^{\ominus}=37.22kJ\cdot mol^{-1}$，该反应在 298K 标准状态时不能自发进行；(2) $T>516.8K$；(3) $K^{\ominus}(600K)=17.05$。

第4章 化学反应速率与化学平衡

4.1 学习要求

(1) 理解平均速率和瞬时速率概念。

(2) 了解碰撞理论和过渡状态理论,理解活化能概念。

(3) 熟悉浓度和温度对反应速率的影响,了解催化剂对反应速率的影响。

(4) 熟悉标准平衡常数表达式的书写及注意事项。

(5) 掌握平衡常数与平衡转化率的相关计算,能运用标准平衡常数判断化学反应方向。

(6) 理解化学反应等温式、几种热力学数据间的关系及平衡常数的求法。

(7) 掌握浓度、压力和温度对化学平衡的影响及相关计算。

4.2 内容要点

4.2.1 化学反应速率

1. 定义

单位体积中反应进度随时间的变化率称为化学反应速率。若化学反应在恒容条件下进行,反应速率可用单位体积中反应进度随时间的变化率表示,称为基于浓度的反应速率,用符号 υ 表示:

$$\upsilon = \frac{1}{\nu_{\mathrm{B}}} \frac{\mathrm{d}c_{\mathrm{B}}}{\mathrm{d}t}$$

式中:υ 为恒容条件下的反应速率,其单位为 $\mathrm{mol \cdot L^{-1} \cdot s^{-1}}$。若反应速率比较慢,时间单位也可用 min(分)、h(小时)或 a(年)等。

2. 平均速率

某一段时间间隔内某反应物或某产物的浓度变化称为平均速率,即

$$\bar{\upsilon} = \frac{\Delta \xi}{V \Delta t} = \frac{1}{\nu_{\mathrm{B}}} \frac{\Delta c_{\mathrm{B}}}{\Delta t}$$

对于一般反应:

$$a\mathrm{A} + b\mathrm{B} \longrightarrow d\mathrm{D} + e\mathrm{E}$$

$$\bar{\upsilon} = -\frac{1}{a} \frac{\Delta c_{\mathrm{A}}}{\Delta t} = -\frac{1}{b} \frac{\Delta c_{\mathrm{B}}}{\Delta t} = \frac{1}{d} \frac{\Delta c_{\mathrm{D}}}{\Delta t} = \frac{1}{e} \frac{\Delta c_{\mathrm{E}}}{\Delta t}$$

3. 瞬时速率

化学反应在某一时刻的速率即为瞬时速率,对上述反应:

$$v=-\frac{1}{a}\frac{\mathrm{d}c_A}{\mathrm{d}t}=-\frac{1}{b}\frac{\mathrm{d}c_B}{\mathrm{d}t}=\frac{1}{d}\frac{\mathrm{d}c_D}{\mathrm{d}t}=\frac{1}{e}\frac{\mathrm{d}c_E}{\mathrm{d}t}$$

4.2.2 反应速率理论

1. 碰撞理论

碰撞理论把那些能够发生反应的碰撞称为有效碰撞；具有足够高的能量、能够发生有效碰撞的分子称为活化分子。活化分子的平均能量（E_K^*）与反应物分子的平均能量（E_K）之差称为活化能 E_a，单位为 kJ · mol^{-1}。

$$E_a=E_K^*-E_K$$

在一定温度下，反应的活化能越大，其活化分子百分数越小，反应速率就越小，反之亦然。

碰撞理论还认为分子通过碰撞发生化学反应，不但要求分子有足够的能量，而且要求这些分子要有适当的取向（方位）。

2. 过渡状态理论

过渡状态理论认为化学反应不是只通过简单碰撞就生成产物，而是要经过一个由反应物分子以一定的构型而存在的过渡状态，即反应物分子间首先形成活化配合物。活化配合物能量高、不稳定、寿命短，很快就分解，既可以分解为生成物，也可以分解成原来的反应物。

活化配合物与反应物分子的能量差为正反应的活化能，活化配合物与生成物分子的能量差为逆反应活化能。正逆反应活化能之差为该化学反应的热力学能变，即

$$\Delta_r U_m=E_{a,正}-E_{a,逆}\approx\Delta_r H_m$$

4.2.3 影响反应速率的因素

1. 反应机理

反应物转变为产物的具体途径称为反应机理。基元反应是指由反应物分子（或离子、原子及自由基等）直接碰撞发生作用而生成产物的反应。基元反应是组成一切化学反应的基本单元。非基元反应或复杂反应是由两个或两个以上的基元反应组合而成的总反应。

2. 浓度对反应速率的影响

质量作用定律：基元反应的反应速率与反应物浓度以方程式中化学计量数的绝对值为幂的乘积成正比。对任一基元反应：

$$a\mathrm{A}+b\mathrm{B}\longrightarrow d\mathrm{D}+e\mathrm{E}$$

反应速率与反应物浓度之间的定量关系为

$$v=kc_A^a\cdot c_B^b$$

上式称为速率方程式。c_A 和 c_B 分别表示反应物 A 和 B 的浓度，单位为 mol · L^{-1}。比例常数 k 为速率常数，其物理意义是反应物的浓度都等于单位浓度时的反应速率。不同的反应有不同的 k 值；同一反应的 k 值随温度、溶剂和催化剂等的不同而改变。

速率方程式中，浓度项的指数和称为该反应的反应级数。例如，$a+b=1$，称为一级反应；$a+b=2$，称为二级反应；$a+b=3$，称为三级反应。

关于速率方程式的几点说明：

(1) 若有固体和纯液体参加反应，其浓度不必列入速率方程式。

(2) 若反应物中有气体参加，速率方程式中可用气体分压代替浓度。

(3) 对于非基元反应，速率方程式中的指数不一定等于各反应物的计量数，故不能根据复杂反应的方程式直接书写速率方程式，而必须由实验确定。对于基元反应或复杂反应的基元步骤，可根据质量作用定律写出速率方程，并确定反应级数。

(4) 速率常数的单位取决于反应的级数。

3. 温度对反应速率的影响

阿伦尼乌斯方程式：

$$k = A\mathrm{e}^{-E_a/RT}$$

式中：A 为指前因子，与温度、浓度无关，不同反应的 A 值不同，其单位与 k 值相同；R 为摩尔气体常量；T 为热力学温度；e 为自然对数的底；E_a 为反应的活化能，对某一给定反应，在反应温度区间变化不大时，E_a 不随温度而变。

阿伦尼乌斯方程式也可表示为

$$\ln k = -\frac{E_a}{RT} + \ln A$$

或

$$\ln\frac{k_2}{k_1} = \frac{E_a}{R}\left(\frac{1}{T_1} - \frac{1}{T_2}\right) = \frac{E_a(T_2 - T_1)}{RT_1T_2}$$

上式可由已知两温度下的速率常数计算活化能；若活化能已知，也可由某一温度下的速率常数，计算另一温度下的速率常数。

4. 催化剂对反应速率的影响

催化剂是一种只要少量存在就能显著改变化学反应速率，其自身的质量、组成和化学性质都保持不变的物质。能加快反应速率的催化剂称正催化剂，简称催化剂；减慢反应速率的催化剂称负催化剂，或阻化剂、抑制剂。

催化剂的主要特征：催化剂只能对热力学上可能发生的反应起加速作用；催化剂只能改变反应机理，不能改变化学平衡的状态或位置，催化剂之所以能改变反应速率，是由于参与了反应过程，改变了原来反应的途径，因而改变了活化能，同时改变了正、逆反应速率；催化剂有选择性，不同的反应常采用不同的催化剂，即一个反应有它特有的催化剂，同种反应物如果能生成多种不同的产物时，选用不同的催化剂会有不同的产物生成；催化剂往往只能在特定条件下才能体现出它的活性，否则就失去活性或发生催化剂中毒。

酶催化作用的特点：高度的专一性；高的催化效率；温和的催化条件；特殊的酸碱环境需求：酶只在一定的 pH 范围内才表现出活性。

4.2.4 化学平衡

在恒温恒压不做非体积功的条件下，化学反应进行时，体系吉布斯自由能变在不断变化，直到反应的 $\Delta_rG_m = 0\text{kJ}\cdot\text{mol}^{-1}$，化学反应达到最大限度，体系内各物质的组成不再改变。我们称该体系达到了热力学平衡态，简称化学平衡。

化学平衡有以下特征：在适宜的条件下，可逆反应可以达到平衡状态；化学平衡是动态平衡，从微观上看，正、逆反应仍在以相同的速率进行着；当条件一定时，平衡组成不再随时间发生变化；平衡组成与达到平衡的途径无关；化学平衡是相对的，同时也是有条件的。

1. 标准平衡常数

标准平衡常数表达式：

气相反应　$0=\sum_B \nu_B B(g)$　$K^\ominus=\prod_B (p_B/p^\ominus)^{\nu_B}$

溶液中溶质的反应　$0=\sum_B \nu_B B(aq)$　$K^\ominus=\prod_B (c_B/c^\ominus)^{\nu_B}$

式中：$\prod_B (p_B/p^\ominus)^{\nu_B}$，$\prod_B (c_B/c^\ominus)^{\nu_B}$ 为平衡时化学反应计量方程式中各反应组分$(p_B/p^\ominus)^{\nu_B}$或$(c_B/c^\ominus)^{\nu_B}$的连乘积（反应物的化学计量数 ν_B 为负值），其中 $c^\ominus=1\text{mol}\cdot\text{L}^{-1}$，$p^\ominus=100\text{kPa}$。

书写平衡常数表达式应注意：表达式中各组分的浓度或分压应为平衡状态时的浓度或分压；对于复相反应的标准平衡常数表达式，反应组分中的气相用相对分压$(p_B/p^\ominus)$表示，溶液中的溶质用相对浓度$(c_B/c^\ominus)$表示，固体或纯液体为“1”，可省略；由于表达式以反应计量方程式中各物种的化学计量数 ν_B 为幂指数，所以 $K^\ominus$与化学反应方程式有关，同一化学反应，方程式写法不同，其 $K^\ominus$也不同。

2. 化学反应等温方程式

在恒温恒压、任意状态下化学反应的 $\Delta_r G_m$ 与其标准状态 $\Delta_r G_m^\ominus$ 之间有以下关系：

$$\Delta_r G_m=\Delta_r G_m^\ominus+RT\ln Q$$

上式称为化学反应等温方程式，其中 Q 为反应商。

对于气相反应 $0=\sum_B \nu_B B(g)$，定义某时刻的反应商 Q 为

$$Q=\prod_B (p'_B/p^\ominus)^{\nu_B}$$

对于稀溶液反应 $0=\sum_B \nu_B B(aq)$，某时刻的反应商 Q 为

$$Q=\prod_B (c'_B/c^\ominus)^{\nu_B}$$

式中：p'_B、c'_B分别表示反应进行到某一时刻的分压和浓度，可以是平衡态的，也可以是非平衡态的。反应达到平衡时的反应商 Q 和标准平衡常数 $K^\ominus$相等，即$Q=K^\ominus$。

当化学反应达到平衡时，$\Delta_r G_m=0\text{kJ}\cdot\text{mol}^{-1}$，此时：

$$\Delta_r G_m^\ominus=-RT\ln K^\ominus$$

上式即为化学反应的标准平衡常数与化学反应的标准摩尔吉布斯自由能变之间的关系。任一恒温恒压下的化学反应的标准平衡常数均可通过上式计算。

将上式代入化学反应等温方程式可得

$$\Delta_r G_m=RT\ln\frac{Q}{K^\ominus}$$

这是化学反应等温方程式的另一种表达形式，它表明恒温恒压下，化学反应的摩尔吉布斯自由

能变 $\Delta_r G_m$ 与反应的标准平衡常数 $K^\ominus$ 及反应商 Q 之间的关系。将 Q 与 $K^\ominus$ 进行比较，可以得出判断化学反应进行方向的判据：

$Q < K^\ominus$　$\Delta_r G_m < 0$　正反应自发进行

$Q = K^\ominus$　$\Delta_r G_m = 0$　体系处于平衡状态

$Q > K^\ominus$　$\Delta_r G_m > 0$　逆反应自发进行

3. 多重平衡规则

若某反应可以由几个反应相加(或相减)得到，则该反应的平衡常数等于这几个反应平衡常数之积(或商)，这种关系称为多重平衡规则。

4. 化学平衡移动

浓度对化学平衡的影响：对一个在一定温度下已达到化学平衡的反应体系(此时 $Q=K^\ominus$)，若增加反应物的浓度或降低生成物的浓度，Q 值将变小，$Q<K^\ominus$。此时反应要向正反应方向进行，直到 Q 重新等于 $K^\ominus$，体系又建立起新的平衡。反之，若在已达到化学平衡的反应体系中降低反应物的浓度或增大生成物的浓度，则 $Q>K^\ominus$，此时平衡向逆反应方向移动。

压力对化学平衡的影响：对于只有液体或固体参加的反应，压力对平衡的影响很小，可不予考虑。对于有气态物质参与的平衡体系，由于改变体系压力的方法不同，因此改变压力对化学平衡移动的影响要视具体情况而定。

(1) 部分物种分压的变化。这种情况与浓度变化对化学平衡移动的影响是一致的。

(2) 体积改变引起压力变化。对于有气体参与的化学反应，反应体系体积的变化可能导致体系总压和各物种分压的变化。

若 $\sum \nu_{B(g)}=0$，恒温压缩(或膨胀)平衡不发生移动。

若 $\sum \nu_{B(g)} \neq 0$，如果反应体系恒温压缩(或膨胀)，总压增大(或减小)，各组分的分压也相同程度地增大(或减小)，平衡向气体分子数减少(或增多)的方向移动。

(3) 惰性气体的影响。惰性气体为体系中不参与化学反应的气态物质。

若反应在恒温恒容下进行，反应已经达到平衡时，引入惰性气体，体系的总压增大，但各物种的分压不变，$Q=K^\ominus$，平衡不移动。

若反应在恒温恒压下进行，反应已达到平衡时引入惰性气体，为保持总压不变，可使体系的体积相应增大。此时，各组分气体分压相应减小，平衡向气体分子数增多的方向移动。

温度对化学平衡的影响。温度对平衡的影响是因改变标准平衡常数而使 $Q \neq K^\ominus$，从而引起平衡的移动。

$$\ln\frac{K_2^\ominus}{K_1^\ominus}=\frac{\Delta_r H_m^\ominus}{R}\left(\frac{1}{T_1}-\frac{1}{T_2}\right)=\frac{\Delta_r H_m^\ominus}{R}\cdot\frac{T_2-T_1}{T_1 T_2}$$

由此可知，温度升高时平衡向吸热方向移动；温度降低时平衡向放热方向移动。利用该公式，若已知化学反应的反应热 $\Delta_r H_m^\ominus$ 和 T_1 温度下的 $K_1^\ominus$，可求 T_2 温度下的 $K_2^\ominus$；已知两温度下的标准平衡常数可以求反应热 $\Delta_r H_m^\ominus$。

勒夏特列原理：如果改变平衡体系的条件之一(浓度、压力和温度)，平衡就向能减弱这种改变的方向移动。

4.3 例题解析

例 4.1 分解反应 $2N_2O_5(g) \longrightarrow 4NO_2(g) + O_2(g)$，已知 338K 时，$k_1 = 4.87\times10^{-3}\ s^{-1}$；318K 时，$k_2 = 4.98\times10^{-4}\ s^{-1}$。求该反应的活化能 E_a 和 298K 时的反应速率常数 k_3。

解 $T_1 = 338K$，$k_1 = 4.87\times10^{-3}\ s^{-1}$；$T_2 = 318K$，$k_2 = 4.98\times10^{-4}\ s^{-1}$；$T_3 = 298K$

(1) $\ln\dfrac{k_2}{k_1} = \dfrac{E_a}{R}\left(\dfrac{1}{T_1} - \dfrac{1}{T_2}\right)$，即 $\ln\dfrac{4.98\times10^{-4}}{4.87\times10^{-3}} = \dfrac{E_a}{8.314}\left(\dfrac{1}{338} - \dfrac{1}{318}\right)$

解得

$$E_a = 1.02\times10^5 (J\cdot mol^{-1})$$

(2) $\ln\dfrac{k_3}{k_1} = \dfrac{E_a}{R}\left(\dfrac{1}{T_1} - \dfrac{1}{T_3}\right)$，即 $\ln\dfrac{k_3}{4.87\times10^{-3}} = \dfrac{1.02\times10^5}{8.314}\left(\dfrac{1}{338} - \dfrac{1}{298}\right)$

解得

$$k_3 = 3.74\times10^{-5}\ s^{-1}$$

例 4.2 蔗糖催化水解反应

$$C_{12}H_{22}O_{11} + H_2O \xrightarrow{\text{催化剂}} 2C_6H_{12}O_6$$

是一级反应。25℃时速率常数是 $5.7\times10^{-5}\ s^{-1}$，则：

(1) 浓度为 $1mol\cdot L^{-1}$蔗糖溶液分解 10%需要多少时间？

(2) 若反应的活化能为 $110kJ\cdot mol^{-1}$，那么在什么温度时反应速率是 25℃时的 1/10。

解 (1) 因为所给反应是一级反应，由 $v = -dc/dt = kc$，即 $dc/c = -k\,dt$

有 $\ln\dfrac{c}{c_0} = -kt$，即 $\ln\dfrac{1\times(1-10\%)}{1} = -5.7\times10^{-5}t$，解得

$$t = 1.8\times10^3 (s)$$

(2) 根据 $\ln\dfrac{k_2}{k_1} = \dfrac{E_a}{R}\left(\dfrac{1}{T_1} - \dfrac{1}{T_2}\right)$，即 $\ln\dfrac{1}{10} = \dfrac{110\times10^3}{8.314}\left(\dfrac{1}{298} - \dfrac{1}{T_2}\right)$，解得

$$T_2 = 283(K)$$

例 4.3 某温度时 8.0mol SO_2 和 4.0mol O_2 在密闭容器中进行反应生成 SO_3 气体，测得起始时和平衡时(温度不变)系统的总压力分别为 300kPa 和 220kPa。试利用上述实验数据求该温度时反应：$2SO_2(g) + O_2(g) \rightleftharpoons 2SO_3(g)$ 的标准平衡常数和 SO_2 的转化率。

解 设平衡时 SO_3 的物质的量为 x mol

(1)

	$2SO_2(g)$	$+O_2(g)$	$\rightleftharpoons 2SO_3(g)$	$n_{总}$
n(起始)/mol	8.0	4.0	0	12.0
n(平衡)/mol	$8.0-x$	$4.0-x/2$	x	$12.0-x/2$

$$\frac{12.0}{12.0 - x/2} = \frac{300}{220}$$

解得

$$x = 6.4(mol)$$

$$SO_2 \text{ 的转化率} = \frac{x}{8.0}\times100\% = \frac{6.4}{8.0}\times100\% = 80\%$$

(2) 平衡时，$n_{总} = 12.0 - x/2 = 8.8$ (mol)，各组分分压为

$$p(SO_2)=(8.0-6.4)\div 8.8\times 220=40\ (kPa)$$

$$p(O_2)=(4.0-6.4/2)\div 8.8\times 220=20\ (kPa)$$

$$p(SO_3)=6.4\div 8.8\times 220=160\ (kPa)$$

$$K^\ominus=\frac{[p(SO_3)/p^\ominus]^2}{[p(SO_2)/p^\ominus]^2\cdot[p(O_2)/p^\ominus]}=\frac{(160/100)^2}{(40/100)^2\times(20/100)}=80$$

例 4.4　在 306K 和 343K 时反应 $N_2O_4(g)\rightleftharpoons 2NO_2(g)$的标准平衡常数为 0.259 和 2.39，设该反应的 $\Delta_r H_m^\ominus$ 不随温度而变化，试求此 $\Delta_r H_m^\ominus$。

解　$T_1=306K, K_1^\ominus=0.259$；$T_2=343K, K_2^\ominus=2.39$；$R=8.314J\cdot mol^{-1}\cdot K^{-1}$

$$\ln\frac{K_2^\ominus}{K_1^\ominus}=\frac{\Delta_r H_m^\ominus}{R}\left(\frac{1}{T_1}-\frac{1}{T_2}\right)$$

代入数据，得

$$\Delta_r H_m^\ominus=52.4(kJ\cdot mol^{-1})$$

例 4.5　实验测得在室温附近和标准压力下，化学反应 A(aq)══B(aq)的平衡常数随温度的变化可以调整为以下的数学表达式：

$$K^\ominus=\exp\left(-\frac{3476}{T}+20.44-3.190\times 10^{-2}T\right)$$

(1) 求 300K 时的 $\Delta_r H_m^\ominus$、$\Delta_r S_m^\ominus$、$\Delta_r G_m^\ominus$。

(2) 由 $\Delta_r S_m^\ominus$ 的符号推断从 A 变为 B，体系发生什么性质的变化？

(3) 在什么温度下，温度有微小改变时平衡不发生移动？此时产物对反应物的浓度比是多少？

解　(1) 300K 时，$K^\ominus=\exp\left(-\frac{3476}{300}+20.44-3.190\times 10^{-2}\times 300\right)=0.4884$

$$\Delta_r G_m^\ominus=-RT\ln K^\ominus=-8.314\times 300\times \ln 0.488=1.79\times 10^3(J\cdot mol^{-1})$$

在 298.15K 时，$K^{\ominus'}=\exp\left(-\frac{3476}{298.15}+20.44-3.190\times 10^{-2}\times 298.15\right)=0.4821$

由 $\ln\frac{K_2^\ominus}{K_1^\ominus}=\frac{\Delta_r H_m^\ominus}{R}\left(\frac{1}{T_1}-\frac{1}{T_2}\right)$，即 $\ln\frac{0.4884}{0.4821}=\frac{\Delta_r H_m^\ominus}{8.314}\left(\frac{1}{298.15}-\frac{1}{300}\right)$，得

$$\Delta_r H_m^\ominus=4.97\times 10^3(J\cdot mol^{-1})$$

由 $\Delta_r G_m^\ominus=\Delta_r H_m^\ominus-T\Delta_r S_m^\ominus$，即 $1.79\times 10^3=4.97\times 10^3-300\times\Delta_r S_m^\ominus$，解得

$$\Delta_r S_m^\ominus=10.6(J\cdot mol^{-1}\cdot K^{-1})$$

(2) 由以上可知，A 变为 B 的反应为焓增熵增反应，当体系温度升高到某一温度后，A 变为 B 可自发进行。

(3) 当 $\Delta_r G_m=0$ 时，$T=\Delta_r H_m^\ominus/\Delta_r S_m^\ominus=4.97\times 10^3/10.6=469(K)$

即 469K 下，温度有微小改变时平衡不发生移动。此时产物对反应物的浓度比即为 $K^\ominus$。

$$\lg K^\ominus=-\frac{\Delta_r G_m^\ominus(469K)}{2.303RT},\ \Delta_r G_m^\ominus(469K)=\Delta_r H_m^\ominus-T\Delta_r S_m^\ominus$$

例 4.6　将 NO 和 O_2 保持在 1000K 的固定容器中，在反应发生前，它们的分压分别为 $p_0(NO)=100kPa$，$p_0(O_2)=300kPa$，当反应 $2NO(g)+O_2(g)\longrightarrow 2NO_2(g)$达到平衡时，$p(NO_2)=12kPa$。已知：$\Delta_f H_m^\ominus(NO,g)=90.25kJ\cdot mol^{-1}$，$\Delta_f H_m^\ominus(NO_2,g)=33.2kJ\cdot mol^{-1}$。

(1) 计算该反应在 1000K 时的平衡常数 $K^{\ominus}$。

(2) 假设 $\Delta H^{\ominus}$、$\Delta S^{\ominus}$ 随温度变化不大，估算 298K 时该反应的平衡常数。

解 (1) $2NO(g) + O_2(g) \longrightarrow 2NO_2(g)$

p(起始)/kPa	100	300	0
p(平衡)/kPa	88	294	12

$$K^{\ominus}=\frac{[p(NO_2)/p^{\ominus}]^2}{[p(NO)/p^{\ominus}]^2\cdot[p(O_2)/p^{\ominus}]}=\frac{(12/100)^2}{(88/100)^2\times(294/100)}=6.3\times10^{-3}$$

(2) 因为 $\Delta_f H_m^{\ominus}(NO,g)=90.25kJ\cdot mol^{-1}$，$\Delta_f H_m^{\ominus}(NO_2,g)=33.2kJ\cdot mol^{-1}$

$$\Delta_r H_m^{\ominus}=2\times\Delta_f H_m^{\ominus}(NO_2,g)-2\times\Delta_f H_m^{\ominus}(NO,g)=-114.1(kJ\cdot mol^{-1})$$

$$\ln\frac{K_2^{\ominus}}{K_1^{\ominus}}=\frac{\Delta_r H_m^{\ominus}}{R}\left(\frac{1}{T_1}-\frac{1}{T_2}\right)$$

$$\ln\frac{K_2^{\ominus}}{6.3\times10^{-3}}=\frac{-114.1}{8.314\times10^{-3}}\left(\frac{1}{1000}-\frac{1}{298}\right)$$

解得

$$K_2^{\ominus}=6.9\times10^{11}$$

4.4 习题解答

1. 区别下列概念。

(1) 化学反应速率、平均速率和瞬时速率；(2)基元反应和复杂反应；(3)反应速率常数和平衡常数；(4)活化分子与活化能；(5)反应级数与反应分子数；(6)经验平衡常数与标准平衡常数。

答 略。

2. 选择题。

(1) $CO(g)+NO_2(g)=\!=\!=CO_2(g)+NO(g)$ 为基元反应，下列叙述正确的是(C)。

A. CO 和 NO_2 分子一次碰撞即生成产物

B. CO 和 NO_2 分子碰撞后，经由中间物质，最后生成产物

C. CO 和 NO_2 活化分子一次碰撞即生成产物

D. CO 和 NO_2 活化分子碰撞后，经由中间物质，最后生成产物

(2) $Br_2(g)+2NO(g)=\!=\!=2NOBr(g)$，对 Br_2 为一级反应，对 NO 为二级反应，若反应物浓度均为 $2mol\cdot L^{-1}$ 时，反应速率为 $3.25\times10^{-3}mol\cdot L^{-1}\cdot s^{-1}$，则此时的反应速率常数为(C)$L^2\cdot mol^{-2}\cdot s^{-1}$。

A. 2.10×10^2　　B. 3.26　　C. 4.06×10^{-4}　　D. 3.12×10^{-7}

(3) 在标准状态下，下列两个反应的速率(D)。

① $2NO_2(g)\rightleftharpoons N_2O_4(g)$　　$\Delta_r G_m^{\ominus}=-5.8kJ\cdot mol^{-1}$；

② $N_2(g)+3H_2(g)\rightleftharpoons 2NH_3(g)$　　$\Delta_r G_m^{\ominus}=-16.7kJ\cdot mol^{-1}$

A. 反应①较②快　　B. 反应②较①快

C. 反应速率相等　　D. 无法判断

(4) $A+B\rightleftharpoons C+D$ 反应的 $K^{\ominus}=10^{-10}$，这意味着(D)。

A. 正反应不可能进行，物质 C 不存在

B. 反应向逆方向进行，物质 C 不存在

C. 正逆反应的机会相当，物质 C 大量存在

D. 正反应进行程度小，物质 C 的量少

(5) 某反应 $\Delta H^{\ominus}<0$，当温度由 T_1 升高到 T_2 时，平衡常数 $K_1^{\ominus}$ 和 $K_2^{\ominus}$ 之间的关系是(A)。

A. $K_1^{\ominus}>K_2^{\ominus}$　　B. $K_1^{\ominus}<K_2^{\ominus}$　　C. $K_1^{\ominus}=K_2^{\ominus}$　　D. 以上都对

(6) 达到化学平衡的条件是(D)。

A. 反应物与产物浓度相等　　B. 反应停止产生热

C. 反应级数大于 2　　D. 正向反应速率等于逆向反应速率

(7) 1mol 化合物 AB 与 1mol 化合物 CD，按下述方程式进行反应，$AB+CD\longrightarrow AD+CB$，平衡时每种反应物都有 3/4mol 转变为 AD 和 CB(体积没有变化)，反应的平衡常数为(D)。

A. 9/16　　B. 1/9　　C. 16/9　　D. 9

(8) $A(g)+B(g)=\!=\!=C(g)$ 为基元反应，该反应的级数为(B)。

A. 1　　B. 2　　C. 3　　D. 0

(9) 某温度时 $H_2(g)+Br_2(g)\rightleftharpoons 2HBr(g)$ 的 $K^{\ominus}=4\times10^{-2}$，则反应 $HBr(g)\rightleftharpoons 1/2H_2(g)+1/2Br_2(g)$ 的 $K^{\ominus}$ 是(B)。

A. $1/(4\times10^{-2})$　　B. $1/[(4\times10^{-2})^{1/2}]$

C. $(4\times10^{-2})^{1/2}$　　D. 2×10^{-1}

(10) 某反应的速率常数的单位是 $mol\cdot L^{-1}\cdot s^{-1}$，该反应的反应级数为(A)。

A. 0　　B. 1　　C. 2　　D. 3

(11) 升高温度，反应速率增大的主要原因是(C)。

A. 降低反应的活化能　　B. 增加分子间碰撞的频率

C. 增大活化分子分数　　D. 平衡向吸热反应方向移动

(12) 反应 $A(s)+B(g)\longrightarrow C(g)$，$\Delta H<0$，今欲增加正反应速率，下列措施中无用的是(D)。

A. 增大 B 的分压　　B. 升温

C. 使用催化剂　　D. B 的分压不变，C 的分压减小

3. 反应：$C_2H_6\longrightarrow C_2H_4+H_2$，开始阶段反应级数近似为 3/2 级，910K 时速率常数为 $1.13L^{0.5}\cdot mol^{-0.5}\cdot s^{-1}$，试计算 $C_2H_6(g)$ 的压力为 1.33×10^4 Pa 时的起始分解速率 υ_0。(以 C_2H_6 浓度的变化表示)

解　以 C_2H_6 的浓度的变化表示起始分解速率：

$$\upsilon_0=k\cdot c^{3/2}(C_2H_6)$$

由理想气体状态方程 $pV=nRT$，有

$$c(C_2H_6)=\frac{n}{V}=\frac{p}{RT}$$

$$\upsilon_0=k\left(\frac{p}{RT}\right)^{3/2}=1.13\times\left(\frac{1.33\times10^4}{8.314\times10^3\times910}\right)^{1.5}=8.3\times10^{-5}(mol\cdot L^{-1}\cdot s^{-1})$$

注意：$R=8.314J\cdot mol^{-1}\cdot K^{-1}=8.314Pa\cdot m^3\cdot mol^{-1}\cdot K^{-1}=8.314\times10^3Pa\cdot L\cdot mol^{-1}\cdot K^{-1}$。

4. 295K 时，反应 $2NO+Cl_2 \longrightarrow 2NOCl$，其反应物浓度与反应速率关系的数据如下：

$c(NO)/(mol \cdot L^{-1})$	$c(Cl_2)/(mol \cdot L^{-1})$	$\upsilon(Cl_2)/(mol \cdot L^{-1} \cdot s^{-1})$
0.100	0.100	8.0×10^{-3}
0.500	0.100	2.0×10^{-1}
0.100	0.500	4.0×10^{-2}

(1) 对不同的反应物反应级数各为多少？

(2) 写出反应的速率方程。

(3) 反应的速率常数为多少？

解 (1) 从表中实验数据可知，当 $c(NO)$ 不变时，$\upsilon(Cl_2)\propto c(Cl_2)$；当 $c(Cl_2)$ 不变时，$\upsilon(Cl_2)\propto c^2(NO)$。因此，反应对 NO 为二级，对 Cl_2 为一级。

(2) $\upsilon=k\cdot c^2(NO)\cdot c(Cl_2)$。

(3) 将表中任意一组数据代入速率方程，可求出 k：

$$k=\frac{\upsilon}{c^2(NO)\cdot c(Cl_2)}=\frac{8.0\times10^{-3}}{(0.100)^2\times0.100}=8.0(L^2\cdot mol^{-2}\cdot s^{-1})$$

5. 如果一反应的活化能为 $117.15kJ\cdot mol^{-1}$，问在什么温度下反应的速率常数 k 值是 400K 时速率常数值的 2 倍。

解 $E_a=117.15kJ\cdot mol^{-1}$，$k_2=2k_1$，$T_1=400K$

$\ln\frac{k_2}{k_1}=\frac{E_a}{R}\left(\frac{1}{T_1}-\frac{1}{T_2}\right)$，即 $\ln2=\frac{117.15\times10^3}{8.314}\times\left(\frac{1}{400}-\frac{1}{T_2}\right)$，解得

$$T_2=408(K)$$

6. $CO(CH_2COOH)_2$ 在水溶液中分解成丙酮和二氧化碳，分解反应的速率常数在 283K 时为 $1.08\times10^{-4}mol\cdot L^{-1}\cdot s^{-1}$，333K 时为 $5.48\times10^{-2}mol\cdot L^{-1}\cdot s^{-1}$，试计算在 303K 时，分解反应的速率常数。

解 $T_1=283K$，$k_1=1.08\times10^{-4}mol\cdot L^{-1}\cdot s^{-1}$；$T_2=333K$，$k_2=5.48\times10^{-2}mol\cdot L^{-1}\cdot s^{-1}$；$T_3=303K$，$k_3=?$

$$E_a=\frac{RT_1T_2}{T_2-T_1}\ln\frac{k_2}{k_1}=\frac{8.314\times(283\times333)}{333-283}\times\ln\frac{5.48\times10^{-2}}{1.08\times10^{-4}}$$
$$=9.76\times10^4(J\cdot mol^{-1})$$

$$\ln\frac{k_3}{k_1}=\frac{E_a}{R}\left(\frac{1}{T_1}-\frac{1}{T_3}\right)$$

代入数据，得

$$k_3=1.67\times10^{-3}(mol\cdot L^{-1}\cdot s^{-1})$$

7. 反应 $2NO(g)+2H_2(g)\longrightarrow N_2(g)+2H_2O(g)$ 的反应速率表达式为 $\upsilon=k\cdot c^2(NO)\cdot c(H_2)$，试讨论下列各种条件变化时对初速率有何影响：(1) NO 的浓度增加一倍；(2)有催化剂参加；(3)降低温度；(4)将反应器的容积增大一倍；(5)向反应体系中加入一定量的 N_2。

解 (1) NO 的浓度增加一倍，初速率增大到原来的 4 倍。

(2) 有催化剂参加，初速率增大。

(3) 降低温度，初速率减小。

(4) 将反应器的容积增大一倍，初速率减小到原来的 1/8。

(5) 向反应体系中加入一定量的 N_2，初速率不变。

8. 在没有催化剂存在时，H_2O_2 的分解反应 $H_2O_2(l) \longrightarrow H_2O(l) + 0.5O_2(g)$ 的活化能为 $75kJ \cdot mol^{-1}$。当有铁催化剂存在时，该反应的活化能降低到 $54kJ \cdot mol^{-1}$。计算在 298K 时这两种反应速率的比值。

解　$E_{a_1} = 75kJ \cdot mol^{-1}$ 时，速率常数为 k_1，速率为 υ_1；

$E_{a_2} = 54kJ \cdot mol^{-1}$ 时，速率常数为 k_2，速率为 υ_2；

$T = 298K$ 时，$\dfrac{\upsilon_2}{\upsilon_1} = \dfrac{k_2}{k_1} = \dfrac{Ae^{-E_{a2}/RT}}{Ae^{-E_{a1}/RT}} = e^{(E_{a1} - E_{a2})/RT} = e^{(75-54)\times10^3/(8.314\times298)} = 4.8\times10^3$。

9. 写出下列反应的标准平衡常数 $K^{\ominus}$ 的表达式。

(1) $C(s) + H_2O(g) \rightleftharpoons CO(g) + H_2(g)$

(2) $CH_4(g) + 2O_2(g) \rightleftharpoons CO_2(g) + 2H_2O(g)$

(3) $NH_4Cl(s) \rightleftharpoons NH_3(g) + HCl(g)$

(4) $CaCO_3(s) \rightleftharpoons CaO(s) + CO_2(g)$

(5) $2MnO_4^-(aq) + 5H_2O_2(aq) + 6H^+(aq) \rightleftharpoons 2Mn^{2+}(aq) + 5O_2(g) + 8H_2O(l)$

解　(1)
$$K^{\ominus} = \frac{[p(CO)/p^{\ominus}][p(H_2)/p^{\ominus}]}{[p(H_2O)/p^{\ominus}]}$$

(2)
$$K^{\ominus} = \frac{[p(CO_2)/p^{\ominus}][p(H_2O)/p^{\ominus}]^2}{[p(CH_4)/p^{\ominus}][p(O_2)/p^{\ominus}]^2}$$

(3)
$$K^{\ominus} = [p(NH_3)/p^{\ominus}][p(HCl)/p^{\ominus}]$$

(4)
$$K^{\ominus} = p(CO_2)/p^{\ominus}$$

(5)
$$K^{\ominus} = \frac{[c(Mn^{2+})/c^{\ominus}]^2[p(O_2)/p^{\ominus}]^5}{[c(MnO_4^-)/c^{\ominus}]^2[c(H_2O_2)/c^{\ominus}]^5[c(H^+)/c^{\ominus}]^6}$$

10. 实验测得 SO_2 氧化为 SO_3 的反应，在 1000K 时，各物质的平衡分压为：$p(SO_2) = 27.7kPa$，$p(O_2) = 40.7kPa$，$p(SO_3) = 32.9kPa$。计算该温度下反应 $2SO_2(g) + O_2(g) \rightleftharpoons 2SO_3(g)$ 的平衡常数 $K^{\ominus}$。

解
$$K^{\ominus} = \frac{[p(SO_3)/p^{\ominus}]^2}{[p(SO_2)/p^{\ominus}]^2 \cdot [p(O_2)/p^{\ominus}]} = \frac{(32.9/100)^2}{(27.7/100)^2\times(40.7/100)} = 3.47$$

11. 合成氨反应 $N_2(g) + 3H_2(g) \rightleftharpoons 2NH_3(g)$，在 30.4MPa，500℃时，$K^{\ominus}$ 为 7.8×10^{-5}，计算该温度时下列反应的 $K^{\ominus}$：

(1) $0.5N_2(g) + 1.5H_2(g) \rightleftharpoons NH_3(g)$

(2) $2NH_3(g) \rightleftharpoons N_2(g) + 3H_2(g)$

解　(1)
$$K_1^{\ominus} = (K^{\ominus})^{1/2} = (7.8\times10^{-5})^{1/2} = 8.8\times10^{-3}$$

(2)
$$K_2^{\ominus} = \frac{1}{K^{\ominus}} = \frac{1}{7.8\times10^{-5}} = 1.3\times10^4$$

12. 已知下列反应在 1123K 时的平衡常数 $K^{\ominus}$：

(1) $C(s) + CO_2(g) \rightleftharpoons 2CO(g)$　　$K_1^{\ominus} = 1.3\times10^{14}$

(2) $CO(g) + Cl_2(g) \rightleftharpoons COCl_2(g)$　　$K_2^{\ominus} = 6.0\times10^{-3}$

计算反应 $2COCl_2(g) \rightleftharpoons C(s) + CO_2(g) + 2Cl_2(g)$ 在 1123K 时的平衡常数 $K^{\ominus}$。

解　由$-[(1)+2\times(2)]$，得

$$2COCl_2(g) \rightleftharpoons C(s) + CO_2(g) + 2Cl_2(g)$$

$$K^{\ominus} = \frac{1}{K_1^{\ominus} \cdot (K_2^{\ominus})^2} = \frac{1}{1.3\times10^{14}\times(6.0\times10^{-3})^2} = 2.1\times10^{-10}$$

13. 已知下列反应在 298K 时的标准平衡常数 $K^{\ominus}$：

(1) $SnO_2(s) + 2H_2(g) \rightleftharpoons 2H_2O(g) + Sn(s)$　　$K_1^{\ominus} = 21$

(2) $H_2O(g) + CO(g) \rightleftharpoons H_2(g) + CO_2(g)$　　$K_2^{\ominus} = 0.034$

计算反应 $2CO(g) + SnO_2(s) \rightleftharpoons Sn(s) + 2CO_2(g)$ 在 298K 时的标准平衡常数 $K^{\ominus}$。

解　$(1)+2\times(2)$得

$$2CO(g) + SnO_2(s) \rightleftharpoons Sn(s) + 2CO_2(g)$$

$$K^{\ominus} = K_1^{\ominus} \cdot (K_2^{\ominus})^2 = 21\times0.034^2 = 2.4\times10^{-2}$$

14. 317K 时，反应 $N_2O_4(g) \rightleftharpoons 2NO_2(g)$ 的 $K^{\ominus} = 1.00$。分别计算当体系总压为 400kPa 和 800kPa 时 $N_2O_4(g)$ 的平衡转化率，并解释计算结果。

解　设起始时 $N_2O_4(g)$ 的物质的量为 1mol，平衡转化率为 α。

	$N_2O_4(g)$	$\rightleftharpoons 2NO_2(g)$
n(起始)/mol	1	0
n(变化)/mol	$-\alpha$	$+2\alpha$
n(平衡)/mol	$1-\alpha$	2α

则平衡时

$$n_{总} = (1-\alpha) + 2\alpha = 1+\alpha$$

p(平衡)/kPa	$\frac{1-\alpha}{1+\alpha}\cdot p_{总}$	$\frac{2\alpha}{1+\alpha}\cdot p_{总}$

$$K^{\ominus} = \frac{[p(NO_2)/p^{\ominus}]^2}{p(N_2O_4)/p^{\ominus}} = \frac{\left(\frac{2\alpha}{1+\alpha}\cdot\frac{p_{总}}{p^{\ominus}}\right)^2}{\frac{1-\alpha}{1+\alpha}\cdot\frac{p_{总}}{p^{\ominus}}} = 1.00$$

(1) 当 $p_{总} = 400$kPa 时，解得 $\alpha_1 = 0.243 = 24.3\%$。

(2) 当 $p_{总} = 800$kPa 时，解得 $\alpha_2 = 0.174 = 17.4\%$。

(3) 由计算可知，当反应体系压力增大时，平衡向气体分子数减少的方向移动，N_2O_4 的转化率降低。

15. 反应 $PCl_5(g) \rightleftharpoons PCl_3(g) + Cl_2(g)$ 在 760K 时的平衡常数 $K^{\ominus}$ 为 33.3。若将 50.0g PCl_5 注入容积为 3.00L 的密闭容器中，求平衡时 PCl_5 的分解百分数。此时容器中的压力是多少？

解　由 $pV = nRT$，反应前 50.0g PCl_5 的分压为

$$p(PCl_5) = \frac{n(PCl_5)RT}{V} = \frac{m(PCl_5)}{M(PCl_5)}\cdot\frac{RT}{V}$$

$$= \frac{50.0}{208.22}\times\frac{8.314\times760}{3.00\times10^{-3}}$$

$$= 5.05\times10^5(Pa)$$

设平衡时 PCl_5 的分解百分数为 x，则

$$\begin{array}{lccc} & PCl_5(g) & \rightleftharpoons PCl_3(g) & + \quad Cl_2(g) \\ p(\text{起始})/\text{Pa} & 5.05\times10^5 & 0 & 0 \\ p(\text{平衡})/\text{Pa} & 5.05\times10^5(1-x) & 5.05\times10^5 x & 5.05\times10^5 x \end{array}$$

$$K^{\ominus}=\frac{[p(PCl_3)/p^{\ominus}]\cdot[p(Cl_2)/p^{\ominus}]}{p(PCl_5)/p^{\ominus}}=\frac{(5.05\times10^5x/10^5)^2}{5.05\times10^5(1-x)/10^5}=33.3$$

$$x(PCl_5)=88.3\%$$

此时容器中的压力为

$$\begin{aligned}p&=5.05\times10^5(1-x+x+x)=5.05\times10^5(1+x)\\&=9.52\times10^5(\text{Pa})=952(\text{kPa})\end{aligned}$$

16. 根据勒夏特列原理，讨论下列反应：$2Cl_2(g)+2H_2O(g)\rightleftharpoons4HCl(g)+O_2(g)$，$\Delta H>0$，将 Cl_2、$H_2O(g)$、HCl、O_2 四种气体混合后，反应达到平衡时，下面左边的操作条件改变对右边平衡数值有何影响？(操作条件没有注明的是指温度不变，体积不变)

(1) 增大容器体积	$n(H_2O,g)$	(2) 加 O_2	$n(H_2O,g)$
(3) 加 O_2	$n(O_2)$	(4) 加 O_2	$n(HCl)$
(5) 减小容器体积	$n(Cl_2)$	(6) 减小容器体积	$p(Cl_2)$
(7) 减小容器体积	$K^{\ominus}$	(8) 升高温度	$K^{\ominus}$
(9) 升高温度	$p(HCl)$	(10) 加 N_2	$n(HCl)$
(11) 加催化剂	$n(HCl)$		

答　(1) $n(H_2O,g)$ 减小；(2) $n(H_2O,g)$ 增大；(3) $n(O_2)$ 增大；(4) $n(HCl)$ 减小；(5) $n(Cl_2)$ 增大；(6) $p(Cl_2)$ 增大；(7) $K^{\ominus}$ 不变；(8) $K^{\ominus}$ 增大；(9) $p(HCl)$ 增大；(10) $n(HCl)$ 不变；(11) $n(HCl)$ 不变。

17. 若在 295K 时反应 $NH_4HS(s)\rightleftharpoons NH_3(g)+H_2S(g)$ 的 $K^{\ominus}=0.070$。计算：

(1)若反应开始时只有 $NH_4HS(s)$，平衡时气体混合物的总压。

(2)同样的实验中，NH_3 的最初分压为 25.3kPa 时，H_2S 的平衡分压是多少？

解　(1)设平衡时气体混合物的总压为 p

$$\begin{array}{lccc} & NH_4HS(s) \rightleftharpoons & NH_3(g) & + \quad H_2S(g) \\ \text{平衡分压/kPa} & & (1/2)p & (1/2)p \end{array}$$

$$K^{\ominus}=0.070=\left(\frac{1}{2}p/p^{\ominus}\right)^2$$

解得

$$p=52.9(\text{kPa})$$

(2) 设 H_2S 的平衡分压为 p_x，则

$$\frac{p_x}{p^{\ominus}}\cdot\left(\frac{25.3+p_x}{p^{\ominus}}\right)=0.070$$

解得

$$p_x=16.7(\text{kPa})$$

18. 在 308K 和总压 100kPa 时，N_2O_4 有 27.2%分解。

(1) 计算 $N_2O_4(g)\rightleftharpoons2NO_2(g)$ 反应的 $K^{\ominus}$。

(2) 计算 308K、总压为 200kPa 时，N_2O_4 的解离度。

(3) 从计算结果说明压力对平衡移动的影响。

解 (1) 设起始时 $N_2O_4(g)$ 的物质的量为 1mol，$N_2O_4(g)$ 的解离度为 $\alpha=0.272$

$$N_2O_4(g) \rightleftharpoons 2NO_2(g)$$

$$n(\text{平衡})/\text{mol} \qquad 1-\alpha \qquad 2\alpha$$

平衡时：

$$n_{\text{总}}=(1-\alpha)+2\alpha=1+\alpha=1.272\ (\text{mol})$$

$$p(NO_2)=\frac{2\alpha}{1.272}\times p_{\text{总}}=\frac{0.544}{1.272}\times p^\ominus,\ p(N_2O_4)=\frac{1-\alpha}{1.272}\times p_{\text{总}}=\frac{0.728}{1.272}\times p^\ominus$$

$$K^\ominus=\frac{[p(NO_2)/p^\ominus]^2}{p(N_2O_4)/p^\ominus}=\frac{(0.544/1.272)^2}{0.728/1.272}=0.320$$

(2) $p(NO_2)=\dfrac{2\alpha}{1+\alpha}\times p_{\text{总}}=\dfrac{2\alpha}{1+\alpha}\times 2p^\ominus$，$p(N_2O_4)=\dfrac{1-\alpha}{1+\alpha}\times p_{\text{总}}=\dfrac{1-\alpha}{1+\alpha}\times 2p^\ominus$

$$K^\ominus=\frac{\left(\dfrac{2\alpha}{1+\alpha}\times 2p^\ominus/p^\ominus\right)^2}{\dfrac{1-\alpha}{1+\alpha}\times 2p^\ominus/p^\ominus}=0.320$$

解得

$$\alpha=0.196=19.6\%$$

(3) 计算结果表明，增大体系的压力，$N_2O_4(g)$ 的解离度降低，即平衡向气体分子数目减少的方向移动。

19. 将 NH_4Cl 固体放在抽空的容器中加热到 340℃时发生下列反应：$NH_4Cl(s) = NH_3(g)+HCl(g)$，当反应达到平衡时，容器中总压为 100kPa。

(1) 求平衡常数 $K^\ominus$。

(2) 若此反应为吸热反应，当降低体系温度时，平衡将向哪个方向移动？

解 (1)

$$NH_4Cl(s) = NH_3(g)+HCl(g)$$

$$\text{平衡分压/kPa} \qquad 50 \qquad 50$$

$$K^\ominus=\left(\frac{50}{100}\right)^2=0.25$$

(2) 若此反应为吸热反应，当降低体系温度时，平衡将向左移动。

20. 试计算反应：$CO_2(g)+4H_2(g) \rightleftharpoons CH_4(g)+2H_2O(g)$ 在 800K 时的平衡常数 $K^\ominus$。

解

	$CO_2(g)$	$+4H_2(g)$	$\rightleftharpoons CH_4(g)$	$+2H_2O(g)$
$\Delta_f H_m^\ominus(298.15K)/(kJ\cdot mol^{-1})$	−393.509	0	−74.81	−241.818
$S_m^\ominus(298.15K)/(J\cdot mol^{-1}\cdot K^{-1})$	213.74	130.684	188.264	188.825

$$\Delta_r H_m^\ominus=\sum_B \nu_B \Delta_f H_m^\ominus(B)=[(-74.81)+2\times(-241.818)]-(-393.509)$$

$$=-164.94(kJ\cdot mol^{-1})$$

$$\Delta_r S_m^\ominus=\sum_B \nu_B S_m^\ominus(B)=(188.264+2\times188.825)-(4\times130.684+213.74)$$

$$=-170.56(J\cdot mol^{-1}\cdot K^{-1})$$

$$\Delta_r G_m^\ominus(800K)=\Delta_r H_m^\ominus-800\times\Delta_r S_m^\ominus=-164.94-800\times(-170.56\times10^{-3})$$

$$=-28.49(\text{kJ}\cdot\text{mol}^{-1})$$

$\Delta_r G_m^\ominus(800\text{K})=-RT\ln K^\ominus$，即

$$-28.49\times10^3=-8.314\times800\times\ln K^\ominus(800\text{K})$$

解得

$$K^\ominus(800\text{K})=72.49$$

21. 25℃时，反应 $2H_2O_2(g)\rightleftharpoons 2H_2O(g)+O_2(g)$ 的 $\Delta_r H_m^\ominus$ 为 $-210.9\text{kJ}\cdot\text{mol}^{-1}$，$\Delta_r S_m^\ominus$ 为 $131.8\text{J}\cdot\text{mol}^{-1}\cdot\text{K}^{-1}$。试计算该反应在 25℃和 100℃时的 $K^\ominus$，计算结果说明什么问题？

解　(1)

$$\Delta_r G_m^\ominus(298.15\text{K})=\Delta_r H_m^\ominus-298.15\Delta_r S_m^\ominus$$
$$=-210.9-298.15\times(131.8\times10^{-3})$$
$$=-250.2(\text{kJ}\cdot\text{mol}^{-1})$$
$$\Delta_r G_m^\ominus(298.15\text{K})=-R\times298.15\times\ln K^\ominus(298.15\text{K})$$

解得

$$K^\ominus(298.15\text{K})=6.85\times10^{43}$$

(2)

$$\Delta_r G_m^\ominus(373.15\text{K})=\Delta_r H_m^\ominus-373.15\Delta_r S_m^\ominus$$
$$=-210.9-373.15\times131.8\times10^{-3}$$
$$=-260.1(\text{kJ}\cdot\text{mol}^{-1})$$
$$\Delta_r G_m^\ominus(373.15\text{K})=-R\times373.15\times\ln K^\ominus(373.15\text{K})$$

解得

$$K^\ominus(373.15\text{K})=2.56\times10^{36}$$

因 $K^\ominus(298.15\text{K})>K^\ominus(373.15\text{K})$，说明温度升高，平衡向逆反应方向移动，此反应为放热反应。

22. 反应 $HgO(s)\rightleftharpoons Hg(g)+0.5O_2(g)$ 在 693K 达平衡时总压为 $5.16\times10^4\text{Pa}$，在 723K 达平衡时总压为 $1.08\times10^5\text{Pa}$，求 HgO(s)分解反应的 $\Delta_r H_m^\ominus$。

解　设平衡时总压为 p，则

$$p(\text{Hg})=2/3p,\ p(O_2)=1/3p$$
$$K^\ominus=[p(\text{Hg})/p^\ominus]\cdot[p(O_2)/p^\ominus]^{1/2}$$

将 693K 和 723K 温度条件下的总压 p 值和 $p^\ominus$ 代入 $K^\ominus$ 表达式，解得平衡常数值。693K 时，$K^\ominus(693\text{K})=0.143$；723K 时，$K^\ominus(723\text{K})=0.432$。

根据 $\ln\dfrac{K^\ominus(723\text{K})}{K^\ominus(693\text{K})}=\dfrac{\Delta_r H_m^\ominus}{R}\left(\dfrac{1}{693}-\dfrac{1}{723}\right)$，得

$$\Delta_r H_m^\ominus\approx1.54\times10^5(\text{kJ}\cdot\text{mol}^{-1})$$

4.5　自 测 习 题

(一) 填空题

1. 某反应，当升高反应温度时，反应物的转化率减小，若只增加体系总压时，反应物的转

化率提高，则此反应为__________热反应，且反应物分子数__________（大于、小于）产物分子数。

2. 对于__________反应，其反应级数一定等于反应物计量系数__________，速率常数的单位由__________决定，若 k 的单位为 $L^2 \cdot mol^{-2} \cdot s^{-1}$，则对应的反应级数为__________。

3. 可逆反应 $A(g)+B(g) \rightleftharpoons C(g)$，$\Delta H<0$，达到平衡后，再给体系加热，正反应速率__________，逆反应速率__________，平衡向__________方向移动。

4. 在 500K 时，反应 $SO_2(g)+1/2O_2(g) \rightleftharpoons SO_3(g)$ 的 $K^\ominus=50$，在同一温度下，反应 $2SO_3(g) \rightleftharpoons 2SO_2(g)+O_2(g)$ 的 $K^\ominus=$__________。

5. 经实验证明，反应 $HIO_3+3H_2SO_3 \longrightarrow HI+3H_2SO_4$ 分两步完成：(1) $HIO_3+H_2SO_3 \longrightarrow HIO_2+H_2SO_4$（慢反应），(2) $HIO_2+2H_2SO_3 \longrightarrow HI+2H_2SO_4$（快反应），因此反应的速率方程式是__________。

6. 在 298K 温度下，将 1mol SO_3 放入 1L 的反应器内，当反应 $2SO_3(g) \rightleftharpoons 2SO_2(g)+O_2(g)$ 达到平衡时，容器内有 0.6mol 的 SO_2，其 K_c 是__________。

7. 已知下列反应的平衡常数：$H_2(g)+S(s) \rightleftharpoons H_2S(g)$，$K^\ominus=1.0\times10^{-3}$；$S(s)+O_2(g) \rightleftharpoons SO_2(g)$，$K^\ominus=5.0\times10^6$；$H_2(g)+SO_2(g) \rightleftharpoons H_2S(g)+O_2(g)$ 的平衡常数 $K^\ominus$ 为__________。

8. 简单反应 $A \xlongequal{} B+C$，反应速率方程为__________，反应级数为__________，若分别以 A、B 两种物质表示该反应的反应速率，则 υ_A 与 υ_B__________。

9. 阿伦尼乌斯公式中 $e^{-E_a/RT}$ 的物理意义是__________。

10. 催化剂能加快反应速率的原因是它改变了反应的__________，降低了反应的__________，从而使活化分子百分数增加。

（二）判断题（正确的请在括号内打√，错误的打×）

11. 某温度下 $2N_2O_5 \xlongequal{} 4NO_2+O_2$，该反应的速率和以各种物质表示的反应速率的关系为：$\upsilon=1/2\upsilon(N_2O_5)=1/4\upsilon(NO_2)=\upsilon(O_2)$。（　）

12. 化学反应平衡常数 $K^\ominus$ 值越大，其反应速率越快。（　）

13. 因为平衡常数和反应的转化率都能表示化学反应进行的程度，所以平衡常数即是反应的转化率。（　）

14. 在 $2SO_2+O_2 \rightleftharpoons 2SO_3$ 反应中，在一定温度和浓度的条件下，无论使用催化剂或不使用催化剂，只要反应达到平衡时，产物的浓度总是相同的。（　）

15. 升高温度，使吸热反应的反应速率加快，放热反应的反应速率减慢，所以升高温度使平衡向吸热反应方向移动。（　）

16. 平衡常数 $K^\ominus$ 等于各分步反应平衡常数 $K_1^\ominus$，$K_2^\ominus$，…之和。（　）

17. 催化剂可影响反应速率，但不影响热效应。（　）

18. 基元反应的反应级数与反应分子数相同。（　）

19. 在一定温度下反应的活化能越大，反应速率也越大。（　）

20. 催化剂将增加平衡时产物的浓度。（　）

21. 一个气体反应的标准摩尔吉布斯自由能变 $\Delta_r G_m^\ominus(298.15)$ 是指反应物和产物都处于 298.15K 且混合气体的总压力为 100kPa 时反应的吉布斯自由能变。（　）

22. 体系由状态 1→状态 2 的过程中，热(Q)和功(W)的数值随不同的途径而异。（　）

23. 体系发生化学反应后，使产物温度回到反应前的温度时，体系与环境交换的热量称为反应热。（　）

24. 用等温方程式 $\Delta G = RT\ln(Q/K^{\ominus})$ 判断自发反应的方向时，必须求出 ΔG 的数值。（　）

25. 催化剂对可逆反应的正、逆两个反应速率具有相同的影响。（　）

26. 速率方程式中，$\upsilon = k \cdot c^m(\mathrm{A}) \cdot c^n(\mathrm{B})$，$(m+n)$ 称为反应级数。（　）

27. 反应级数和反应分子数都是简单整数。（　）

28. 化学平衡是化学体系最稳定的状态。（　）

29. 零级反应的反应速率与速率常数二者关系为 $\upsilon = k$，表明反应速率与浓度无关。（　）

30. 不同的反应其反应速率常数 k 的单位不同。（　）

31. 反应速率常数 k 的单位由反应级数决定。（　）

32. 任何可逆反应在一定温度下，不论参加反应的物质的起始浓度如何，反应达到平衡时，各物质的平衡浓度相同。（　）

33. 反应 $\mathrm{A+B \rightleftharpoons C}$，$\Delta H < 0$，达平衡后，如果升高体系温度，则生成物 C 的产量减少，反应速率减慢。（　）

(三) 选择题（下列各题只有一个正确答案，请将正确答案填在括号内）

34. $2N_2O_5(g) \rightleftharpoons 4NO_2(g) + O_2(g)$ 分解反应的瞬时速率为（　）。

A. $\upsilon(N_2O_5, g) = -2\mathrm{d}c(N_2O_5)/\mathrm{d}t$　　B. $\upsilon(N_2O_5, g) = \mathrm{d}c(N_2O_5)/\mathrm{d}t$

C. $\upsilon(N_2O_5, g) = 4\mathrm{d}c(N_2O_5)/\mathrm{d}t$　　D. $\upsilon(N_2O_5, g) = -\mathrm{d}c(N_2O_5)/\mathrm{d}t$

35. $\mathrm{A+B \longrightarrow C+D}$ 为基元反应，如果一种反应物的浓度减半，则反应速率将减半，根据是（　）。

A. 质量作用定律　　B. 勒夏特列原理

C. 阿伦尼乌斯定律　　D. 微观可逆性原理

36. 在气体反应中，使反应物的活化分子数和活化分子分数同时增大的条件是（　）。

A. 增加反应物的浓度　　B. 升高温度

C. 增大压力　　D. 降低温度

37. 在 300K 时鲜牛奶约 4h 变酸，在 277K 的冰箱中可保存 48h，牛奶变酸的活化能约是（　）$\mathrm{kJ \cdot mol^{-1}}$。

A. −74.7　　B. 74.7　　C. 5.75　　D. −5.75

38. 对一个化学反应来说，反应速率越快，则（　）。

A. ΔH 越负　　B. E_a 越小　　C. ΔG 越大　　D. ΔS 越负

39. 在 $m\mathrm{A(g)} + n\mathrm{B(s)} \rightleftharpoons p\mathrm{C(g)}$ 的平衡体系，$\Delta H < 0$，加压将导致 A 的转化率降低，则（　）。

A. $m > p$　　B. $m < p$　　C. $m = p$　　D. $m > p + n$

40. $N_2H_4(l) \rightleftharpoons N_2(g) + 2H_2(g)$，对此平衡来说成立的等式是（　）。

A. $K_p = K_c(RT)^3$　　B. $K_c = c(N_2H_4) \cdot c(N_2) \cdot c(H_2)$

C. $K_p = K_c(RT)^{-3}$　　D. $K_p = K_c(RT)^2$

41. 某反应 $a\mathrm{A(g)} + b\mathrm{B(g)} = d\mathrm{D(g)} + e\mathrm{E(g)}$，正反应的活化能为 $E_{a,正}$，逆反应的活化

能为 $E_{a,逆}$，则该反应的热效应 ΔH 近似等于(　　)。

A. $E_{a,正}-E_{a,逆}$　　B. $E_{a,逆}-E_{a,正}$　　C. $E_{a,正}+E_{a,逆}$　　D. 无法确定

42. 能使任何反应达平衡时，产物增加的措施是(　　)。

A. 升温　　B. 加压

C. 加催化剂　　D. 增大反应物起始浓度

43. 800℃时，$CaCO_3(s) \rightleftharpoons CaO(s)+CO_2(g)$ 的 $K^{\ominus}=3.6\times10^{-3}$，此时，$CO_2$ 的平衡浓度是(　　)$mol\cdot L^{-1}$。

A. 3.6×10^{-3}　　B. $1/(3.6\times10^{-3})$

C. $(3.6\times10^{-3})^{1/2}$　　D. $(3.6\times10^{-3})^2$

44. 在 763.15K 时，$H_2(g)+I_2(g) \rightleftharpoons 2HI(g)$的 $K^{\ominus}=45.9$，当各物质的起始浓度 $c(H_2)=0.0600mol\cdot L^{-1}$，$c(I_2)=0.400mol\cdot L^{-1}$，$c(HI)=2.00mol\cdot L^{-1}$ 时进行混合，在上述温度下，反应自发进行的方向是(　　)。

A. 自发向右进行　　B. 自发向左进行

C. 反应处于平衡状态　　D. 反应不发生

45. 在某温度下，反应 $N_2(g)+3H_2(g) \rightleftharpoons 2NH_3(g)$，$K^{\ominus}=0.60$，平衡时若再通入一定量的 $H_2(g)$，此时分压商 Q、平衡常数 $K^{\ominus}$ 和 $\Delta_r G_m$ 的关系是(　　)。

A. $Q>K^{\ominus}$，$\Delta_r G_m>0$　　B. $Q>K^{\ominus}$，$\Delta_r G_m<0$

C. $Q<K^{\ominus}$，$\Delta_r G_m<0$　　D. $Q<K^{\ominus}$，$\Delta_r G_m>0$

46. 有可逆反应：$C(s)+H_2O(g) \rightleftharpoons CO(g)+H_2(g)$，$\Delta H=133.9kJ\cdot mol^{-1}$，下列说明中正确的是(　　)。

A. 达平衡时，反应物和生成物浓度相等

B. 由于反应前后，分子数目相等，所以增加压力时对平衡没有影响

C. 增加温度，将对 C(s)的转化有利

D. 反应为放热反应

47. 反应 $CO(g)+H_2O(g) \rightleftharpoons H_2(g)+CO_2(g)$在温度为 T 时达平衡，则平衡常数 K_p 与 K_c 的关系是(　　)。

A. $K_p>K_c$　　B. $K_p<K_c$　　C. $K_p=K_c$　　D. K_p 与 K_c 无关

48. 正反应和逆反应的平衡常数之间的关系为(　　)。

A. $K^{\ominus}_{正}=K^{\ominus}_{逆}$　　B. $K^{\ominus}_{正}=-K^{\ominus}_{逆}$　　C. $K^{\ominus}_{正}\cdot K^{\ominus}_{逆}=1$　　D. $K^{\ominus}_{正}+K^{\ominus}_{逆}=1$

49. 对于任意可逆反应，下列条件能改变平衡常数的是(　　)。

A. 增加反应物浓度　　B. 增加生成物浓度

C. 加入催化剂　　D. 改变反应温度

50. 某一反应方程式中，若反应物的计量数刚好是速率方程中各物质浓度的指数，则该反应是否为基元反应？(　　)。

A. 一定是　　B. 一定不是　　C. 不一定是　　D. 上述都不对

51. 某化学反应，其反应物消耗 3/4 时所需时间是它消耗掉 1/2 时所需时间的 2 倍，则该反应的级数为(　　)。

A. 1/2 级　　B. 1 级　　C. 2 级　　D. 0 级

52. 某容器中加入相同物质的量的 NOCl 和 Cl_2，在一定温度下发生反应 $NO(g)+1/2Cl_2(g) \rightleftharpoons NOCl(g)$，平衡时有关各物种分压的结论正确的是(　　)。

A. $p(NO)=p(Cl_2)$　　B. $p(NO)=p(NOCl)$

C. $p(NO)<p(Cl_2)$　　D. $p(NO)>p(Cl_2)$

53. 在恒温恒压下，2L NO_2 进行高温分解 $2NO_2 \rightleftharpoons 2NO+O_2$，平衡时 NO_2 转化率为56%，平衡时总体积是(　　)L。

A. 2.8　　B. 2.56　　C. 3.68　　D. 2.74

(四) 计算题

54. 反应 $N_2O_4(g) \rightleftharpoons 2NO_2(g)$，在 313K 时，向 0.5L 的真空容器中通入 3×10^{-3}mol 的 N_2O_4，平衡后压力为 2.58×10^4Pa。

(1) 计算 313K 时，N_2O_4 的分解百分数和标准平衡常数 $K^\ominus$。

(2) 已知该反应的 $\Delta_r H_m^\ominus=72.8\text{kJ}\cdot\text{mol}^{-1}$，求该反应的 $\Delta_r S_m^\ominus$ 及用温度表示的 $\Delta_r G_m^\ominus$。

55. 已知 298K 时下列数据：

物质	PbS(s)	O_2(g)	$PbSO_4$(s)
$\Delta_f H_m^\ominus/(\text{kJ}\cdot\text{mol}^{-1})$	−100	0	−920
$S_m^\ominus/(\text{J}\cdot\text{mol}^{-1}\cdot\text{K}^{-1})$	91	205	149

(1) 计算 300K 时，反应 $PbS(s)+2O_2(g) = PbSO_4(s)$的 $\Delta_r G_m^\ominus$ 及 $K^\ominus$。

(2) 若 300K 时，空气中氧气的分压为 21.3kPa，经计算回答上述反应能否发生？

56. 某反应在 1000K 时平衡常数 $K^\ominus=20$，800K 时平衡常数 $K^\ominus=30$。求该反应在 900K 时的 $\Delta_r G_m^\ominus$、$\Delta_r H_m^\ominus$ 和 $\Delta_r S_m^\ominus$。

57. 根据实验，在一定范围内，NO 和 Cl_2 的基元反应方程式可用下式表示：

$$2NO+Cl_2 \longrightarrow 2NOCl$$

(1) 写出该反应的质量作用定律表达式。

(2) 该反应的级数是多少？

(3) 其他条件不变，如果将容器的体积增加到原来的两倍，反应速率如何变化？

(4) 如果容器体积不变，而将 NO 的浓度增加到原来的 3 倍，反应速率又如何变化？

58. CH_3CHO 的热分解反应 $CH_3CHO(g) = CH_4(g)+CO(g)$，700K 时 $k=0.0105\text{L}\cdot\text{mol}^{-1}\cdot\text{s}^{-1}$，此反应的活化能 $E_a=188\text{kJ}\cdot\text{mol}^{-1}$，试求 800K 时的 k 值。

59. PCl_5 的热分解反应：$PCl_5(g) \rightleftharpoons PCl_3(g)+Cl_2(g)$，某温度时，在容积为 10L 的密闭容器中的 2mol PCl_5 有 1.5mol 分解了，试计算此温度时的平衡常数 K_c。

60. 某温度时，反应 $N_2+O_2 \rightleftharpoons 2NO$ 的平衡常数 K_c 为 0.0045，若 2.5mol O_2 和 2.5mol N_2 作用于 15L 密闭容器中，则达到平衡时有多少 NO 生成？

61. 某反应的活化能为 $181.6\text{kJ}\cdot\text{mol}^{-1}$，加入某催化剂后，该反应的活化能为 $151\text{kJ}\cdot\text{mol}^{-1}$，当温度为 800K 时，加催化剂后的反应速率增大多少倍？

62. 在容积为 3.0L 的密闭容器中，装有 CO_2 和 H_2 混合物，存在下列可逆反应：

$$CO_2(g)+H_2(g) \rightleftharpoons CO(g)+H_2O(g)$$

如果在此密闭容器中，混合 1.5mol CO_2 和 4.5mol H_2，并加热到 1123K 时，反应达到平衡(已知此时 $K_c=1.0$)，求：

(1) 平衡时每种物质的浓度。

(2) CO_2 转化为 CO 的百分数。

(3) 若在以上平衡体系中，再加入 4.87mol H_2，温度仍保持不变，则 CO_2 转化为 CO 的百分数为多少？

63. 反应 $H_2(g)+I_2(g)=\!=\!=2HI(g)$在 713K 时 $K^{\ominus}=49.0$，在 698K 时 $K^{\ominus}=54.3$。则：

(1) 上述反应的 $\Delta_r H_m^{\ominus}$ 为多少？反应为吸热还是放热反应？

(2) 计算 713K 时反应的 $\Delta_r G_m^{\ominus}$。

(3) 当 H_2、I_2、HI 的分压分别为 100kPa、100kPa 和 50kPa 时，计算 713K 时反应的 $\Delta_r G_m$。

自测习题答案

(一) 填空题

1. 放，大于；2. 基元（简单），之和，反应级数，三级；3. 增加，增加，逆反应；4. 4×10^{-4}；5. $\upsilon=kc(HIO_3)\cdot c(H_2SO_3)$；6. 0.675；7. 2×10^{-10}；8. $\upsilon=kc(A)$，一级，相等；9. 活化分子分数；10. 机理，活化能。

(二)判断题

11. √，12. ×，13. ×，14. √，15. ×，16. ×，17. √，18. √，19. ×，20. ×，21. ×，22. √，23. √，24. ×，25. √，26. √，27. ×，28. √，29. √，30. √，31. √，32. ×，33. ×。

(三)选择题

34. D，35. A，36. B，37. B，38. B，39. B，40. A，41. A，42. D，43. A，44. B，45. C，46. C，47. C，48. C，49. D，50. C，51. B，52. C，53. B。

(四)计算题

54. (1) 65.38%，0.77；(2) 230.3$J\cdot mol^{-1}\cdot K^{-1}$，$\Delta_r G_m^{\ominus}=72.8-0.230T$。

55. (1) $-714.4kJ\cdot mol^{-1}$，2.35×10^{124}；(2) 能发生。

56. $\Delta_r G_m^{\ominus}=-23.78kJ\cdot mol^{-1}$，$\Delta_r H_m^{\ominus}=-13.48kJ\cdot mol^{-1}$，$\Delta_r S_m^{\ominus}=11.4J\cdot mol^{-1}\cdot K^{-1}$。

57. (1) $\upsilon=kc^2(NO)\cdot c(Cl_2)$；(2) 3 级；(3) 1/8 倍；(4) 9 倍。

58. $0.595L\cdot mol^{-1}\cdot s^{-1}$。

59. $K_c=0.45mol\cdot L^{-1}$。

60. 0.16mol。

61. 99.55。

62. (1) $c(CO_2)=0.125mol\cdot L^{-1}$，$c(H_2)=1.125mol\cdot L^{-1}$，$c(CO)=0.375mol\cdot L^{-1}$，$c(H_2O)=0.375mol\cdot L^{-1}$；(2) 75%；(3) 86.2%。

63. (1) $\Delta_r H_m^{\ominus}=-28.3kJ\cdot mol^{-1}$，为放热反应；(2) $\Delta_r G_m^{\ominus}=-23.1kJ\cdot mol^{-1}$；(3) $\Delta_r G_m=-31.3kJ\cdot mol^{-1}$。

第 5 章　物质结构基础

5.1　学 习 要 求

(1) 了解微观粒子的波粒二象性、测不准原理，熟悉概率和概率密度的概念，熟悉波函数和电子云的角度分布图。

(2) 能用四个量子数描述核外电子的运动状态。

(3) 掌握核外电子排布和元素周期系的关系，熟悉元素基本性质的周期性。

(4) 了解离子键的形成，熟悉离子键的特征、离子的特征、离子键的强度，了解晶格能的概念及其与离子键强度的关系。

(5) 掌握价键理论、杂化轨道理论及其应用，了解价层电子对互斥理论和分子轨道理论。

(6) 熟悉分子的极性、分子间作用力——范德华力、氢键相关理论及运用。

(7) 了解离子极化现象，熟悉影响离子变形性和极化能力的因素及离子极化对键型和化合物性质的影响。

(8) 了解晶体的基本概念，熟悉离子晶体、原子晶体、金属晶体、分子晶体、混合型晶体的结构特征和性质。

5.2　内 容 要 点

5.2.1　玻尔理论

核外电子只能在有确定半径和能量的轨道上运动。在正常情况下，电子尽可能处于离核最近的基态上，此时电子运动不辐射出能量。当电子获得能量后，被激发到高能量的轨道上而处于激发态。处于激发态的电子不稳定，要释放出光能回到离核较近的轨道上。光的频率取决于离核较远的轨道能量与离核较近的轨道能量之差：

$$h\nu = E_2 - E_1 \qquad \nu = \frac{E_2 - E_1}{h}$$

玻尔理论虽成功解释了氢光谱，但不能解释多电子原子光谱。核外电子运动具有波粒二象性，又表现出量子化特性，因而不能用经典的牛顿力学理论描述核外电子的运动状态。

5.2.2　微观粒子的波粒二象性和测不准原理

1924 年，法国物理学家德布罗意提出微观粒子也有波动性，并提出具有质量为 m，运动速度为 v 的粒子其波长应为

$$\lambda = \frac{h}{p} = \frac{h}{mv}$$

1927 年，德国物理学家海森堡指出，对于微观粒子的运动，不可能同时完全准确地测定位置和动量(速度)，其位置的不准确量 Δx 和动量的不确定量 Δp 的关系如下：

$$\Delta x \cdot \Delta p \geqslant \frac{h}{4\pi}$$

该式表明：核外电子不可能沿着一条如玻尔理论所描述的固定轨道运动。核外电子的运动规律，只能用统计的方法指出它在核外某区域出现的可能性——概率的大小。

5.2.3 波函数与原子轨道

奥地利物理学家薛定谔在波粒二象性的基础上提出了薛定谔方程：

$$\frac{\partial^2 \psi}{\partial x^2}+\frac{\partial^2 \psi}{\partial y^2}+\frac{\partial^2 \psi}{\partial z^2}=-\frac{8\pi^2 m}{h^2}(E-V)\psi$$

也可将薛定谔方程变为球极坐标，采用变量分离可得

$$\psi_{n,l,m}(r,\theta,\varphi)=R_{n,l}(r)\cdot Y_{l,m}(\theta,\varphi)$$

$R(r)$称为波函数的径向部分，它表明θ、φ一定时波函数ψ随r的变化关系；$Y(\theta,\varphi)$称为波函数的角度部分，它表明r一定时波函数ψ随θ、φ的变化关系。在一定状态下，原子中的每个电子都有自己的波函数ψ和相应的能量E，即一个波函数ψ代表电子的一种运动状态。波函数ψ又称原子轨道，表示原子中一个电子可能的空间运动状态，包含电子所具有的能量、离核的平均距离、概率密度分布等。

解薛定谔方程时，为保证该方程的解有意义，引进了一组量子数，它们的取值如下：

主量子数$n=1,2,3,\cdots$（任意非零的正整数），它是决定电子离核的远近或电子层数以及决定电子能量的主要因素。

角量子数$l=0,1,2,\cdots,n-1$（n个从零开始的正整数），它表示电子亚层或能级、原子轨道（或电子云）的形状以及多电子原子中与n一起决定电子的能量。

磁量子数$m=+l,\cdots,0,\cdots,-l$（从$+l$经过零到$-l$），它决定原子轨道或电子云在空间的伸展方向。

自旋量子数m_s：$m_s=+1/2,-1/2$。

5.2.4 波函数和电子云的空间图形

原子轨道角度分布图由$Y(\theta,\varphi)$而得，图形有"+"、"−"号；电子云的角度分布图由$|Y(\theta,\varphi)|^2$而得，图形无"+"、"−"号。两种图形相似，但有两点不同：电子云的角度分布图比相应原子轨道的角度分布图要"瘦"一些；原子轨道有正、负号之分，而电子云没有正、负号之分。

$|\psi|^2$的物理意义：反映了电子在核外空间某点附近单位微体积元中出现的概率大小。$|\psi|^2$值大，表明单位体积内电荷密度大；反之亦然。常形象地将电子的概率密度（$|\psi|^2$）称作"电子云"。

波函数径向部分$R(r)$本身没有明确的物理意义，但r^2R^2有明确的物理意义，它表示电子在离核半径为r单位厚度的薄球壳层内出现的概率。电子云径向分布图中峰的数目为$n-l$，n越大，电子离核平均距离越远；n相同，电子离核平均距离相近。

5.2.5 核外电子排布

基态时多电子原子核外电子的排布遵循能量最低原理、泡利不相容原理、洪德规则三条准

则。电子排布时遵循鲍林的近似能级图和徐光宪的$(n+0.7l)$规则。关于核外电子排布的几点说明：

(1) 核外电子排布正确的书写格式应该是按电子层由内到外逐层书写。例如，$_{21}Sc$，按鲍林近似能级图先得以下排布式：$1s^2 2s^2 2p^6 3s^2 3p^6 4s^2 3d^1$，但应重排成：$1s^2 2s^2 2p^6 3s^2 3p^6 3d^1 4s^2$。

(2) 有些元素的电子排布比较特殊，如 Ru、Nb、Rh、Pd、W、Pt 及镧系和锕系的一些元素，这些元素原子按三原则推得的排布与实际情况不符。这说明三原则描述核外电子排布还是不充分的，应该还有其他因素影响电子排布。

(3) 为了简便，有时只写出价电子构型(也称外围电子构型)，即主族元素只写出最外层 ns、np 轨道的电子排布，过渡元素只写出$(n-1)d$、ns 轨道的电子排布。

(4) 原子失电子后便成为离子。原子失电子先后顺序是：np、ns、$(n-1)d$、$(n-2)f$。

5.2.6　原子结构和元素周期表

各周期元素数目等于各能级组所能容纳的电子总数，ns^1 开始到 np^6 结束。由于能级交错的存在，因此产生了长短周期的分布。

周期数＝能级组数＝电子层层数

s 区：价电子构型为 $ns^{1\sim2}$

p 区：价电子构型为 $ns^2np^{1\sim6}$

d 区：价电子构型为$(n-1)d^{1\sim8}ns^2$(少数例外)

ds 区：价电子构型为$(n-1)d^{10}ns^{1\sim2}$

f 区：价电子构型为$(n-2)f^{1\sim14}ns^{1\sim2}$(有例外)

5.2.7　元素基本性质的周期性

原子半径在周期表中变化规律如下：

(1) 同一族比较。主族自上而下半径增大。副族自上而下半径一般也增大，但增幅不大，其中第五和第六周期由于受到镧系收缩的影响，半径几乎相同。

(2) 同一周期比较。从左到右半径减小，但主族比副族减小的幅度大得多。这是因为主族元素有效核电荷增加幅度大。另外，ⅠB 族和ⅡB 族的原子半径比左边相邻的元素大。这是因为 d 轨道电子填满后屏蔽效应增大的缘故。

电离能在周期表中变化规律(由于副族元素电离能在周期表中变化的规律性不强，这里主要讨论主族元素变化规律)：

(1) 同一族比较。自上而下电离能减小，这是由于原子半径逐渐增大的缘故。

(2) 同一周期比较。从左到右电离能增大，这是由于原子半径逐渐减小，有效核电荷逐渐增大的缘故。但是ⅢA 族和ⅥA 族出现两个转折，即电离能ⅡA＞ⅢA，ⅤA＞ⅥA。前者是因为ⅡA 族失去的是 s 电子，ⅢA 族失去的是 p 电子，p 电子能量比 s 电子高，易失去；后者是由于ⅤA 族 p 轨道已半满，较稳定，而ⅢA 族的最后一个电子要填入 p 轨道，必然要受到原来已占据该轨道的那个电子排斥，要额外消耗电子的成对能，故较易失去。

在周期表中，电子亲和能变化规律与电离能变化规律基本相同。

电负性在周期表中变化规律类同电离能和电子亲和能，即对主族元素来说，同一族从上到下减小(ⅢA 有些例外)，同一周期从左到右增加。

5.2.8　离子键

靠正、负离子的静电引力而形成的化学键称为离子键。离子化合物的性质与离子的半径、电荷和电子构型有关。离子半径越小，电荷越高，离子间的静电引力就越大，则离子化合物的熔沸点、硬度等就越高。定量地衡量离子晶体牢固程度的物理量是晶格能。晶格能不能用实验直接测量，但可由玻恩-哈伯循环间接地计算得到。

5.2.9　价键理论

基本要点：①具有自旋相反的单电子原子相互接近时，单电子可配对构成共价键；②成键的原子轨道重叠越多，形成的共价键越稳定——原子轨道最大重叠原理。

共价键和离子键不同，它具有饱和性和方向性。共价键按原子轨道重叠方式不同，可分为 σ 键和 π 键；按共用电子对提供方式不同，可分为正常共价键和配位共价键。

5.2.10　杂化轨道理论

原子在形成分子时，为了增强成键能力，使分子稳定性增加，趋向于将不同类型的原子轨道重新组合成能量、形状和方向与原来不同的新原子轨道。这种重新组合称为杂化，杂化后的原子轨道称为杂化轨道。杂化轨道具有以下特性：

(1) 只有能量相近的轨道才能相互杂化。

(2) 形成的杂化轨道数目等于参加杂化的原子轨道数目。

(3) 杂化轨道成键能力大于原来的原子轨道。因为杂化轨道的形状变成一头大一头小了，它用大的一头与其他原子的轨道重叠，重叠部分显然会增大。

(4) 不同类型的杂化，杂化轨道空间取向不同。

原子轨道杂化后若每个杂化轨道所含的成分完全相同，则称为等性杂化。等性杂化的杂化轨道空间取向与分子的空间构型是一致的。若原子轨道杂化后，杂化轨道所含的成分不完全相同，则称为不等性杂化。在不等性杂化中，有些杂化轨道被孤对电子占据，杂化轨道空间取向与分子的空间构型就不相同。

常见的等性杂化轨道与分子的构型

杂化类型	杂化轨道夹角	几何构型	实例
sp	180°	直线形	$BeCl_2$，BeH_2，CO_2
sp^2	120°	平面三角形	BF_3，GaI_3，CO_3^{2-}
sp^3	109°28′	四面体	CH_4，CCl_4，PO_4^{3-}
sp^3d	90°，120°	三角双锥	PCl_5，SiF_5^-
sp^3d^2	90°	正八面体	SF_6，PCl_6^-，SiF_6^{2-}

5.2.11　键的极性与分子的极性

成键两原子正、负电荷中心不重合则化学键有极性。引起化学键极性的主要原因是成键两原子电负性的差异。电负性差越大，键的极性越大。一般来说，双原子分子键的极性与分子的极性是一致的。但对多原子分子来说，分子是否有极性不仅要看键是否有极性，还要考虑分子的空间构型。

5.2.12　范德华力和氢键

范德华力包括取向力、诱导力和色散力。取向力存在于极性分子之间;诱导力存在于极性分子和非极性分子以及极性分子和极性分子之间;色散力存在于任何分子之间。三种力中除少数极性很大的分子(如 H_2O、HF 等)以取向力为主外,绝大多数分子以色散力为主。色散力大小与分子的变形性有关。一般来说,分子体积越大,其变形性越大,则色散力也越大。

氢键是指与高电负性原子 X 以共价键相连的氢原子,和另一个高电负性原子 Y 之间所形成的一种弱键。X 和 Y 均是电负性高、半径小的原子,主要指 F、O、N 原子。氢键具有方向性和饱和性。

范德华力和氢键对物质的性质,如熔沸点、熔化热、气化热、溶解度等有较大的影响。但分子间氢键和分子内氢键对物质的性质影响不同。分子间氢键使物质的熔沸点等升高,而分子内氢键使熔沸点等降低。

5.2.13　离子极化

在离子产生的电场作用下,使带有异号电荷的相邻离子的电子云发生变形,这一现象称离子极化。离子极化的强弱取决于离子的极化力和变形性。离子的电荷越多,半径越小,则电场越强,引起相反电荷的离子极化越厉害。

一般情况下,由正离子的电场引起负离子的极化是矛盾的主要方面。离子间相互极化的结果,使正、负离子的电子云发生变形而导致原子轨道部分重叠,即离子键向共价键过渡。离子极化使化合物的熔沸点下降、在水中溶解度减小、颜色加深等。

5.2.14　晶体结构

晶体是由原子、离子或分子在空间按一定规律性的重复排列构成的固体。最小的重复单元称为晶胞。通常用晶格来描述晶体的性质。

(1) 离子晶体。离子晶体是靠正、负离子的静电吸引结合成离子键的。一般是半径较大的负离子进行密堆积形成空隙,而半径较小的正离子有序地填入空隙中。

(2) 原子晶体。原子晶体中构成晶格质点的是原子,原子间以共价键相连。因共价键有方向性和饱和性,故原子晶体都是配位数较低的非紧密堆积结构。原子晶体的物质为数较少,除金刚石外,还有 Si、B、SiC、SiO_2、BN、AlN 等。

(3) 分子晶体。构成晶格质点的是分子,分子内连接是较强的共价键,分子间是弱的范德华力和氢键。由于范德华力无方向性和饱和性,对球形或接近球形的分子,其晶体结构也往往是配位数为 12 的紧密堆积。但是对于不易转动的线形分子,因有分子取向的问题,往往不是紧密堆积,如 CO_2 是简单立方结构。

(4) 金属晶体。金属原子或离子彼此靠金属键结合而成,常采用六方密堆积、面心立方密堆积和体心立方密堆积的排列方式。金属离子的特点是外层电子数少、易失去。当金属原子相互接近时,由于它们之间的相互作用,一些金属原子失去外层电子变成离子,从原子上脱落下来的自由电子可在整个金属晶体内运动,从而把金属原子和离子"胶合"在一起。改性共价键理论可解释金属的一些特性,如有金属光泽、能导电导热、有延展性等。

需要说明的是:具有以上四种典型晶体结构的无机物为数并不太多,很多晶体或多或少地偏离这四种典型结构。这些晶体内部可能同时存在几种不同的作用力,这类晶体称为混合型晶体。例如，链状结构的石棉，层状结构的石墨、云母等都是典型的混合型晶体。

5.3 例题解析

例 5.1 ⅤB～Ⅷ族的同一族第二、第三过渡元素中，原子半径相差最小的一对元素是什么？解释原因。

答 Nb 和 Ta。这是由于镧系以后的各元素由于镧系收缩，造成第六周期的原子半径与第五周期的原子半径非常接近，其性质也非常相似。

例 5.2 已知 M^{2+} 的 3d 轨道中有 5 个电子，试指出 M 原子的核外电子排布和所在周期表中的位置，并用量子数表示 3d 轨道中 5 个电子的运动状态。

答 $1s^22s^22p^63s^23p^63d^54s^2$，第四周期ⅦB 族。3d 轨道有 5 个电子，分别为 $\psi_{3,2,-2}$、$\psi_{3,2,-1}$、$\psi_{3,2,0}$、$\psi_{3,2,1}$、$\psi_{3,2,2}$。+2 的 M 离子有 3d 轨道，如果增加两个电子，只能排在 4s 轨道，由此可以推断 M 元素的电子排布，此元素为 Mn。d 轨道有 5 个电子，按照洪德规则，5 个 d 电子分占 5 个 d 轨道，且自旋方向相同。

例 5.3 根据原子结构理论预测：

(1) 第八周期将包括多少种元素？

(2) 原子核外出现第一个 5g 电子的元素的原子序数是多少？

(3) 根据电子排布规律，推断原子序数为 114 号元素的外围电子构型，并指出它可能与哪个元素的性质最为相似。

答 (1) 第八周期应从 $8s^1$ 填起，到 $8p^6$ 结束，中间包括 5g、6f、7d 共计 50 个电子，相应于 50 个元素。

(2) 从电子填充规律可以知道出现第一个 5g 电子的元素的原子序数应为 121 号。

(3) 根据电子排布规律，114 号元素的电子层结构为

$1s^22s^22p^63s^23p^63d^{10}4s^24p^64d^{10}4f^{14}5s^25p^65d^{10}5f^{14}6s^26p^66d^{10}7s^27p^2$

其外围电子构型为 $7s^27p^2$，与碳族的铅($6s^26p^2$)的性质最为相似。

例 5.4 $XeOF_4$ 分子的几何构型是什么？

答 四方锥形。该题主要考察 VSEPR 法的应用。$XeOF_4$ 的价层电子对数为 6，电子对的空间构型为八面体，但 Xe 上有一对孤对电子，因此 $XeOF_4$ 分子的空间构型为四方锥。

例 5.5 下列分子或离子与 BF_3 互为等电子体，并具有相似结构的是(　　)。

A. NO_3^-　　B. NF_3　　C. 气态 $AlCl_3$　　D. SO_2

答 A。BF_3 的原子数为 4，电子数为 32；NF_3 原子数为 4，电子数为 34；$AlCl_3$ 原子数为 4，电子数为 64；SO_2 原子数为 3，电子数为 32；NO_3^- 原子数为 4，电子数为 32。NO_3^- 与 BF_3 互为等电子体。等电子体一般结构相似。

例 5.6 NH_3、PH_3、AsH_3 分子间作用力对它们沸点影响最主要的是什么？

答 氢键和色散力。在 NH_3 中存在氢键，其沸点较后两者高。

例 5.7 试由下列物质的沸点推断其分子间作用力的大小，并按分子间作用力由大到小的顺序排列。

Cl_2(−34.0℃)，O_2(−183℃)，N_2(−195.8℃)，H_2(−252.8℃)，I_2(185.2℃)，Br_2(58.8℃)。

答 题中的几个分子均为非极性分子，其分子间作用力只有色散力，而相对分子质量越

大，色散作用也越强，其分子间作用力越强，分子的沸点越高，则

沸点由高到低的顺序为：I_2，Br_2，Cl_2，O_2，N_2，H_2。

分子间作用力的大小为：$I_2>Br_2>Cl_2>O_2>N_2>H_2$。

这些分子的相对分子质量的大小为：$I_2>Br_2>Cl_2>O_2>N_2>H_2$。

分子间作用力大小顺序与相对分子质量的大小顺序相同。

例 5.8 硼酸晶体的形成靠的是什么作用力？

答 氢键和范德华力。硼酸是靠共价键结合成分子的，形成分子晶体时，是范德华力，同时硼酸中含有氧元素，它可形成氢键，硼酸晶体的形成是靠氢键和范德华力的共同作用。

例 5.9 碘升华和石英熔化所克服的化学作用力是否相同？

答 不相同。尽管碘和石英都是非极性分子形成的晶体，但前者是分子晶体，后者是原子晶体。它们所含化学作用力分别为分子间的色散力和分子内共价键，所以碘升华和石英熔化所克服的化学作用力分别是色散力和化学键力。

例 5.10 将 $MgCl_2$、NaCl、$AlCl_3$、$SiCl_4$ 按离子极化作用大小的顺序排列。

答 离子极化由大到小的顺序为：$SiCl_4>AlCl_3>MgCl_2>NaCl$。正离子处于负离子的电场中，负离子对正离子有极化作用；同样，负离子处于正离子的电场中，正离子对负离子也有极化作用。由于正离子半径小，一般正离子的极化作用是矛盾的主要方面。正离子所带电荷越多，半径越小，其极化作用越强。对于 Si^{4+}、Al^{3+}、Mg^{2+}、Na^+ 来说，其半径差不多，但所带电荷不同，所以 Si^{4+} 的极化作用最大，而 Na^+ 最小。

5.4 习题解答

1. 用洪德规则推断氮原子有几个未成对电子？

答 N 原子核外电子排布为：$1s^22s^22p^3$，根据洪德规则，3 个 p 电子分占 3 个 p 轨道且自旋方向相同，所以 N 原子有 3 个未成对电子。

2. 具有下列价电子构型的元素，在周期表中属于哪一周期，哪一族？

(1) $(n-1)d^{10}ns^1$；　　(2) ns^2np^6。

答 (1) 属于第四、五、六周期的第ⅠB族。

(2) 属于第二、三、四、五、六周期的第ⅧA族。

3. 某元素的电子层结构为 $1s^22s^22p^63s^23p^63d^{10}4s^1$。

(1) 这是什么元素？(2) 它有多少能级，多少轨道？(3) 它有几个未成对的电子？

答 (1) Cu 元素；(2) 有 7 个能级，有 15 个轨道；(3) 只有 1 个未成对电子。

4. 判断下列叙述是否正确，并说明理由。

(1) 一种元素原子最多能形成的共价单键数目，等于基态的该种元素原子中所含的未成对电子数。

(2) 由同种元素组成的分子均为非极性分子。

(3) 氢键是氢和其他元素间形成的化学键。

(4) s 电子与 s 电子间形成的键是 σ 键，p 电子与 p 电子间形成的键是 π 键。

(5) sp^3 杂化轨道指的是 1s 轨道和 3p 轨道混合后，形成的 4 个 sp^3 杂化轨道。

(6) 极性分子分子间作用力最大，所以极性分子熔点、沸点比非极性分子都高。

答 (1) 不正确。由于元素的原子可采用杂化轨道成键，共价单键数目不一定等于基态

元素原子中所含的未成对电子数，如 CH_4 分子中有四个共价单键，但 C 原子只有两个未成对电子。

(2) 不正确。因为 O_3 是一个极性分子。

(3) 不正确。氢键是指分子中和电负性较大的原子以共价键相结合的氢原子与另一电负性较大的原子所形成的一种弱键。

(4) 不正确。p 电子与 p 电子间形成的键可以是 σ 键，也可以是 π 键。

(5) 不正确。sp^3 杂化轨道指的是 1 个 ns 轨道和 3 个 np 轨道混合后，形成的 4 个 sp^3 杂化轨道。

(6) 不正确。熔点、沸点的高低除与分子间作用力有关外，主要取决于分子中化学键类型。

5. 选择题。

(1) 下列各组量子数合理的是(C)。

A. 3,3,0,1/2　　B. 2,3,1,1/2

C. 3,1,1,－1/2　　D. 2,0,1,－1/2

(2) 核外电子运动状态的描述较正确的是(C)。

A. 电子绕原子核做圆周运动　　B. 电子在离核一定距离的球面上运动

C. 电子在核外一定的空间范围内运动　　D. 电子的运动和地球绕太阳运动一样

(3) 如果一个原子的主量子数是 3，则它(C)。

A. 只有 s 电子　　B. 只有 s 和 p 电子

C. 只有 s、p 和 d 电子　　D. 只有 d 电子

(4) 下列电子构型属于原子的基态电子构型的是(C)。

A. $1s^22s^12p^2$　　B. $1s^22s^22p^23s^2$

C. $1s^22s^22p^63s^1$　　D. $1s^22s^22p^23d^2$

(5) 下列电子构型的原子中(n＝2、3、4)第一电离能最低的是(B)。

A. ns^2np^3　　B. ns^2np^4　　C. ns^2np^5　　D. ns^2np^6

(6) 在乙醇的水溶液中，分子间作用力有(C)。

A. 取向力、诱导力　　B. 色散力、氢键

C. A、B 都有　　D. A、B 都没有

(7) H_2O 的沸点是 100℃，H_2Se 的沸点是－42℃，这可用下列哪种理论来解释？(C)

A. 共价键　　B. 离子键　　C. 氢键　　D. 范德华力

(8) 根据杂化轨道理论，BF_3 分子和 NH_3 分子的空间构型分别(B)。

A. 均为平面三角形

B. BF_3 为平面三角形，NH_3 为三角锥形

C. 均为三角锥形

D. BF_3 为三角锥形，NH_3 为平面三角形

(9) $CHCl_3$ 分子的杂化类型和分子空间构型分别是(A)。

A. sp^3 杂化，四面体　　B. sp^3 杂化，正四面体

C. sp^3 不等性杂化，正四面体　　D. sp^3 不等性杂化，四面体

(10) 形成 π 键的条件是(D)。

A. s 与 s 轨道重叠　　B. s 与 p 轨道重叠

C. p 与 p 轨道“头碰头”重叠　　D. p 与 p 轨道“肩并肩”重叠

6. 写出下列各原子序数的电子层构型，并指出元素在周期表中的周期、族、元素名称及元素符号。

(1) $Z=20$　(2) $Z=24$　(3) $Z=29$　(4) $Z=80$

答　(1) $1s^2 2s^2 2p^6 3s^2 3p^6 4s^2$，第四周期，第ⅡA 族，为钙，Ca。

(2) $1s^2 2s^2 2p^6 3s^2 3p^6 3d^5 4s^1$，第四周期，第ⅥB 族，为铬，Cr。

(3) $1s^2 2s^2 2p^6 3s^2 3p^6 3d^{10} 4s^1$，第四周期，第ⅠB 族，为铜，Cu。

(4) $1s^2 2s^2 2p^6 3s^2 3p^6 3d^{10} 4s^2 4p^6 4d^{10} 4f^{14} 5s^2 5p^6 5d^{10} 6s^2$，第六周期，第ⅡB 族，为汞，Hg。

7. 比较下列各组元素的原子性质，并说明理由。

(1) K 和 Ca 的原子半径　(2) As 和 P 的第一电离能

(3) Si 和 Al 的电负性　(4) Mo 和 W 的原子半径

答　(1) 原子半径 K＞Ca，同一周期，随原子序数的增加，有效核电荷增加，核对外层电子的引力增加，原子半径依次减小。

(2) 第一电离能 P＞As，同一族中元素原子的第一电离能从上而下依次减小。

(3) 电负性 Si＞Al，同一周期，随原子序数的增加，有效核电荷增加，核对外层电子的引力增加，其吸引电子的能力增加。

(4) 原子半径 Mo≈W，因存在镧系收缩，使第五、六周期同族元素的原子半径非常接近。

8. 按原子半径的大小排列下列等电子离子，并说明理由。

F^-，　O^{2-}，　Na^+，　Mg^{2+}，　Al^{3+}。

答　原子半径的大小为：$O^{2-}>F^->Na^+>Mg^{2+}>Al^{3+}$。同一周期中正离子的半径随离子的电荷增加而减小，而负离子的半径随离子电荷数的增加而增加。因此，正离子的半径为 $Na^+>Mg^{2+}>Al^{3+}$，而负离子的半径为 $O^{2-}>F^-$，而具有相同电子构型的离子，负离子的半径要大于正离子的半径，即 $F^->Na^+$。

9. 比较 Si、Ge、As 三元素的下列性质：

(1)金属性　(2)电离能　(3)电负性　(4)原子半径

答　(1) 金属性 Ge＞As≈Si。Ge 以金属性为主，而 As、Si 是以非金属性为主的两性元素。

(2) 电离能 As＞Si＞Ge。

(3) 电负性 As＞Si＞Ge。

(4) 原子半径 Ge＞As＞Si。

10. 对下列各组原子轨道填充合适的量子数：

(1) $n=(\quad)$，$l=3$，$m=2$，$m_s=+1/2$。

(2) $n=2$，$l=(\quad)$，$m=1$，$m_s=-1/2$。

(3) $n=4$，$l=0$，$m=(\quad)$，$m_s=+1/2$。

(4) $n=1$，$l=0$，$m=0$，$m_s=(\quad)$。

答　(1)4；(2)1；(3)0；(4)+1/2 或－1/2。

11. 设第四周期有 A、B、C、D 4 种元素，其原子序数依次增大，价电子数分别为 1、2、2、7，次外层电子数 A 和 B 为 8，C 和 D 为 18，则：

(1) A、B、C、D 的原子序数各为多少？

(2) 哪个是金属？哪个是非金属？

(3) A 和 D 的简单离子是什么?

(4) B 和 D 两种元素形成何种化合物? 写出化学式。

答　(1) A、B、C、D 的原子序数分别为 19、20、30、35。

(2) A、B、C 为金属,而 D 为非金属。

(3) A、D 简单离子为 K^+、Br^-。

(4) B 和 D 形成离子型化合物,化学式为 $CaBr_2$。

12. 若元素最外层仅有一个电子,该电子的量子数为 $n=4, l=0, m=0, m_s=+1/2$。则:

(1) 符合上述条件的元素可以有几个? 原子序数各为多少?

(2) 写出相应元素原子的电子结构,并指出在周期表中所处的区域和位置。

答　(1) 满足上述条件的元素有 K、Cr、Cu,原子序数分别为 19、24、29。

(2) $_{19}K$: $1s^2 2s^2 2p^6 3s^2 3p^6 4s^1$,为第四周期ⅠA 族、s 区元素。

$_{24}Cr$: $1s^2 2s^2 2p^6 3s^2 3p^6 3d^5 4s^1$,为第四周期ⅥB 族、d 区元素。

$_{29}Cu$: $1s^2 2s^2 2p^6 3s^2 3p^6 3d^{10} 4s^1$,为第四周期ⅠB 族、ds 区元素。

13. 用 s、p、d、f 符号表示下列各元素原子的电子结构:

(1) $_{18}Ar$　　(2) $_{26}Fe$　　(3) $_{53}I$　　(4) $_{29}Cu$

并指出它们各属于第几周期? 第几族?

答　(1) $_{18}Ar$: $1s^2 2s^2 2p^6 3s^2 3p^6$,为第三周期第ⅧA 族、p 区元素。

(2) $_{26}Fe$: $1s^2 2s^2 2p^6 3s^2 3p^6 3d^6 4s^2$,为第四周期第Ⅷ族、d 区元素。

(3) $_{53}I$: $1s^2 2s^2 2p^6 3s^2 3p^6 3d^{10} 4s^2 4p^6 4d^{10} 5s^2 5p^5$,为第五周期第ⅦA 族、p 区元素。

(4) $_{29}Cu$: $1s^2 2s^2 2p^6 3s^2 3p^6 3d^{10} 4s^1$,为第四周期第ⅠB 族、ds 区元素。

14. 已知四种元素的原子的外电子层结构分别为

(1) $4s^2$　　(2) $3s^2 3p^5$　　(3) $3d^2 4s^2$　　(4) $5d^{10} 6s^2$

试指出:

(i) 它们在周期表中各处于哪一周期? 哪一族? 哪一区?

(ii) 它们的最高正氧化数各为多少?

(iii) 电负性的相对大小。

答　(1) 第四周期,第ⅡA 族,s 区;最高氧化态为+2,为 Ca 元素。

(2) 第三周期,第ⅦA 族,p 区;最高氧化态为+7,为 Cl 元素。

(3) 第四周期,第ⅣB 族,d 区;最高氧化态为+4,为 Ti 元素。

(4) 第六周期,第ⅡB 族,ds 区;最高氧化态为+2,为 Hg 元素。

上述四种元素电负性的相对大小 Cl>Hg>Ti>Ca。

15. 第四周期某元素,其原子失去 3 个电子,在 $l=2$ 的轨道内电子半充满,试推断该元素的原子序数,并指出该元素的名称。

答　该元素的原子序数为 26,元素名称为 Fe(铁)。

16. 第五周期某元素,其原子失去 2 个电子,在 $l=2$ 的轨道内电子全充满,试推断该元素的原子序数、电子结构,并指出位于周期表中哪一族? 是什么元素?

答　原子序数为 48,电子结构为[Kr]$4d^{10} 5s^2$,位于周期表第ⅡB 族,是 Cd 元素。

17. 已知碘化钾的晶格能为$-631.9\mathrm{kJ \cdot mol^{-1}}$,钾的升华热为 $90.0\mathrm{kJ \cdot mol^{-1}}$,钾的电离能为 $418.9\mathrm{kJ \cdot mol^{-1}}$,碘的升华热为 $62.4\mathrm{kJ \cdot mol^{-1}}$,碘的解离能为 $151.0\mathrm{kJ \cdot mol^{-1}}$,碘的电子亲和能为$-310.5\mathrm{kJ \cdot mol^{-1}}$,求碘化钾的标准摩尔生成焓。

解　根据玻恩-哈伯循环，碘化钾的热力学循环为

$$
\begin{array}{ccccc}
K(s)+1/2I_2(s) & & \xrightarrow{\Delta H} & & KI(s) \\
\downarrow S_1 & \downarrow 1/2(D+S) & & & \uparrow \\
K(g) & I(g) & & & U \\
\downarrow I & \downarrow A & & & \\
K^+(g) & + \; I^-(g) & \longrightarrow & &
\end{array}
$$

根据赫斯定律：$\Delta H = S_1 + I + \frac{1}{2}(D+S) + A + U$

$$\Delta H = 90.0 + 418.9 + 1/2 \times (62.4 + 151.0) + (-310.5) + (-631.9)$$
$$= -326.8(kJ \cdot mol^{-1})$$

18. 将下列各组中的化合物按键的极性由大到小排列：

(1) ZnO，ZnS；　　(2) HI，HCl，HBr，HF；

(3) $SiCl_4$，CCl_4；　　(4) H_2Se，H_2Te，H_2S；

(5) OF_2，SF_2；　　(6) NaF，HF，HCl，HI，I_2。

答　(1) ZnO＞ZnS；　　(2) HF＞HCl＞HBr＞HI；

(3) $SiCl_4$＞CCl_4；　　(4) H_2S＞H_2Se＞H_2Te；

(5) SF_2＞OF_2；　　(6) NaF＞HF＞HCl＞HI＞I_2。

19. NO_2、CO_2、SO_2 的键角分别为 132°、180°、120°，判断各分子中心原子的杂化轨道类型。

答　上述三种物质的中心原子分别采用 sp^2 杂化、sp 杂化、sp^2 杂化。

20. 根据价键理论写出 PCl_5 和 OF_2 的结构式。

答　PCl_5 为三角双锥形结构，P 原子采用 sp^3d 杂化成键。结构式为

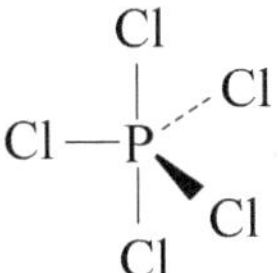

OF_2 中氧原子采用不等性 sp^3 杂化，有两对孤对电子占据两个杂化轨道，形成 V 形结构。结构式为

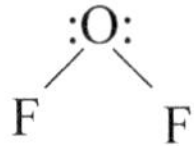

21. 分子极性的大小由什么衡量？下列分子中哪些是极性分子？哪些是非极性分子？

H_2S，CO_2，PH_3，CCl_4，SF_6，$CHCl_3$，$SnCl_2$，$HgCl_2$，CO，SO_2，SO_3，BCl_3，O_3，NF_3。

答　分子极性的大小由偶极矩衡量，偶极矩越大，分子的极性越大，反之亦然。

属于极性分子的是：H_2S，PH_3，$CHCl_3$，CO，SO_2，O_3，NF_3。

属于非极性分子的是：CO_2，CCl_4，SF_6，$SnCl_2$，$HgCl_2$，SO_3，BCl_3。

22. 解释下列事实：

(1) 邻羟基苯甲酸的熔(沸)点低于对羟基苯甲酸的熔(沸)点。

(2) NH_3 极易溶于水，而 CH_4 难溶于水。

(3) 乙醚的相对分子质量(74)大于丙酮的相对分子质量(58),但乙醚的沸点(34.6℃)却比丙酮(56.5℃)低得多,而乙醇相对分子质量(46)更小,沸点(78.5℃)却更高。

(4) SiO_2 和 $SiCl_4$ 都是四面体构型,SiO_2 晶体有很高的熔点,而 $SiCl_4$ 的熔点很低。

(5) Na 与 Si 都是第三周期元素,但在室温下 NaH 是固体,而 SiH_4 却是气体。

答 (1) 邻羟基苯甲酸可以形成分子内氢键,而物质熔化或沸腾时并不破坏分子内氢键,对羟基苯甲酸形成分子间氢键,因此邻羟基苯甲酸的熔(沸)点低于对羟基苯甲酸的熔(沸)点。

(2) NH_3 分子为极性分子,与水形成氢键,故极易溶于水;而 CH_4 为非极性分子,也不与水形成氢键,所以难溶于水。

(3) 乙醚的相对分子质量虽然大于丙酮的相对分子质量,但因氧原子的电负性大于碳原子,丙酮分子中羰基出现了负电荷分布不均匀的现象,使得氧原子上带有部分负电荷,碳原子带有部分正电荷,形成局部的偶极分子,而在偶极分子之间又会产生一定的吸引力,于是丙酮分子间的吸引力大于乙醚,从而使其沸点升高。乙醇除为极性分子外,还存在分子间氢键,故其沸点更高。

(4) SiO_2 和 $SiCl_4$ 虽都是四面体构型,但 SiO_2 晶体属于原子晶体,表现出很高的熔点,而 $SiCl_4$ 则是分子晶体,表现出的熔点很低。

(5) 室温下,NaH 为离子化合物,是固体,而 SiH_4 是非极性的共价化合物,所以是气体。

23. 指出下列各对原子间哪些能形成氢键?哪些能形成极性共价键或非极性共价键?

(1) Li,O;(2) Br,I;(3) Mg,I;(4) O,O;(5) C,O;(6) Si,O;(7) Na,F;(8) N,H。

答 原子间可以形成氢键的有(8);原子间可以形成极性共价键的有(2)、(3)、(5)、(6)、(8);原子间可以形成非极性共价键的有(4)。

24. 试用杂化轨道理论说明:由 BF_3 转变为 BF_4^-,由 NH_3 转变为 NH_4^+,由 H_2O 转变为 H_3O^+ 时,分子的几何构型发生了变化。

答 BF_3 中 B 原子采用 sp^2 杂化轨道成键,形成平面三角形构型,当形成 BF_4^- 时,B 原子采用 sp^3 杂化轨道成键,形成四面体结构。其中三个 sp^3 杂化轨道上各有一个电子分别与 3 个 F^- 形成 σ 键,而一个 sp^3 杂化轨道上无电子,由 F^- 提供一对电子与之形成 σ 配位键。

NH_3 分子中 N 原子采用不等性 sp^3 杂化轨道成键,有一对孤对电子占据一个 sp^3 杂化轨道而形成三角锥形结构;当转变为 NH_4^+ 时,sp^3 杂化轨道上的一对孤对电子与 H^+ 形成 σ 配位键,其结构为四面体构型。

H_2O 分子中 O 原子采用不等性 sp^3 杂化轨道成键,有 2 对孤对电子占据 2 个 sp^3 杂化轨道而形成 V 形结构;当转变为 H_3O^+ 时,1 个 sp^3 杂化轨道上的一对孤对电子与 H^+ 形成 σ 配位键,其结构变为三角锥形。

25. 试排列下列晶体熔点高低顺序:

(1) CsCl,Au,CO_2,HCl;　　(2) NaCl,N_2,NH_3,Si;

(3) KF,CaO,BaO,SiF_4,$SiCl_4$;(4) KCl,NaCl,CCl_4,$SiCl_4$。

答 (1) $Au > CsCl > HCl > CO_2$;　(2) $Si > NaCl > NH_3 > N_2$;

(3) $CaO > BaO > KF > SiCl_4 > SiF_4$;(4) $NaCl > KCl > SiCl_4 > CCl_4$。

26. 判断下列各组分子间存在的分子间作用力:

(1)苯和 CCl_4;(2)CH_3OH 和 H_2O;(3)CO_2 气体;(4)H_2O 分子。

答 (1)只存在色散力;(2)存在色散力、取向力、诱导力及氢键;(3)只存在色散力;(4)存在色散力、取向力、诱导力及氢键。

27. 说明邻羟基苯甲醛和对羟基苯甲醛两种化合物熔点、沸点的高低及其原因。

答　邻羟基苯甲醛的熔点、沸点比对羟基苯甲醛的熔点、沸点低，原因是前者形成分子内氢键，而对羟基苯甲醛形成的是分子间氢键。物质熔化或沸腾时并不破坏分子内氢键，因此前者的熔点、沸点低于后者。

28. 根据下列分子偶极矩数据，判断分子的极性和几何构型：

$SiCl_4$ ($\mu=0$)；CH_3Cl ($\mu=6.38\times10^{-30}$ C · m)；SO_3 ($\mu=0$)；HCN ($\mu=7.2\times10^{-30}$ C · m)；BCl_3 ($\mu=0$)；PCl_3 ($\mu=2.6\times10^{-30}$ C · m)。

答　$SiCl_4$ 为非极性分子，正四面体结构；CH_3Cl 为极性分子，四面体结构；SO_3 为非极性分子，平面三角形结构；HCN 为极性分子，直线形结构；BCl_3 为非极性分子，平面三角形结构；PCl_3 为极性分子，三角锥形结构。

29. NaF，MgO 为等电子体，它们具有 NaCl 晶形，但 MgO 的硬度几乎是 NaF 的两倍，MgO 的熔点(2800℃)比 NaF(993℃)高得多，为什么？

答　NaF，MgO 虽为等电子体和离子晶体，但 MgO 中正、负离子的电荷数高于 NaF 中正、负离子的电荷数，其静电作用力强，晶格能大，其硬度和熔点要比 NaF 高得多。

30. 试写出一具有离子键、共价键(含配位键)的化合物的结构简式。

答　如 NH_4Cl，其结构简式为

$$\left[\begin{array}{c} \quad H \\ \quad | \\ H—N\rightarrow H \\ \quad | \\ \quad H \end{array}\right]^{+} Cl^{-}$$

31. 用价层电子对互斥理论判断下列分子或离子的空间构型。

NH_4^+，CO_3^{2-}，BCl_3，PCl_5，PCl_3，SiF_6^{2-}，H_3O^+，XeF_4，SO_3，SO_2，NO_2，NO_2^-，SCl_2，SO_4^{2-}，PO_4^{3-}，NO_3^-，MnO_4^-，BrF_2^+，AlF_6^{3-}。

答　各分子或离子的空间构型如下表所示：

分子或离子	价层电子对数	孤对电子数	空间构型	分子或离子	价层电子对数	孤对电子数	空间构型
NH_4^+	4	0	四面体	SO_2	3	1	V 形
CO_3^{2-}	3	0	三角形	NO_2	3	1	V 形
BCl_3	3	0	三角形	NO_2^-	3	1	V 形
PCl_5	5	0	三角双锥	SCl_2	4	2	V 形
PCl_3	4	1	三角锥	SO_4^{2-}	4	0	四面体
SiF_6^{2-}	6	0	八面体	PO_4^{3-}	4	0	四面体
H_3O^+	4	1	三角锥	NO_3^-	3	0	三角形
XeF_4	6	2	平面四方形	MnO_4^-	4	0	四面体
SO_3	3	0	三角形	BrF_2^+	4	2	V 形
AlF_6^{3-}	6	0	八面体				

32. 用分子轨道理论说明 He_2^+，Be_2，C_2，O_2^{2-}，O_2^-，O_2^+ 等能否存在及是否具有磁性。

答　He_2^+：$(\sigma_{1s})^2(\sigma_{1s}^*)^1$，键级=1/2，有一个未成对电子，所以 He_2^+ 能存在并具有磁性。

Be_2：$(\sigma_{1s})^2(\sigma_{1s}^*)^2(\sigma_{2s})^2(\sigma_{2s}^*)^2$，键级＝0，无未成对电子，所以 Be_2 不能存在、无磁性。

C_2：$(\sigma_{1s})^2(\sigma_{1s}^*)^2(\sigma_{2s})^2(\sigma_{2s}^*)^2(\pi_{2p_y})^2(\pi_{2p_z})^2$，键级＝2，无未成对电子，故 C_2 能存在但无磁性。

O_2^{2-}：$(\sigma_{1s})^2(\sigma_{1s}^*)^2(\sigma_{2s})^2(\sigma_{2s}^*)^2(\sigma_{2p_x})^2(\pi_{2p_y})^2(\pi_{2p_z})^2(\pi_{2p_y}^*)^2(\pi_{2p_z}^*)^2$，键级＝1，无未成对电子，所以 O_2^{2-} 能存在但无磁性。

O_2^-：$(\sigma_{1s})^2(\sigma_{1s}^*)^2(\sigma_{2s})^2(\sigma_{2s}^*)^2(\sigma_{2p_x})^2(\pi_{2p_y})^2(\pi_{2p_z})^2(\pi_{2p_y}^*)^2(\pi_{2p_z}^*)^1$，键级＝1.5，有一个未成对电子，所以 O_2^- 能存在且有磁性。

O_2^+：$(\sigma_{1s})^2(\sigma_{1s}^*)^2(\sigma_{2s})^2(\sigma_{2s}^*)^2(\sigma_{2p_x})^2(\pi_{2p_y})^2(\pi_{2p_z})^2(\pi_{2p_y}^*)^1(\pi_{2p_z}^*)^0$，键级＝2.5，有一个未成对电子，所以 O_2^+ 能存在且有磁性。

33. 写出 N_2，N_2^+，N_2^- 的分子轨道排布式，并判断稳定性的大小。

答　N_2：$(\sigma_{1s})^2(\sigma_{1s}^*)^2(\sigma_{2s})^2(\sigma_{2s}^*)^2(\pi_{2p_y})^2(\pi_{2p_z})^2(\sigma_{2p_x})^2$，键级为 3。

N_2^+：$(\sigma_{1s})^2(\sigma_{1s}^*)^2(\sigma_{2s})^2(\sigma_{2s}^*)^2(\pi_{2p_y})^2(\pi_{2p_z})^2(\sigma_{2p_x})^1$，键级为 2.5。

N_2^-：$(\sigma_{1s})^2(\sigma_{1s}^*)^2(\sigma_{2s})^2(\sigma_{2s}^*)^2(\pi_{2p_y})^2(\pi_{2p_z})^2(\sigma_{2p_x})^2(\pi_{2p_y}^*)^1$，键级为 2.5。

稳定性为：$N_2 > N_2^+ = N_2^-$。

34. 用离子极化说明下列问题：

(1) AgF、AgCl、AgBr、AgI 的溶解度依次降低，而颜色逐渐加深。

(2) Pb^{2+}，Hg^{2+}，I^- 均为无色离子，但 PbI_2 呈金黄色，HgI_2 呈朱红色。

(3) $FeCl_2$ 熔点为 670℃，$FeCl_3$ 熔点为 306℃。

(4) Na^+、Cu^+ 的半径分别为 95pm、96pm，但 NaCl 易溶于水，CuCl 难溶于水。

答　(1) 由于 Ag^+ 为 18 电子构型，极化力较强，而 F^- 半径小，不易变形，AgF 仍保持离子化合物，在水中易溶。随 Cl^-、Br^-、I^- 半径依次增大，变形性也随之增大，其离子极化作用力依次增加，所以这三种卤化银共价性依次增加，溶解度依次降低，而颜色逐渐加深。

(2) Pb^{2+} 为 18＋2 电子构型，而 Hg^{2+} 为 18 电子构型，这两种离子均具有较强的极化力，而 I^- 半径较大，易发生变形，从而产生较强的极化作用力，使 PbI_2、HgI_2 呈不同颜色。

(3) Fe^{3+} 比 Fe^{2+} 的极化力大，前者与 Cl^- 形成的化合物共价性强，熔点低。

(4) 尽管 Na^+、Cu^+ 的半径差不多，但 Cu^+ 是 18 电子构型，有较强的极化力，而 Na^+ 是 8 电子构型。因此，CuCl 的共价性强，难溶于水；NaCl 的离子性强，易溶于水。

5.5　自测习题

(一) 填空题

1. 电子组态为[Kr]$4d^8 5s^2$ 的元素，位于周期表中第__________周期，第__________族，属第__________过渡系元素。

2. 在四个量子数中，决定原子轨道形状的是__________，决定原子轨道在空间伸展方向的是__________。

3. 我国化学家徐光宪提出能级的相对高低与主量子数 n 和角量子数 l 的关系为__________，其值越大，轨道能量越高。

4. 对于多电子原子来说，影响轨道能量高低的因素除主量子数外，还有__________。

5. 波函数的角度分布图中的__________，在原子轨道重叠成键时起重要作用。

6. 核外电子排布遵循的三个原则是__________、__________和__________。

7. 杂化轨道的数目等于参与杂化的原子轨道的__________。

8. 离子极化的发生使键型由__________向共价键转化，化合物晶型也相应由__________向分子晶体转化，通常表现出化合物的熔、沸点__________，溶解度__________。

9. $|\psi|^2$ 表示电子在核外空间出现的__________，$|\psi|^2 d\tau$ 表示在核外空间某微体积内电子出现的__________。

10. 原子轨道发生杂化的条件是__________和__________。

11. 角量子数表示电子云的__________，磁量子数表示电子云的__________。

12. p 轨道的角度分布图与 p 电子云的角度分布图相比，前者要__________些，且具有__________之分。

13. NaBr 在水中溶解度较大，而 AgBr 几乎不溶于水，原因是__________。

14. $n=3, l=1$ 的原子轨道在空间有__________种伸展方向。

15. NH_3 和 H_2O 的键角不同，原因是__________。

16. 氯化钙的晶格能是反应__________所放出的热量。

17. BF_3 的 B 原子以__________杂化，其空间的几何构型为__________。

18. (1) $n=4$ 和 $l=0$ 的电子有两个，$n=3$ 和 $l=2$ 的电子有 6 个，该元素是__________。

(2) 3d 为全满，4s 中有一个电子的元素是__________。

19. 某原子质量数为 51，中子数为 28，此原子的原子序数为__________，名称(符号)为__________，核外电子数为__________，基态未成对电子数为__________。

20. 根据价层电子对互斥理论，PF_5 分子构型为__________，中心原子轨道为__________杂化轨道。

21. H_2O 分子之间存在__________键，使 H_2O 的沸点__________于 H_2S、H_2Se 等，H_2O 中存在的范德华力有__________，以__________为主。

22. 共价键的特征是具有__________和__________。

23. sp^2 杂化轨道之间的夹角为__________，分子构型呈__________。

24. 分别写出 27 号元素 Co 的：(1)原子的电子排布式__________；(2)原子的外围电子构型__________；(3)+2 价离子的外围电子构型__________；(4)指出元素 Co 在周期表中所属的周期、族，__________。

25. Na、P、Ba、S、F 中与氧形成离子化合物的元素有__________；与氧形成共价化合物的元素有__________。

26. C_2H_6、NH_3、C_2H_5OH、H_3BO_3、CH_4，上述化合物存在分子间氢键的有__________。

(二) 判断题(正确的请在括号内打√，错误的打×)

27. 由极性键形成的分子不一定是极性分子。（　）

28. 氢原子中，4s 轨道能量高于 3d。（　）

29. 电子云密度大的地方，电子出现的概率也大。（　）

30. 含有氢原子的分子中，都有氢键存在。（　）

31. 参加杂化的原子轨道应是同一原子内能量相等的原子轨道。（　）

32. 在 NH_3 和 H_2O 分子间只存在氢键、取向力和诱导力。（　）

33. 电负性差值越大的元素形成的分子极性越强。（　）

34. 在 CH_4、CH_3Cl 及 CCl_4 三种分子中，碳原子的轨道杂化类型一样。 ( )

35. 离子化合物 NaF、NaCl、NaBr、NaI 的熔点依次升高。 ( )

36. 氢原子核外的电子层如果再增加 1 个电子，则变为氦原子。 ( )

37. sp^2 杂化是指 1 个 s 电子和 2 个 p 电子进行杂化。 ( )

38. 由 1 个 ns 轨道和 3 个 np 轨道杂化而形成 4 个 sp^3 杂化轨道。 ( )

39. 色散力仅存在于非极性分子之间。 ( )

40. 色散力存在于一切分子之间。 ( )

41. 范德华力是存在于分子与分子之间的一种作用力，没有饱和性和方向性。 ( )

42. 元素周期表中所有的族序数，就是该族元素的外层电子数。 ( )

43. C 与 Si 都是碳族元素，$CO_2(s)$与 $SiO_2(s)$晶体类型相似。 ( )

44. 稀有气体及其他单原子蒸气[如 Na(g)]中，只有色散力存在。 ( )

45. 在同一原子中，具有一组相同的量子数的电子不能多于一个。 ( )

46. $|\psi|^2$ 表示核外电子出现的概率。 ( )

47. 取向力只存在于极性分子与极性分子之间。 ( )

48. 以极性键结合的双原子分子一定是极性分子。 ( )

（三）选择题（下列各题只有一个正确答案，请将正确答案填在括号内）

49. 下列化合物中有氢键的是( )。

A. CH_3OH　　B. CH_3OCH_3

C. HOOH　　D. A 和 C

50. 量子数 n,l,m 不能决定( )。

A. 原子轨道的能量　　B. 原子轨道的数目

C. 原子轨道的形状　　D. 电子的数目

51. 在多电子原子中，有下列四个电子，其中能量最高的电子是( )。

A. (2,1,1,−1/2)　　B. (2,1,0,−1/2)

C. (3,1,1,−1/2)　　D. (3,2,−2,−1/2)

52. 下列用来表示核外电子运动状态的各组量子数中，合理的是( )。

A. (2,1,−1,1/2)　　B. (2,1,0,0)

C. (3,1,2,1/2)　　D. (1,2,0,−1/2)

53. 下列用来表示核外电子运动状态的各组量子数中，合理的是( )。

A. $n=2,l=2,m=0,m_s=+1/2$　　B. $n=2,l=3,m=-1,m_s=-1/2$

C. $n=4,l=2,m=0,m_s=+1/2$　　D. $n=2,l=0,m=1,m_s=+1/2$

54. 基态时电子排布式为 $1s^22s^22p^63s^23p^63d^{10}4s^24p^5$ 的原子共有( )个能级。

A. 4　　B. 8　　C. 18　　D. 36

55. 在 $n=5$ 的电子层中，能容纳的电子数最多为( )。

A. 25　　B. 50　　C. 21　　D. 32

56. 下列原子或离子具有 5 个单电子的是( )。

A. Fe^{2+}　　B. F　　C. Mn^{2+}　　D. N

57. 关于原子半径，下列叙述不正确的是( )。

A. 同一周期元素，从左到右随原子序数的增加，原子半径递减

B. 同一主族元素，从上到下随电子层数的增多，原子半径依次增大

C. 同种元素的共价半径、金属半径和范德华半径必相等

D. 按照量子力学原理，原子半径是个近似值

58. 下列原子或离子中，半径较大的是(　　)。

A. F^-　　B. Ne　　C. Na^+　　D. O^{2-}

59. 下述离子中，哪个半径最小？(　　)

A. K^+　　B. Sc^{3+}　　C. Ti^{3+}　　D. Ti^{4+}

60. 下列元素中，第一电离能最大的是(　　)。

A. B　　B. Be　　C. N　　D. O

61. 下列元素中，第一电离能最大的是(　　)。

A. Li　　B. Be　　C. Mg　　D. B

62. 下列元素中，电负性最大的是(　　)。

A. K　　B. S　　C. O　　D. Cl

63. Be、B、Mg、Al 的电负性大小顺序为(　　)。

A. B>Be>Mg>Al　　B. B>Al>Be>Mg

C. B>Be≈Al>Mg　　D. B<Al<Be<Mg

64. 下列说法正确的是(　　)。

A. 键长越短，键能越大　　B. 键角越大，键能越大

C. 键能越小，其分子越稳定　　D. C—C 键能是 C═C 键能的一半

65. 对同一元素，原子半径和离子半径顺序正确的是(　　)。

A. $r^- > r > r^+ > r^{2+}$　　B. $r^- > r > r^{2+} > r^+$

C. $r^{2+} > r^+ > r > r^-$　　D. $r > r^- > r^{2+} > r^+$

66. 下列离子中，具有 9～17 电子构型的是(　　)。

A. Sn^{2+}　　B. Cr^{3+}　　C. Ca^{2+}　　D. Ag^+

67. 对异号离子产生强烈的极化作用的离子，其特征是(　　)。

A. 低电荷和大半径　　B. 高电荷和小半径

C. 低电荷和小半径　　D. 高电荷和大半径

68. Ag^+ 和 K^+ 半径很接近，但 KBr 易溶于水，而 AgBr 难溶于水(　　)。

A. K 比 Ag 活泼　　B. K^+ 易被极化而变形

C. Ag^+ 易被极化而变形　　D. 以上都是

69. 下列说法中错误的是(　　)。

A. 8 电子构型的阴离子或阳离子的水溶液呈无色

B. 偶极矩不等于零的分子为极性分子

C. 由极性键形成的分子一定是极性分子

D. 由非极性键形成的分子一定是非极性分子

70. 含有极性键而偶极矩又等于零的分子是(　　)。

A. SO_2　　B. NCl_3　　C. $HgCl_2$　　D. N_2

71. 下列物质中极性最强的是(　　)。

A. NH_3　　B. PH_3　　C. AsH_3　　D. SbH_3

72. 下列物质中，碳原子采用 sp^2 杂化轨道的是(　　)。

A. 金刚石　B. 石墨　C. 乙炔　D. 甲烷

73. 下列分子中键角最小的是(　　)。

A. NH_3　B. BF_3　C. $HgCl_2$　D. H_2O

74. 只需克服色散力就能沸腾的物质是(　　)。

A. HCl　B. C　C. N_2　D. $MgCO_3$

75. 氢原子的 1s、2s、2p、3s、3p、3d、4s 轨道的能量高低顺序为(　　)。

A. $E_{1s}<E_{2s}<E_{2p}<E_{3s}<E_{3p}<E_{3d}<E_{4s}$

B. $E_{1s}<E_{2s}<E_{2p}<E_{3s}<E_{3p}<E_{4s}<E_{3d}$

C. $E_{1s}<E_{2s}=E_{2p}<E_{3s}=E_{3p}<E_{4s}<E_{3d}$

D. $E_{1s}<E_{2s}=E_{2p}<E_{3s}=E_{3p}=E_{3d}<E_{4s}$

76. 下列叙述中,哪个是正确的?(　　)

A. 金属的离子半径大于其原子半径　B. 非金属离子半径与其原子半径相等

C. 非金属的原子半径大于其离子半径　D. 金属的离子半径小于其原子半径

77. 量子力学中的一个原子轨道(　　)。

A. 与玻尔理论中的原子轨道等同

B. 指 n 具有一定数值的一个波函数

C. 指 n、l、m 三个量子数都具有一定数值的一个波函数

D. 指 n、l、m、m_s 四个量子数都具有一定数值的一个波函数

78. 稀有气体能够液化是由于分子间存在(　　)。

A. 取向力　B. 诱导力　C. 色散力　D. 分子间作用力

79. 一个电子排布为 $1s^2 2s^2 2p^6 3s^2 3p^1$ 的元素可能的氧化数是(　　)。

A. +1　B. +2　C. +3　D. −1

80. 杂化轨道理论能较好地解释(　　)。

A. 共价键的形成　B. 共价键的键能

C. 分子的空间构型　D. 上述均正确

81. 对于角量子数 $l=2$ 的一个电子,其磁量子数 m 为(　　)。

A. 只有一个数值　B. 是三个数值中的任一个

C. 是五个数值中的任一个　D. 有无限多个数值

82. 下列化合物熔点高低正确的顺序是(　　)。

A. BeO<MgO<BaO<CaO　B. BeO<MgO<CaO<BaO

C. BeO>MgO>CaO>BaO　D. BaO>MgO>CaO>BeO

83. 下列化合物熔点高低正确的顺序是(　　)。

A. $BaF_2>MgF_2>MgCl_2$　B. $MgF_2>MgCl_2>BaF_2$

C. $MgCl_2>BaF_2>MgF_2$　D. $BaF_2>MgCl_2>MgF_2$

84. 下列离子中,变形性最大的是(　　)。

A. Br^-　B. I^-　C. Cl^-　D. F^-

85. 苯与水分子之间存在的作用力是(　　)。

A. 取向力、诱导力　B. 取向力、色散力

C. 诱导力、色散力　D. 取向力、诱导力、色散力

86. 决定共价键方向性的因素是(　　)。

A. 电子配对　B. 原子轨道最大重叠

C. 自旋方向相同的电子互斥　D. 泡利原理

87. 能够形成 18+2($d^{10}s^2$)型的离子的元素,在周期表中属于(　　)。

A. ⅣA 族　B. ⅣB 族　C. ⅦA 族　D. ⅥB 族

88. 下列各组量子数中不是表示 $3d^1$ 电子的一组是(　　)。

A. (4,3, 2,1/2)　B. (3,2,2,−1/2)

C. (3,2,0,1/2)　D. (3,2,−1,−1/2)

89. 用量子数描述某元素基态原子的一个电子的状态,它的 $l=3, m=0, m_s=+1/2$,这时它的 n 值可以是(　　)。

A. 1　B. 2　C. 3　D. 4

90. NH_3 分子中,氮原子以 sp^3 杂化轨道成键,NH_3 分子空间几何构型是(　　)。

A. 正方形　B. 四面体形　C. 三角锥形　D. T 字形

91. 二卤甲烷(CH_2X_2)中,沸点最高的是(　　)。

A. CH_2I_2　B. CH_2Br_2　C. CH_2Cl_2　D. CH_2F_2

92. 下列哪种分子,其几何构型为三角形?(　　)

A. ClF_3　B. BF_3　C. NH_3　D. PCl_3

93. 过程:$H(g) \longrightarrow H^+(g)+e^-$ 的能量变化是(　　)。

A. 生成焓　B. 键能　C. 电离能　D. 电子亲和能

94. 下列哪种化合物不含有双键或叁键?(　　)

A. C_2H_4　B. HCN　C. CO　D. H_2O

95. 原子的下列排布属于激发态的是(　　)。

A. $1s^22s^12p^1$　B. $1s^22s^2$　C. $1s^22s^22p^1$　D. $1s^22s^22p^2$

96. 下列化学键中,极性最弱的键是(　　)。

A. H—F　B. O—F　C. C—F　D. Ca—F

97. 下列物质中,氢键最强的是(　　)。

A. H_2O　B. H_2S　C. HCl　D. HF

98. Fe 原子的电子排布为 $1s^22s^22p^63s^23p^63d^64s^2$,其未配对的电子数是(　　)。

A. 0　B. 2　C. 4　D. 6

99. 下列哪种分子的偶极矩不等于零?(　　)

A. CCl_4　B. PCl_5　C. PCl_3　D. SF_6

100. 下列分子中,偶极矩为零的是(　　)。

A. NF_3　B. NO_2　C. PCl_3　D. BCl_3

(四) 简答题

101. HF 的沸点比它同族的氢化物沸点都高,为什么?

102. 下列各元素原子的电子排布式若写成下列样式,各自违背了什么原理?并写出正确的电子排布式。

(1) 碳$(1s)^2(2s)^4$;(2) 氧$(1s)^2(2s)^2(2p_x)^2(2p_y)^2$;(3) 锂$(1s)^2(2p)^1$。

103. 写出下列各轨道的名称:

(1) $n=3, l=0$;(2) $n=5, l=2$;(3) $n=4, l=1$;(4) $n=5, l=3$。

104. BF_3 是平面三角形，但 NF_3 却是三角锥形，试以杂化轨道理论加以说明。

105. 下列各组电子构型中哪些属于原子的基态？哪些属于原子的激发态？哪些纯属错误？

(1) $1s^2 2s^1$；(2) $1s^2 2s^2 2d^1$；(3) $1s^1 3s^1$；(4) $1s^2 2s^2 2p^4 3s^1$；(5) $1s^3 2s^2 2p^4$；(6) $1s^2 2s^2 2p^6 3s^2 3p^6$。

自测习题答案

（一）填空题

1. 五，Ⅷ，二；2. 角量子数，磁量子数；3. $n+0.7l$；4. 角量子数；5. 正负号；6. 能量最低原理，泡利不相容原理，洪德规则；7. 总数；8. 离子键，离子晶体，降低，减小；9. 概率密度，概率；10. 形成分子时，同种原子的能量相近的不同原子轨道；11. 形状，空间伸展方向；12. 胖，正负；13. Ag^+ 的极化作用大于 Na^+，从而使 AgBr 中的离子键向共价性过渡；14. 3；15. 参加杂化的孤对电子的对数不同；16. 由气态的 Ca^{2+} 和气态的 Cl^- 生成 1mol 氯化钙晶体；17. sp^2，平面三角形；18. (1) Fe，(2) Cu；19. 23，钒(V)，23，3；20. 三角双锥，sp^3d；21. 氢，高，色散力、诱导力、取向力，取向力；22. 方向性，饱和性；23. 120°，平面三角形；24. (1) $1s^2 2s^2 2p^6 3s^2 3p^6 3d^7 4s^2$，(2) $3d^7 4s^2$，(3) $3d^7$，(4) 第四周期、Ⅷ族；25. Na、Ba，P、S、F；26. NH_3、C_2H_5OH、H_3BO_3。

（二）判断题

27. √，28. √，29. ×，30. ×，31. ×，32. ×，33. ×，34. √，35. ×，36. ×，37. ×，38. √，39. ×，40. √，41. √，42. ×，43. ×，44. √，45. √，46. ×，47. √，48. √。

（三）选择题

49. D，50. D，51. D，52. A，53. B，54. B，55. B，56. C，57. C，58. D，59. D，60. C，61. B，62. C，63. C，64. A，65. A，66. B，67. B，68. C，69. C，70. C，71. A，72. B，73. D，74. C，75. D，76. D，77. C，78. C，79. C，80. C，81. C，82. C，83. B，84. B，85. C，86. B，87. A，88. A，89. D，90. C，91. A，92. B，93. C，94. D，95. A，96. B，97. D，98. C，99. C，100. D。

（四）简答题

101. 因为 HF 分子之间存在分子间氢键。

102. (1)泡利不相容原理，$1s^2 2s^2 2p^2$；(2) 洪德规则，$1s^2 2s^2 2p_x^2 2p_y^1 2p_z^1$；(3) 能量最低原理，$1s^2 2s^1$。

103. (1) 3s；(2) 5d；(3) 4p；(4) 5f。

104. B 原子是 sp^2 杂化，N 原子是不等性 sp^3 杂化。

105. (1)、(6)属于原子的基态，(3)、(4)属于原子的激发态，(2)、(5)纯属错误。

第 6 章　酸碱平衡与酸碱滴定法

6.1　学 习 要 求

(1) 了解活度、活度系数、离子强度等概念,弄清弱电解质解离常数及解离度的意义和影响因素。

(2) 熟悉酸碱质子论,能用化学平衡移动原理分析弱酸、弱碱在水溶液中的解离平衡和同离子效应对解离平衡的影响。

(3) 熟练掌握弱酸、弱碱溶液有关离子浓度的计算。

(4) 熟练掌握缓冲作用原理及有关计算。

(5) 了解定量分析方法的分类,滴定分析法中有关名词、主要滴定方法、方式及特点。

(6) 熟悉标准溶液浓度的表示方法,掌握滴定分析计算的依据以及基本计算关系式。

(7) 理解各种酸碱滴定曲线、掌握其准确滴定的判据,并能选出适宜的指示剂。

(8) 熟悉常用酸碱标准溶液的配制与标定方法,掌握酸碱滴定的有关应用。

6.2　内 容 要 点

6.2.1　电解质溶液

(1) 解离度。解离度是当弱电解质在溶液中达到解离平衡时,溶液中已经解离的电解质分子数占原来总分子数的百分数。解离度的大小,主要取决于电解质的本性,同时又与溶液的浓度、温度等因素有关。

(2) 活度与离子强度。强电解质溶液中能有效自由运动的离子浓度称为离子有效浓度,简称活度,用符号 a 表示。它和离子的真实浓度 c 之间的关系是:

$$a_i = \gamma \cdot c_i / c^{\ominus}$$

式中:γ 称为活度系数,γ 越小,离子间相互牵制作用越强,活度便越小。

6.2.2　酸碱质子理论

凡能给出质子的物质都是酸,凡能接受质子的物质都是碱。质子理论中没有盐的概念,都变成了离子酸和离子碱。酸碱反应的实质是两个共轭酸碱对之间质子传递的反应。

将不同强度的酸拉平到溶剂化质子水平的效应称为拉平效应,具有拉平效应的溶剂称为拉平溶剂。例如,在水中,HCl、H_2SO_4、HNO_3、$HClO_4$ 都是强酸,H_2O 是 HCl、H_2SO_4、HNO_3、$HClO_4$ 的拉平溶剂,但以冰醋酸作溶剂时,四种酸的强度有明显区别,酸度 $HClO_4 > H_2SO_4 > HCl > HNO_3$。能区分酸或碱强度的效应称为区分效应,具有区分效应的溶剂称为区分溶剂。例如,在水中,HCl 是强酸,而 HAc 是弱酸,H_2O 是 HCl 和 HAc 的区分溶剂;但在液氨中,二者都是强酸,液氨是 HCl 和 HAc 的拉平溶剂。

6.2.3 酸碱平衡

1. 水的解离

水在一定温度下，当达到解离平衡时，水中 H^+ 浓度与 OH^- 浓度的乘积是一个常数 $K_w^\ominus$，称为水的离子积。298.15K 时，$K_w^\ominus=1.0\times10^{-14}$。

2. 弱酸与弱碱的解离平衡

在一定温度下，弱电解质在水溶液中达到解离平衡时，解离所生成的各种离子浓度的乘积与溶液中未解离分子的浓度之比是一个常数，称为解离常数，弱酸的解离常数用 $K_a^\ominus$ 表示，弱碱的解离常数用 $K_b^\ominus$ 表示。

在水溶液中，一个分子能提供两个或两个以上 H^+ 的酸称为多元酸。多元酸在水中的解离是分步进行的。每一步都有相应的解离常数。对多元酸，如果$K_{a_1}^\ominus\gg K_{a_2}^\ominus$，溶液中的 H^+ 主要来自第一级解离，近似计算 $c(H^+)$时，可把它当一元弱酸处理。

共轭酸碱对中 $K_a^\ominus$ 与 $K_b^\ominus$ 的关系

$$K_a^\ominus\cdot K_b^\ominus=K_w^\ominus$$

对三元酸碱有：

$$K_{a_1}^\ominus\cdot K_{b_3}^\ominus=K_{a_2}^\ominus\cdot K_{b_2}^\ominus=K_{a_3}^\ominus\cdot K_{b_1}^\ominus=K_w^\ominus$$

3. 影响酸碱平衡的因素

(1) 稀释定律。在一定温度下，弱电解质溶液的解离度 α 与解离常数 $K_i^\ominus$ 的平方根成正比，与溶液浓度的平方根成反比。α 和 $K_i^\ominus$ 都可用来表示弱电解质的相对强弱。但 α 随浓度的改变而改变，而 $K_i^\ominus$ 在一定温度下是个常数，不随浓度而改变。

$$\alpha\approx\sqrt{K_i^\ominus/c}$$

(2) 同离子效应与盐效应。在弱电解质溶液中加入一种与该弱电解质具有相同离子的易溶强电解质后，使弱电解质的解离度降低的现象称为同离子效应。在弱电解质溶液中加入不含相同离子的易溶强电解质，可稍增大弱电解质解离度的现象称为盐效应。在发生同离子效应的同时，也伴随着盐效应的发生，但盐效应的影响很小，一般不考虑盐效应的影响。

4. 分布系数与分布曲线

溶液中各种存在形式的平衡浓度之和称为总浓度或分析浓度。某一存在形式的平衡浓度占总浓度的分数称为该形式的分布系数 δ，δ 与溶液的 pH 之间的关系曲线称为分布曲线。

5. 物料平衡、电荷平衡和质子条件

物料平衡是指在一个化学平衡体系中，某种组分的浓度等于该组分各种存在型体平衡浓度的总和，用 MBE 表示。

电荷平衡用 EBE 表示。其依据是电解质水溶液是电中性的，正离子的总电荷数等于负离子的总电荷数，即单位体积内正电荷的物质的量与负电荷的物质的量相等。

酸碱反应中，质子转移的平衡关系式称为质子条件(以 PBE 表示)。酸碱反应达到平衡时，酸失去的质子数应等于碱得到的质子数。

6. 酸碱溶液 pH 的计算

酸碱溶液 pH 的计算见下表。

溶液	计算公式		使用条件
一元弱酸（含离子酸）	近似公式	$c(H^+)=\dfrac{-K_a^\ominus+\sqrt{(K_a^\ominus)^2+4c\cdot K_a^\ominus}}{2}$	$cK_a^\ominus\geqslant 20K_w^\ominus, c/K_a^\ominus<400$
	最简式	$c(H^+)=\sqrt{c\cdot K_a^\ominus}$	$cK_a^\ominus\geqslant 20K_w^\ominus, c/K_a^\ominus\geqslant 400$
一元弱碱（含离子碱）	近似公式	$c(OH^-)=\dfrac{-K_b^\ominus+\sqrt{(K_b^\ominus)^2+4c\cdot K_b^\ominus}}{2}$	$cK_b^\ominus\geqslant 20K_w^\ominus, c/K_b^\ominus<400$
	最简式	$c(OH^-)=\sqrt{c\cdot K_b^\ominus}$	$cK_b^\ominus\geqslant 20K_w^\ominus, c/K_b^\ominus\geqslant 400$
多元弱酸	近似公式	$c(H^+)=\dfrac{-K_{a1}^\ominus+\sqrt{(K_{a1}^\ominus)^2+4c\cdot K_{a1}^\ominus}}{2}$	$K_{a1}^\ominus\gg K_{a2}^\ominus, c/K_{a1}^\ominus<400$
	最简式	$c(H^+)=\sqrt{c\cdot K_{a1}^\ominus}$	$K_{a1}^\ominus\gg K_{a2}^\ominus, c/K_{a1}^\ominus\geqslant 400$
多元弱碱	近似公式	$c(OH^-)=\dfrac{-K_{b1}^\ominus+\sqrt{(K_{b1}^\ominus)^2+4c\cdot K_{b1}^\ominus}}{2}$	$K_{b1}^\ominus\gg K_{b2}^\ominus, c/K_{b1}^\ominus<400$
	最简式	$c(OH^-)=\sqrt{c\cdot K_{b1}^\ominus}$	$K_{b1}^\ominus\gg K_{b2}^\ominus, c/K_{b1}^\ominus\geqslant 400$
两性电解质	最简式	$c(H^+)=\sqrt{K_{a1}^\ominus\cdot K_{a2}^\ominus}$	$cK_{a2}^\ominus\geqslant 20K_w^\ominus, c>20K_{a1}^\ominus$

6.2.4　缓冲溶液

(1)缓冲溶液的组成与缓冲原理。缓冲溶液之所以具有缓冲性，是因为在这种溶液中既含有足够量的能够抵抗外加酸的成分即抗酸成分，又含有足够量的抵抗外加碱的成分即抗碱成分。缓冲溶液主要有以下三种类型：①弱酸及其共轭碱；②弱碱及其共轭酸；③多元酸的两性物质组成的共轭酸碱对。

(2) 缓冲 pH。

弱酸及其共轭碱所组成的缓冲溶液

$$pH=pK_a^\ominus-\lg\frac{c_a}{c_b}$$

弱碱及其共轭酸所组成的缓冲溶液

$$pOH=pK_b^\ominus-\lg\frac{c_b}{c_a}$$

(3) 缓冲容量。缓冲容量是指使 1L 缓冲溶液的 pH 改变 1 个单位时所需外加的酸或碱的物质的量。总浓度越大，缓冲容量越大。当缓冲溶液的总浓度一定时，缓冲比(c_a/c_b 或 c_b/c_a)越接近 1，则缓冲容量越大；等于 1 时，缓冲容量最大，缓冲能力最强。缓冲溶液的缓冲能力一般在 $pH=pK_a^\ominus\pm 1$ 或 $pOH=pK_b^\ominus\pm 1$ 的范围内，该范围称为缓冲范围。

(4) 缓冲溶液的选择。首先选择合适的缓冲对。缓冲对的选择原则是：所要配制的缓冲溶液的 pH(或 pOH)要等于或接近所选缓冲对中弱酸的 $pK_a^\ominus$(或弱碱的 $pK_b^\ominus$)。其次，选择合适的浓度。缓冲组分的浓度一般选择在 $0.01\sim 0.5mol\cdot L^{-1}$。

6.2.5 定量分析概述

1. 定量分析的任务和方法

(1) 定量分析的任务。分析化学是研究和获得物质的化学组成和结构信息的科学。根据分析的目的和任务可分为定性分析、定量分析和结构分析。定性分析的任务是检出和鉴定物质由哪些组分(元素、离子、原子团、官能团或化合物)组成。定量分析的任务是测定物质中各组分的含量。结构分析的任务是研究物质的分子结构或晶体结构。

(2) 定量分析方法的分类。根据分析对象的化学属性分为无机分析和有机分析。根据分析时所需试样的量分为常量分析、半微量分析、微量分析和痕量分析。依据所分析的组分在试样中的相对含量分为常量组分分析(＞1％)、微量组分分析(0.01％～1％)和痕量组分分析(＜0.01％)。根据分析时所依据物质的性质分为化学分析和仪器分析。

化学分析法是以物质所发生的化学反应为基础的分析方法,主要有重量分析法和滴定分析法。仪器分析法是以物质的物理性质和物理化学性质为基础的分析方法,它具有快速、操作简便、灵敏度高的特点,适用于微量和痕量组分的测定。

2. 定量分析的一般程序

一般程序包括采样、前处理、测定、数据处理等过程,但随分析对象及测定项目的不同,分析程序各有差异。

3. 定量分析的方法和滴定方式

(1) 基本概念。滴定分析是指将已知准确浓度的溶液,从滴定管滴加到被测物质的溶液中,直到所加试剂与被测物质按化学计量关系完全反应为止。然后根据所加溶液的浓度和体积,求出被测物质的含量。已知准确浓度的溶液称为标准溶液。将标准溶液从滴定管逐滴加到被测物质的溶液中的操作称为滴定。当所加入的标准溶液与被测物质按化学计量关系完全反应时所处的状态称为化学计量点。指示剂发生颜色变化的转折点称为滴定终点。计量点和滴定终点不相吻合而造成的分析误差称为滴定误差或终点误差。

(2) 滴定分析的方法。根据滴定时所发生的化学反应类型,滴定分析的方法可分为以下四类:酸碱滴定法、沉淀滴定法、氧化还原滴定法和配位滴定法。

(3) 滴定分析对滴定反应的要求。反应要按化学计量关系定量地进行;反应要迅速进行;有简便可靠的确定终点的方法。

(4) 滴定方式。滴定方式包括直接滴定法、返滴定法、置换滴定法和间接滴定法。

4. 滴定分析的标准溶液和基准物质

(1) 标准溶液的浓度表示方法。滴定分析中,标准溶液浓度的表示方法主要有两种:物质的量浓度和滴定度。

滴定度(T)有两种表示方法:一种是以每毫升标准溶液中含有的标准物质的质量表示,符号为 T_s;另一种是以每毫升标准溶液相当的被测物质的质量表示,符号为 $T_{x/s}$。

(2) 标准溶液的配制与标定。标准溶液的配制分为直接配制法和间接配制法。可以直接配制标准溶液的纯物质称为基准物质,它必须符合下列要求:纯度要高,组成恒定,稳定性好,最好具有较大的相对分子质量。

5. 滴定分析的计算

计算的主要依据是“等物质的量规则”。

6.2.6 酸碱滴定法

(1) 酸碱指示剂。酸碱滴定法中所应用的指示剂称为酸碱指示剂。$pH=pK^{\ominus}(HIn)$为酸碱指示剂的理论变色点。$pH=pK^{\ominus}(HIn)\pm1$ 为酸碱指示剂的理论变色范围。酸碱指示剂包括单一指示剂和混合指示剂。混合指示剂的优点是变色范围窄、变色敏锐。

(2) 滴定曲线与酸碱指示剂的选择。酸碱滴定中，被测溶液的 pH 变化规律用图像表示，称为酸碱滴定曲线。化学计量点前后±0.1%范围内溶液 pH 的急剧变化称为滴定突跃。滴定突跃所在的 pH 范围称为滴定突跃范围。酸碱指示剂的选择原则是：凡是变色范围全部或部分落在滴定的突跃范围内的指示剂都可以选用。

浓度越大，突跃范围就越大。此外还与酸碱的强弱程度有关。一般 $c\cdot K_a^{\ominus}$ 或 $c\cdot K_b^{\ominus}\geqslant 10^{-8}$才能被准确滴定。

多元酸碱是否都可以准确滴定，是否可以分步滴定，有几个突跃，可根据浓度及各级解离常数进行判断。

6.2.7 酸碱滴定法的应用

在酸碱滴定中，用以配制标准溶液的酸有 HCl 和 H_2SO_4，碱有 NaOH、KOH 和 $Ba(OH)_2$，NaOH 最常用，都不能用直接法配制。常用硼砂和无水碳酸钠标定 HCl 溶液，用邻苯二甲酸氢钾和草酸标定 NaOH 溶液。

CO_2 对酸碱滴定的影响。酸碱滴定中，CO_2 的来源很多，如水中溶解的 CO_2、标准碱液或配制碱液的试剂本身吸收了 CO_2、滴定过程中溶液不断吸收空气中的 CO_2 等。它对滴定的影响也是多方面的，终点时 pH 越低，CO_2 的影响越小。若终点时溶液 pH 小于 5，则 CO_2 的影响可忽略不计。选用甲基橙指示剂，CO_2 的影响可以忽略；选用甲基红指示剂，CO_2 有一定的影响；选用酚酞指示剂，CO_2 的影响很大。

6.3 例题解析

例 6.1 取 50mL 0.10mol·L^{-1}某一元弱酸溶液，与 20mL 0.10mol·L^{-1}NaOH 溶液混合后，稀释到 100mL。测此溶液的 pH=5.25，求此一元弱酸的 $K_a^{\ominus}$。

解 设此一元弱酸为 HA：

$$HA+NaOH \xlongequal{} NaA+H_2O$$

则发生化学反应后的溶液为缓冲溶液，其组成是 HA-A$^-$。

由 $c(H^+)=K_a^{\ominus}\cdot c_a/c_b$，即 $pH=pK_a^{\ominus}+\lg[c(A^-)/c(HA)]$，得

$$\begin{aligned} pK_a^{\ominus} &= pH-\lg[c(A^-)/c(HA)] \\ &= 5.25-\lg[0.10\times20/(0.10\times50-0.10\times20)]=5.43 \end{aligned}$$

$$K_a^{\ominus}=3.7\times10^{-6}$$

例 6.2 将 0.20L 0.40mol · L^{-1} HAc 和 0.60L 0.80mol · L^{-1} HCN 混合，求混合溶液中各离子浓度。已知：HAc 和 HCN 的 $K_a^\ominus$ 分别为 1.8×10^{-5} 和 4.9×10^{-10}。

解 因 $K_a^\ominus(\text{HAc})\gg K_a^\ominus(\text{HCN})$，故

$$c(\text{H}^+)\approx c(\text{Ac}^-)=\sqrt{\frac{0.40\times0.20}{0.20+0.60}\times1.8\times10^{-5}}=1.3\times10^{-3}(\text{mol}\cdot\text{L}^{-1})$$

由 $K_a^\ominus(\text{HCN})=\dfrac{c(\text{H}^+)\cdot c(\text{CN}^-)}{c(\text{HCN})}$，有

$$c(\text{CN}^-)=K_a^\ominus(\text{HCN})\times\frac{c(\text{HCN})}{c(\text{H}^+)}=4.9\times10^{-10}\times\frac{\dfrac{0.80\times0.60}{0.60+0.20}}{1.3\times10^{-3}}$$

$$=2.3\times10^{-7}(\text{mol}\cdot\text{L}^{-1})$$

$$c(\text{OH}^-)=\frac{K_w^\ominus}{c(\text{H}^+)}=\frac{1.0\times10^{-14}}{1.3\times10^{-3}}=7.7\times10^{-12}(\text{mol}\cdot\text{L}^{-1})$$

例 6.3 欲使 100mL 0.10mol · L^{-1} HCl 溶液的 pH 从 1.00 增加到 4.44，需加入固体 NaAc 多少克？

解 应加入过量的 NaAc，与 HCl 反应后，生成的 HAc 与剩余的 NaAc 组成缓冲溶液

$$\text{HCl}+\text{NaAc}=\!=\!=\text{NaCl}+\text{HAc}$$

由 $\text{pH}=\text{p}K_a^\ominus-\lg\dfrac{c_a}{c_b}$，有

$$4.44=4.75-\lg\frac{0.10}{c(\text{NaAc})}$$

解得

$$c(\text{NaAc})=0.049(\text{mol}\cdot\text{L}^{-1})$$

故应加入固体 NaAc 的质量为

$$(0.10+0.049)\times100\times10^{-3}\times82=1.2(\text{g})$$

例 6.4 今有 1.00L 0.500mol · L^{-1} $NH_3\cdot H_2O$，若配制成 pH＝9.60 的缓冲溶液，则需要 0.500mol · L^{-1} HCl 溶液多少升？平衡时 $c(NH_3)$、$c(NH_4^+)$ 各为多少？

解 加入 HCl 后和氨水反应生成 NH_4Cl，从而组成了缓冲溶液。

由 $\text{pOH}=\text{p}K_b^\ominus-\lg[c(\text{NH}_3)/c(\text{NH}_4^+)]$，即 $4.40=4.75-\lg[c(\text{NH}_3)/c(\text{NH}_4^+)]$，得

$$c(\text{NH}_3)/c(\text{NH}_4^+)=2.24$$

设加入 HCl 溶液 xL，有

$$\frac{1.00\times0.500-0.500x}{0.500x}=2.24$$

解得

$$x=0.309(\text{L})$$

平衡时

$$c(\text{NH}_3)=(1.00\times0.500-0.500\times0.309)/1.309=0.264(\text{mol}\cdot\text{L}^{-1})$$

$$c(\text{NH}_4^+)=(0.500\times0.309)/1.309=0.118(\text{mol}\cdot\text{L}^{-1})$$

例 6.5 称取含惰性杂质的混合碱（Na_2CO_3 和 NaOH 或 $NaHCO_3$ 和 Na_2CO_3 的混合

物)试样 1.200g,溶于水后,用 0.5000mol·L^{-1} HCl 滴至酚酞褪色,用去 30.00mL。然后加入甲基橙指示剂,用 0.5000mol·L^{-1} HCl 继续滴至橙色出现,又用去 5.00mL。则试样由何种碱组成?各组分的质量分数为多少?

解　此题是双指示剂法测定混合碱各组分的含量。$V_1=30.00\text{mL}>V_2=5.00\text{mL}$。故混合碱试样由 Na_2CO_3 和 NaOH 组成。

$$w(Na_2CO_3)=0.5000\times0.005\ 00\times106.0/1.200=0.2210$$

$$w(NaOH)=0.5000\times(0.030\ 00-0.005\ 00)\times40.01/1.200=0.4168$$

例 6.6　有一 Na_3PO_4 试样,其中含有 Na_2HPO_4 和非酸碱性杂质。称取该试样 0.9875g,溶于水后,以酚酞作指示剂,用 0.2802mol·L^{-1} HCl 滴定到终点,用去 HCl 17.86mL。然后加入甲基橙指示剂,继续用 0.2802mol·L^{-1} HCl 滴定到终点,又用去 HCl 20.12mL,求试样中的 Na_3PO_4、Na_2HPO_4 的质量分数。

解　滴定过程为

$$\frac{PO_4^{3-}}{HPO_4^{2-}}\xrightarrow[V_1(\text{HCl})]{H^+}HPO_4^{2-}\xrightarrow[V_2(\text{HCl})]{H^+}H_2PO_4^-$$

酚酞终点　　　　甲基橙终点

显然,V_1 为滴至酚酞终点时,PO_4^{3-} 所消耗的酸的量,而 PO_4^{3-} 滴至 HPO_4^{2-} 和 HPO_4^{2-} 继续被滴至 $H_2PO_4^-$ 所消耗的酸的量相等,则有

$$w(Na_3PO_4)=\frac{c(\text{HCl})\cdot V_1\cdot M(Na_3PO_4)}{m}$$

$$=\frac{0.2802\times17.86\times10^{-3}\times163.94}{0.9875}$$

$$=0.8308$$

$$w(Na_2HPO_4)=\frac{c(\text{HCl})\cdot(V_2-V_1)\cdot M(Na_2HPO_4)}{m}$$

$$=\frac{0.2802\times(20.12-17.86)\times10^{-3}\times141.96}{0.9875}$$

$$=0.0910$$

例 6.7　用酸碱滴定法测定 $Ca(OH)_2$ 的 $K_{sp}^{\ominus}$,以 $c(\text{HCl})=0.050\ 00\text{mol}\cdot L^{-1}$的标准溶液滴定 50.00mL $Ca(OH)_2$的饱和溶液,终点时消耗 HCl 溶液 20.00mL,求$Ca(OH)_2$的 $K_{sp}^{\ominus}$。

解　(1) 计算饱和溶液中氢氧根的浓度 $c(OH^-)$

$$c(OH^-)=\frac{c(\text{HCl})\cdot V(\text{HCl})}{V[Ca(OH)_2]}=\frac{0.050\ 00\times20.00}{50.00}=0.020\ 00(\text{mol}\cdot L^{-1})$$

(2) 根据 $c(OH^-)$计算饱和溶液钙离子的浓度 $c(Ca^{2+})$

$$c(Ca^{2+})=1/2\times0.020\ 00=0.010\ 00\ (\text{mol}\cdot L^{-1})$$

(3) 计算 $Ca(OH)_2$ 的 $K_{sp}^{\ominus}$

$$K_{sp}^{\ominus}[Ca(OH)_2]=c(Ca^{2+})\cdot c^2(OH^-)=4.0\times10^{-6}$$

例 6.8　用 0.200mol·$L^{-1}$$Ba(OH)_2$ 溶液滴定 0.100mol·L^{-1}HAc 至计量点,溶液的 pH 为多少?已知:HAc 的 $K_a^{\ominus}=1.76\times10^{-5}$。

解　$$Ba(OH)_2+2HAc=\!=\!=Ba(Ac)_2+2H_2O$$

设有 VmL 0.100mol·L^{-1}HAc，计量点时应加入 $Ba(OH)_2$ 的体积为 xmL，则

$$0.200x : 0.100V = 1 : 2$$

$$x = 0.250V(\text{mL})$$

计量点时：

$$c(Ac^-) = 0.100V/(V + 0.250V) = 0.0800(\text{mol} \cdot L^{-1})$$

所以

$$c(OH^-) = \sqrt{cK_b^\ominus} = \sqrt{0.0800 \times \frac{1 \times 10^{-14}}{1.76 \times 10^{-5}}} = 6.74 \times 10^{-6}(\text{mol} \cdot L^{-1})$$

$$pOH = 5.17, pH = 14.00 - 5.17 = 8.83$$

例 6.9 称取乙酰水杨酸试样 0.5490g，加入 50.00mL 0.1660mol·L^{-1}NaOH 溶液，煮沸：$HOOCC_6H_4OCOCH_3 + 2NaOH = CH_3COONa + C_6H_4OHCOONa + H_2O$，过量碱用去 27.14mL HCl 溶液。已知 1.00mL HCl 相当于 0.038 14g $Na_2B_4O_7 \cdot 10H_2O$，求乙酰水杨酸的质量分数。

解 根据等物质的量规则：$n(HCl) = n(1/2Na_2B_4O_7 \cdot 10H_2O)$，有

$$c(HCl) = \frac{0.038\ 14}{381.37/2} \times 1000 = 0.2000(\text{mol} \cdot L^{-1})$$

又因

$$n(1/2HOOCC_6H_4OCOCH_3) = n(NaOH) - n'(HCl)$$

故乙酰水杨酸的质量分数为

$$\frac{(0.1660 \times 50.00 \times 10^{-3} - 0.2000 \times 27.14 \times 10^{-3}) \times 180.16/2}{0.5490} = 0.4712$$

例 6.10 称取 1.00g 过磷酸钙试样，溶解定容于 250.0mL 容量瓶中，移取 25.00mL 该溶液，将其中的磷完全沉淀为钼磷酸喹啉，沉淀经洗涤后溶解在 35.00mL 0.200mol·L^{-1} NaOH 中，反应如下：

$$(C_9H_7N_3)_3 \cdot H_3[P(Mo_3O_{10})_4] + 26OH^- = 12MoO_4^{2-} + HPO_4^{2-} + 3C_9H_7N_3 + 14H_2O$$

然后用 0.100mol·L^{-1}HCl 溶液滴定剩余的 NaOH，用去 20.00mL，试计算试样中含水溶性磷的质量分数。

解 该题分两步，先利用置换法，将水溶性磷完全沉淀为钼磷酸喹啉，然后利用返滴定法，先用过量的 NaOH 溶解钼磷酸喹啉，再用 HCl 返滴定过量的 NaOH。

对于水溶性磷，被沉淀为钼磷酸喹啉，二者反应是 1∶1。对于钼磷酸喹啉，其与 26mol NaOH 反应，可以认为失去 26 个质子，此反应中基本单元是 $1/26\{(C_9H_7N_3)_3 \cdot H_3[P(Mo_3O_{10})_4]\}$；对于 NaOH、HCl，基本单元分别是 NaOH、HCl。

由以上分析可以得出各反应物之间的等物质的量关系为

$$n(1/26P) = n\{1/26(C_9H_7N_3)_3 \cdot H_3[P(Mo_3O_{10})_4]\} = n(NaOH) - n(HCl)$$

$$w(P) = \frac{[c(NaOH) \cdot V(NaOH) - c(HCl) \cdot V(HCl)] \cdot M(1/26P)}{m \times \frac{25.00}{250.0}}$$

$$= \frac{(0.200 \times 35.00/1000 - 0.100 \times 20.00/1000) \times 30.97/26}{1.00 \times 25.00/250.0}$$

$$= 0.0596$$

6.4 习题解答

1. 选择题。

(1) 将 0.1mol·L^{-1} HA($K_a^\ominus=1\times10^{-5}$)和 0.1mol·$L^{-1}$ NaA 溶液等体积混合,再稀释一倍,则溶液的 pH 是(A)。

A. 5　　B. 10　　C. 6　　D. 4

(2) 配制澄清的氯化亚锡溶液的方法是(C)。

A. 用水溶解　　B. 用水溶解并加热

C. 用盐酸溶解后加水　　D. 用水溶解后加酸

(3) 同温度下,0.02mol·L^{-1} HAc 溶液比 0.2mol·L^{-1} HAc 溶液(B)。

A. $K_a^\ominus$ 大　　B. 解离度 α 大　　C. H^+ 浓度大　　D. pH 小

(4) 下列各组缓冲溶液中,缓冲容量最大的是(D)。

A. 0.5mol·L^{-1} NH_3 和 0.1mol·L^{-1} NH_4Cl

B. 0.1mol·L^{-1} NH_3 和 0.5mol·L^{-1} NH_4Cl

C. 0.1mol·L^{-1} NH_3 和 0.1mol·L^{-1} NH_4Cl

D. 0.3mol·L^{-1} NH_3 和 0.3mol·L^{-1} NH_4Cl

(5) 下列弱酸或弱碱中哪种最适合配制 pH=9.0 的缓冲溶液?(B)

A. 羟胺(NH_2OH) $K_b^\ominus=1\times10^{-9}$　　B. 氨水 $K_b^\ominus=1\times10^{-5}$

C. 甲酸 $K_a^\ominus=1\times10^{-4}$　　D. 乙酸 $K_a^\ominus=1\times10^{-5}$

(6) 温度一定时,在纯水中加入酸后溶液的(C)。

A. $c(H^+)\cdot c(OH^-)$变大　　B. $c(H^+)\cdot c(OH^-)$变小

C. $c(H^+)\cdot c(OH^-)$不变　　D. $c(H^+)=c(OH^-)$

(7) 如果 0.1mol·L^{-1} HCN 溶液中 0.01%的 HCN 是解离的,那么 HCN 的解离常数是(D)。

A. 10^{-2}　　B. 10^{-3}　　C. 10^{-7}　　D. 10^{-9}

(8) 在 HAc 稀溶液中,加入少量 NaAc 晶体,结果是溶液(A)。

A. pH 增大　　B. pH 减小　　C. H^+ 浓度增大　　D. H^+ 浓度不变

(9) 各种类型的一元酸碱滴定,其计量点的位置均在(D)。

A. pH=7　　B. pH>7　　C. pH<7　　D. 突跃范围中点

(10) 称取纯一元弱酸 HA 1.250g 溶于水中并稀释至 50.0mL,用 0.100mol·L^{-1} NaOH 滴定,消耗 NaOH 50.0mL 到计量点,该弱酸的相对分子质量为(D)。

A. 200　　B. 300　　C. 150　　D. 250

(11) 用 0.10mol·L^{-1} HCl 滴定 0.16g 纯 Na_2CO_3(106g·mol^{-1})至甲基橙终点约需 HCl 溶液(C)mL。

A. 10　　B. 20　　C. 30　　D. 40

(12) 下列物质中,两性离子是(C)。

A. CO_3^{2-}　　B. SO_4^{2-}　　C. HPO_4^{2-}　　D. PO_4^{3-}

(13) 选择酸碱指示剂时,不需考虑下面哪个因素?(D)

A. 计量点 pH　　B. 指示剂的变色范围

C. 滴定方向　　　　　　　　　　D. 指示剂的摩尔质量

2. 判断题。

(1) 酸性缓冲溶液(HAc-NaAc)可以抵抗少量外来酸对 pH 的影响，而不能抵抗少量外来碱的影响。 (×)

(2) 弱酸浓度越稀，α 值越大，故 pH 越低。 (×)

(3) 酸碱指示剂在酸性溶液中呈现酸色，在碱性溶液中呈现碱色。 (×)

(4) 把 pH=3 和 pH=5 的两稀酸溶液等体积混合后，混合液的 pH 应等于 4。 (×)

(5) 将氨稀释 1 倍，溶液中的 OH^- 浓度就减少到原来的 1/2。 (×)

3. 计算下列溶液的 H^+ 或 OH^- 浓度及 pH。

(1) $0.010mol\cdot L^{-1}$ HCl；(2) $0.010mol\cdot L^{-1}$ $NH_3\cdot H_2O$。

解 (1) $c(H^+)=0.010mol\cdot L^{-1}$，$pH=-\lg c(H^+)=-\lg 0.010=2.00$

(2) 因 $c/K_b^\ominus=0.010/(1.76\times10^{-5})=568>400$，故

$$c(OH^-)=\sqrt{cK_b^\ominus}=\sqrt{0.010\times1.76\times10^{-5}}=4.2\times10^{-4}(mol\cdot L^{-1})$$

$$pOH=-\lg c(OH^-)=-\lg(4.2\times10^{-4})=3.38, pH=14.00-3.38=10.62$$

4. $0.40mol\cdot L^{-1}$ $NH_3\cdot H_2O$ 50mL 与 $0.20mol\cdot L^{-1}$ HCl 50mL 混合，求溶液的 pH。

解 由题给条件可知，$NH_3\cdot H_2O$ 过量，过量部分的 $NH_3\cdot H_2O$ 与生成的 NH_4Cl 组成缓冲溶液，则

$$\begin{aligned}pOH&=pK_b^\ominus-\lg\frac{c(NH_3\cdot H_2O)}{c(NH_4Cl)}\\&=4.75-\lg\frac{(0.40\times50-0.20\times50)/100}{0.20\times50/100}\\&=4.75\end{aligned}$$

$$pH=14.00-4.75=9.25$$

5. 已知 298K 时某一元弱酸的浓度为 $0.010mol\cdot L^{-1}$，测得其 pH 为 4.00，求 $K_a^\ominus$ 和 α。

解 因 pH=4.00，则 $c(H^+)=1.0\times10^{-4}mol\cdot L^{-1}$

由 $c(H^+)=\sqrt{cK_a^\ominus}$，有 $K_a^\ominus=c^2(H^+)/c=(1.0\times10^{-4})^2/0.010=1.0\times10^{-6}$

$$\alpha=\frac{c(H^+)}{c}=\frac{1.0\times10^{-4}}{0.010}=1.0\%$$

6. 有一弱酸 HA，在 $c=0.015mol\cdot L^{-1}$ 时有 0.1%解离，要使有 1.0%的 HA 解离，该酸浓度是多少？

解 由 $K_a^\ominus=c\alpha^2=0.015\times(0.1\%)^2=1.5\times10^{-8}$，有

$$c'=K_a^\ominus/\alpha'^2=1.5\times10^{-8}/(1.0\%)^2=1.5\times10^{-4}(mol\cdot L^{-1})$$

7. 向 50mL $0.10mol\cdot L^{-1}$ HAc 溶液中加入 25mL $0.10mol\cdot L^{-1}$ KOH 溶液，溶液 pH 为多少？若加 50mL $0.10mol\cdot L^{-1}$ KOH 溶液，溶液 pH 为多少？

解 由题给条件可知，HAc 过量，过量部分的 HAc 与生成的 KAc 组成缓冲溶液，则

$$pH=pK_a^\ominus-\lg\frac{c(HAc)}{c(KAc)}$$

$$=4.75-\lg\frac{(0.10\times50-0.10\times25)/75}{0.10\times25/75}$$

$$=4.75$$

若加 50mL 0.10mol·L^{-1}KOH 溶液，则生成 KAc，其浓度为 0.050mol·L^{-1}，则

$$c(OH^-)=\sqrt{cK_b^\ominus}=\sqrt{c\frac{K_w^\ominus}{K_a^\ominus}}$$

$$=\sqrt{0.050\times\frac{1.0\times10^{-14}}{1.76\times10^{-5}}}$$

$$=5.3\times10^{-6}(mol\cdot L^{-1})$$

$$pOH=-\lg c(OH^-)=-\lg(5.3\times10^{-6})=5.27$$

$$pH=14.00-5.27=8.73$$

8. 欲配制 1L pH＝5.00、HAc 浓度为 0.20mol·L^{-1}的缓冲溶液，问需 1.0mol·L^{-1} HAc 和 NaAc 溶液各多少毫升。

解　由 $pH=pK_a^\ominus-\lg\frac{c(HAc)}{c(NaAc)}$，有

$$5.00=4.75-\lg\frac{0.20}{c(NaAc)},c(NaAc)=0.36(mol\cdot L^{-1})$$

则需要 1.0mol·L^{-1}HAc 为

$$0.20\times1000/1.0=200(mL)$$

需要 1.0mol·L^{-1}NaAc 为

$$0.36\times1000/1.0=360(mL)$$

9. 今有三种酸：$(CH_3)_2AsO_2H$、$ClCH_2COOH$、CH_3COOH，它们的解离常数分别为：6.4×10^{-7}、1.4×10^{-3}、1.76×10^{-5}。则：

(1) 欲配制 pH＝6.50 的缓冲溶液，用哪种酸最好？

(2) 欲配制 1.00L 这种缓冲溶液，需要这种酸和 NaOH 各多少克？已知：其中酸及其共轭碱的总浓度为 1.00mol·L^{-1}。

解　(1)　$(CH_3)_2AsO_2H$ 的 $pK_a^\ominus=-\lg(6.4\times10^{-7})=6.19$

$ClCH_2COOH$ 的 $pK_a^\ominus=-\lg(1.4\times10^{-3})=2.85$

CH_3COOH 的 $pK_a^\ominus=-\lg(1.76\times10^{-5})=4.75$

因$(CH_3)_2AsO_2H$ 的 $pK_a^\ominus$ 与欲配缓冲溶液 pH 6.50 接近，故用$(CH_3)_2AsO_2H$ 最好。

(2) 由 $pH=pK_a^\ominus-\lg\frac{c_a}{c_b}$，有 $6.50=6.19-\lg\frac{c_a}{1.00-c_a}$，解得

$$c_a=0.329(mol\cdot L^{-1})$$

$$c_b=1.00-0.329=0.671(mol\cdot L^{-1})$$

应加 NaOH：

$$m(NaOH)=0.671\times1.00\times40=26.8(g)$$

需$(CH_3)_2AsO_2H$：

$$m[(CH_3)_2AsO_2H]=(0.671+0.329)\times1.00\times138=138(g)$$

10. 在 100mL $0.10mol \cdot L^{-1} NH_3 \cdot H_2O$ 中加入 1.07g $NH_4Cl(s)$，溶液的 pH 为多少？在此溶液中再加入 100mL 水，pH 有何变化？

解 $NH_3 \cdot H_2O$ 与加入的 NH_4Cl 组成缓冲溶液，则

$$pOH = pK_b^{\ominus} - \lg \frac{c(NH_3 \cdot H_2O)}{c(NH_4Cl)} = 4.75 - \lg \frac{0.10}{\frac{1.07/53.5}{0.100}} = 5.05$$

$$pH = 14.00 - 5.05 = 8.95$$

由于是缓冲溶液，在此溶液中再加入 100mL 水，pH 无变化，仍为 8.95。

11. 有一份 $0.20mol \cdot L^{-1}$ HCl 溶液：

(1) 欲改变其酸度到 pH=4.0，应加入 HAc 还是 NaAc？为什么？

(2) 若向该溶液中加入等体积的 $2.0mol \cdot L^{-1}$ NaAc 溶液，溶液的 pH 是多少？

(3) 若向该溶液中加入等体积的 $2.0mol \cdot L^{-1}$ HAc 溶液，溶液的 pH 是多少？

(4) 若向该溶液中加入等体积的 $2.0mol \cdot L^{-1}$ NaOH 溶液，溶液的 pH 是多少？

解 (1) $0.20mol \cdot L^{-1}$ HCl 溶液 pH=0.70，要使酸度降低，pH=4.0，应加入碱 NaAc。

(2) 加入等体积的 $2.0mol \cdot L^{-1}$ NaAc 溶液，NaAc 溶液过量，反应生成的 HAc 和剩余的 NaAc 组成缓冲溶液，则溶液的 pH 为

$$pH = pK_a^{\ominus} - \lg \frac{c(HAc)}{c(NaAc)}$$

$$= 4.75 - \lg \frac{0.10}{0.90} = 5.70$$

(3) 设加入等体积的 $2.0mol \cdot L^{-1}$ HAc 溶液后，Ac^- 浓度为 $x\,mol \cdot L^{-1}$

$$HAc \rightleftharpoons H^+ + Ac^-$$

$$1.0 - x \qquad 0.10 + x \qquad x\ (x \text{ 很小})$$

因此，$c(H^+) \approx 0.10(mol \cdot L^{-1})$，pH=1.00。

(4) 加入等体积的 $2.0mol \cdot L^{-1}$ NaOH 溶液，NaOH 溶液过量

$$c(OH^-) = (2.0 - 0.20)/2 = 0.90(mol \cdot L^{-1})$$

$$pOH = -\lg c(OH^-) = -\lg 0.90 = 0.05, pH = 14.00 - 0.05 = 13.95$$

12. 根据酸碱质子理论说明下列分子或离子中，哪些是酸？哪些是碱？哪些既是酸又是碱？

HS^- CO_3^{2-} $H_2PO_4^-$ NH_3 H_2S NO_2^- HCl Ac^- OH^- H_2O

答 酸：H_2S、HCl；碱：CO_3^{2-}、NO_2^-、Ac^-、OH^-；既是酸又是碱：HS^-、$H_2PO_4^-$、NH_3、H_2O。

13. 配制 $0.20mol \cdot L^{-1} H_2SO_4$ 和 $0.20mol \cdot L^{-1}$ NaOH 各 500mL，需用 98%浓 H_2SO_4（相对密度 1.84）和固体 NaOH 各多少？

解 需用 98%浓 H_2SO_4 体积：

$$V = \frac{0.20 \times 500}{1000 \times 0.98 \times 1.84/98} = 5.4(mL)$$

$$m(NaOH) = c(NaOH) \cdot V(NaOH) \cdot M(NaOH)$$

$$= 0.20 \times (500/1000) \times 40$$

$$= 4.0(g)$$

14. 写出下列化合物水溶液的 PBE。

(1) Na_2S　(2) H_3PO_4　(3) NH_4Ac　(4) $NH_4H_2PO_4$

答　(1) $c(OH^-)=c(H^+)+c(HS^-)+2c(H_2S)$

(2) $c(H^+)=c(H_2PO_4^-)+2c(HPO_4^{2-})+3c(PO_4^{3-})+c(OH^-)$

(3) $c(HAc)+c(H^+)=c(NH_3)+c(OH^-)$

(4) $c(H^+)+c(H_3PO_4)=c(NH_3)+c(HPO_4^{2-})+2c(PO_4^{3-})+c(OH^-)$

15. 下列滴定能否进行？如能进行，计算化学计量点的 pH，并指出选用何种指示剂？

(1) $0.1mol \cdot L^{-1}$ HCl 滴定 $0.1mol \cdot L^{-1}$ NaAc。

(2) $0.1mol \cdot L^{-1}$ HCl 滴定 $0.1mol \cdot L^{-1}$ NaCN。

(3) $0.1mol \cdot L^{-1}$ NaOH 滴定 $0.1mol \cdot L^{-1}$ HCOOH。

解　(1) 因 $cK_b^\ominus=cK_w^\ominus/K_a^\ominus=0.1\times1.0\times10^{-14}/(1.76\times10^{-5})=5.7\times10^{-11}<10^{-8}$，故不能准确滴定。

(2) 因 $cK_b^\ominus=cK_w^\ominus/K_a^\ominus=0.1\times1.0\times10^{-14}/(4.93\times10^{-10})=2.0\times10^{-6}>10^{-8}$，故能准确滴定。计量点时生成 HCN，浓度为 $0.05mol \cdot L^{-1}$，则计量点时

$$c(H^+)=\sqrt{cK_a^\ominus}=\sqrt{0.05\times4.93\times10^{-10}}=5.0\times10^{-6}(mol \cdot L^{-1})$$

$$pH=-\lg c(H^+)=-\lg(5.0\times10^{-6})=5.30$$

故可选用甲基红作指示剂。

(3) $cK_a^\ominus=0.1\times1.77\times10^{-4}=1.77\times10^{-5}>10^{-8}$，故能准确滴定。

计量点时生成 HCOONa，浓度为 $0.05mol \cdot L^{-1}$，则计量点时

$$c(OH^-)=\sqrt{cK_b^\ominus}=\sqrt{c\frac{K_w^\ominus}{K_a^\ominus}}=\sqrt{0.05\times\frac{1.0\times10^{-14}}{1.77\times10^{-4}}}=1.7\times10^{-6}(mol \cdot L^{-1})$$

$$pOH=-\lg c(OH^-)=-\lg(1.7\times10^{-6})=5.77, pH=8.23$$

故可选用酚酞作指示剂。

16. 下列多元酸碱能否直接准确滴定？如能滴定，有几个突跃？如何选择指示剂？

(1) H_3AsO_4　(2) 草酸　(3) 柠檬酸

解　(1) $K_{a1}^\ominus=5.62\times10^{-3}$，$K_{a2}^\ominus=1.70\times10^{-7}$，$K_{a3}^\ominus=2.95\times10^{-12}$，即

$cK_{a1}^\ominus=5.62\times10^{-4}>10^{-8}$，$cK_{a2}^\ominus=(0.1/2)\times1.7\times10^{-7}\approx10^{-8}$，

$cK_{a3}^\ominus=(0.1/3)\times2.95\times10^{-12}<10^{-8}$，而 $K_{a1}^\ominus/K_{a2}^\ominus>10^4$，$K_{a2}^\ominus/K_{a3}^\ominus>10^4$

故第 1、2 级解离可以被准确滴定，第 3 级解离不能被准确滴定，在第 1、第 2 计量点可形成 2 个突跃。

第 1 计量点时，$pH=(pK_{a1}^\ominus+pK_{a2}^\ominus)/2=(2.25+6.77)/2=4.51$，可选甲基红。

第 2 计量点时，$pH=(pK_{a2}^\ominus+pK_{a3}^\ominus)/2=(6.77+11.53)/2=9.15$，可选酚酞。

(2) 因 $K_{a1}^\ominus=5.90\times10^{-2}$，$K_{a2}^\ominus=6.40\times10^{-5}$，即

$cK_{a1}^\ominus=5.9\times10^{-3}>10^{-8}$，$cK_{a2}^\ominus=(0.1/2)\times6.4\times10^{-5}>10^{-8}$，而 $K_{a1}^\ominus/K_{a2}^\ominus<10^4$

故两级解离均可被滴定，但不能分步滴定，只能在第 2 计量点形成 1 个突跃。

计量点时

$$c(OH^-)=\sqrt{cK_{b1}^\ominus}=\sqrt{c\frac{K_w^\ominus}{K_{a_2}^\ominus}}=\sqrt{\frac{0.1}{3}\times\frac{10^{-14}}{6.4\times10^{-5}}}=2.3\times10^{-6}(mol \cdot L^{-1})$$

$$pOH=-\lg c(OH^-)=-\lg(2.3\times10^{-6})=5.64, pH=8.36$$

故可选用酚酞作指示剂。

(3) 因 $K_{a1}^{\ominus}=7.4\times10^{-4}$，$K_{a2}^{\ominus}=1.7\times10^{-5}$，$K_{a3}^{\ominus}=4.0\times10^{-7}$，即

$cK_{a1}^{\ominus}=7.4\times10^{-5}>10^{-8}$，$cK_{a2}^{\ominus}=(0.1/2)\times1.7\times10^{-4}>10^{-8}$，

$cK_{a3}^{\ominus}=(0.1/3)\times4.0\times10^{-7}>10^{-8}$，而 $K_{a1}^{\ominus}/K_{a2}^{\ominus}<10^{4}$，$K_{a2}^{\ominus}/K_{a3}^{\ominus}<10^{4}$

故三级解离均可被滴定，但不能分步滴定，只能在第 3 计量点形成 1 个突跃。

计量点时

$$c(\mathrm{OH^-})=\sqrt{cK_{b1}^{\ominus}}=\sqrt{c\frac{K_w^{\ominus}}{K_{a3}^{\ominus}}}=\sqrt{\frac{0.1}{4}\times\frac{10^{-14}}{4.0\times10^{-7}}}=2.5\times10^{-5}(\mathrm{mol\cdot L^{-1}})$$

$$\mathrm{pOH}=-\lg c(\mathrm{OH^-})=-\lg(2.5\times10^{-5})=4.60,\mathrm{pH}=9.40$$

故可选用酚酞作指示剂。

17. 某一元弱酸(HA)试样 1.250g，溶于 50.00mL 水中，需 41.20mL 0.0900mol · L^{-1} NaOH 溶液滴至终点。已知加入 8.24mL NaOH 时，溶液的 pH=4.30，计算：(1) 弱酸的摩尔质量；(2) 弱酸的解离常数 $K_a^{\ominus}$；(3) 计量点时的 pH，并选择合适的指示剂指示终点。

解　(1) 根据等物质的量规则有：$n(\mathrm{NaOH})=n(\mathrm{HA})$，即

$$0.0900\times41.20/1000=1.250/M(\mathrm{HA}),M(\mathrm{HA})=337.1(\mathrm{g\cdot mol^{-1}})$$

(2) 加入 8.24mL NaOH 时，溶液为 HA-A^- 缓冲体系，即

$$\mathrm{pH}=\mathrm{p}K_a^{\ominus}-\lg\frac{c(\mathrm{HA})}{c(\mathrm{A^-})},\ 4.30=\mathrm{p}K_a^{\ominus}-\lg\frac{41.20-8.24}{8.24}$$

解得

$$K_a^{\ominus}=1.25\times10^{-5}$$

(3) 计量点时

$$c(\mathrm{OH^-})=\sqrt{c\frac{K_w^{\ominus}}{K_a^{\ominus}}}=\sqrt{\frac{0.0900\times41.20}{41.20+50.00}\times\frac{10^{-14}}{1.25\times10^{-5}}}=5.7\times10^{-6}(\mathrm{mol\cdot L^{-1}})$$

$$\mathrm{pOH}=-\lg c(\mathrm{OH^-})=-\lg(5.7\times10^{-6})=5.25,\mathrm{pH}=8.75$$

故可选用酚酞作指示剂。

18. 在 0.2815g 含 $CaCO_3$ 和中性杂质的石灰石样品中，加入 20.00mL 0.1175mol · L^{-1} HCl 溶液，然后用 5.60mL NaOH 溶液滴定剩余的 HCl 溶液。已知 1.00mL NaOH 溶液相当于 0.9750mL HCl。计算石灰石中钙的质量分数。

解　根据等物质的量规则有：$n(1/2\mathrm{Ca})=n(\mathrm{HCl})-n(\mathrm{NaOH})$

$$w(\mathrm{Ca})=\frac{[c(\mathrm{HCl})\cdot V(\mathrm{HCl})-c(\mathrm{NaOH})\cdot V(\mathrm{NaOH})]M(1/2\mathrm{Ca})}{m_{样}}$$

$$=\frac{[0.1175\times20.00\times10^{-3}-0.1175\times5.60\times10^{-3}\times0.9750]\times40.08/2}{0.2815}$$

$$=0.1216$$

19. 蛋白质样品 0.2318g 消解后，加碱蒸馏，用 4% H_3BO_3 溶液吸收蒸馏出的 NH_3，然后用 0.1200mol · L^{-1} HCl 溶液 21.60mL 滴定至终点。计算样品中 N 的质量分数。

解　根据等物质的量规则有：$n(\mathrm{N})=n(\mathrm{HCl})$

$$w(\mathrm{N})=\frac{c(\mathrm{HCl})\cdot V(\mathrm{HCl})\cdot M(\mathrm{N})}{m_{样}}$$

$$=\frac{0.1200\times 21.60\times 10^{-3}\times 14.01}{0.2318}=0.1567$$

20. 含有 $NaHCO_3$ 和 Na_2CO_3 及中性杂质的样品 1.200g，溶于水后，用 15.00mL 0.5000mol · L^{-1} HCl 溶液滴定至酚酞终点。继续滴定至甲基橙终点又用去 HCl 22.00mL。计算样品中 $NaHCO_3$ 和 Na_2CO_3 的质量分数。

解　由等物质的量规则有

$$w(Na_2CO_3)=\frac{c(HCl)\cdot 2V_1\cdot M(1/2Na_2CO_3)}{m_{样}}$$

$$=\frac{0.5000\times 2\times 15.00\times 10^{-3}\times 106.0/2}{1.200}=0.6625$$

$$w(NaHCO_3)=\frac{c(HCl)\cdot (V_2-V_1)\cdot M(NaHCO_3)}{m_{样}}$$

$$=\frac{0.5000\times (22.00-15.00)\times 10^{-3}\times 84.01}{1.200}=0.2450$$

21. 含有 NaOH 和 Na_2CO_3 及中性杂质的试样 0.2000g，用 0.1000mol · L^{-1} HCl 溶液 22.20mL 滴定至酚酞终点，继续用 HCl 滴定至甲基橙终点，又用去 12.20mL，求试样中 NaOH 和 Na_2CO_3 的质量分数。

解　由等物质的量规则有

$$w(Na_2CO_3)=\frac{c(HCl)\cdot 2V_2\cdot M(1/2Na_2CO_3)}{m_{样}}$$

$$=\frac{0.1000\times 2\times 12.20\times 10^{-3}\times 105.99/2}{0.2000}=0.6465$$

$$w(NaOH)=\frac{c(HCl)\cdot (V_1-V_2)\cdot M(NaOH)}{m_{样}}$$

$$=\frac{0.1000\times (22.20-12.20)\times 10^{-3}\times 40.00}{0.2000}=0.2000$$

22. 称取仅含 Na_2CO_3 和 K_2CO_3 的试样 1.000g，溶于水后以甲基橙作指示剂，耗去 0.5000mol · L^{-1} HCl 溶液 30.00mL。计算试样中 Na_2CO_3 和 K_2CO_3 的质量分数。

解　设试样中 Na_2CO_3 为 x g，则 K_2CO_3 为 $(1.000-x)$g，由等物质的量规则有

$$n(1/2Na_2CO_3)+n(1/2K_2CO_3)=n(HCl)$$

即

$$\frac{x}{M(1/2Na_2CO_3)}+\frac{1.000-x}{M(1/2K_2CO_3)}=c(HCl)\cdot V(HCl)$$

$$\frac{x}{105.99/2}+\frac{1.000-x}{138.21/2}=0.5000\times\frac{30.00}{1000}$$

解得

$$x=0.1203(g)$$

故

$$w(Na_2CO_3)=0.1203/1.000=0.1203, w(K_2CO_3)=0.8797$$

23. 有浓 H_3PO_4 试样 2.000g，用水稀释定容为 250.0mL，取 25.00mL 以 0.1000mol · L^{-1}NaOH 溶液 19.80mL 滴定至甲基红变橙黄色，计算试样中 H_3PO_4 的质量分数。

解 因甲基红变色，由等物质的量规则 $n(H_3PO_4)=n(NaOH)$，有

$$w(H_3PO_4)=\frac{c(NaOH)\cdot V(NaOH)\cdot M(H_3PO_4)}{m_{样}}$$

$$=\frac{0.1000\times 19.80\times 10^{-3}\times 98.00}{2.000\times 25.00/250.0}=0.9702$$

24. 有一试样可能含有 Na_3PO_4、Na_2HPO_4、NaH_2PO_4 和惰性物质，也可能是 H_3PO_4、NaH_2PO_4、Na_2HPO_4 和惰性物质的混合物。称取该试样 0.5000g，用水溶解，甲基红为指示剂，以 0.2000mol · L^{-1}NaOH 溶液滴定，用去 10.50mL。同样质量试样以酚酞为指示剂，用 NaOH 溶液滴定至终点需 30.40mL。计算样品的组成及各组分的质量分数。

解 因该样品以 NaOH 滴定，甲基红变色时，消耗的 NaOH 体积为 $V_1=10.50$mL；同样质量试样以酚酞变色时，消耗的 NaOH 体积为 $V_2=30.40$mL；因此该样品是 H_3PO_4、NaH_2PO_4 和惰性物质的混合物。

H_3PO_4 滴定至 NaH_2PO_4 消耗的 NaOH 体积为 V_1，滴定 NaH_2PO_4 消耗的 NaOH 体积为(V_2-2V_1)

$$w(H_3PO_4)=\frac{c(NaOH)\cdot V_1\cdot M(H_3PO_4)}{m_{样}}$$

$$=\frac{0.2000\times 10.50\times 10^{-3}\times 98.00}{0.5000}$$

$$=0.4116$$

$$w(NaH_2PO_4)=\frac{c(NaOH)\cdot (V_2-2V_1)\cdot M(NaH_2PO_4)}{m_{样}}$$

$$=\frac{0.2000\times (30.40\times 10^{-3}-2\times 10.50\times 10^{-3})\times 119.98}{0.5000}$$

$$=0.4511$$

25. 称取不纯弱酸 HA 试样 1.600g，溶解后稀释至 60.00mL，以 0.2500mol · L^{-1}NaOH 溶液滴定。已知当 HA 被中和一半时，溶液 pH＝5.00；中和至化学计量点时，溶液 pH＝9.00。计算试样中 HA 的质量分数。已知：HA 相对分子质量 82.00，试样中无其他酸性物质。

解 因 HA 被中和一半时，溶液 pH＝5.00，由 $pH=pK_a^{\ominus}-\lg[c(HA)/c(NaA)]$，有

$$K_a^{\ominus}=1.0\times 10^{-5}$$

设中和至计量点时用去 VmL NaOH，则 $c(NaA)=\dfrac{0.2500V}{60.00+V}$，计量点时

$$c(OH^-)=\sqrt{c(NaA)\cdot \frac{K_w^{\ominus}}{K_a^{\ominus}}}$$

$$c(NaA)=c^2(OH^-)\cdot \frac{K_a^{\ominus}}{K_w^{\ominus}}=(10^{-5})^2\times \frac{10^{-5}}{10^{-14}}=0.1000(mol\cdot L^{-1})$$

故

$$c(\mathrm{NaA})=\frac{0.2500V}{60.00+V}=0.1000(\mathrm{mol\cdot L^{-1}})$$

解得

$$V=40.00(\mathrm{mL})$$

$$w(\mathrm{HA})=\frac{c(\mathrm{NaOH})\cdot V(\mathrm{NaOH})\cdot M(\mathrm{HA})}{m_{样}}$$

$$=\frac{0.2500\times(40.00/1000)\times 82.00}{1.600}$$

$$=0.5125$$

26. 某硅酸盐试样 0.1000g，经熔融分解沉淀出 K_2SiF_6，然后过滤、洗净、水解后产生的 HF 用 0.1200mol · L^{-1} NaOH 标准溶液滴定，以酚酞为指示剂，共消耗 30.00mL NaOH 溶液。计算试样中 SiO_2 的质量分数。

解

$$2K^{+}+SiO_3^{2-}+6F^{-}+6H^{+} = K_2SiF_6\downarrow+3H_2O$$

$$K_2SiF_6+3H_2O = 2KF+H_2SiO_3+4HF$$

由等物质的量规则：$n(1/4\ SiO_2)=n(\mathrm{NaOH})$，有

$$w(\mathrm{SiO_2})=\frac{c(\mathrm{NaOH})\cdot V(\mathrm{NaOH})\cdot M(1/4\mathrm{SiO_2})}{m_{样}}$$

$$=\frac{0.1200\times 30.00\times 10^{-3}\times 60.08/4}{0.1000}=0.5407$$

6.5　自 测 习 题

(一) 填空题

1. 在水溶液中，$HClO_4$ 与 HNO_3 的酸强度大小相比是__________，水称为__________；在液态 CH_3COOH 中，$HClO_4$ 与 HNO_3 的酸强度比较，是__________，故液态 CH_3COOH 称为__________。

2. 在氨溶液中加入 NH_4Cl，则氨的 α __________，溶液的 pH __________，这一作用称为__________。

3. 二元弱酸 H_2A 的解离常数为 $K_{a1}^{\ominus}$、$K_{a2}^{\ominus}$，当 $K_{a2}^{\ominus}$很小时，$c(A^{2-})=$__________。

4. H_2O 既是酸又是碱，其共轭酸是__________，其共轭碱是__________。

5. 对某一共轭酸碱 HA-A^-，其 $K_a^{\ominus}$ 与 $K_b^{\ominus}$ 的关系是__________。

6. $H_2PO_4^-$ 是两性物质，计算其氢离子浓度的最简公式是__________。

7. 已知 $CH_3CH_2CH_2COONa$ 的 $K_b^{\ominus}=7.69\times10^{-10}$，它的共轭酸是__________，该酸的 $K_a^{\ominus}$ 值应等于__________。

8. 某弱酸型酸碱指示剂 HIn 的 $K^{\ominus}(\mathrm{HIn})=1.0\times10^{-6}$，HIn 呈红色，$In^-$ 是黄色，加入三个不同溶液中，其颜色分别是红色、橙色、黄色，则这三个溶液的 pH 范围分别是__________、__________和__________。

9. 在 NH_3 和 NH_4Cl 的混合液中，加入少量 NaOH 溶液，原溶液的 pH __________；含 $n(NH_4^+)=n(NH_3)=0.5$mol的溶液，比含 $n(NH_4^+)=0.9$mol，$n(NH_3)=0.1$mol 的溶液的

缓冲能力__________。

10. 已知 HCN 的 $pK_a^\ominus=9.37$，HAc 的 $pK_a^\ominus=4.75$，HNO_2 的 $pK_a^\ominus=3.37$，它们对应的相同浓度的钠盐水溶液的 pH 的顺序是__________。

11. 按质子酸碱理论，$[Fe(H_2O)_5(OH)]^{2+}$ 的共轭酸是__________，共轭碱是__________。

12. pH=3.1～4.4 是甲基橙的__________，pH 在此区间内的溶液加甲基橙呈现的颜色从本质上说是指示剂的__________。

13. Na_2CO_3 水溶液的碱性比同浓度的 Na_2S 溶液的碱性__________，因为 H_2S 的__________比 H_2CO_3 的__________更小。

14. 要配制总浓度为 $0.2mol \cdot L^{-1}$ NH_4^+-NH_3 系缓冲溶液，应以在每升浓度为__________氨水中加入固体 NH_4Cl __________ mol 的溶液的__________为最大。

15. 氨在水中的解离实际上是 NH_3 和 H_2O 的__________反应，反应式为__________。

16. 某溶液中加入酚酞和甲基橙各一滴，显黄色，说明此溶液的 pH 范围是__________。

17. 1L 水溶液中含有 0.20mol 某一弱酸（$K_a^\ominus=10^{-4.8}$）和 0.20mol 该酸的钠盐，则该溶液的 pH 为__________。

18. 在 $c=0.20mol \cdot L^{-1}$的某弱酸（$K_a^\ominus=10^{-5}$）溶液 50mL 中加入 50mL $0.20mol \cdot L^{-1}$ NaOH 溶液，则此溶液的 pH 是__________。

19. 不同的酸碱指示剂有不同的变色范围，是因为它们的__________不同。只有当__________和__________的比约为__________至__________时，才能同时看到指示剂的酸色与碱色的混合色，指示剂的变色范围多在__________个 pH 单位上下。

20. 已知弱酸 HA 的 $K_a^\ominus=1.0\times10^{-4}$，HA 与 NaOH（$OH^-$）反应的平衡常数是__________。

21. HCO_3^- 是两性物质，如果 HCO_3^- 的 $K_a^\ominus$ 是 10^{-8}，则 CO_3^{2-} 的 $K_b^\ominus$ 是__________。

22. 突跃范围的大小与滴定剂和被滴定物的浓度有关，浓度越__________，突跃范围越长，可供选择的指示剂越__________。

23. 指示剂的变色范围越__________越好。

24. 甲基橙的 $pK^\ominus(HIn)=3.4$，其理论变色范围的 pH 应为__________。

25. 在理论上，$c(HIn)=c(In^-)$时，溶液的 $pH=pK^\ominus(HIn)$，此 pH 称为指示剂的__________。

26. 混合指示剂有两种配制方法：一是用一种不随 H^+ 浓度变化而改变颜色的__________和一种指示剂混合而成；二是由两种不同的__________混合而成。

27. 对 Na_2CO_3 和 $NaHCO_3$ 混合物含量的测定，在一次滴定中先后使用两种不同的指示剂来指示滴定的两个终点，这种方法称为__________法。

28. 最理想的指示剂应是恰好在__________时变色的指示剂。

29. 在酸碱滴定分析过程中，为了直观形象地描述滴定溶液中 H^+ 浓度的变化规律，通常以__________为纵坐标，以加入滴定剂的__________为横坐标，绘成曲线。此曲线称为__________。

30. 酸碱滴定法是用__________去滴定各种具有酸碱性的物质，当达到化学计量点时，通过滴定剂的体积和__________，按反应的__________关系，计算出被测物的含量。

31. 用吸收了 CO_2 的 NaOH 标准溶液滴定 HAc 至酚酞变色，将导致结果__________

(偏低、偏高、不变),用它滴定 HCl 至甲基橙变色,将导致结果__________(偏低、偏高、不变)。

32. 有一碱液可能是 NaOH、Na_2CO_3、$NaHCO_3$,也可能是它们的混合物。今用 HCl 标准溶液滴定,酚酞终点时消耗 HCl V_1 mL,若取同样量碱液用甲基橙为指示剂滴定,终点时用去 HCl V_2 mL,试由 V_1 与 V_2 的关系判断碱液组成:(1) $V_1=V_2$ 时,组成为__________;(2) $V_1>0$,$V_2=0$ 时,组成为__________;(3) $V_1>V_2$ 时,组成为__________;(4) $V_2>V_1$ 时,组成为__________;(5) $V_1=0$、$V_2>0$ 时,组成为__________。

(二) 判断题(正确的请在括号内打√,错误的打×)

33. 强酸的共轭碱一定很弱。 (　　)

34. 纯水中 $K_w^\ominus=c(H^+)\cdot c(OH^-)=10^{-14}$(25℃),加入强酸后因 H^+ 浓度大大增加,故 $K_w^\ominus$ 也大大增加。 (　　)

35. 对酚酞不显颜色的溶液一定是酸性溶液。 (　　)

36. 两种酸溶液 HX 和 HY,其 pH 相同,则这两种酸溶液浓度也相同。 (　　)

37. 在 H_2S 溶液中,H^+ 浓度是 S^{2-} 浓度的两倍。 (　　)

38. 氨水和 HCl 混合,不论两者比例如何,一定不可能组成缓冲溶液。 (　　)

39. 等量的 HAc 和 HCl(浓度相等),分别用等量的 NaOH 中和,所得溶液 pH 相等。 (　　)

40. 已知乙酸的 $pK_a^\ominus=4.75$,柠檬酸的 $pK_{a2}^\ominus=4.77$,则同浓度的乙酸的酸性强于柠檬酸。 (　　)

41. 浓度为 $1.0\times10^{-7}mol\cdot L^{-1}$的盐酸溶液 pH=7.0。 (　　)

42. 在 $NaHCO_3$ 溶液中通入 CO_2 气体,便可得到一种缓冲溶液。 (　　)

43. 如果 HCl 溶液的浓度为 HAc 溶液浓度的 2 倍,那么 HCl 溶液中 H^+ 浓度一定是 HAc 溶液中 H^+ 浓度的 2 倍。 (　　)

44. 解离度和解离常数都可以用来比较弱电解质的相对强弱程度,因此 α 和 $K_a^\ominus$(或 $K_b^\ominus$)都不受浓度的影响。 (　　)

45. 因 $SnCl_2$ 水溶液易发生水解,故要配制澄清的 $SnCl_2$ 溶液,应先加盐酸。 (　　)

46. 在 H_2SO_4、HNO_3、$HClO_4$ 的同浓度稀水溶液之间分不出哪个酸性更强。 (　　)

47. 在共轭酸碱体系中,酸、碱的浓度越大,则其缓冲能力越强。 (　　)

48. Na_2CO_3 与 $NaHCO_3$ 可构成缓冲剂起缓冲作用,单独 $NaHCO_3$ 不起缓冲作用。 (　　)

49. 对甲基橙显红色(酸色)的溶液是酸性溶液,对酚酞显红色(碱色)的溶液是碱性溶液,可见指示剂在酸性溶液中显酸色,在碱性溶液中显碱色。 (　　)

50. 有一种由 HAc-NaAc 组成的缓冲溶液,若溶液中 $c(HAc)>c(NaAc)$,则该缓冲溶液抵抗外来酸的能力大于抵抗外来碱的能力。 (　　)

51. 失去部分结晶水的硼砂作为标定盐酸的基准物质,将使标定结果偏高。 (　　)

52. 能用 HCl 标准溶液准确滴定 $0.1mol\cdot L^{-1}$ NaCN。HCN 的 $K_a^\ominus=4.9\times10^{-10}$。 (　　)

53. 多元弱酸在水中各型体的分布取决于溶液的 pH。 (　　)

54. $NaHCO_3$ 水溶液的 PBE 为 $c(H^+)+c(H_2CO_3)=c(OH^-)+c(CO_3^{2-})$。 (　　)

55. 强酸滴定强碱的滴定曲线,其突跃范围大小只与浓度有关。 (　　)

56. 酸碱滴定中，化学计量点时溶液的 pH 与指示剂的理论变色点的 pH 相等。 ( )

57. 酸式滴定管一般用于盛放酸性溶液和氧化性溶液，但不能盛放碱性溶液。 ( )

58. 酸碱指示剂的选择原则是变色敏锐、用量少。 ( )

59. 各种类型的一元酸碱滴定，其化学计量点的位置均在突跃范围的中点。 ( )

(三) 选择题(下列各题只有一个正确答案，请将正确答案填在括号内)

60. 等量的酸和碱中和得到的 pH 应是( )。

A. 呈酸性　　B. 呈碱性

C. 呈中性　　D. 视酸碱相对强弱而定

61. 将 1mol · L^{-1} NH_3 和 0.1mol · L^{-1} NH_4Cl 两溶液按下列体积比[$V(NH_3)$: $V(NH_4^+)$]混合，缓冲能力最强的是( )。

A. 1 : 1　　B. 10 : 1　　C. 2 : 1　　D. 1 : 10

62. 在氨溶液中加入氢氧化钠，使( )。

A. 溶液 OH^- 浓度变小　　B. NH_3 的 $K_b^\ominus$ 变小

C. NH_3 的 α 降低　　D. pH 变小

63. 下列能作缓冲溶液的是( )。

A. 60mL 0.1mol · L^{-1} HAc 和 30mL 0.1mol · L^{-1} NaOH 混合液

B. 60mL 0.1mol · L^{-1} HAc 和 30mL 0.2mol · L^{-1} NaOH 混合液

C. 60mL 0.1mol · L^{-1} HAc 和 30mL 0.1mol · L^{-1} HCl 混合液

D. 60mL 0.1mol · L^{-1} NaCl 和 30mL 0.1mol · L^{-1} NH_4Cl 混合液

64. 在乙酸溶液中加入少许固体 NaCl 后，发现乙酸的解离度( )。

A. 没变化　　B. 微有上升　　C. 剧烈上升　　D. 下降

65. 在氨水中加入 NH_4Cl 后，NH_3 的 α 和 pH 变化是( )。

A. α 和 pH 都增大　　B. α 减小，pH 增大

C. α 增大，pH 变小　　D. α、pH 都减小

66. 需配制 pH=5 的缓冲溶液，选用( )。

A. HAc-NaAc，$pK_a^\ominus(HAc)=4.75$

B. $NH_3 \cdot H_2O$-NH_4Cl，$pK_b^\ominus(NH_3)=4.75$

C. Na_2CO_3-$NaHCO_3$，$pK_{a2}^\ominus(H_2CO_3)=10.25$

D. NaH_2PO_4-Na_2HPO_4，$pK_{a2}^\ominus(H_2PO_4^-)=7.2$

67. 将 $NH_3 \cdot H_2O$ 稀释一倍，溶液中 OH^- 浓度减少到原来的( )。

A. $1/\sqrt{2}$　　B. 1/2　　C. 1/4　　D. 3/4

68. 有两溶液 A 和 B，pH 分别为 4.0 和 2.0，溶液 A 的 H^+ 浓度是溶液 B 的 H^+ 浓度的( )倍。

A. 1/100　　B. 1/10　　C. 100　　D. 2

69. 可逆反应 $HCO_3^- + OH^- \longrightarrow CO_3^{2-} + H_2O$ 各物质中质子酸是( )。

A. HCO_3^- 和 CO_3^{2-}　　B. HCO_3^- 和 H_2O

C. H_2O 和 OH^-　　D. OH^- 和 CO_3^{2-}

70. 某弱酸 HA 的 $K_a^\ominus=2\times10^{-5}$，则 A^- 的 $K_b^\ominus$ 为( )。

A. $1/2\times10^{-5}$　　B. 5×10^{-3}　　C. 5×10^{-10}　　D. 2×10^{-5}

71. 配制 pH＝10.0 的缓冲溶液，可考虑选用的缓冲对(　　)。

A. HAc-NaAc　　B. HCOOH-HCOONa

C. H_2CO_3-$NaHCO_3$　　D. NH_3-NH_4Cl

72. 用 $NaHSO_3$(H_2SO_3 的 $K_{a2}^{\ominus}=1\times10^{-7}$)和 Na_2SO_3 配制缓冲溶液，其 pH 缓冲范围是(　　)。

A. 6～8　　B. 10～12　　C. 2.4～4.0　　D. 3±1

73. 酸的强度取决于(　　)。

A. 酸分子中的 H 数目　　B. α

C. $K_a^{\ominus}$　　D. 溶解度

74. 弱酸的解离常数值由下列哪项决定？(　　)

A. 溶液的浓度　　B. 酸的解离度

C. 酸分子中含氢数　　D. 酸的本质和溶液温度

75. 计算二元弱酸的 pH 时，若 $K_{a1}^{\ominus}\gg K_{a2}^{\ominus}$，经常(　　)。

A. 只计算第一级解离而忽略第二级解离

B. 一、二级解离必须同时考虑

C. 只计算第二级解离

D. 与第二级解离完全无关

76. 将 2.500g 纯一元弱酸 HA[M(HA)＝50.0g·mol^{-1}]溶于水并稀释至 500.0mL。已知该溶液 pH 为 3.15，则该弱酸 HA 的解离常数 $K_a^{\ominus}$ 为(　　)。

A. 4.0×10^{-6}　　B. 5.0×10^{-7}　　C. 7.0×10^{-5}　　D. 5.0×10^{-6}

77. 将不足量的 HCl 加到 $NH_3\cdot H_2O$ 中，或将不足量的 NaOH 加到 HAc 中，这种溶液往往是(　　)。

A. 酸碱完全中和的溶液　　B. 缓冲溶液

C. 酸和碱的混合液　　D. 单一酸或单一碱的溶液

78. 在某溶液中加入酚酞和甲基橙各一滴，显黄色，说明此溶液是(　　)。

A. 酸性　　B. 碱性　　C. 中性　　D. 不能确定

79. 向 HAc 溶液中加入少许固体物质，使 HAc 解离度减小的是(　　)。

A. NaCl　　B. NaAc　　C. $FeCl_3$　　D. KCN

80. 要配制 pH＝3.50 的缓冲溶液，已知 HF 的 $pK_a^{\ominus}=3.18$，H_2CO_3 的 $pK_{a2}^{\ominus}=10.25$，丙酸的 $pK_a^{\ominus}=4.88$，抗坏血酸的 $pK_a^{\ominus}=4.30$，缓冲对应选(　　)。

A. HF-NaF　　B. Na_2CO_3-$NaHCO_3$

C. 丙酸-丙酸钠　　D. 抗坏血酸-抗坏血酸钠

81. 水的离子积 $K_w^{\ominus}$ 在 25℃时为 1×10^{-14}，60℃时为 1×10^{-13}，由此可推断(　　)。

A. 水的解离是吸热的　　B. 水的 pH 60℃时大于 25℃时

C. 60℃时 $c(OH^-)=10^{-7}$mol·L^{-1}　　D. 水的解离是放热的

82. 由于弱酸弱碱的相互滴定不会出现突跃，也就不能用指示剂确定终点，因此在酸碱滴定法中，配制标准溶液必须用(　　)。

A. 强碱或强酸　　B. 弱碱或弱酸　　C. 强碱弱酸盐　　D. 强酸弱碱盐

83. 下列弱酸或弱碱能用酸碱滴定法直接准确滴定的是(　　)。

A. 0.1mol·L^{-1}苯酚 $K_a^{\ominus}=1.1\times10^{-10}$

B. 0.1mol·L^{-1} H_3BO_3 $K_a^\ominus=7.3\times10^{-10}$

C. 0.1mol·L^{-1}羟胺 $K_b^\ominus=1.07\times10^{-8}$

D. 0.1mol·L^{-1} HF $K_a^\ominus=3.5\times10^{-4}$

84. 用硼砂标定 0.1mol·L^{-1}HCl 时，应选用的指示剂是(　　)。

A. 中性红　B. 甲基红　C. 酚酞　D. 百里酚酞

85. 用 NaOH 测定食醋的总酸量，最合适的指示剂是(　　)。

A. 中性红　B. 甲基红　C. 酚酞　D. 甲基橙

86. 实际上指示剂的变色范围是根据(　　)而得到的。

A. 人眼观察　B. 理论变色点计算

C. 滴定经验　D. 比较滴定

87. Na_2CO_3 和 $NaHCO_3$ 混合物可用 HCl 标准溶液来测定，测定过程中用到的两种指示剂是(　　)。

A. 酚酞、百里酚蓝　B. 酚酞、百里酚酞

C. 酚酞、中性红　D. 酚酞、甲基橙

88. Na_2CO_3 和 $NaHCO_3$ 混合物可用 HCl 标准溶液来测定，测定过程中两种指示剂的滴加顺序为(　　)。

A. 酚酞、甲基橙　B. 甲基橙、酚酞

C. 酚酞、百里酚蓝　D. 百里酚蓝、酚酞

89. 在酸碱滴定中，一般把滴定至计量点(　　)的溶液 pH 变化范围称为滴定突跃范围。

A. 前后±0.1%相对误差　B. 前后±0.2%相对误差

C. 0.0%　D. 前后±1%相对误差

90. H_3PO_4 是三元酸，用 NaOH 溶液滴定时，pH 突跃有(　　)个。

A. 1　B. 2　C. 3　D. 无法确定

91. 用强碱滴定一元弱酸时，应符合 $cK_a^\ominus\geqslant10^{-8}$ 的条件，这是因为(　　)。

A. $cK_a^\ominus<10^{-8}$时滴定突跃范围窄

B. $cK_a^\ominus<10^{-8}$时无法确定化学计量关系

C. $cK_a^\ominus<10^{-8}$时指示剂不发生颜色变化

D. $cK_a^\ominus<10^{-8}$时反应不能进行

92. 在 $H_2C_2O_4$ 溶液中，以 $H_2C_2O_4$ 形式存在的分布系数 $\delta(H_2C_2O_4)$，下列叙述正确的是(　　)。

A. $\delta(H_2C_2O_4)$随 pH 增大而减小　B. $\delta(H_2C_2O_4)$随 pH 增大而增大

C. $\delta(H_2C_2O_4)$随酸度增大而减小　D. $\delta(H_2C_2O_4)$随酸度减小而增大

93. 多元酸准确分步滴定的条件是(　　)。

A. $K_{a_i}^\ominus>10^{-5}$　B. $K_{a_i}^\ominus/K_{a_{i+1}}^\ominus\geqslant10^4$

C. $cK_{a_i}^\ominus\geqslant10^{-8}$　D. $cK_{a_i}^\ominus\geqslant10^{-8}$、$K_{a_i}^\ominus/K_{a_{i+1}}^\ominus\geqslant10^4$

94. 下列酸碱滴定反应中，其计量点 pH 等于 7.00 的是(　　)。

A. NaOH 滴定 HAc　B. HCl 溶液滴定 $NH_3\cdot H_2O$

C. HCl 溶液滴定 Na_2CO_3　D. NaOH 溶液滴定 HCl

95. 蒸馏法测定 NH_4^+($K_a^\ominus=5.6\times10^{-10}$)，蒸出的 NH_3 用过量的 H_3BO_3($K_{a1}^\ominus=5.8\times10^{-10}$)溶液吸收，然后用标准 HCl 滴定，$H_3BO_3$ 溶液加入量(　　)。

A. 已知准确浓度　　B. 已知准确体积

C. 不需准确量取　　D. 浓度、体积均需准确

96. 用 0.1000mol · L^{-1} HCl 滴定 0.1000mol · L^{-1} NaOH 时的 pH 突跃范围为9.7～4.3，用 0.010 00mol · L^{-1} HCl 滴定 0.010 00mol · L^{-1} NaOH 时的 pH 突跃范围是(　　)。

A. 9.7～4.3　　B. 8.7～4.3　　C. 9.7～5.3　　D. 8.7～5.3

97. 用 0.1000mol · L^{-1} NaOH 滴定 0.1000mol · L^{-1} HAc($pK_a^\ominus=4.7$)时 pH 突跃范围为 7.7～9.7，由此可推断用 0.1000mol · L^{-1} NaOH 滴定 $pK_a^\ominus=3.7$ 的 0.1000mol · L^{-1} 某一元酸，其 pH 突跃范围为(　　)。

A. 6.8～8.7　　B. 6.7～9.7　　C. 6.7～10.7　　D. 7.7～9.7

98. 用同一溶液分别滴定体积相同的 H_2SO_4 和 HAc 溶液，消耗 NaOH 体积相等，说明 H_2SO_4 和 HAc 两种溶液中(　　)。

A. 氢离子浓度相等　　B. H_2SO_4 和 HAc 浓度相等

C. H_2SO_4 浓度为 HAc 浓度的 1/2　　D. 两个滴定的 pH 突跃范围相等

99. 酸碱滴定法测定 $CaCO_3$ 含量时，应采用(　　)。

A. 直接滴定法　　B. 返滴定法

C. 置换滴定法　　D. 间接滴定法

100. 用 0.1mol · L^{-1} HCl 滴定 0.1mol · L^{-1} $NH_3 \cdot H_2O$($pK_b^\ominus=4.75$)，其最佳指示剂是(　　)。

A. 甲基橙　　B. 甲基红　　C. 中性红　　D. 酚酞

101. CO_2 对酸碱滴定的影响，在下列哪类情况时可忽略？(　　)

A. 以甲基橙作指示剂　　B. 以甲基红作指示剂

C. 以酚酞作指示剂　　D. 以百里酚蓝作指示剂

102. 标定 HCl 和 NaOH 溶液常用的基准物质是(　　)。

A. 硼砂和 EDTA　　B. 草酸和 $K_2Cr_2O_7$

C. $CaCO_3$ 和草酸　　D. 硼砂和邻苯二甲酸氢钾

103. 以 NaOH 滴定 H_3PO_4($K_{a1}^\ominus=7.6\times10^{-3}$，$K_{a2}^\ominus=6.2\times10^{-8}$，$K_{a3}^\ominus=4.4\times10^{-13}$)至生成 NaH_2PO_4，溶液的 pH 为(　　)。

A. 2.3　　B. 4.7　　C. 5.8　　D. 9.8

104. 某人在以邻苯二甲酸氢钾标定 NaOH 溶液时，下述记录中正确的是(　　)。

	A	B	C	D
移取标准溶液/mL	20.00	20.000	20.00	20.00
滴定管终读数/mL	47.30	24.08	23.5	24.10
滴定管初读数/mL	23.20	0.00	0.2	0.05
V(NaOH)/mL	24.10	24.08	23.3	24.05

105. 称取不纯一元酸 HA[M(HA)=82.00g · mol^{-1}]试样 1.600g，溶解后稀释至 60.00mL，以 0.2500mol · L^{-1} NaOH 溶液滴定。已知当 HA 被中和一半时，溶液的 pH=5.00，而中和到终点时，溶液的 pH=9.00，试样中 HA 的质量分数为(　　)。

A. 0.4820　　B. 0.6050　　C. 0.5125　　D. 0.7040

(四) 计算题

106. 浓度为 0.010mol · L^{-1} HAc 溶液的 $\alpha=0.042$，求 HAc 的 $K_a^\ominus$ 及溶液中 $c(H^+)$。在

500mL 上述溶液中加入 2.05g NaAc，若不考虑体积的变化，求溶液的 $c(H^+)$ 和 pH，将两者比较，并做出相应的结论。

107. 欲配 pH＝10.00 的缓冲溶液，应在 300mL 0.50mol·L^{-1} $NH_3·H_2O$ 溶液中加 NH_4Cl 多少克？

108. 计算浓度为 0.020mol·L^{-1}的 H_2CO_3 溶液中 $c(H^+)$、$c(HCO_3^-)$、$c(CO_3^{2-})$是多少？已知：$K_{a1}^{\ominus}=4.2\times10^{-7}$，$K_{a2}^{\ominus}=5.61\times10^{-11}$。

109. 在 1L 0.20mol·L^{-1}的 HAc 溶液中加入多少克 NaOH，才能使 H^+ 浓度达到 6.5×10^{-5} mol·L^{-1}？

110. 称纯 $CaCO_3$ 0.5000g，溶于 50.00mL 过量的 HCl 中，多余酸用 NaOH 返滴，用去 6.20mL。1.000mL NaOH 相当于 1.010mL HCl 溶液，求这两种溶液的浓度。

111. 称取混合碱样 0.3400g 制成溶液后，用 0.1000mol·L^{-1} HCl 滴至酚酞终点，消耗 HCl 15.00mL，继续用 HCl 滴至甲基橙终点，又用去 HCl 36.00mL，则此溶液中含哪些碱性物质，其质量分数各多少？

自测习题答案

（一）填空题

1. $HClO_4\approx HNO_3$，拉平溶剂，$HClO_4>HNO_3$，区分溶剂；2. 减小，减小，同离子效应；3. $K_{a2}^{\ominus}$；4. H_3O^+，OH^-；5. $K_a^{\ominus}\cdot K_b^{\ominus}=K_w^{\ominus}$；6. $c(H^+)=(K_{a1}^{\ominus}\cdot K_{a2}^{\ominus})^{1/2}$；7. $CH_3CH_2CH_2COOH$，1.30×10^{-5}；8. <5，5～7，>7；9. 基本不变，强；10. $NaCN>NaAc>NaNO_2$；11. $[Fe(H_2O)_6]^{3+}$，$[Fe(H_2O)_4(OH)_2]^+$；12. 变色范围，酸色和碱色的混合色；13. 弱，$K_{a2}^{\ominus}$，$K_{a2}^{\ominus}$；14. 0.1mol·L^{-1}，0.1，缓冲容量；15. 酸碱，$NH_3+H_2O \rightleftharpoons NH_4^++OH^-$；16. 4.4～8.0；17. 4.8；18. 9；19. $K^{\ominus}(HIn)$，$c(In^-)$，$c(HIn)$，0.1，10，2；20. $K^{\ominus}=1/K_b^{\ominus}=K_a^{\ominus}/K_w^{\ominus}=10^{10}$；21. 10^{-6}；22. 大，多；23. 窄；24. 2.4～4.4；25. 理论变色点；26. 惰性染料，指示剂；27. 双指示剂；28. 计量点；29. 溶液的 pH，体积，滴定曲线；30. 强酸或强碱，浓度，计量；31. 偏高，不变；32. (1) Na_2CO_3，(2) NaOH，(3) $NaOH+Na_2CO_3$，(4) $Na_2CO_3+NaHCO_3$，(5) $NaHCO_3$。

（二）判断题

33. √，34. ×，35. ×，36. ×，37. ×，38. ×，39. ×，40. ×，41. ×，42. √，43. ×，44. ×，45. √，46. √，47. √，48. ×，49. ×，50. ×，51. ×，52. √，53. √，54. √，55. √，56. ×，57. √，58. ×，59. √。

（三）选择题

60. D，61. D，62. C，63. A，64. B，65. D，66. A，67. A，68. A，69. B，70. C，71. D，72. A，73. C，74. D，75. A，76. D，77. B，78. D，79. B，80. A，81. A，82. A，83. D，84. B，85. C，86. A，87. D，88. A，89. A，90. B，91. A，92. A，93. D，94. D，95. C，96. D，97. B，98. C，99. B，100. B，101. A，102. D，103. B，104. D，105. C。

（四）计算题

106. $K_a^{\ominus}=1.8\times10^{-5}$，$c(H^+)_1=4.2\times10^{-4}$ mol·L^{-1}，$c(H^+)_2=3.5\times10^{-6}$ mol·L^{-1}，pH＝5.45。

107. 1.4g。

108. $c(H^+)=9.2\times10^{-5}$ mol·L^{-1}，$c(HCO_3^-)=9.2\times10^{-5}$ mol·L^{-1}，$c(CO_3^{2-})=K_{a2}^{\ominus}=5.61\times10^{-11}$ mol·L^{-1}。

109. 1.7g。

110. $c(HCl)=0.2284$ mol·L^{-1}，$c(NaOH)=0.2307$ mol·L^{-1}。

111. $w(Na_2CO_3)=0.4676$，$w(NaHCO_3)=0.5189$。

第7章 沉淀溶解平衡与沉淀滴定法

7.1 学习要求

(1) 掌握溶度积的概念、溶度积与溶解度的互换。

(2) 了解影响沉淀溶解平衡的因素，熟悉溶度积规则的应用。

(3) 掌握沉淀溶解平衡的计算。

(4) 了解沉淀滴定法的原理及有关应用。

(5) 了解重量分析法的基本原理，掌握分析结果的计算。

7.2 内容要点

7.2.1 沉淀溶解平衡

1. *溶度积与溶解度*

若难溶电解质为 A_mB_n 型，溶度积常数的表达式为

$$K_{sp}^{\ominus}=[c(A^{n+})/c^{\ominus}]^m \cdot [c(B^{m-})/c^{\ominus}]^n$$

$K_{sp}^{\ominus}$的大小主要取决于难溶电解质的本性，也与温度有关，而与离子浓度改变无关。$K_{sp}^{\ominus}$值越大，表明该物质在水中溶解的趋势越大，生成沉淀的趋势越小；反之亦然。

溶解度和溶度积都反映了物质溶解能力的大小，单位统一为 $mol \cdot L^{-1}$，且无副反应发生时，可以相互换算。对任一难溶电解质 $A_mB_n(s)$，溶解度 s 与 $K_{sp}^{\ominus}$的关系为

$$s=\sqrt[m+n]{\frac{K_{sp}^{\ominus}}{m^m \cdot n^n}}$$

对同类型的难溶电解质，可直接用 $K_{sp}^{\ominus}$数值大小比较它们溶解度的大小，但属不同类型时，其溶解度的相对大小须经计算才能进行比较。

2. *溶度积规则*

某难溶电解质的溶液中，有关离子浓度幂次方的乘积称为离子积 Q_i。

$$Q_i=c^m(A^{n+}) \cdot c^n(B^{m-})$$

Q_i 表示任意情况下的有关离子浓度方次的乘积，其数值不定；而 $K_{sp}^{\ominus}$仅表示达沉淀溶解平衡时有关离子浓度方次的乘积。

(1) $Q_i<K_{sp}^{\ominus}$时，为不饱和溶液，无沉淀析出。

(2) $Q_i=K_{sp}^{\ominus}$时，为饱和溶液，处于动态平衡状态。

(3) $Q_i>K_{sp}^{\ominus}$时，为过饱和溶液，有沉淀析出，直至饱和。

以上三条称为溶度积规则，据此可以判断体系中是否有沉淀生成或溶解，也可以通过控制离子的浓度使沉淀生成或使沉淀溶解。

3. 影响溶解度的因素

难溶电解质的本性是决定其溶解度大小的主要因素。加入含有相同离子的可溶性电解质,而引起难溶电解质溶解度降低的现象称为同离子效应。若向难溶电解质的饱和溶液中加入不含相同离子的强电解质,将会使难溶电解质的溶解度有所增大,这种现象称为盐效应。产生同离子效应的同时也伴随有盐效应,但盐效应比同离子效应小得多。

7.2.2 溶度积规则的应用

一般认为,当残留在溶液中的某种离子浓度小于 $10^{-5}mol \cdot L^{-1}$时,可认为这种离子沉淀完全。要使离子沉淀完全,一般采取以下几种措施:①选择适当的沉淀剂,使沉淀的溶解度尽可能小;②加入适当过量的沉淀剂;③对于某些离子沉淀时,还必须控制溶液 pH。

另外,很多金属硫化物是难溶电解质,不同难溶金属硫化物的 $K_{sp}^{\ominus}$不同,在 H_2S 饱和溶液中,S^{2-} 浓度可通过控制溶液 pH 调节,从而使溶液中的某些金属离子达到分离的目的。

加入同一种沉淀剂使混合离子按先后顺序沉淀下来的现象称为分步沉淀。

根据溶度积规则,沉淀溶解的必要条件是使 $Q_i < K_{sp}^{\ominus}$。常见的方法有以下几种:生成弱电解质或微溶气体;发生氧化还原反应;生成配合物。

由一种难溶电解质借助于某一试剂的作用转变为另一难溶电解质的过程称为沉淀的转化。

7.2.3 沉淀滴定法

沉淀滴定法是以沉淀反应为基础的一种滴定分析方法。目前,应用于沉淀滴定最广的是生成难溶性银盐的反应:

$$Ag^+ + X \longrightarrow AgX\downarrow \quad (X\text{ 代表 }Cl^-、Br^-、I^-、CN^-、SCN^-\text{ 等})$$

这种以生成难溶性银盐为基础的沉淀滴定法称为银量法。根据所选指示剂的不同,银量法可分为莫尔法、福尔哈德法、法扬斯法、碘-淀粉指示剂法等。

1. 莫尔法

它是以铬酸钾作指示剂的银量法。在中性或弱碱性(pH 6.5～10.5)溶液中,以铬酸钾作指示剂,用 $AgNO_3$ 标准溶液直接滴定 Cl^- 和 Br^-。不能用含 Cl^- 的溶液滴定 Ag^+,也不能测定 I^- 和 SCN^-。

2. 福尔哈德法

它是用铁铵矾[$(NH_4)Fe(SO_4)_2$]作指示剂,以 NH_4SCN 或 KSCN 标准溶液滴定含有 Ag^+ 的试液,而测定 Cl^-、Br^-、I^- 和 SCN^- 时,先在被测溶液中加入过量的 $AgNO_3$ 标准溶液,然后加入铁铵矾指示剂,以 NH_4SCN 标准溶液滴定剩余量的 Ag^+。

测定 I^- 时,必须先加入过量的 Ag^+,使 I^- 沉淀完全,然后再加入指示剂。测定 Cl^- 时,加入 $AgNO_3$ 标准溶液后,应将 AgCl 沉淀滤出,然后再滴定滤液,或者加入硝基苯掩蔽,否则得不到准确结果。

测定条件:①指示剂的用量,通常 Fe^{3+} 浓度控制为 $0.015mol \cdot L^{-1}$;②溶液酸度,H^+ 浓度应控制在 $0.1～1mol \cdot L^{-1}$,否则 Fe^{3+} 发生水解。

3. 法扬斯法

它是以吸附指示剂指示终点的银量法。吸附指示剂由于颜色的变化发生在沉淀表面，为使终点时颜色变化明显，应尽量使沉淀的比表面大一些，故常加入糊精等保护胶体。此外，溶液的酸度要适当，以保证指示剂呈阴离子状态存在。

4. 银量法的应用

将优级纯或分析纯的 $AgNO_3$ 在 110℃下烘 1～2h，可用直接法配制。一般纯度的 $AgNO_3$ 用间接法配制，用基准物质 NaCl 标定。NaCl 易吸潮，使用前应在 500℃左右温度下干燥。应使用与测定样品时的同样方法标定溶液，以消除系统误差。$AgNO_3$ 见光易分解，固体和配制后的标准溶液都应储存在棕色瓶内。

NH_4SCN 试剂往往含有杂质，且容易吸潮，只能用间接法配制，再以 $AgNO_3$ 标准溶液进行标定。

7.2.4　重量分析法

1. 概述

重量分析法是通过称量物质的质量进行分析的方法。其分析过程是：将试样分解制成试液后，在一定条件下加入适当的沉淀剂，使被测组分沉淀析出，所得沉淀称为沉淀形式。沉淀经过滤、洗涤，在一定温度下烘干或灼烧，使沉淀形式转化为称量形式，然后称量，根据称量形式的化学组成和质量，可计算出被测组分的含量。沉淀形式与称量形式可以相同，也可以不同。

重量分析法测定准确度高，对于常量组分的测定，其相对误差为 0.1%～0.2%，但操作烦琐而费时。重量分析主要用于含量不太低的硅、硫、磷、钨、钼、镍、锆、铌和钽等元素的精确测定。

重量分析中对沉淀形式的要求是：①沉淀的溶解度要小；②沉淀形式要便于过滤和洗涤；③沉淀力求纯净；④沉淀应容易全部转化为称量形式。

重量分析中对称量形式的要求是：①称量形式必须有确定的化学组成；②称量形式必须稳定；③称量形式的相对分子质量要大。

2. 影响沉淀纯度的因素

在一定条件下，某些物质本身并不能单独析出沉淀，但当溶液中另一种物质形成沉淀时，它便随同生成的沉淀一起析出，这种现象称为共沉淀。产生共沉淀的原因主要有表面吸附、与沉淀物质生成混晶、被沉淀物吸留和包夹。某些组分析出沉淀之后，另一种本来难于析出沉淀的组分，在该沉淀的表面慢慢析出，这种现象称为后沉淀。可采取以下措施提高沉淀的纯度：①选择适当的分析程序；②选择适当的沉淀剂；③降低易被吸附离子的浓度；④选择适当的沉淀条件；⑤选择合适的洗涤剂；⑥再沉淀。

3. 沉淀的形成与沉淀的条件

1）沉淀的形成过程

在一定条件下，将沉淀剂加入到试液中，当形成沉淀的有关离子浓度的乘积超过其溶度积时，离子通过相互碰撞聚集成微小的晶核，晶核形成后，溶液中的构晶离子向晶核表面扩散，并沉积在晶核上，晶核便逐渐长大成沉淀微粒。

2）沉淀的条件

（1）晶形沉淀的沉淀条件：①适当稀的溶液中进行沉淀；②不断搅拌下，慢慢滴加稀的沉淀剂；③在热溶液中进行沉淀；④必须陈化。

（2）非晶形沉淀的沉淀条件：①沉淀应在较浓的溶液中进行，加入沉淀剂的速度不必太慢；②在热溶液中进行沉淀；③加入适当的强电解质，通常为挥发性铵盐；④不必陈化。

（3）均相沉淀法。加入试剂后先形成均匀的溶液，然后通过缓慢的化学反应过程得到沉淀。如加热，或逐渐改变溶液的 pH，或加入其他试剂，使溶液内部逐渐产生沉淀剂，而后均匀地沉淀。这样可以获得颗粒较大、结构紧密、纯净、易于过滤的晶形沉淀。

4. 沉淀的过滤、洗涤、烘干或灼烧

沉淀常用滤纸或玻璃砂芯滤器过滤。对于需要灼烧的沉淀，应根据沉淀的性状用紧密程度不同的滤纸。一般非晶形沉淀，应用疏松的快速滤纸过滤；粗粒的晶形沉淀，可用较紧密的中速滤纸；较细粒的晶形沉淀，应用最紧密的慢速滤纸，以防沉淀穿过滤纸。

洗涤沉淀是为了洗去沉淀表面吸附的杂质和混杂在沉淀中的母液。烘干是为了除去沉淀中的水分和可挥发物质，使沉淀形式转化为组成固定的称量形式。灼烧沉淀除有上述作用外，有时还可使沉淀形式在较高的温度下分解成组成固定的称量形式。灼烧温度一般在 800℃以上，常用瓷坩埚放置沉淀，若需要用氢氟酸处理，则应用铂坩埚。用滤纸包好沉淀，放入已灼烧至恒重的坩埚中，再加热烘干、焦化、灼烧至恒重。

5. 重量分析法中的计算

沉淀重量分析中，被测组分 A 转化为称量形式 D 的化学计量关系可表示如下：

$$a\text{A} + b\text{B} \longrightarrow c\text{C} \longrightarrow d\text{D}$$

被测组分　沉淀剂　沉淀形式　称量形式

$$m_{\text{A}} = \frac{aM_{\text{A}}}{dM_{\text{D}}} \cdot m_{\text{D}} = F \cdot m_{\text{D}}$$

式中：m_{D} 和 m_{A} 分别为称量形式 D 和被测组分 A 的质量；M_{D} 和 M_{A} 分别是称量形式 D 和被测组分 A 的摩尔质量；F 为换算因数或称化学因数。通过上式很容易地将称量形式的质量换算成被测组分的质量。

7.3 例题解析

例 7.1 在离子浓度各为 0.10mol·L^{-1}的 Fe^{3+}、Cu^{2+}、H^+ 等的溶液中，是否会生成铁和铜的氢氧化物沉淀？当向溶液中逐滴加入 NaOH 溶液时（设总体积不变）能否将 Fe^{3+}、Cu^{2+} 分离？已知：$K_{sp}^{\ominus}[Fe(OH)_3]=4.0\times10^{-38}$，$K_{sp}^{\ominus}[Cu(OH)_2]=2.2\times10^{-20}$。

解

$$\begin{aligned} Q_i[Fe(OH)_3] &= c(Fe^{3+}) \cdot c^3(OH^-) \\ &= 0.10\times(10^{-14}/0.10)^3 \\ &= 1.0\times10^{-40} < K_{sp}^{\ominus}[Fe(OH)_3] \end{aligned}$$

$$Q_i[Cu(OH)_2] = c(Cu^{2+}) \cdot c^2(OH^-)$$

$$=0.10\times(10^{-14}/0.10)^2$$
$$=1.0\times10^{-27}<K_{sp}^{\ominus}[Cu(OH)_2]$$

所以不会生成 $Fe(OH)_3$ 和 $Cu(OH)_2$ 沉淀。

$Fe(OH)_3$ 沉淀完全时的 pH 为

$$c(OH^-)=\sqrt[3]{\frac{K_{sp}^{\ominus}[Fe(OH)_3]}{c(Fe^{3+})}}=\sqrt[3]{\frac{4.0\times10^{-38}}{10^{-5}}}=1.6\times10^{-11}(mol\cdot L^{-1})$$

$$pOH=10.80, pH=14.00-10.80=3.20$$

开始生成 $Cu(OH)_2$ 沉淀时的 pH 为

$$c(OH^-)=\sqrt{\frac{K_{sp}^{\ominus}[Cu(OH)_2]}{c(Cu^{2+})}}=\sqrt{\frac{2.2\times10^{-20}}{0.10}}=4.7\times10^{-10}(mol\cdot L^{-1})$$

$$pOH=9.33, pH=14.00-9.33=4.67$$

所以,控制溶液 pH 在 3.20～4.67 就可以将 Fe^{3+} 和 Cu^{2+} 分离。

例 7.2　计算下列情况中至少需要多大浓度的酸:(1) 0.1mol MnS 溶于 1L 乙酸中;(2) 0.1mol CuS 溶于 1L 盐酸中。已知:MnS 的 $K_{sp}^{\ominus}=2\times10^{-13}$,CuS 的 $K_{sp}^{\ominus}=6.3\times10^{-36}$,HAc 的 $K_a^{\ominus}=1.76\times10^{-5}$,$H_2S$ 的 $K_{a1}^{\ominus}=1.1\times10^{-7}$、$K_{a2}^{\ominus}=1.3\times10^{-13}$。

解　(1)　$MnS+2HAc \rightleftharpoons Mn^{2+}+2Ac^-+H_2S$

平衡浓度/$(mol\cdot L^{-1})$　0.1　0.2　0.1

$$K^{\ominus}=\frac{c(Mn^{2+})\cdot c^2(Ac^-)\cdot c(H_2S)}{c^2(HAc)}=\frac{K_{sp}^{\ominus}(MnS)\cdot[K_a^{\ominus}(HAc)]^2}{K_{a1}^{\ominus}\cdot K_{a2}^{\ominus}}$$

代入数据,解得

$$c(HAc)=0.3(mol\cdot L^{-1})$$

因此,溶解 0.1mol MnS 需要乙酸的最低浓度为 $0.1\times2+0.3=0.5(mol\cdot L^{-1})$。

(2)　$CuS+2H^+ \rightleftharpoons Cu^{2+}+H_2S$

平衡浓度/$(mol\cdot L^{-1})$　0.1　0.1

$$K^{\ominus}=\frac{c(Cu^{2+})\cdot c(H_2S)}{c^2(H^+)}=\frac{K_{sp}^{\ominus}(CuS)}{K_{a1}^{\ominus}\cdot K_{a2}^{\ominus}}$$

代入数据,解得

$$c(H^+)=4.8\times10^6(mol\cdot L^{-1})$$

所需 H^+ 浓度如此之高,说明 CuS 不能溶于盐酸中。

例 7.3　在含有 $0.010mol\cdot L^{-1}\ Zn^{2+}$、$0.10mol\cdot L^{-1}$ HAc 和 $0.050mol\cdot L^{-1}$ NaAc 的溶液中,不断通入 H_2S 使之饱和。则沉淀出 ZnS 后,溶液中残留的 Zn^{2+} 浓度是多少?已知:ZnS 的 $K_{sp}^{\ominus}=2.5\times10^{-22}$,HAc 的 $K_a^{\ominus}=1.76\times10^{-5}$,$H_2S$ 的 $K_{a1}^{\ominus}=1.1\times10^{-7}$、$K_{a2}^{\ominus}=1.3\times10^{-13}$。

解　$Zn^{2+}(aq)+H_2S(aq) \rightleftharpoons ZnS(s)+2H^+(aq)$

由题意可知,$0.010mol\cdot L^{-1}\ Zn^{2+}$ 生成沉淀后,H^+ 浓度增加 $0.020mol\cdot L^{-1}$,则

$$c(HAc)=0.10+0.020=0.12(mol\cdot L^{-1})$$
$$c(Ac^-)=0.050-0.020=0.030(mol\cdot L^{-1})$$

生成 ZnS 沉淀后,溶液中

$$c(H^+)=K_a^{\ominus}(HAc)\times\frac{c(HAc)}{c(Ac^-)}$$

$$=1.76\times10^{-5}\times\frac{0.12}{0.030}$$

$$=7.0\times10^{-5}(mol\cdot L^{-1})$$

因

$$K^{\ominus}=\frac{c^2(H^+)}{c(Zn^{2+})\cdot c(H_2S)}=\frac{K_{a1}^{\ominus}\cdot K_{a2}^{\ominus}}{K_{sp}^{\ominus}(ZnS)}$$

即

$$\frac{(7.0\times10^{-5})^2}{c(Zn^{2+})\times0.10}=\frac{1.1\times10^{-7}\times1.3\times10^{-13}}{2.5\times10^{-22}}$$

解得

$$c(Zn^{2+})=8.7\times10^{-10}(mol\cdot L^{-1})$$

例 7.4 已知某溶液中含有 0.010mol·L^{-1} Zn^{2+} 和 0.010mol·L^{-1} Cd^{2+}，在此溶液中通 H_2S 使之饱和时，哪种沉淀先析出？为了使 Cd^{2+} 沉淀完全，问溶液中 H^+ 浓度应为多少，此时 ZnS 沉淀是否能析出？已知：ZnS 的 $K_{sp}^{\ominus}=2.5\times10^{-22}$，CdS 的 $K_{sp}^{\ominus}=8.0\times10^{-27}$，$H_2S$ 的 $K_{a1}^{\ominus}=1.1\times10^{-7}$、$K_{a2}^{\ominus}=1.3\times10^{-13}$。

解 因 Zn^{2+} 和 Cd^{2+} 浓度相同，且 $K_{sp}^{\ominus}(CdS)=8.0\times10^{-27}<K_{sp}^{\ominus}(ZnS)=2.5\times10^{-22}$，沉淀时 CdS 需要的 S^{2-} 浓度更小，所以 CdS 先沉淀析出。

$$Cd^{2+}(aq)+H_2S(aq)\rightleftharpoons CdS(s)+2H^+(aq)$$

$$K^{\ominus}=\frac{c^2(H^+)}{c(Cd^{2+})\cdot c(H_2S)}=\frac{K_{a1}^{\ominus}\cdot K_{a2}^{\ominus}}{K_{sp}^{\ominus}(CdS)}$$

Cd^{2+} 沉淀完全时，有 $\frac{c^2(H^+)}{10^{-5}\times0.10}=\frac{1.1\times10^{-7}\times1.3\times10^{-13}}{8.0\times10^{-27}}$，解得

$$c(H^+)=1.3(mol\cdot L^{-1})$$

即 Cd^{2+} 沉淀完全时溶液中 H^+ 浓度应小于 1.3mol·L^{-1}，此时

$$c(S^{2-})=\frac{K_{a1}^{\ominus}\cdot K_{a2}^{\ominus}\cdot c(H_2S)}{c^2(H^+)}=\frac{1.1\times10^{-7}\times1.3\times10^{-13}\times0.10}{(1.3)^2}$$

$$=8.0\times10^{-22}(mol\cdot L^{-1})$$

$$c(Zn^{2+})\cdot c(S^{2-})=0.010\times8.0\times10^{-22}=8.0\times10^{-24}<K_{sp}^{\ominus}(ZnS)$$

故此时 ZnS 沉淀不能析出。

例 7.5 称取含砷农药 0.2000g 溶于硝酸后转化为 H_3AsO_4，调至中性，加 $AgNO_3$ 使其沉淀为 Ag_3AsO_4，沉淀经过滤、洗涤后，溶于硝酸中，以铁铵矾为指示剂，滴定时用去 0.1180mol·L^{-1} NH_4SCN 标准溶液 33.85mL，求该农药中 As_2O_3 的质量分数。

解 由题意可知，$As_2O_3\sim2As\sim2H_3AsO_4\sim2Ag_3AsO_4\sim6Ag^+\sim6NH_4SCN$

因此，等物质的量关系为

$$n(1/6As_2O_3)=n(NH_4SCN)$$

$$w(As_2O_3)=\frac{c(NH_4SCN)\cdot V(NH_4SCN)\cdot M(1/6As_2O_3)}{m_{样}}$$

$$=\frac{0.1180\times 33.85\times 10^{-3}\times 197.84/6}{0.2000}=0.6585$$

7.4　习题解答

1. 根据溶度积规则，解释下列事实：

(1) $CaCO_3$ 沉淀能溶于 HCl 溶液。

(2) AgCl 不溶于强酸，但可溶于氨水。

(3) 淡黄色的 AgBr 沉淀在 Na_2S 溶液中转变为黑色 Ag_2S 沉淀。

解　(1) $CaCO_3$ 在 HCl 溶液中存在下列平衡：

$$CaCO_3+2H^+ \rightleftharpoons Ca^{2+}+CO_2+H_2O$$

$$K^{\ominus}=\frac{c(Ca^{2+})c(H_2CO_3)}{c^2(H^+)}=\frac{c(Ca^{2+})c(H_2CO_3)}{c^2(H^+)}\times\frac{c(CO_3^{2-})}{c(CO_3^{2-})}=\frac{K_{sp}^{\ominus}(CaCO_3)}{K_{a1}^{\ominus}\cdot K_{a2}^{\ominus}}$$

$$=\frac{2.8\times 10^{-9}}{4.2\times 10^{-7}\times 5.61\times 10^{-11}}=1.2\times 10^{8}$$

HCl 溶液加入后，能大大降低 CO_3^{2-} 浓度，上述平衡常数很大，故 $CaCO_3$ 沉淀能溶于 HCl 溶液。

(2) AgCl 中加入强酸，不能降低 Ag^+ 和 Cl^- 浓度，使其离子积变小，因而它不溶于强酸。但加入氨水后，Ag^+ 能与 NH_3 分子作用生成比较稳定的配合物，从而使 Ag^+ 浓度降低，离子积变小，尽管反应的平衡常数不大，只要氨水的浓度适当，AgCl 就可溶于氨水。

$$AgCl+2NH_3 \rightleftharpoons [Ag(NH_3)_2]^+ + Cl^-$$

$$K^{\ominus}=\frac{c\{[Ag(NH_3)_2]^+\}c(Cl^-)}{c^2(NH_3)}=\frac{c\{[Ag(NH_3)_2]^+\}c(Cl^-)}{c^2(NH_3)}\times\frac{c(Ag^+)}{c(Ag^+)}$$

$$=K_f^{\ominus}\{[Ag(NH_3)_2]^+\}\cdot K_{sp}^{\ominus}(AgCl)=1.6\times 10^{7}\times 1.8\times 10^{-10}$$

$$=2.9\times 10^{-3}$$

(3)
$$2AgBr+S^{2-} \rightleftharpoons Ag_2S\downarrow+2Br^-$$

$$K^{\ominus}=\frac{c^2(Br^-)}{c(S^{2-})}=\frac{c^2(Br^-)}{c(S^{2-})}\times\frac{c^2(Ag^+)}{c^2(Ag^+)}=\frac{[K_{sp}^{\ominus}(AgBr)]^2}{K_{sp}^{\ominus}(Ag_2S)}$$

$$=\frac{(5.0\times 10^{-13})^2}{6.3\times 10^{-50}}=4.0\times 10^{24}$$

上述平衡常数很大，说明 AgBr 沉淀很容易转化成更难溶的 Ag_2S 沉淀。

2. 什么是分步沉淀？在浓度均为 $0.10mol\cdot L^{-1}$ NaCl 和 KI 混合溶液中，逐滴加入 $AgNO_3$ 溶液，首先生成的沉淀是什么物质？

解　加入同一种沉淀剂后使混合离子按先后顺序沉淀下来的现象称为分步沉淀。沉淀 $0.10mol\cdot L^{-1}$ NaCl 和 KI 需要的 Ag^+ 浓度分别为 $c_1 mol\cdot L^{-1}$、$c_2 mol\cdot L^{-1}$，则

$$c_1=K_{sp}^{\ominus}(AgCl)/c(Cl^-)=1.8\times 10^{-10}/0.10=1.8\times 10^{-9}(mol\cdot L^{-1})$$

$$c_2=K_{sp}^{\ominus}(AgI)/c(I^-)=8.3\times 10^{-17}/0.10=1.8\times 10^{-16}(mol\cdot L^{-1})$$

故首先生成的沉淀是 AgI。

3. 下列情况对分析结果有无影响，偏高还是偏低，为什么？

(1) pH≈4 时,莫尔法滴定 Cl^-。

(2) 福尔哈德法测定 Cl^- 时,溶液中未加硝基苯。

答　(1) 结果偏高。因为 pH≈4 时,CrO_4^{2-} 的酸效应较大,溶液中 CrO_4^{2-} 浓度减小,指示终点的 Ag_2CrO_4 沉淀出现过迟。

(2) 偏低。因为用福尔哈德法测定 Cl^- 时,若溶液中未加硝基苯,AgCl 沉淀将发生转化,成为 AgSCN,消耗过多滴定剂 SCN^-,由于是返滴定法,故结果偏低。

4. 选择题。

(1) 难溶电解质 AB_2 的 $s=1.0\times10^{-3}\,mol\cdot L^{-1}$,其 $K_{sp}^{\ominus}$是(D)。

A. 1.0×10^{-6}　　B. 1.0×10^{-9}　　C. 4.0×10^{-6}　　D. 4.0×10^{-9}

(2) 某难溶电解质的 s 和 $K_{sp}^{\ominus}$的关系是 $K_{sp}^{\ominus}=4s^3$,它的分子式可能是(D)。

A. AB　　B. A_2B_3　　C. A_3B_2　　D. A_2B

(3) 在饱和 $BaSO_4$ 溶液中,加入适量 NaCl,则 $BaSO_4$ 的溶解度(A)。

A. 增大　　B. 不变　　C. 减小　　D. 无法确定

(4) 已知 $Mg(OH)_2$ 的 $K_{sp}^{\ominus}=1.2\times10^{-11}$,$Mg(OH)_2$ 在 $0.010mol\cdot L^{-1}$ NaOH 溶液中的 Mg^{2+} 浓度是(C)$mol\cdot L^{-1}$。

A. 1.2×10^{-9}　　B. 4.2×10^{-6}　　C. 1.2×10^{-7}　　D. 1.0×10^{-4}

5. 常温下 Ag_2CO_3 在水中的溶解度为 $3.49\times10^{-2}g\cdot L^{-1}$,求:

(1) Ag_2CO_3 的溶度积。

(2) 在 $0.10mol\cdot L^{-1}K_2CO_3$ 溶液中的溶解度($g\cdot L^{-1}$)。

解　(1)　$s=3.49\times10^{-2}/275.75=1.27\times10^{-4}(mol\cdot L^{-1})$

Ag_2CO_3 的 $K_{sp}^{\ominus}=c^2(Ag^+)\cdot c(CO_3^{2-})=4s^3=4\times(1.27\times10^{-4})^3=8.11\times10^{-12}$

(2) 设在 $0.10mol\cdot L^{-1}K_2CO_3$ 溶液中的溶解度为 $x\,mol\cdot L^{-1}$,则

$$(2x)^2\times0.10=K_{sp}^{\ominus}=8.11\times10^{-12},x=4.5\times10^{-6}(mol\cdot L^{-1})$$

即

$$4.5\times10^{-6}\times275.75=1.2\times10^{-3}(g\cdot L^{-1})$$

6. 根据 $Mg(OH)_2$ 的溶度积,计算:

(1) $Mg(OH)_2$ 在水中的溶解度($mol\cdot L^{-1}$)。

(2) $Mg(OH)_2$ 饱和溶液中 Mg^{2+} 的浓度及溶液的 pH 分别是多少?

(3) $Mg(OH)_2$ 在 $0.010mol\cdot L^{-1}MgCl_2$ 溶液中的溶解度($mol\cdot L^{-1}$)。

解　(1) $Mg(OH)_2$ 在水中的溶解度

$$s=\sqrt[3]{\frac{K_{sp}^{\ominus}[Mg(OH)_2]}{4}}=\sqrt[3]{\frac{1.8\times10^{-11}}{4}}=1.7\times10^{-4}(mol\cdot L^{-1})$$

(2)　$c(Mg^{2+})=s=1.7\times10^{-4}mol\cdot L^{-1}$

$c(OH^-)=2s=3.4\times10^{-4}mol\cdot L^{-1}$,$pOH=-\lg c(OH^-)=3.48$,$pH=10.52$

(3) 设 $Mg(OH)_2$ 在 $0.010mol\cdot L^{-1}MgCl_2$ 溶液中的溶解度为 $x\,mol\cdot L^{-1}$,则

$$0.010\times(2x)^2=K_{sp}^{\ominus}=1.8\times10^{-11},x=2.1\times10^{-5}(mol\cdot L^{-1})$$

7. 10mL $0.001mol\cdot L^{-1}BaCl_2$ 溶液与 10mL $0.002mol\cdot L^{-1}$ H_2SO_4 溶液混合后,有无 $BaSO_4$ 沉淀生成?

解　等体积混合后,$c(Ba^{2+})=5\times10^{-4}mol\cdot L^{-1}$,$c(SO_4^{2-})=1\times10^{-3}mol\cdot L^{-1}$

$$Q_i = c(Ba^{2+}) \cdot c(SO_4^{2-}) = (5 \times 10^{-4}) \times (1 \times 10^{-3})$$
$$= 5 \times 10^{-7} > K_{sp}^{\ominus}(BaSO_4) = 1.1 \times 10^{-10}$$

故有 $BaSO_4$ 沉淀生成。

8. 100mL 0.20mol·L^{-1} $Na_2C_2O_4$ 溶液与 150mL 0.30mol·L^{-1} $BaCl_2$ 溶液混合，求 Ba^{2+}、$C_2O_4^{2-}$ 的浓度。

解　由题给条件可知，$BaCl_2$ 溶液过量，则 Ba^{2+} 浓度为

$$c(Ba^{2+}) = (0.30 \times 150 - 0.20 \times 100)/250 = 0.10(mol \cdot L^{-1})$$

故

$$c(C_2O_4^{2-}) = K_{sp}^{\ominus}(BaC_2O_4)/c(Ba^{2+})$$
$$= 1.6 \times 10^{-7}/0.10 = 1.6 \times 10^{-6}(mol \cdot L^{-1})$$

9. 某溶液含有 Pb^{2+} 和 Ba^{2+}，其浓度分别为 0.010mol·L^{-1} 和 0.10mol·L^{-1}，加入 K_2CrO_4 溶液后，哪种离子先沉淀？

解　沉淀 Pb^{2+} 需要的 CrO_4^{2-} 浓度为

$$c_1 = \frac{K_{sp}^{\ominus}(PbCrO_4)}{c(Pb^{2+})} = \frac{2.8 \times 10^{-13}}{0.010} = 2.8 \times 10^{-11}(mol \cdot L^{-1})$$

沉淀 Ba^{2+} 需要的 CrO_4^{2-} 浓度为

$$c_2 = \frac{K_{sp}^{\ominus}(BaCrO_4)}{c(Ba^{2+})} = \frac{1.2 \times 10^{-10}}{0.10} = 1.2 \times 10^{-9}(mol \cdot L^{-1})$$

因 $c_1 < c_2$，故 Pb^{2+} 先沉淀。

10. 已知 CaF_2 的 $K_{sp}^{\ominus} = 2.7 \times 10^{-11}$，求它在：(1) 纯水中；(2) 0.10mol·L^{-1} NaF 溶液中；(3) 0.20mol·L^{-1} $CaCl_2$ 溶液中的溶解度。

解　(1) 纯水中的溶解度：

$$s_1 = \sqrt[3]{K_{sp}^{\ominus}/4} = \sqrt[3]{2.7 \times 10^{-11}/4} = 1.9 \times 10^{-4}(mol \cdot L^{-1})$$

(2) 0.10mol·L^{-1} NaF 溶液中的溶解度：

$$s_2 = K_{sp}^{\ominus}/c^2(F^-) = 2.7 \times 10^{-11}/0.10^2 = 2.7 \times 10^{-9}(mol \cdot L^{-1})$$

(3) 0.20mol·L^{-1} $CaCl_2$ 溶液中的溶解度：

$$s_3 = \frac{\sqrt{K_{sp}^{\ominus}/c(Ca^{2+})}}{2} = \frac{\sqrt{2.7 \times 10^{-11}/0.20}}{2} = 5.8 \times 10^{-6}(mol \cdot L^{-1})$$

11. $Ni(OH)_2$饱和溶液的 pH=9.20，求其 $K_{sp}^{\ominus}$。

解　pH=9.20，则 pOH=14.00−9.20=4.80

$$c(OH^-) = 2s = 1.6 \times 10^{-5}(mol \cdot L^{-1})$$

溶解度 $s = 8.0 \times 10^{-6}$ mol·L^{-1}，因而

$$K_{sp}^{\ominus} = 4s^3 = 4 \times (8.0 \times 10^{-6})^3 = 2.0 \times 10^{-15}$$

12. 某溶液中含有 Ca^{2+}、Ba^{2+}，其浓度均为 0.10mol·L^{-1}，缓慢加入 Na_2SO_4，开始生成的是何沉淀？开始沉淀时 SO_4^{2-} 浓度是多少？可否用此方法分离 Ca^{2+}、Ba^{2+}？$CaSO_4$ 开始沉淀的瞬间，Ba^{2+} 浓度是多少？

解　沉淀 Ca^{2+}需要的 SO_4^{2-} 浓度为

$$c_1=\frac{K_{sp}^{\ominus}(CaSO_4)}{c(Ca^{2+})}=\frac{9.1\times10^{-6}}{0.10}=9.1\times10^{-5}(mol\cdot L^{-1})$$

沉淀 Ba^{2+} 需要的 SO_4^{2-} 浓度为

$$c_2=\frac{K_{sp}^{\ominus}(BaSO_4)}{c(Ba^{2+})}=\frac{1.1\times10^{-10}}{0.10}=1.1\times10^{-9}(mol\cdot L^{-1})$$

因 $c_2<c_1$，故 $BaSO_4$ 先沉淀，此时 SO_4^{2-} 浓度为 $1.1\times10^{-9}mol\cdot L^{-1}$。

当 Ca^{2+} 开始沉淀时，残余的 Ba^{2+} 浓度为

$$c(Ba^{2+})=\frac{K_{sp}^{\ominus}(BaSO_4)}{c(SO_4^{2-})}=\frac{1.1\times10^{-10}}{9.1\times10^{-5}}=1.2\times10^{-6}(mol\cdot L^{-1})<10^{-5}$$

故可用此方法分离 Ca^{2+}、Ba^{2+}。

13. 含 Zn^{2+} 和 Mn^{2+} 浓度均为 $0.10mol\cdot L^{-1}$ 的溶液，通入 H_2S 至饱和，溶液的 pH 应控制在什么范围可以使二者完全分离？

解 查表得，$K_{sp}^{\ominus}(ZnS)=1.62\times10^{-24}$，$K_{sp}^{\ominus}(MnS)=2.0\times10^{-13}$，$H_2S$ 的 $K_{a1}^{\ominus}=1.1\times10^{-7}$，$K_{a2}^{\ominus}=1.3\times10^{-13}$

$$Zn^{2+}+H_2S=\!=\!=ZnS+2H^+,\quad Mn^{2+}+H_2S=\!=\!=MnS+2H^+$$

ZnS 沉淀完全时，因 $K^{\ominus}=\frac{c^2(H^+)}{c(Zn^{2+})\cdot c(H_2S)}\cdot\frac{c(S^{2-})}{c(S^{2-})}=\frac{K_{a1}^{\ominus}K_{a2}^{\ominus}}{K_{sp}^{\ominus}(ZnS)}$，故

$$\begin{aligned}c(H^+)&=\sqrt{\frac{K_{a1}^{\ominus}K_{a2}^{\ominus}}{K_{sp}^{\ominus}(ZnS)}c(Zn^{2+})\cdot c(H_2S)}\\&=\sqrt{\frac{1.1\times10^{-7}\times1.3\times10^{-13}}{1.62\times10^{-24}}\times10^{-5}\times0.10}\\&=0.094(mol\cdot L^{-1})\end{aligned}$$

$$pH=-\lg c(H^+)=-\lg0.094=1.03$$

MnS 开始沉淀时：

$$\begin{aligned}c(H^+)&=\sqrt{\frac{K_{a1}^{\ominus}K_{a2}^{\ominus}}{K_{sp}^{\ominus}(MnS)}c(Mn^{2+})\cdot c(H_2S)}\\&=\sqrt{\frac{1.1\times10^{-7}\times1.3\times10^{-13}}{2.0\times10^{-13}}\times0.10\times0.10}\\&=2.7\times10^{-5}(mol\cdot L^{-1})\end{aligned}$$

$$pH=-\lg c(H^+)=-\lg(2.7\times10^{-5})=4.57$$

溶液 pH 应控制在 1.03～4.57 可使二者完全分离。

14. 在 $0.10mol\cdot L^{-1}FeCl_2$ 溶液中通入 H_2S 至饱和，欲使 Fe^{2+} 不生成 FeS 沉淀，溶液中的 pH 最高应为多少？

解 查表得，$K_{sp}^{\ominus}(FeS)=3.7\times10^{-19}$，$H_2S$ 的 $K_{a1}^{\ominus}=1.1\times10^{-7}$，$K_{a2}^{\ominus}=1.3\times10^{-13}$

$$Fe^{2+}+H_2S=\!=\!=FeS+2H^+$$

因 $K^{\ominus}=\frac{c^2(H^+)}{c(Fe^{2+})\cdot c(H_2S)}\cdot\frac{c(S^{2-})}{c(S^{2-})}=\frac{K_{a1}^{\ominus}K_{a2}^{\ominus}}{K_{sp}^{\ominus}(FeS)}$，故

$$c(H^+)=\sqrt{\frac{K_{a1}^{\ominus}K_{a2}^{\ominus}}{K_{sp}^{\ominus}(FeS)}c(Fe^{2+})\cdot c(H_2S)}$$

$$= \sqrt{\frac{1.1 \times 10^{-7} \times 1.3 \times 10^{-13}}{3.7 \times 10^{-19}} \times 0.10 \times 0.10}$$

$$= 2.0 \times 10^{-2} (\text{mol} \cdot \text{L}^{-1})$$

$$\text{pH} = -\lg c(\text{H}^+) = -\lg(2.0 \times 10^{-2}) = 1.70$$

15. 仅含有 NaCl 和 KCl 的试样 0.1200g，用 0.1000mol · L^{-1} $AgNO_3$ 标准溶液滴定，用去 $AgNO_3$ 20.00mL。试求试样中 NaCl 和 KCl 的质量分数。

解　设试样中 NaCl 为 xg，则 KCl 为$(0.1200-x)$g

根据等物质的量规则有：$n(\text{NaCl})+n(\text{KCl})=n(\text{AgNO}_3)$，即

$$\frac{x}{M(\text{NaCl})} + \frac{0.1200 - x}{M(\text{KCl})} = c(\text{AgNO}_3) \cdot V(\text{AgNO}_3)$$

$$\frac{x}{58.44} + \frac{0.1200 - x}{74.55} = 0.1000 \times \frac{20.00}{1000}$$

解得

$$x = 0.1056(\text{g})$$

$$w(\text{NaCl}) = 0.1056/0.1200 = 0.8800$$

$$w(\text{KCl}) = (0.1200 - 0.1056)/0.1200 = 0.1200$$

16. 0.1850g 纯 KCl 与 24.85mL $AgNO_3$ 溶液能定量反应完全，求 $AgNO_3$ 的物质的量浓度。

解　根据等物质的量规则有：$n(\text{KCl})=n(\text{AgNO}_3)$，即

$$\frac{m}{M(\text{KCl})} = c(\text{AgNO}_3) \cdot V(\text{AgNO}_3)$$

$$\frac{0.1850}{74.55} = c(\text{AgNO}_3) \times \frac{24.85}{1000}$$

$$c(\text{AgNO}_3) = \frac{0.1850}{74.55} \times \frac{1000}{24.85} = 0.099\,86(\text{mol} \cdot \text{L}^{-1})$$

17. 将 0.1121mol · L^{-1} $AgNO_3$ 溶液 30.00mL，加入含有氯化物试样 0.2266g 的溶液中，然后用 0.1158mol · L^{-1} NH_4SCN 溶液滴定过量的 Ag^+，用去 NH_4SCN 溶液 0.50mL。试计算试样中氯的质量分数。

解　根据等物质的量规则有：$n(\text{Cl}^-)=n(\text{AgNO}_3)-n(\text{NH}_4\text{SCN})$，即

$$w(\text{Cl}) = \frac{[c(\text{AgNO}_3)V(\text{AgNO}_3) - c(\text{NH}_4\text{SCN})V(\text{NH}_4\text{SCN})]M(\text{Cl})}{m_{样}}$$

$$= \frac{(0.1121 \times 30.00/1000 - 0.1158 \times 0.50/1000) \times 35.45}{0.2266} = 0.5171$$

18. 溶解 0.5000g 不纯的 $SrCl_2$，其中除 Cl^- 外，不含其他能与 Ag^+ 产生沉淀的物质，溶解后加入 1.734g 纯 $AgNO_3$，过量的 $AgNO_3$ 用 0.2800mol · L^{-1} NH_4SCN 标准溶液滴定，用去 25.50mL。试计算试样中 $SrCl_2$ 的质量分数。

解　根据等物质的量规则，有：$n(1/2\text{SrCl}_2)=n(\text{AgNO}_3)-n(\text{NH}_4\text{SCN})$，即

$$w(\text{SrCl}_2) = \frac{[m(\text{AgNO}_3)/M(\text{AgNO}_3) - c(\text{NH}_4\text{SCN})V(\text{NH}_4\text{SCN})]M(1/2\text{SrCl}_2)}{m_{样}}$$

$$=\frac{(1.734/169.88-0.2800\times 25.50/1000)\times 158.52/2}{0.5000}=0.4862$$

19. 计算下列化学因数：

	测定物	称量形式
(1)	MgO	$Mg_2P_2O_7$
(2)	P_2O_5	$(NH_4)_3PO_4\cdot 12MoO_3$
(3)	Al_2O_3	$Al(C_9H_6ON)_3$
(4)	Cr_2O_3	$PbCrO_4$

解 (1)
$$F=\frac{2M(MgO)}{M(Mg_2P_2O_7)}=\frac{2\times 40.30}{222.55}=0.3622$$

(2)
$$F=\frac{M(P_2O_5)}{2M[(NH_4)_3PO_4\cdot 12MoO_3]}=\frac{141.95}{2\times 1876.53}=0.037\,82$$

(3)
$$F=\frac{M(Al_2O_3)}{2M[Al(C_9H_6ON)_3]}=\frac{101.96}{2\times 459.44}=0.1110$$

(4)
$$F=\frac{M(Cr_2O_3)}{2M(PbCrO_4)}=\frac{151.99}{2\times 323.19}=0.2351$$

20. 称取含磷矿石 0.4530g，溶解，以 $Mg(NH_4)PO_4$ 形式沉淀后，灼烧后得到 $Mg_2P_2O_7$ 0.2825g，计算试样中 P 和 P_2O_5 的质量分数。

解
$$w(P)=\frac{2M(P)}{M(Mg_2P_2O_7)}\cdot\frac{m(Mg_2P_2O_7)}{m_{样}}=\frac{2\times 30.97}{222.55}\times\frac{0.2825}{0.4530}=0.1736$$

$$w(P_2O_5)=\frac{M(P_2O_5)}{M(Mg_2P_2O_7)}\cdot\frac{m(Mg_2P_2O_7)}{m_{样}}=\frac{141.95}{222.55}\times\frac{0.2825}{0.4530}=0.3978$$

21. 称取含硫的纯有机化合物 1.0000g，首先用 Na_2O_2 熔融，使其中的硫定量转化为 Na_2SO_4，然后溶于水，用 $BaCl_2$ 溶液处理，定量转化为 $BaSO_4$ 1.0890g。计算：

(1) 有机化合物中硫的质量分数。

(2) 若有机化合物摩尔质量为 214.33g · mol^{-1}，求该有机化合物分子中硫原子的个数。

解 (1)
$$w(S)=\frac{M(S)}{M(BaSO_4)}\cdot\frac{m(BaSO_4)}{m_{样}}=\frac{32.06}{233.39}\times\frac{1.0890}{1.0000}=0.1496$$

(2) 该有机化合物分子中硫原子的个数为：$\frac{0.1496\times 214.33}{32.06}=1$

7.5 自 测 习 题

(一) 填空题

1. $Ba_3(PO_4)_2$ 的溶度积表达式是________，而 $Mg(NH_4)PO_4$ 的溶度积表达式是________。

2. 难溶电解质 A_3B_2 在水中的 $s=10^{-6}$ mol · L^{-1}，则 $c(A^{2+})=$________ mol · L^{-1}，$c(B^{3-})=$________ mol · L^{-1}，$K_{sp}^{\ominus}=$________。

3. 难溶电解质 M_nB_m 的沉淀溶解平衡方程式是________，溶度积表达式是________。

4. 某难溶电解质 A_2B 的 $K_{sp}^{\ominus}=4.0\times 10^{-12}$，溶解度 $s=$________，饱和溶液中 $c(B^{2-})=$________。

5. $K_{sp}^{\ominus}(Ag_2CrO_4)=9.0\times 10^{-12}<K_{sp}^{\ominus}(AgCl)=1.56\times 10^{-10}$，在 0.1mol · L^{-1} Na_2CrO_4 和

0.1mol · L^{-1} NaCl 混合液中，逐滴加入 $AgNO_3$ 先生成沉淀的是__________。

6. 已知 $Cr(OH)_3$ 饱和溶液的 OH^- 浓度为 6.3×10^{-8} mol · L^{-1}，$Cr(OH)_3$ 的溶解度是__________。

7. 已知 $Mg(OH)_2$ 的 $K_{sp}^{\ominus}=1.2\times10^{-11}$。$Mg(OH)_2$ 在 0.01mol · L^{-1} NaOH 溶液中的 $c(Mg^{2+})=$__________，此时 $Mg(OH)_2$ 的溶解度是__________。

8. 银量法确定终点的方法有__________、__________、__________等。

9. 福尔哈德法的直接滴定法用__________作标准溶液。

（二）判断题（正确的请在括号内打√，错误的打×）

10. 严格来说，难溶电解质的 $K_{sp}^{\ominus}$ 是饱和溶液中离子的活度系数次方乘积。（　　）

11. 难溶电解质的离子积和溶度积物理意义相同。（　　）

12. AgCl 在水中溶解度很小，所以它的离子浓度也很小，说明 AgCl 是弱电解质。（　　）

13. 根据同离子效应，沉淀剂加得越多，沉淀越完全。（　　）

14. 所谓沉淀完全，就是用沉淀剂将溶液中某一离子的浓度降至对使用要求达到了微不足道的程度。（　　）

15. 所谓完全沉淀，就是用沉淀剂将某一离子完全除去。（　　）

16. 一种难溶电解质的溶度积是它的离子积中的一个特例，即处于饱和态（或平衡态）时的离子积。（　　）

17. 两种难溶电解质，$K_{sp}^{\ominus}$ 小，它的溶解度一定小。（　　）

18. 对相同类型的难溶电解质，$K_{sp}^{\ominus}$ 越大，溶解度也大。（　　）

19. 对不同类型的难溶电解质，不能认为溶度积大的溶解度也一定大。（　　）

20. $K_{sp}^{\ominus}(AgCl)(=1.56\times10^{-10})>K_{sp}^{\ominus}(Ag_2CrO_4)(=9\times10^{-12})$，但 AgCl 的溶解度小于 Ag_2CrO_4 的溶解度。（　　）

21. 难溶电解质 AB_2 的溶解度如用 s mol · L^{-1} 表示，其 $K_{sp}^{\ominus}$ 等于 s^3。（　　）

22. 在 25℃时，难溶电解质 EG_2 的 $K_{sp}^{\ominus}=4.0\times10^{-9}$，则其溶解度是 1.0×10^{-3} mol · L^{-1}。（　　）

23. 25℃时 $PbI_2(s)$ 的溶解度是 1.5×10^{-3} mol · L^{-1}，其 $K_{sp}^{\ominus}$ 为 1.4×10^{-8}。（　　）

24. 已知难溶电解质 AB 的 $K_{sp}^{\ominus}=a$，它的溶解度是 $\sqrt{a}$ mol · L^{-1}。（　　）

25. PbI_2、$CaCO_3$ 的 $K_{sp}^{\ominus}$ 相近，约为 10^{-8}，饱和溶液中 $c(Pb^{2+})$ 和 $c(Ca^{2+})$ 应近似相等。（　　）

26. 往难溶电解质的饱和溶液中，加入含有共同离子的另一种强电解质，可使难溶电解质的溶解度降低。（　　）

27. $BaSO_4$ 在 NaCl 溶液中溶解度比纯水中大些。（　　）

28. 福尔哈德法应在酸性条件下进行测定。（　　）

29. 莫尔法可用于测定 Cl^-、Br^-、I^- 等与 Ag^+ 生成沉淀的离子。（　　）

（三）选择题（下列各题只有一个正确答案，请将正确答案填在括号内）

30. $Ca(OH)_2$ 在纯水中可以认为是完全解离的，它的溶解度 s 和 $K_{sp}^{\ominus}$ 的关系为（　　）。

A. $s=\sqrt[3]{K_{sp}^{\ominus}}$　　B. $s=\sqrt[3]{K_{sp}^{\ominus}/4}$　　C. $s=\sqrt[2]{K_{sp}^{\ominus}/4}$　　D. $s=K_{sp}^{\ominus}/4$

31. 对于 A、B 两种难溶盐，若 A 的溶解度大于 B 的溶解度，则必有(　　)。

A. $K_{sp}^{\ominus}(A) > K_{sp}^{\ominus}(B)$　　B. $K_{sp}^{\ominus}(A) < K_{sp}^{\ominus}(B)$

C. $K_{sp}^{\ominus}(A) \approx K_{sp}^{\ominus}(B)$　　D. 不一定

32. $Zn(OH)_2$ 的 $K_{sp}^{\ominus}=1.8\times10^{-14}$，其溶解度约为(　　)$mol\cdot L^{-1}$。

A. 1.4×10^{-7}　B. 3.3×10^{-5}　C. 1.7×10^{-5}　D. 6.7×10^{-8}

33. 微溶化合物 AB_2C_3 在溶液中的解离平衡(省略离子电荷)是：$AB_2C_3 \rightleftharpoons A+2B+3C$，今用一定方法测得 C 的浓度为 $3.0\times10^{-3}mol\cdot L^{-1}$，则该微溶化合物的溶度积是(　　)。

A. 2.9×10^{-15}　B. 1.2×10^{-14}　C. 1.1×10^{-16}　D. 6.0×10^{-9}

34. $Ca(OH)_2$ 的 $K_{sp}^{\ominus}$ 比 $CaSO_4$ 的 $K_{sp}^{\ominus}$ 略小，它们的溶解度(　　)。

A. $Ca(OH)_2$ 的小　B. $CaSO_4$ 的小　C. 两者相近　D. 无法判断

35. 难溶电解质 FeS、CuS、ZnS 中，有的溶于 HCl 中，有的不溶于 HCl，主要原因是(　　)。

A. 晶体结构不同　B. 酸碱性不同　C. $K_{sp}^{\ominus}$ 不同　D. 溶解速率不同

36. 已知 $PbCl_2$、PbI_2 和 PbS 的溶度积各为 1.6×10^{-5}、8.3×10^{-9} 和 7.0×10^{-29}。欲依次看到白色的 $PbCl_2$、黄色的 PbI_2 和黑色的 PbS 沉淀，向 Pb^{2+} 溶液中滴加试剂的次序是(　　)。

A. Na_2S，NaI，NaCl　　B. NaCl，NaI，Na_2S

C. NaCl，Na_2S，NaI　　D. NaI，NaCl，Na_2S

37. 在 $Ca(OH)_2$($K_{sp}^{\ominus}=5.5\times10^{-6}$)、$Mg(OH)_2$($K_{sp}^{\ominus}=1.2\times10^{-11}$)、AgCl($K_{sp}^{\ominus}=1.56\times10^{-10}$)三物中，下列说法正确的是(　　)。

A. $Mg(OH)_2$ 的溶解度最小　　B. $Ca(OH)_2$ 的溶解度最小

C. AgCl 的溶解度最小　　D. $K_{sp}^{\ominus}$ 最小的溶解度最小

38. 在 Na_2S 和 K_2CrO_4 相同浓度的混合稀溶液中，滴加稀 $Pb(NO_3)_2$ 溶液，则(　　)。已知：$K_{sp}^{\ominus}(PbS)=3.1\times10^{-28}$，$K_{sp}^{\ominus}(PbCrO_4)=1.77\times10^{-14}$。

A. PbS 先沉淀　　B. $PbCrO_4$ 先沉淀

C. 两种沉淀同时出现　　D. 两种沉淀都不产生

39. 在相同浓度的 Na_2CrO_4 和 NaCl 混合稀溶液中，滴加稀 $AgNO_3$ 溶液，则(　　)。已知：$K_{sp}^{\ominus}(AgCl)=1.56\times10^{-10}$，$K_{sp}^{\ominus}(Ag_2CrO_4)=2\times10^{-12}$。

A. 先有 AgCl 沉淀　　B. 先有 Ag_2CrO_4 沉淀

C. 两种沉淀同时析出　　D. 不产生沉淀

40. 分别向沉淀物 $PbSO_4$($K_{sp}^{\ominus}=1.6\times10^{-8}$)和 $PbCO_3$($K_{sp}^{\ominus}=7.4\times10^{-14}$)中加入适量的稀 HNO_3，它们的溶解情况是(　　)。

A. 两者都不溶　　B. 两者全溶

C. $PbSO_4$ 溶，$PbCO_3$ 不溶　　D. $PbSO_4$ 不溶，$PbCO_3$ 溶

41. 加 Na_2CO_3 于 1L $1mol\cdot L^{-1}$的 $Ca(NO_3)_2$ 溶液中，使 $CaCO_3$ 沉淀(　　)。

A. 加入 1mol Na_2CO_3 得到沉淀更多

B. 加入 1.1mol Na_2CO_3 得到沉淀更多

C. 加入 Na_2CO_3 越多，得到沉淀越多

D. 加入 Na_2CO_3 越多，沉淀中 CO_3^{2-} 按比例增大

42. 在纯水中的溶解度 M_2A_3 为 $10^{-3}mol\cdot L^{-1}$、M_2A 为 $10^{-3}mol\cdot L^{-1}$，MA_2 为 $10^{-4}mol\cdot L^{-1}$，MA 为 $10^{-5}mol\cdot L^{-1}$，四种物质的 $K_{sp}^{\ominus}$ 以(　　)最小。

A. M_2A_3 最小　B. M_2A 最小　C. MA_2 最小　D. MA 最小

43. 在一溶液中，$CuCl_2$ 和 $MgCl_2$ 的浓度均为 0.01mol · L^{-1}，只通过控制 pH 方法，(　　)。已知：$K_{sp}^{\ominus}[Cu(OH)_2]=2.2\times10^{-20}$，$K_{sp}^{\ominus}[Mg(OH)_2]=1.2\times10^{-11}$。

A. 不可能将 Cu^{2+} 与 Mg^{2+} 分离　　B. 分离很不完全

C. 可完全分离　　D. 无法判断

44. Ag_2CO_3 可溶于稀 HNO_3，但 AgCl 不溶于稀 HNO_3 中，这是因为(　　)。已知：$K_{sp}^{\ominus}(AgCl)=1.56\times10^{-10}$，$K_{sp}^{\ominus}(Ag_2CO_3)=6.65\times10^{-12}$。

A. Ag_2CO_3 的 $K_{sp}^{\ominus}$ 小于 AgCl 的 $K_{sp}^{\ominus}$　　B. AgCl 的 s 小于 Ag_2CO_3 的 s

C. 稀 HNO_3 是氧化剂　　D. CO_3^{2-} 比 Cl^- 的碱性强

45. $BaSO_4$ 的 $K_{sp}^{\ominus}=1.08\times10^{-10}$，把它放在 0.01mol · L^{-1} Na_2SO_4 溶液中，它的溶解度是(　　)。

A. 不变　　B. 1.08×10^{-5}　　C. 1.08×10^{-12}　　D. 1.08×10^{-8}

46. $Mg(OH)_2$ 可溶于(　　)。已知：$Mg(OH)_2$ 的 $K_{sp}^{\ominus}=1.2\times10^{-11}$。

A. H_2O　　B. 浓 $(NH_4)_2SO_4$ 溶液

C. NaOH 溶液　　D. Na_2SO_4 溶液

47. $BaSO_4$ 的 $K_{sp}^{\ominus}\approx10^{-10}$，$SrSO_4$ 的 $K_{sp}^{\ominus}\approx10^{-8}$，在同时溶有 0.01mol $Ba(NO_3)_2$ 及 0.1mol $Sr(NO_3)_2$ 的 1L 溶液中加浓度为 0.1mol · L^{-1} 的 H_2SO_4 1mL，生成(　　)。

A. $BaSO_4$、$SrSO_4$ 等量沉淀　　B. $BaSO_4$ 沉淀

C. $SrSO_4$ 沉淀　　D. $BaSO_4$ ∶ $SrSO_4$ = 10 ∶ 1 沉淀

48. 溶液中含有 0.01mol · L^{-1} K^+、0.1mol · L^{-1} $[PtCl_6]^{2-}$ 时，难溶物 $K_2[PtCl_6]$ 的溶解恰达平衡，它的 $K_{sp}^{\ominus}$ 是(　　)。

A. 0.01×0.1　　B. $0.01^2\times0.1$

C. $(2\times0.01)^2\times0.1$　　D. $2\times(0.01)^2\times0.1$

49. 用莫尔法直接测定氯化物中氯的含量，若溶液的酸性较强，则会使测定结果(　　)。

A. 偏高　　B. 偏低　　C. 不影响　　D. 不能进行

50. 福尔哈德法是用铁铵矾 $[(NH_4)Fe(SO_4)_2\cdot12H_2O]$ 作指示剂，根据 Fe^{3+} 的特性，此滴定要求溶液必须是(　　)。

A. 酸性　　B. 中性　　C. 弱碱性　　D. 碱性

51. 在沉淀滴定中，莫尔法选用的指示剂是(　　)。

A. 铬酸钾　　B. 重铬酸钾　　C. 铁铵矾　　D. 荧光黄

52. 莫尔法能用于 Cl^- 和 Br^- 的测定，其条件是(　　)。

A. 酸性条件　　B. 中性和弱碱性条件

C. 碱性条件　　D. 没有固定条件

(四) 简答题

53. 在下列各种情况下，分析结果是准确的，还是偏低或偏高，为什么？

(1) 若试液中含有铵盐，在 pH≈10 时，用莫尔法滴定 Cl^-。

(2) 用福尔哈德法测定 I^- 时，先加铁铵钒指示剂，然后加入过量 $AgNO_3$ 标准溶液。

54. Ni^{2+} 与丁二酮肟(DMG)在一定条件下形成丁二酮肟镍 $[Ni(DMG)_2]$ 沉淀，然后可以采用两种方法测定：一是将沉淀洗涤、烘干，以 $Ni(DMG)_2$ 形式称量；二是将沉淀再灼烧成 NiO 的形式称量。采用哪种方法较好？为什么？

(五) 计算题

55. 常温下 $Mg(OH)_2$ 的 $K_{sp}^{\ominus}=1.2\times10^{-11}$,求同温度下其饱和溶液的 pH。

56. 将 50mL 含 0.95g $MgCl_2$ 的溶液与等体积 1.80mol·L^{-1} 氨水混合,则在所得的溶液中应加入多少克固体 NH_4Cl 才可防止 $Mg(OH)_2$ 沉淀生成? 已知:$Mg(OH)_2$ 的 $K_{sp}^{\ominus}=1.8\times10^{-11}$。

57. 用 1L Na_2S 溶液转化 0.10mol AgI,则 Na_2S 的最初浓度为多少?

58. 称取不纯的水溶性氯化物(无干扰离子)0.1350g,加入 0.1120mol·L^{-1} $AgNO_3$ 溶液 40.00mL,然后用 0.1231mol·L^{-1} NH_4SCN 溶液 20.50mL 完成滴定,求试样中氯的质量分数。

59. 称取分析纯 KCl 1.9921g 加水溶解后,在 250mL 容量瓶中定容,取出 20.00mL,用 $AgNO_3$ 溶液滴定,用去 18.30mL,则 $AgNO_3$ 溶液的浓度是多少?

60. 福尔哈德法标定 $AgNO_3$ 溶液和 NH_4SCN 溶液的浓度(mol·L^{-1})时,称取基准物 NaCl 0.2000g,溶解后,加入 $AgNO_3$ 溶液 50.00mL。用 NH_4SCN 溶液返滴过量的 $AgNO_3$ 溶液,耗去 25.00mL。已知 1.200mL $AgNO_3$ 溶液相当于 1.000mL NH_4SCN 溶液,则 $AgNO_3$、NH_4SCN 溶液的浓度各为多少? 已知:$M(NaCl)=58.44g\cdot mol^{-1}$。

自测习题答案

(一) 填空题

1. $K_{sp}^{\ominus}=c^3(Ba^{2+})\cdot c^2(PO_4^{3-})$,$K_{sp}^{\ominus}=c(Mg^{2+})\cdot c(NH_4^+)\cdot c(PO_4^{3-})$;2. 3.0×10^{-6},2.0×10^{-6},1.1×10^{-28};3. $M_nB_m(s)\rightleftharpoons nM^{m+}(aq)+mB^{n-}(aq)$,$K_{sp}^{\ominus}=c^n(M^{m+})\cdot c^m(B^{n-})$;4. 10^{-4}mol·L^{-1},10^{-4}mol·L^{-1};5. AgCl;6. 2.1×10^{-8}mol·L^{-1};7. 1.2×10^{-7}mol·L^{-1},1.2×10^{-7}mol·L^{-1};8. 莫尔法,福尔哈德法,法扬斯法;9. NH_4SCN 或 KSCN。

(二) 判断题

10. √,11. ×,12. ×,13. ×,14. √,15. ×,16. √,17. ×,18. √,19. √,20. √,21. ×,22. √,23. √,24. √,25. ×,26. √,27. √,28. √,29. ×。

(三) 选择题

30. B,31. D,32. C,33. C,34. B,35. C,36. B,37. C,38. A,39. A,40. D,41. B,42. A,43. C,44. D,45. D,46. B,47. B,48. B,49. A,50. A,51. A,52. B。

(四) 简答题

53. (1) 结果偏高;(2) 结果偏低。

54. 应采用第一种方法为好。因为称量形式的摩尔质量越大,称量所引起的相对误差越小。$Ni(DMG)_2$ 的摩尔质量显然远大于 NiO。

(五) 计算题

55. 10.46。

56. 6.4g。

57. 0.05mol·L^{-1}。

58. 0.5137。

59. 0.1168mol·L^{-1}。

60. $c(AgNO_3)=0.1711$mol·L^{-1},$c(NH_4SCN)=0.2053$mol·L^{-1}。

第 8 章　氧化还原平衡与氧化还原滴定法

8.1　学习要求

（1）掌握氧化还原反应的基本概念及氧化还原方程式的配平。

（2）理解电极电势的概念，能用能斯特方程进行有关计算。

（3）掌握电极电势的应用。

（4）熟悉元素电势图及其有关应用。

（5）掌握氧化还原滴定的基本原理、实际应用及氧化还原滴定的相关计算。

8.2　内容要点

8.2.1　氧化还原反应方程式的配平

（1）氧化数法。它是根据在反应中氧化剂的氧化数降低的总数与还原剂的氧化数升高的总数相等的原则来配平反应方程式的。

（2）离子-电子法。它是根据在氧化还原反应中氧化剂和还原剂得失电子总数相等的原则来配平的。配平步骤如下：写出未配平的离子方程式；将反应改为两个半反应并配平；合并两个半反应，消去式中的电子，即得配平的反应式。

配平半反应式时，可根据介质的酸碱性，分别在半反应式中加 H^+、OH^- 和 H_2O，并利用水的解离平衡使两边的氢和氧原子数相等。特别要指出的是，酸性介质中进行的反应，配平的方程式中不应出现 OH^-；碱性介质中进行的反应，配平的方程式中不应出现 H^+。

8.2.2　原电池及电极电势

1. 原电池

原电池是借助氧化还原反应将化学能转化成电能的装置。通常用电池符号表示原电池的组成，电池符号书写有以下规定：

（1）负极写在左边，正极写在右边。

（2）用"|"表示物质间有一界面，不存在界面的物质间用"，"表示，用"‖"表示盐桥。

（3）用化学式表示原电池物质的组成，并注明物质的状态，气体要注明其分压，溶液要注明其浓度。如不注明，一般指 $1mol \cdot L^{-1}$ 或 100kPa。

（4）对某些电极的电对自身不是金属导电体时，则需外加一个能导电而又不参与电极反应的惰性电极，通常用铂作惰性电极。

例如：　$(-)Zn(s)|ZnSO_4(1mol \cdot L^{-1}) \| CuSO_4(1mol \cdot L^{-1})|Cu(s)(+)$

$(-)Pt(s)|Fe^{2+}(0.1mol \cdot L^{-1}), Fe^{3+}(0.1mol \cdot L^{-1}) \| Cl^-(2mol \cdot L^{-1})|Cl_2(100kPa)|Pt(s)(+)$

2. 电极电势

电极电势是电极与溶液界面形成扩散双电层而测得的一个相对值，用符号 E 表示，单位为伏特(V)。电极电势大小主要取决于电极材料的本性，同时还与溶液浓度、温度、介质等因素有关。

原电池中，当无电流通过时两电极之间的电势差称为电池的电动势，用 ε 表示；当两电极均处于标准状态时称为标准电动势，用 $\varepsilon^{\ominus}$表示，即

$$\varepsilon = E_{+} - E_{-} \qquad \varepsilon^{\ominus} = E_{+}^{\ominus} - E_{-}^{\ominus}$$

电极处于标准状态时的电极电势称为标准电极电势 $E^{\ominus}$。电极的标准状态是指组成电极的物质的浓度为 $1\text{mol} \cdot \text{L}^{-1}$，气体分压为 100kPa，液体或固体为纯净状态，温度通常为 298.15K。标准电极电势仅取决于电极的本性。将待测标准电极与标准氢电极组成原电池，而测得的数值即为该待测电极的 $E^{\ominus}$，符号则取决于组成原电池的该电极是正极还是负极。有些电极与水剧烈反应，不能直接测得，可通过热力学数据间接求得。

使用标准电极电势表时应注意以下几点：

(1) 为便于比较和统一，电极反应常写成：氧化型 $+ ne^{-} \rightleftharpoons$ 还原型，氧化型与氧化态，还原型与还原态略有不同。

(2) $E^{\ominus}$值越小，电对中的氧化态物质得电子倾向越小，是越弱的氧化剂，而其还原态物质越易失去电子，是越强的还原剂。

(3) $E^{\ominus}$值与电极反应的书写形式和物质的计量系数无关。

(4) 使用电极电势时一定要注明相应的电对。

(5) 标准电极电势表分为酸表和碱表。电极反应中出现 H^{+}，均查酸表；电极反应中出现 OH^{-}，均查碱表；电极反应中无 H^{+} 或 OH^{-} 出现时，可从存在的状态分析。

(6) $E^{\ominus}$是水溶液体系的标准电极电势。对于非标准状态、非水溶液体系，不能用 $E^{\ominus}$比较物质的氧化还原能力。

8.2.3　电动势与吉布斯自由能变的关系

$$\Delta_{r}G_{m} = -nF(E_{+} - E_{-})$$

式中：F 为法拉第常量，96 485C · mol^{-1}或 96 485J · mol^{-1} · V^{-1}；n 为电池反应中转移的电子数。在标准状态下：

$$\Delta_{r}G_{m}^{\ominus} = -nF\varepsilon^{\ominus} = -nF(E_{+}^{\ominus} - E_{-}^{\ominus})$$

若已知电池反应的 $\Delta_{r}G_{m}^{\ominus}$，可计算出该电池的标准电动势，这就为理论上确定电极电势提供了依据，同时可以利用测定原电池电动势的方法确定某些离子的 $\Delta_{f}G_{m}^{\ominus}$。

8.2.4　影响电极电势的因素——能斯特方程

对于任意电极反应

$$a\ \text{氧化型} + ne^{-} \rightleftharpoons b\ \text{还原型}$$

能斯特方程式为

$$E = E^{\ominus} + \frac{RT}{nF}\ln\frac{c_{\text{氧化型}}^{a}}{c_{\text{还原型}}^{b}}$$

式中：E 为电极在任意状态时的电极电势；$E^{\ominus}$为电极在标准状态时的电极电势；R 为摩尔气体常量；n 为电极反应中转移的电子数；F 为法拉第常量；T 为热力学温度；a、b 分别表示在电极反应中氧化型、还原型有关物质的计量数。

当温度为 298.15K 时，浓度对电极电势影响的能斯特方程式为

$$E = E^{\ominus} + \frac{0.0592}{n}\lg\frac{c^{a}_{\text{氧化型}}}{c^{b}_{\text{还原型}}}$$

应用能斯特方程式时须注意以下几点：

(1) 若电对中某一物质是固体、纯液体或稀溶液中的 H_2O，它们的浓度为常数，不写入能斯特方程式中。

(2) 若电对中某一物质是气体，其浓度用相对分压代替。

(3) 若在电极反应中，除氧化型、还原型物质外，还有参加电极反应的其他物质如 H^+、OH^- 存在，则应把这些物质的浓度也表示在能斯特方程式中。

由能斯特方程式可以看出，氧化型物质的浓度越大，则 E 值越大，即电对中氧化态物质的氧化性越强，而相应还原态物质是弱还原剂。相反，还原型物质的浓度越大，则 E 值越小，电对中的还原态物质是强还原剂，而相应氧化态物质是弱氧化剂。电对中的氧化态或还原态物质的浓度或分压常因有弱电解质、沉淀物或配合物等的生成而发生改变，使电极电势受到影响。

同时，许多物质的氧化还原能力与溶液的酸度有关。如果有 H^+ 或 OH^- 参加反应，由能斯特方程可知，改变介质的酸度，电极电势必随之改变，从而改变电对物质的氧化还原能力。

8.2.5　电极电势的应用

(1) 比较氧化剂和还原剂的相对强弱。$E^{\ominus}$值大小代表电对物质得失电子能力的大小，因此可用于判断标准状态下氧化剂、还原剂氧化还原能力的相对强弱。

若电对处于非标准状态时，应根据能斯特方程计算出 E 值，然后用 E 值大小判断物质的氧化性和还原性的强弱。

(2) 判断氧化还原反应进行的方向、次序。恒温恒压下，氧化还原反应进行的方向可由反应的吉布斯自由能变或电动势 ε 判断：

当 $\varepsilon>0$，即 $E_+>E_-$ 时，则 $\Delta_r G_m<0$，反应正向自发进行；

当 $\varepsilon=0$，即 $E_+=E_-$ 时，则 $\Delta_r G_m=0$，反应处于平衡状态；

当 $\varepsilon<0$，即 $E_+<E_-$ 时，则 $\Delta_r G_m>0$，反应逆向自发进行。

当各物质均处于标准状态时，则用标准电动势或标准电极电势判断。

氧化还原反应组成的原电池中，使反应物中的氧化剂电对作正极，还原剂电对作负极，比较两电极的电极电势值的大小即可判断氧化还原反应的方向。

(3) 判断反应进行的程度。原电池的电动势和标准平衡常数之间的关系如下：

$$\ln K^{\ominus} = \frac{nF\varepsilon^{\ominus}}{RT} = \frac{nF(E^{\ominus}_{+} - E^{\ominus}_{-})}{RT}$$

298.15K 时：

$$\lg K^{\ominus} = \frac{n\varepsilon^{\ominus}}{0.0592}$$

根据上式，知道了原电池的标准电动势 $\varepsilon^{\ominus}$ 和电池反应中转移电子的数目 n，便可计算出氧化

还原反应的平衡常数。$\varepsilon^{\ominus}$值越大，$K^{\ominus}$值越大，反应进行的趋势越大。不过$\varepsilon^{\ominus}$和$K^{\ominus}$的大小只能反映氧化还原反应的自发倾向和完成程度，并不涉及反应速率。

(4) 测定非氧化还原反应的平衡常数。根据氧化还原反应的标准平衡常数与原电池的标准电动势之间的定量关系，可用测定原电池电动势的方法推算弱酸的解离常数、水的离子积、难溶电解质的溶度积和配离子的稳定常数等。

8.2.6 元素电势图及应用

表示元素各氧化态物质之间电极电势变化的关系图称为元素电势图。其写法为：同一元素的不同氧化态物质，按照从左到右其氧化数降低的顺序排列，并将各不同氧化数物种之间用直线连接起来，在直线上标明两种氧化态物种所组成的电对的标准电极电势。元素电势图的主要应用如下：

(1) 判断歧化反应能否进行。同一元素不同氧化态的三种物质可组成两个电对，按氧化态由高到低排列：

$$\mathrm{A}\xrightarrow{E^{\ominus}_{左}}\mathrm{B}\xrightarrow{E^{\ominus}_{右}}\mathrm{C}$$

若$E^{\ominus}_{右}>E^{\ominus}_{左}$，B可发生歧化反应生成A和C。

若$E^{\ominus}_{左}>E^{\ominus}_{右}$，B物质不能发生歧化反应，而是A与C反应生成B。

(2) 计算标准电极电势。假设有一元素电势图：

$$\mathrm{A}\ \frac{E^{\ominus}_1}{n_1}\ \mathrm{B}\ \frac{E^{\ominus}_2}{n_2}\ \mathrm{C}\ \frac{E^{\ominus}_3}{n_3}\ \mathrm{D}\qquad (\mathrm{A}\ \text{至}\ \mathrm{D}:\ \frac{E^{\ominus}_x}{n_x})$$

则

$$E^{\ominus}_x=\frac{n_1E^{\ominus}_1+n_2E^{\ominus}_2+n_3E^{\ominus}_3}{n_x}$$

8.2.7 氧化还原滴定法

1. 条件电极电势和条件平衡常数

严格地说，应用能斯特方程式时，氧化型和还原型的浓度应以活度表示，应考虑离子强度和氧化型或还原型的存在形式对电极电势的影响。条件电极电势是在特定条件下，当氧化态和还原态的分析浓度均为1mol·L^{-1}或它们的比值为1时，校正了离子强度及副反应等的影响时的实际电势。条件电极电势用$E^{\ominus\prime}$表示，它在条件不变时为一常数。

对于电极反应

$$\mathrm{Ox}+n\mathrm{e}^-\rightleftharpoons\mathrm{Red}$$

298.15K时一般通式为

$$E=E^{\ominus\prime}+\frac{0.0592}{n}\lg\frac{c'(\mathrm{Ox})}{c'(\mathrm{Red})}$$

式中：$c'(\mathrm{Ox})$和$c'(\mathrm{Red})$分别代表氧化型和还原型的总浓度。应用条件电极电势比用标准电极电势能更准确地判断氧化还原反应的方向、次序和反应完成的程度。由氧化还原电对各自的条件电极电势，可得到氧化还原反应的条件平衡常数$K^{\ominus\prime}$。对氧化还原反应：

$$n_2 Ox_1 + n_1 Red_2 \rightleftharpoons n_2 Red_1 + n_1 Ox_2$$

则

$$\lg K^{\ominus'} = \frac{n \cdot (E_+^{\ominus'} - E_-^{\ominus'})}{0.0592} = \frac{n \cdot \varepsilon^{\ominus'}}{0.0592}$$

即氧化还原反应进行的程度与条件电动势 $\varepsilon^{\ominus'}$有关，即与反应的条件(溶液的离子强度、pH 以及溶液中是否存在与氧化态、还原态有关的副反应等)有关。

当把上述氧化还原反应用于滴定分析时，要使反应完全程度达到 99.9%以上，此时

$$\left[\frac{c'(Red_1)}{c'(Ox_1)}\right]^{n_2} \geqslant \left(\frac{99.9}{0.1}\right)^{n_2} \approx 10^{3n_2}$$

同理

$$\left[\frac{c'(Ox_2)}{c'(Red_2)}\right]^{n_1} \geqslant 10^{3n_1}$$

如 $n_1 = n_2 = 1$ 时：

$$\lg K^{\ominus'} = \lg\left[\frac{c'(Red_1)}{c'(Ox_1)} \cdot \frac{c'(Ox_2)}{c'(Red_2)}\right] = \frac{n_1 \cdot n_2 \cdot (E_1^{\ominus'} - E_2^{\ominus'})}{0.0592} \geqslant \lg(10^3 \times 10^3) = 6$$

$$E_1^{\ominus'} - E_2^{\ominus'} = 0.0592 \times 6 \approx 0.355(V)$$

一般来说，$n_1 = n_2 = 1$ 时，两个电对的条件电极电势之差大于 0.355V，这样的反应才能定量完成，才能用于滴定分析。

2. 影响氧化还原反应速率的因素

影响氧化还原反应速率的因素有：浓度、温度、催化剂、诱导作用等。有的氧化还原反应能促进另一种氧化还原反应的进行，这种现象称为诱导作用。诱导反应与催化反应不同。

3. 氧化还原滴定曲线

氧化还原滴定曲线是以溶液的电极电势 E 为纵坐标，加入滴定剂的体积或滴定分数为横坐标作出的曲线。

对于对称电对，化学计量点时的电势 $E_{sp} = \dfrac{n_1 E_1^{\ominus'} + n_2 E_2^{\ominus'}}{n_1 + n_2}$，而不对称电对的 E_{sp} 计算比较复杂。

可逆的对称电对构成的氧化还原滴定的化学计量点电势 E_{sp} 及滴定的突跃范围取决于两电对的条件电极电势，而与浓度无关。当 $n_1 = n_2$ 时，E_{sp} 才恰好位于突跃中心；当 $n_1 \neq n_2$ 时，E_{sp} 偏向于电子转移数较多的电对一方。

4. 氧化还原滴定法中的指示剂

氧化还原滴定中所使用的指示剂有以下三种：

(1) 自身指示剂。以滴定剂本身的颜色变化就能指示滴定终点的物质。

(2) 特殊指示剂。有些物质本身并不具有氧化还原性，但它能与滴定剂或被测物或反应产物产生很深的特殊颜色，因而可指示滴定终点。

(3) 氧化还原指示剂。这类指示剂的氧化态与还原态有不同的颜色，滴定过程中因被氧

化或被还原而发生颜色变化从而指示终点。

氧化还原指示剂的选择原则与酸碱指示剂的选择类似，即使指示剂变色的电势范围全部或部分落在滴定曲线突跃范围内。

8.2.8 常用的氧化还原滴定法

1. $KMnO_4$ 法

$KMnO_4$ 法是以 $KMnO_4$ 标准溶液为滴定剂的氧化还原滴定法。在强酸性溶液中，可定量氧化一些还原性物质，MnO_4^- 被还原为 Mn^{2+}：

$$MnO_4^- + 8H^+ + 5e^- \rightleftharpoons Mn^{2+} + 4H_2O \qquad E^{\ominus}(MnO_4^-/Mn^{2+}) = 1.51V$$

在中性、弱酸性、弱碱性溶液中，MnO_4^- 与还原剂作用，则会生成褐色的水合二氧化锰沉淀。由于 $KMnO_4$ 在强酸性溶液中的氧化能力强，且生成的 Mn^{2+} 接近无色，故 $KMnO_4$ 滴定多在强酸性溶液中进行，所用强酸是 H_2SO_4，酸度不足时易生成 MnO_2 沉淀。若用 HCl 溶液，Cl^- 有干扰，而 HNO_3 溶液有强氧化性，乙酸又太弱，都不适合 $KMnO_4$ 滴定。

$KMnO_4$ 法的优点是：氧化能力强，不需另加指示剂，应用范围广。

$KMnO_4$ 法可直接测定许多还原性物质如 Fe^{2+}、$C_2O_4^{2-}$、H_2O_2、Sn(Ⅱ)等，也可用间接法测定非变价离子如 Ca^{2+}、Ba^{2+} 等，返滴定法测定 PbO_2、MnO_2 等。

$KMnO_4$ 法的选择性较差，不能用直接法配制 $KMnO_4$ 标准溶液，且标准溶液不够稳定。

2. $K_2Cr_2O_7$ 法

$K_2Cr_2O_7$ 法是以 $K_2Cr_2O_7$ 为标准溶液的氧化还原滴定法。在酸性溶液中，$K_2Cr_2O_7$ 与还原剂作用被还原为 Cr^{3+}，半反应为

$$Cr_2O_7^{2-} + 14H^+ + 6e^- \rightleftharpoons 2Cr^{3+} + 7H_2O \qquad E^{\ominus}(Cr_2O_7^{2-}/Cr^{3+}) = 1.33V$$

$K_2Cr_2O_7$ 容易提纯，可直接配制标准溶液。

$K_2Cr_2O_7$ 标准溶液非常稳定，可长期保存。

室温下 $K_2Cr_2O_7$ 不与 Cl^- 作用，故可在 HCl 溶液中滴定 Fe^{2+}。但当 HCl 浓度太大或将溶液煮沸时，$K_2Cr_2O_7$ 也能部分被 Cl^- 还原。

$K_2Cr_2O_7$ 法中，需另加氧化还原指示剂，一般采用二苯胺磺酸钠作指示剂。

3. 碘量法

碘量法是以 I_2 的氧化性和 I^- 的还原性为基础的滴定分析方法。碘量法可分为直接法和间接法两种。

$$I_2 + 2e^- \rightleftharpoons 2I^- \qquad E^{\ominus}(I_2/I^-) = 0.535V$$

直接碘量法：用 I_2 标准溶液直接滴定还原性物质。可测定 $S_2O_3^{2-}$、SO_3^{2-}、Sn^{2+}、维生素 C 等还原性较强的物质的含量。

间接碘量法：利用 I^- 作还原剂，在一定的条件下与氧化性物质作用，定量地析出 I_2，然后用 $Na_2S_2O_3$ 标准溶液滴定 I_2，从而间接测定氧化性物质的含量。

碘量法常用淀粉作指示剂。淀粉与 I_2 结合形成蓝色物质，灵敏度很高。间接碘量法中，淀粉指示剂应在滴定临近终点时加入，否则大量的 I_2 与淀粉结合，不易与 $Na_2S_2O_3$ 反应，将会

给滴定带来误差。

碘滴定法必须在中性或弱酸性溶液中进行。

碘量法的误差主要有两个来源：I_2 易挥发；I^- 容易被空气中的 O_2 氧化。

8.3　例 题 解 析

例 8.1　计算原电池 $Cd|Cd^{2+}(0.10mol\cdot L^{-1})\parallel Sn^{4+}(0.10mol\cdot L^{-1}),Sn^{2+}(0.0010mol\cdot L^{-1})|Pt$ 在 298K 时的电动势 ε，并写出电极反应和电池反应。已知：$E^{\ominus}(Sn^{4+}/Sn^{2+})=0.154V$，$E^{\ominus}(Cd^{2+}/Cd)=-0.403V$。

解　由能斯特方程，得

$$E(Cd^{2+}/Cd)=E^{\ominus}(Cd^{2+}/Cd)+\frac{0.0592}{2}\lg c(Cd^{2+})$$

$$=-0.403+\frac{0.0592}{2}\lg 0.10=-0.433(V)$$

$$E(Sn^{4+}/Sn^{2+})=E^{\ominus}(Sn^{4+}/Sn^{2+})+\frac{0.0592}{2}\lg\frac{c(Sn^{4+})}{c(Sn^{2+})}$$

$$=0.154+\frac{0.0592}{2}\lg\frac{0.10}{0.0010}=0.213(V)$$

$$E(Cd^{2+}/Cd)<E(Sn^{4+}/Sn^{2+})$$

所以电对 Sn^{4+}/Sn^{2+} 为正极，电对 Cd^{2+}/Cd 为负极。

$$\varepsilon=E_+-E_-=E(Sn^{4+}/Sn^{2+})-E(Cd^{2+}/Cd)=0.213+0.433=0.646(V)$$

正极反应：　$Sn^{4+}+2e^-\rightleftharpoons Sn^{2+}$

负极反应：　$Cd-2e^-\rightleftharpoons Cd^{2+}$

电池反应：　$Sn^{4+}+Cd\rightleftharpoons Sn^{2+}+Cd^{2+}$

例 8.2　由标准钴电极(Co^{2+}/Co)和标准氯电极组成原电池，测得其电动势为 1.63V，此时钴电极作负极。已知：氯的标准电极电势为+1.358V。

(1) 此电池反应的方向如何？

(2) 钴标准电极的电极电势为多少？

(3) 当氯气的压力增大或减小时，电池的电动势将发生怎样的变化？说明理由。

(4) 当 Co^{2+} 浓度降低到 $0.01mol\cdot L^{-1}$时，电池的电动势将如何变化？变化值是多少？

解　(1) 电池反应的方向为

$$Co+Cl_2\rightleftharpoons Co^{2+}+2Cl^-$$

(2) 由 $\varepsilon^{\ominus}=E^{\ominus}(Cl_2/Cl^-)-E^{\ominus}(Co^{2+}/Co)$，有

$$E^{\ominus}(Co^{2+}/Co)=E^{\ominus}(Cl_2/Cl^-)-\varepsilon^{\ominus}=1.358-1.63=-0.272(V)$$

(3)

$$E(Cl_2/Cl^-)=E^{\ominus}(Cl_2/Cl^-)+\frac{0.0592}{2}\lg\frac{p(Cl_2)/p^{\ominus}}{c^2(Cl^-)}$$

$$\varepsilon=E(Cl_2/Cl^-)-E^{\ominus}(Co^{2+}/Co)$$

$$=E^{\ominus}(Cl_2/Cl^-)-E^{\ominus}(Co^{2+}/Co)+\frac{0.0592}{2}\lg\frac{p(Cl_2)/p^{\ominus}}{c^2(Cl^-)}$$

若 $c(Cl^-)$不变，$p(Cl_2)$增大，ε 增大；$p(Cl_2)$减小，ε 减小。

(4) $$E(Co^{2+}/Co)=E^{\ominus}(Co^{2+}/Co)+\frac{0.0592}{2}\lg c(Co^{2+})$$

若 $c(Cl^-)$和 $p(Cl_2)$保持不变而 $c(Co^{2+})$降低到 0.01mol·L^{-1}时，$E(Co^{2+}/Co)$将减小，ε 将增大。

$$\Delta\varepsilon=-\frac{0.0592}{2}\lg c(Co^{2+})=-\frac{0.0592}{2}\lg 0.01=0.0592(V)$$

例 8.3 已知 $H_3AsO_4+2H^++2e^-\rightleftharpoons H_3AsO_3+H_2O$，$E^{\ominus}(H_3AsO_4/H_3AsO_3)=0.559V$，$I_2+2e^-\rightleftharpoons 2I^-$，$E^{\ominus}(I_2/I^-)=0.535V$。

(1) 计算下列反应 $H_3AsO_3+I_2+H_2O=H_3AsO_4+2I^-+2H^+$ 的平衡常数。

(2) 如果溶液的 pH=7，反应向什么方向进行？

(3) 如果溶液的 $c(H^+)=6mol\cdot L^{-1}$，反应向什么方向进行？

解 (1) $$\varepsilon^{\ominus}=E_+^{\ominus}-E_-^{\ominus}=E^{\ominus}(I_2/I^-)-E^{\ominus}(H_3AsO_4/H_3AsO_3)$$
$$=0.535-0.559=-0.024(V)$$
$$\lg K^{\ominus}=\frac{n\cdot\varepsilon^{\ominus}}{0.0592}=\frac{2\times(-0.024)}{0.0592}=-0.81$$
$$K^{\ominus}=0.15$$

(2) 如果溶液的 pH=7，其余物质均处于标准状态，则

$$E(H_3AsO_4/H_3AsO_3)=E^{\ominus}(H_3AsO_4/H_3AsO_3)+\frac{0.0592}{2}\lg c^2(H^+)$$
$$=0.559+\frac{0.0592}{2}\lg(10^{-7})^2=0.145(V)$$

$E(H_3AsO_4/H_3AsO_3)<E^{\ominus}(I_2/I^-)$，(1)中反应正向进行。

(3) 如果溶液的 $c(H^+)=6mol\cdot L^{-1}$，其余物质均处于标准状态，则

$$E(H_3AsO_4/H_3AsO_3)=E^{\ominus}(H_3AsO_4/H_3AsO_3)+\frac{0.0592}{2}\lg c^2(H^+)$$
$$=0.559+\frac{0.0592}{2}\lg 6^2=0.605(V)$$

$E(H_3AsO_4/H_3AsO_3)>E^{\ominus}(I_2/I^-)$，(1)中反应逆向进行。

例 8.4 将氢电极插入含有 0.50mol·L^{-1} HA 和 0.10mol·L^{-1} A^- 的缓冲溶液中，作为原电池的负极；将银电极插入含有 AgCl 沉淀和 1.0mol·L^{-1} Cl^- 的 $AgNO_3$ 溶液中，作为原电池的正极。已知：$p(H_2)=100kPa$ 时测得原电池的电动势为 0.450V，$E^{\ominus}(Ag^+/Ag)=0.799V$，AgCl 的 $K_{sp}^{\ominus}=1.8\times10^{-10}$。求：(1) 正、负极的电极电势；(2) 负极溶液中的 $c(H^+)$和 HA 的解离常数。

解 (1) 由能斯特方程有

$$E_+=E(Ag^+/Ag)=E^{\ominus}(Ag^+/Ag)+0.0592\lg c(Ag^+)$$
$$=0.799+0.0592\lg[K_{sp}^{\ominus}/c(Cl^-)]$$
$$=0.799+0.0592\lg(1.8\times10^{-10}/1.0)$$

$$=0.222(\mathrm{V})$$

$$E_-=E_+-\varepsilon=0.222-0.450=-0.228(\mathrm{V})$$

(2) 由 $E_-=E(\mathrm{H^+/H_2})=E^\ominus(\mathrm{H^+/H_2})+\dfrac{0.0592}{2}\lg\dfrac{c^2(\mathrm{H^+})}{p(\mathrm{H_2})/p^\ominus}$，有

$$-0.228=0.000+\frac{0.0592}{2}\lg\frac{c^2(\mathrm{H^+})}{100/100}$$

解得

$$c(\mathrm{H^+})=1.41\times10^{-4}(\mathrm{mol\cdot L^{-1}})$$

$$K_a^\ominus=\frac{c(\mathrm{H^+})\cdot c(\mathrm{A^-})}{c(\mathrm{HA})}=\frac{1.41\times10^{-4}\times0.10}{0.50}=2.8\times10^{-5}$$

例 8.5　25.00mL KI 用稀盐酸及 10.00mL 0.050 00mol · L^{-1} KIO_3 溶液处理，煮沸以挥发除去释出的 I_2，冷却后，加入过量的 KI 溶液使之与剩余的 KIO_3 反应。释出的 I_2 需用 21.14mL 0.1008mol · L^{-1} $Na_2S_2O_3$ 标准溶液滴定，计算 KI 溶液的浓度。

解　滴定过程所涉及的反应为

$$\mathrm{IO_3^-+5I^-+6H^+ = 3I_2+3H_2O}$$

$$\mathrm{I_2+2S_2O_3^{2-} = 2I^-+S_4O_6^{2-}}$$

化学计量关系：$IO_3^- \sim 5I^- \sim 3I_2 \sim 6S_2O_3^{2-}$

与 25.00mL KI 反应后，剩余的 KIO_3 物质的量为

$$n_1(\mathrm{KIO_3})=\frac{1}{6}n(\mathrm{Na_2S_2O_3})=\frac{1}{6}\times c(\mathrm{Na_2S_2O_3})\cdot V(\mathrm{Na_2S_2O_3})$$

$$=\frac{1}{6}\times0.1008\times21.14\times10^{-3}(\mathrm{mol})$$

与 25.00mL KI 反应的 KIO_3 物质的量为

$$n_2(\mathrm{KIO_3})=\frac{1}{5}n(\mathrm{KI})=\frac{1}{5}\times c(\mathrm{KI})\cdot V(\mathrm{KI})=\frac{1}{5}\times c(\mathrm{KI})\times25.00\times10^{-3}(\mathrm{mol})$$

因 $n_{总}(\mathrm{KIO_3})=c(\mathrm{KIO_3})\cdot V(\mathrm{KIO_3})=n_1(\mathrm{KIO_3})+n_2(\mathrm{KIO_3})$，即

$$0.050\,00\times10.00\times10^{-3}=\frac{1}{6}\times0.1008\times21.14\times10^{-3}+\frac{1}{5}\times c(\mathrm{KI})\times25.00\times10^{-3}$$

解得

$$c(\mathrm{KI})=0.028\,97(\mathrm{mol\cdot L^{-1}})$$

例 8.6　将 4.030g 含 $NaNO_2$ 和 $NaNO_3$ 的样品溶解于 500.0mL 水中，取其中 25.00mL 与 50.00mL 0.1186mol · L^{-1} Ce^{4+} 的强酸溶液混合，反应 5min 后，过量的 Ce^{4+} 用硫酸亚铁铵标准溶液返滴定，用去 31.13mL 0.042 89mol · L^{-1} 的亚铁标准溶液，计算原样品中 $NaNO_2$ 的质量分数。

解

$$\mathrm{Fe^{2+}\sim Ce^{4+}\sim 1/2NaNO_2}$$

等物质的量关系：$n(1/2\mathrm{NaNO_2})=n(\mathrm{Ce^{4+}})-n(\mathrm{Fe^{2+}})$，即

$$w(\mathrm{NaNO_2})=\frac{(0.1186\times50.00\times10^{-3}-0.042\,89\times31.13\times10^{-3})\times69.00/2}{4.030\times25.00/500.0}$$

$$=0.7867$$

例 8.7　将只含 $KMnO_4$ 和 $K_2Cr_2O_7$ 的混合物 0.2400g 与过量 KI 在酸性介质中反应，析出的碘以 0.2000mol·L^{-1} $Na_2S_2O_3$ 溶液滴定，耗去 30.00mL。计算混合物中 $KMnO_4$ 的质量。

解　设混合物中 $KMnO_4$ 的质量为 xg，则 $K_2Cr_2O_7$ 的质量为(0.2400－x)g

根据等物质的量关系：$n(1/5KMnO_4)+n(1/6K_2Cr_2O_7)=n(Na_2S_2O_3)$，即

$$\frac{x}{158.03/5}+\frac{0.2400-x}{294.18/6}=0.2000\times\frac{30.00}{1000}$$

解得

$$x=0.0983(\text{g})$$

8.4　习题解答

1. 选择题。

(1) 在反应 $4P+3KOH+3H_2O \longrightarrow 3KH_2PO_2+PH_3$ 中，磷(C)。

A. 仅被还原　B. 仅被氧化　C. 两者都有　D. 两者都没有

(2) 能影响电极电势值的因素是(D)。

A. 氧化型浓度　B. 还原型浓度　C. 温度　D. 以上都有

(3) 用 0.1mol·L^{-1} Sn^{2+} 和 0.01mol·L^{-1} Sn^{4+} 组成的电极，其电极电势是(D)。

A. $E^\ominus+0.0592/2$　B. $E^\ominus+0.0592$　C. $E^\ominus-0.0592$　D. $E^\ominus-0.0592/2$

(4) 下列反应属于歧化反应的是(D)。

A. $2KClO_3 \xlongequal{} 2KCl+3O_2$　B. $NH_4NO_3 \xlongequal{} N_2O+2H_2O$

C. $NaOH+HCl \xlongequal{} NaCl+H_2O$　D. $2Na_2O_2+2CO_2 \xlongequal{} 2Na_2CO_3+O_2$

(5) 已知 $Fe^{3+}+e^- \rightleftharpoons Fe^{2+}$，$E^\ominus=0.77V$，当 Fe^{3+}/Fe^{2+} 电对 $E=0.750V$ 时，则溶液中必定是(D)。

A. $c(Fe^{3+})<1$　B. $c(Fe^{2+})<1$

C. $c(Fe^{2+})/c(Fe^{3+})<1$　D. $c(Fe^{3+})/c(Fe^{2+})<1$

(6) 由氧化还原反应 $Cu+2Ag^+ \xlongequal{} Cu^{2+}+2Ag$ 组成的电池，若用 E_1、E_2 分别表示 Cu^{2+}/Cu 和 Ag^+/Ag 电对的电极电势，则电池电动势 ε 为(C)。

A. E_1-E_2　B. E_1-2E_2　C. E_2-E_1　D. $2E_2-E_1$

(7) 对于电对 $Cr_2O_7^{2-}/Cr^{3+}$，溶液 pH 上升，则其(A)。

A. 电极电势下降　B. 电极电势上升

C. 电极电势不变　D. $E^\ominus(Cr_2O_7^{2-}/Cr^{3+})$下降

(8) 已知 $E^\ominus(Fe^{3+}/Fe^{2+})>E^\ominus(I_2/I^-)>E^\ominus(Sn^{4+}/Sn^{2+})$，下列物质能共存的是(B)。

A. Fe^{3+} 和 Sn^{2+}　B. Fe^{2+} 和 I_2　C. Fe^{3+} 和 I^-　D. I_2 和 Sn^{2+}

(9) 下列银盐中，氧化能力最强的是(D)。

A. AgCl　B. AgBr　C. AgI　D. $AgNO_3$

2. 指出下列物质中画线元素的氧化数。

$\underline{Cl_2}O$　$\underline{Cl_2}O_7$　$\underline{S_8}$　$\underline{S_4}O_6^{2-}$　$\underline{Mn_3}O_4$　$Al\underline{N}$　$\underline{S}F_6$　$\underline{Cr_2}O_7^{2-}$　$K_2\underline{Pt}Cl_6$

答　$\underline{Cl_2}O$ +1；$\underline{Cl_2}O_7$ +7；$\underline{S_8}$ 0；$\underline{S_4}O_6^{2-}$ +2.5；$\underline{Mn_3}O_4$ +8/3；$Al\underline{N}$ −3；$\underline{S}F_6$ +6；

$\underline{Cr}_2O_7^{2-}$ +6；$K_2\underline{Pt}Cl_6$ +4。

3. 用氧化数法配平下列反应式。

(1) $KOH + Br_2 \longrightarrow KBrO_3 + KBr + H_2O$

(2) $KMnO_4 + KI + H_2SO_4 \longrightarrow I_2 + MnSO_4 + K_2SO_4 + H_2O$

(3) $HNO_2 \longrightarrow HNO_3 + NO + H_2O$

(4) $H_2O_2 + Cr_2O_7^{2-} \longrightarrow Cr^{3+} + O_2$

(5) $CuS + NO_3^- \longrightarrow Cu^{2+} + SO_4^{2-} + NO$

答　(1) $6KOH + 3Br_2 = KBrO_3 + 5KBr + 3H_2O$

(2) $2KMnO_4 + 10KI + 8H_2SO_4 = 5I_2 + 2MnSO_4 + 6K_2SO_4 + 8H_2O$

(3) $3HNO_2 = HNO_3 + 2NO\uparrow + H_2O$

(4) $3H_2O_2 + Cr_2O_7^{2-} + 8H^+ = 2Cr^{3+} + 3O_2\uparrow + 7H_2O$

(5) $3CuS + 8NO_3^- + 8H^+ = 3Cu^{2+} + 3SO_4^{2-} + 8NO\uparrow + 4H_2O$

4. 用离子-电子法配平下列反应式。

(1) $P_4 + HNO_3 \longrightarrow H_3PO_4 + NO$

(2) $Cr(OH)_3 + ClO^- \longrightarrow CrO_4^{2-} + Cl^-$

(3) $H_2O_2 + PbS \longrightarrow PbSO_4 + H_2O$

(4) $MnO_4^- + C_3H_7OH \longrightarrow Mn^{2+} + C_2H_5COOH$

(5) $H_2O_2 + [Cr(OH)_4]^- \longrightarrow CrO_4^{2-} + H_2O$

答　(1) $3P_4 + 20HNO_3 + 8H_2O = 12H_3PO_4 + 20NO\uparrow$

(2) $2Cr(OH)_3 + 3ClO^- + 4OH^- = 2CrO_4^{2-} + 3Cl^- + 5H_2O$

(3) $4H_2O_2 + PbS = PbSO_4 + 4H_2O$

(4) $4MnO_4^- + 5C_3H_7OH + 12H^+ = 4Mn^{2+} + 5C_2H_5COOH + 11H_2O$

(5) $3H_2O_2 + 2[Cr(OH)_4]^- + 2OH^- = 2CrO_4^{2-} + 8H_2O$

5. 有一电池

(−)Pt | H_2(50.0kPa) | H^+(0.50mol·L^{-1}) ‖ Sn^{4+}(0.70mol·L^{-1})，Sn^{2+}(0.50mol·L^{-1}) | Pt(+)

(1) 写出电极反应；(2) 写出电池反应；(3) 计算电池的电动势 ε；(4) 当 ε=0 时，保持 $p(H_2)$、$c(H^+)$不变的情况下，$c(Sn^{2+})/c(Sn^{4+})$是多少？

解　(1) 负极反应：$H_2 - 2e^- \rightleftharpoons 2H^+$；正极反应：$Sn^{4+} + 2e^- \rightleftharpoons Sn^{2+}$

(2) 电池反应：$Sn^{4+} + H_2 \rightleftharpoons Sn^{2+} + 2H^+$

(3)
$$E(H^+/H_2) = E^\ominus(H^+/H_2) + \frac{0.0592}{2}\lg\frac{c^2(H^+)}{p(H_2)/p^\ominus}$$
$$= 0.000 + \frac{0.0592}{2}\lg\frac{(0.50)^2}{50.0/100} = -0.009(V)$$
$$E(Sn^{4+}/Sn^{2+}) = E^\ominus(Sn^{4+}/Sn^{2+}) + \frac{0.0592}{2}\lg\frac{c(Sn^{4+})}{c(Sn^{2+})}$$
$$= 0.154 + \frac{0.0592}{2}\lg\frac{0.70}{0.50} = 0.158(V)$$
$$\varepsilon = E_+ - E_- = 0.158 + 0.009 = 0.167(V)$$

(4) 由题意

$$\varepsilon = E(Sn^{4+}/Sn^{2+}) - E(H^+/H_2) = 0.154 + \frac{0.0592}{2}\lg\frac{c(Sn^{4+})}{c(Sn^{2+})} - (-0.009) = 0(V)$$

解得

$$\frac{c(Sn^{4+})}{c(Sn^{2+})} = 3.1\times10^{-6},即\frac{c(Sn^{2+})}{c(Sn^{4+})} = 3.2\times10^{5}$$

6. 铜丝插入 $CuSO_4$ 溶液，银丝插入 $AgNO_3$ 溶液，组成原电池。(1) 写出原电池符号；(2) 写出电极反应和电池反应；(3) 计算电池的标准电动势。加氨水于 $AgNO_3$ 溶液中，电池的电动势如何变化？

解　(1) $(-)\ Cu(s)|CuSO_4(c_1)\parallel AgNO_3(c_2)|Ag(s)(+)$

(2) 负极反应：$Cu - 2e^- \rightleftharpoons Cu^{2+}$；正极反应：$Ag^+ + e^- \rightleftharpoons Ag$

电池反应：

$$Cu + 2Ag^+ \rightleftharpoons Cu^{2+} + 2Ag$$

(3)
$$\varepsilon^\ominus = E_+^\ominus - E_-^\ominus = E^\ominus(Ag^+/Ag) - E^\ominus(Cu^{2+}/Cu)$$
$$= 0.799 - 0.337 = 0.462(V)$$

加氨水于 $AgNO_3$ 溶液中，$c(Ag^+)$下降，则 $E(Ag^+/Ag)$下降，原电池的电动势下降。

7. 将一未知电极电势的半电池与饱和甘汞电极组成一原电池，后者为负极。此原电池的电动势为 0.170V。试计算该半电池对标准氢电极的电极电势。已知：饱和甘汞电极的电极电势为 0.2415V。

解　设未知电极电势的半电池对标准氢电极的电极电势为 E_x，未知电极电势的半电池与饱和甘汞电极(负极)组成一原电池，则

$$\varepsilon = E_x - E_{甘汞} = E_x - 0.2415 = 0.170(V)$$
$$E_x = 0.412(V)$$

8. 回答下列问题：

(1) 能否用铁制容器盛放 $CuSO_4$ 溶液？

(2) 配制 $SnCl_2$ 溶液时，为了防止 Sn^{2+} 被空气中的氧气所氧化，通常在溶液中加少许 Sn 粒，为什么？

(3) 金属铁能还原 Cu^{2+}，而 $FeCl_3$ 溶液又能使金属铜溶解？为什么？

答　(1) 不能。由于 $E^\ominus(Fe^{2+}/Fe) = -0.44V$，$E^\ominus(Cu^{2+}/Cu) = 0.34V$，$Cu^{2+}$ 可作氧化剂，Fe 可作还原剂，发生以下氧化还原反应：$Cu^{2+} + Fe \rightleftharpoons Fe^{2+} + Cu$，因此盛放 $CuSO_4$ 溶液的铁制容器会被腐蚀，不能用铁制容器盛放 $CuSO_4$ 溶液。

(2) 因 $E^\ominus(Sn^{4+}/Sn^{2+}) = 0.154V$，$E^\ominus(O_2/H_2O) = 1.229V$，$E^\ominus(O_2/H_2O) > E^\ominus(Sn^{4+}/Sn^{2+})$，空气中的氧能将 Sn^{2+} 氧化成 Sn^{4+}；又由于 $E^\ominus(Sn^{2+}/Sn) = -0.136V$，$E^\ominus(Sn^{4+}/Sn^{2+}) > E^\ominus(Sn^{2+}/Sn)$，Sn 能将 Sn^{4+} 还原成 Sn^{2+}。因此，配制 $SnCl_2$ 溶液时，在溶液中加少许 Sn 粒，可以防止 Sn^{2+} 被空气中的氧气所氧化。

(3) 由于 $E^\ominus(Fe^{2+}/Fe) = -0.44V$，$E^\ominus(Cu^{2+}/Cu) = 0.34V$，$E^\ominus(Cu^{2+}/Cu) > E^\ominus(Fe^{2+}/Fe)$，因此金属铁能还原 Cu^{2+}；又因 $E^\ominus(Fe^{3+}/Fe^{2+}) = 0.771V$，$E^\ominus(Fe^{3+}/Fe^{2+}) > E^\ominus(Cu^{2+}/Cu)$，故 Fe^{3+} 溶液能将 Cu 氧化成 Cu^{2+}。反应式分别是：$Cu^{2+} + Fe \rightleftharpoons Fe^{2+} + Cu$，$Cu + 2Fe^{3+} \rightleftharpoons 2Fe^{2+} + Cu^{2+}$。

9. 在下列常见的氧化剂中，如果使 $c(H^+)$增加，哪些氧化性增强？哪些不变？

(1) Cl_2;(2) $Cr_2O_7^{2-}$;(3) Fe^{3+};(4) MnO_4^-。

解　(1) Cl_2 作氧化剂时发生的电极反应为

$$Cl_2 + 2e^- \rightleftharpoons 2Cl^-$$

根据能斯特方程有

$$E(Cl_2/Cl^-) = E^{\ominus}(Cl_2/Cl^-) + \frac{0.0592}{2}\lg\frac{p(Cl_2)/p^{\ominus}}{c^2(Cl^-)}$$

当 $c(H^+)$增加,不影响 $E(Cl_2/Cl^-)$值,因此 Cl_2 的氧化性不变。

(2)
$$Cr_2O_7^{2-} + 14H^+ + 6e^- \rightleftharpoons 2Cr^{3+} + 7H_2O$$

$$E(Cr_2O_7^{2-}/Cr^{3+}) = E^{\ominus}(Cr_2O_7^{2-}/Cr^{3+}) + \frac{0.0592}{6}\lg\frac{c(Cr_2O_7^{2-})\cdot c^{14}(H^+)}{c^2(Cr^{3+})}$$

当 $c(H^+)$增加,$E(Cr_2O_7^{2-}/Cr^{3+})$值增大,因此 $Cr_2O_7^{2-}$ 的氧化性增强。

(3)
$$Fe^{3+} + e^- \rightleftharpoons Fe^{2+}$$

$$E(Fe^{3+}/Fe^{2+}) = E^{\ominus}(Fe^{3+}/Fe^{2+}) + \frac{0.0592}{1}\lg\frac{c(Fe^{3+})}{c(Fe^{2+})}$$

当 $c(H^+)$增加,不影响 $E(Fe^{3+}/Fe^{2+})$值,因此 Fe^{3+} 的氧化性不变。

(4)
$$MnO_4^- + 8H^+ + 5e^- \rightleftharpoons Mn^{2+} + 4H_2O$$

$$E(MnO_4^-/Mn^{2+}) = E^{\ominus}(MnO_4^-/Mn^{2+}) + \frac{0.0592}{5}\lg\frac{c(MnO_4^-)\cdot c^8(H^+)}{c(Mn^{2+})}$$

当 $c(H^+)$增加,$E(MnO_4^-/Mn^{2+})$值增大,因此 MnO_4^- 的氧化性增强。

10. 下列反应(未配平)在标准状态下能否按指定方向自发进行?

(1) $Br^- + Fe^{3+} \longrightarrow Br_2 + Fe^{2+}$

(2) $Cr^{3+} + I_2 + H_2O \longrightarrow Cr_2O_7^{2-} + I^- + H^+$

(3) $Sn^{4+} + Fe^{2+} \longrightarrow Sn^{2+} + Fe^{3+}$

解　(1) 查表可知:$E^{\ominus}(Br_2/Br^-) = 1.07V$,$E^{\ominus}(Fe^{3+}/Fe^{2+}) = 0.771V$

$$\varepsilon^{\ominus} = E_+^{\ominus} - E_-^{\ominus} = E^{\ominus}(Fe^{3+}/Fe^{2+}) - E^{\ominus}(Br_2/Br^-)$$
$$= 0.771 - 1.07 = -0.30(V) < 0$$

故正反应不能自发进行。

(2) 查表可知:$E^{\ominus}(I_2/I^-) = 0.535V$,$E^{\ominus}(Cr_2O_7^{2-}/Cr^{3+}) = 1.33V$

$$\varepsilon^{\ominus} = E_+^{\ominus} - E_-^{\ominus} = E^{\ominus}(I_2/I^-) - E^{\ominus}(Cr_2O_7^{2-}/Cr^{3+})$$
$$= 0.535 - 1.33 = -0.80(V) < 0$$

故正反应不能自发进行。

(3) 查表可知:$E^{\ominus}(Sn^{4+}/Sn^{2+}) = 0.154V$,$E^{\ominus}(Fe^{3+}/Fe^{2+}) = 0.771V$

$$\varepsilon^{\ominus} = E_+^{\ominus} - E_-^{\ominus} = E^{\ominus}(Sn^{4+}/Sn^{2+}) - E^{\ominus}(Fe^{3+}/Fe^{2+})$$
$$= 0.154 - 0.771 = -0.617(V) < 0$$

故正反应不能自发进行。

11. 计算电池反应:$2Al + 3Ni^{2+} = 2Al^{3+} + 3Ni$,其中当 $c(Ni^{2+}) = 0.80mol\cdot L^{-1}$,$c(Al^{3+}) = 0.02mol\cdot L^{-1}$时的电池电动势。

解
$$E(Al^{3+}/Al) = E^{\ominus}(Al^{3+}/Al) + \frac{0.0592}{3}\lg c(Al^{3+})$$

$$=-1.66+\frac{0.0592}{3}\lg 0.02=-1.69(\text{V})$$

$$E(Ni^{2+}/Ni)=E^{\ominus}(Ni^{2+}/Ni)+\frac{0.0592}{2}\lg c(Ni^{2+})$$

$$=-0.246+\frac{0.0592}{2}\lg 0.80=-0.25(\text{V})$$

$$\varepsilon=E_{+}-E_{-}=E(Ni^{2+}/Ni)-E(Al^{3+}/Al)=-0.25+1.69=1.44(\text{V})$$

12. 在 pH=6 时，下列反应能否自发进行？（设其他物质均处于标准状态）

(1) $Cr_2O_7^{2-}+Br^-+H^+ \longrightarrow Cr^{3+}+Br_2+H_2O$

(2) $MnO_4^-+Cl^-+H^+ \longrightarrow Mn^{2+}+Cl_2+H_2O$

解　pH=6 且其他物质均处于标准状态时：

(1)　$Br_2+2e^- \rightleftharpoons 2Br^-$，$E(Br_2/Br^-)=E^{\ominus}(Br_2/Br^-)=1.07\text{V}$

$$Cr_2O_7^{2-}+14H^++6e^- \rightleftharpoons 2Cr^{3+}+7H_2O$$

$$E(Cr_2O_7^{2-}/Cr^{3+})=E^{\ominus}(Cr_2O_7^{2-}/Cr^{3+})+\frac{0.0592}{6}\lg\frac{c(Cr_2O_7^{2-})\cdot c^{14}(H^+)}{c^2(Cr^{3+})}$$

$$=1.33+\frac{0.0592}{6}\lg\frac{1\times(10^{-6})^{14}}{1^2}=0.50(\text{V})$$

$$\varepsilon=E(Cr_2O_7^{2-}/Cr^{3+})-E(Br_2/Br^-)=0.50-1.07=-0.57(\text{V})<0$$

故正反应不能自发进行。

(2)　$Cl_2+2e^- \rightleftharpoons 2Cl^-$，$E(Cl_2/Cl^-)=E^{\ominus}(Cl_2/Cl^-)=1.36\text{V}$

$$MnO_4^-+8H^++5e^- \rightleftharpoons Mn^{2+}+4H_2O$$

$$E(MnO_4^-/Mn^{2+})=E^{\ominus}(MnO_4^-/Mn^{2+})+\frac{0.0592}{5}\lg\frac{c(MnO_4^-)\cdot c^8(H^+)}{c(Mn^{2+})}$$

$$=1.51+\frac{0.0592}{5}\lg\frac{1\times(10^{-6})^8}{1}=0.94(\text{V})$$

$$\varepsilon=E(MnO_4^-/Mn^{2+})-E(Cl_2/Cl^-)=0.94-1.36=-0.42(\text{V})<0$$

正反应不能自发进行。

13. 求下列电池反应在 298.15K 时的 ε 和 Δ_rG_m 值，说明反应是否能从左向右自发进行。

$$Cu(s)+2H^+(0.01\text{mol}\cdot\text{L}^{-1}) \longrightarrow Cu^{2+}(0.1\text{mol}\cdot\text{L}^{-1})+H_2(0.9\times10^5\text{Pa})$$

解

$$E(Cu^{2+}/Cu)=E^{\ominus}(Cu^{2+}/Cu)+\frac{0.0592}{2}\lg c(Cu^{2+})$$

$$=0.337+\frac{0.0592}{2}\lg 0.1=0.31(\text{V})$$

$$E(H^+/H_2)=E^{\ominus}(H^+/H_2)+\frac{0.0592}{2}\lg\frac{c^2(H^+)}{p(H_2)/p^{\ominus}}$$

$$=\frac{0.0592}{2}\lg\frac{(0.01)^2}{(0.9\times10^5)/10^5}=-0.12(\text{V})$$

$$\varepsilon=E(H^+/H_2)-E(Cu^{2+}/Cu)=-0.12-0.31=-0.43(\text{V})$$

$$\Delta_rG_m=-nF\varepsilon=-2\times96\,485\times(-0.43)\times10^{-3}=83(\text{kJ}\cdot\text{mol}^{-1})>0$$

故正反应不能自发进行。

14. 根据标准电极电势表：

(1) 选择一种合适的氧化剂，使 Sn^{2+}、Fe^{2+} 分别氧化成 Sn^{4+} 和 Fe^{3+}，而不能使 Cl^- 氧化成 Cl_2；(2) 选择一种合适的还原剂，使 Cu^{2+}、Ag^+ 分别还原成 Cu 和 Ag，而不能使 Fe^{2+} 还原。

答　(1) 设所选择的氧化剂相应的氧化还原电对的标准电极电势为 $E_x^\ominus$，若各物质均处于标准状态时，$E_x^\ominus$ 同时满足三条件：$E_x^\ominus > E^\ominus(Sn^{4+}/Sn^{2+}) = 0.154V$，$E_x^\ominus > E^\ominus(Fe^{3+}/Fe^{2+}) = 0.771V$，且 $E_x^\ominus < E^\ominus(Cl_2/Cl^-) = 1.36V$，则该氧化剂能使 Sn^{2+}、Fe^{2+} 分别氧化成 Sn^{4+} 和 Fe^{3+}，而不能使 Cl^- 氧化成 Cl_2。所选择的氧化剂为 Br_2、O_2 等。

(2) 设所选择的还原剂相应的氧化还原电对的电极电势为 $E_x^\ominus$，若各物质均处于标准状态时，$E_x^\ominus$ 同时满足三条件：$E_x^\ominus < E^\ominus(Cu^{2+}/Cu) = 0.337V$，$E_x^\ominus < E^\ominus(Ag^+/Ag) = 0.7995V$，且 $E_x^\ominus > E^\ominus(Fe^{2+}/Fe) = -0.44V$，则该还原剂能使 Cu^{2+}、Ag^+ 分别还原成 Cu 和 Ag，而不能使 Fe^{2+} 还原。所选择的还原剂为 Sn^{2+}、H_2、Fe、Pb、Sn、Ni 等。

15. 现有下列物质：$FeCl_2$，$SnCl_2$，H_2，KI，Li，Mg，Al，它们都能用作还原剂。试根据标准电极电势表，把这些物质按还原性的大小顺序排列，并写出它们在酸性介质中的氧化产物。

答　上述物质作还原剂时，在酸性介质中对应的氧化产物分别是：Fe^{2+}—Fe^{3+}，Sn^{2+}—Sn^{4+}，H_2—H^+，I^-—I_2，Li—Li^+，Mg—Mg^{2+}，Al—Al^{3+}。

查表得各氧化还原电对的标准电极电势分别为 $E^\ominus(Fe^{3+}/Fe^{2+}) = 0.771V$，$E^\ominus(Sn^{4+}/Sn^{2+}) = 0.154V$，$E^\ominus(H^+/H_2) = 0.000V$，$E^\ominus(I_2/I^-) = 0.535V$，$E^\ominus(Al^{3+}/Al) = -1.66V$，$E^\ominus(Mg^{2+}/Mg) = -2.375V$，$E^\ominus(Li^+/Li) = -3.045V$。比较上述电对的 $E^\ominus$ 值大小可知，还原态物质的还原能力相对大小为：$Li > Mg > Al > H_2 > Sn^{2+} > I^- > Fe^{2+}$。

16. 计算 298.15K 时下列电池的电动势，写出电池反应，并求其平衡常数。

(1) $(-)Pb \mid Pb^{2+}(0.10mol \cdot L^{-1}) \parallel Cu^{2+}(0.50mol \cdot L^{-1}) \mid Cu(+)$

(2) $(-)Sn \mid Sn^{2+}(0.05mol \cdot L^{-1}) \parallel H^+(1.00mol \cdot L^{-1}) \mid H_2(100kPa) \mid Pt(+)$

解　(1)

$$E(Cu^{2+}/Cu) = E^\ominus(Cu^{2+}/Cu) + \frac{0.0592}{2}\lg c(Cu^{2+})$$

$$= 0.337 + \frac{0.0592}{2}\lg 0.50 = 0.328(V)$$

$$E(Pb^{2+}/Pb) = E^\ominus(Pb^{2+}/Pb) + \frac{0.0592}{2}\lg c(Pb^{2+})$$

$$= -0.126 + \frac{0.0592}{2}\lg 0.10 = -0.156(V)$$

$$\varepsilon = E(Cu^{2+}/Cu) - E(Pb^{2+}/Pb) = 0.328 + 0.156 = 0.484(V)$$

电池反应：

$$Cu^{2+} + Pb \rightleftharpoons Cu + Pb^{2+}$$

$$\lg K^\ominus = \frac{n \times [E^\ominus(Cu^{2+}/Cu) - E^\ominus(Pb^{2+}/Pb)]}{0.0592}$$

$$= \frac{2 \times (0.337 + 0.126)}{0.0592} = 15.642$$

$$K^\ominus = 4.39 \times 10^{15}$$

(2)

$$E(H^+/H_2) = E^\ominus(H^+/H_2) + \frac{0.0592}{2}\lg\frac{c^2(H^+)}{p(H_2)/p^\ominus} = 0.000(V)$$

$$E(Sn^{2+}/Sn)=E^{\ominus}(Sn^{2+}/Sn)+\frac{0.0592}{2}\lg c(Sn^{2+})$$

$$=-0.136+\frac{0.0592}{2}\lg 0.05=-0.175(V)$$

$$\varepsilon=E(H^{+}/H_2)-E(Sn^{2+}/Sn)=0.000+0.175=0.175(V)$$

电池反应：

$$2H^{+}+Sn \rightleftharpoons H_2+Sn^{2+}$$

$$\lg K^{\ominus}=\frac{n\times[E^{\ominus}(H^{+}/H_2)-E^{\ominus}(Sn^{2+}/Sn)]}{0.0592}$$

$$=\frac{2\times(0.000+0.136)}{0.0592}=4.595$$

$$K^{\ominus}=3.93\times10^{4}$$

17. 为了测定溶度积，设计了下列原电池：

$$(-)Pb \mid PbSO_4 \mid SO_4^{2-}(1.00mol\cdot L^{-1}) \parallel Sn^{2+}(1.00mol\cdot L^{-1}) \mid Sn(+)$$

在 298K 时测得电池电动势 $\varepsilon^{\ominus}=0.22V$，求 $PbSO_4$ 的溶度积常数。

解 电极反应为

$$Sn^{2+}(aq)+2e^{-} \rightleftharpoons Sn(s)$$

$$Pb(s)+SO_4^{2-}(aq)-2e^{-} \rightleftharpoons PbSO_4(s)$$

电池反应：

$$Sn^{2+}(aq)+Pb(s)+SO_4^{2-}(aq) \rightleftharpoons PbSO_4(s)+Sn(s)$$

$$\varepsilon^{\ominus}=E^{\ominus}(Sn^{2+}/Sn)-E^{\ominus}(PbSO_4/Pb)=-0.136-E^{\ominus}(PbSO_4/Pb)=0.22(V)$$

解得

$$E^{\ominus}(PbSO_4/Pb)=-0.356(V)$$

$$E^{\ominus}(PbSO_4/Pb)=E^{\ominus}(Pb^{2+}/Pb)+\frac{0.0592}{2}\lg c(Pb^{2+})$$

$$=E^{\ominus}(Pb^{2+}/Pb)+\frac{0.0592}{2}\lg\frac{K_{sp}^{\ominus}(PbSO_4)}{c(SO_4^{2-})}$$

即

$$-0.356=-0.126+\frac{0.0592}{2}\lg\frac{K_{sp}^{\ominus}(PbSO_4)}{1.00}$$

$$K_{sp}^{\ominus}(PbSO_4)=1.7\times10^{-8}$$

18. 已知 $E^{\ominus}(S/H_2S)=0.142V$，$E^{\ominus}(Fe^{3+}/Fe^{2+})=0.771V$。若向 $0.10mol\cdot L^{-1}$ Fe^{3+} 溶液和 $0.25mol\cdot L^{-1}$ HCl 混合液中通入 H_2S 气体使之达到饱和，求平衡时溶液中 Fe^{3+} 的浓度。

解 饱和 H_2S 溶液的浓度为 $0.10mol\cdot L^{-1}$。

电池反应：

$$2Fe^{3+}(aq)+H_2S(g) \rightleftharpoons S(s)+2Fe^{2+}(aq)+2H^{+}(aq)$$

$$\lg K^{\ominus}=\frac{n\times[E^{\ominus}(Fe^{3+}/Fe^{2+})-E^{\ominus}(S/H_2S)]}{0.0592}$$

$$=\frac{2\times(0.771-0.142)}{0.0592}=21.25$$

解得

$$K^{\ominus}=1.8\times10^{21}$$

$$2Fe^{3+}(aq)+H_2S(g)\rightleftharpoons S(s)+2Fe^{2+}(aq)+2H^{+}(aq)$$

	$2Fe^{3+}(aq)$	$H_2S(g)$	$2Fe^{2+}(aq)$	$2H^{+}(aq)$
反应前 $c/(mol\cdot L^{-1})$	0.10	0.10	0	0.25
反应后 $c/(mol\cdot L^{-1})$	$c(Fe^{3+})$	0.10	$0.10-c(Fe^{3+})$	$0.35-c(Fe^{3+})$

因 $K^{\ominus}=1.78\times10^{21}$ 很大，Fe^{3+} 反应很完全，平衡时 $c(Fe^{3+})$ 非常小，因此平衡时

$$c(Fe^{2+})=0.10-c(Fe^{3+})\approx0.10(mol\cdot L^{-1}),$$

$$c(H^{+})=0.35-c(Fe^{3+})\approx0.35(mol\cdot L^{-1})$$

$$K^{\ominus}=\frac{c^2(Fe^{2+})\cdot c^2(H^{+})}{c^2(Fe^{3+})\cdot c(H_2S)}=\frac{0.10^2\times0.35^2}{c^2(Fe^{3+})\times0.10}=1.78\times10^{21}$$

解得

$$c(Fe^{3+})=2.6\times10^{-12}(mol\cdot L^{-1})$$

19. 若下列原电池的 $\varepsilon=0.50V$，则 H^{+} 浓度是多少？

$$Pt\mid H_2(100kPa)\mid H^{+}[c(H^{+})]\parallel Cu^{2+}(1.0mol\cdot L^{-1})\mid Cu$$

解

$$E(Cu^{2+}/Cu)=E^{\ominus}(Cu^{2+}/Cu)+\frac{0.0592}{2}\lg c(Cu^{2+})$$

$$=0.337+\frac{0.0592}{2}\lg1.0=0.337(V)$$

$$E(H^{+}/H_2)=E^{\ominus}(H^{+}/H_2)+\frac{0.0592}{2}\lg\frac{c^2(H^{+})}{p(H_2)/p^{\ominus}}$$

$$=0.000+\frac{0.0592}{2}\lg\frac{c^2(H^{+})}{100/100}=0.0592\lg c(H^{+})$$

$$\varepsilon=E(Cu^{2+}/Cu)-E(H^{+}/H_2)=0.337-0.0592\lg c(H^{+})=0.50(V)$$

$$c(H^{+})=1.8\times10^{-3}(mol\cdot L^{-1})$$

20. 测得下列电池在 298.15K 时的 $\varepsilon=0.17V$，求 HAc 的解离常数。

$$Pt\mid H_2(100kPa)\mid HAc(0.10mol\cdot L^{-1})\parallel 标准氢电极$$

解

$$\varepsilon=E_{+}-E_{-}=E^{\ominus}(H^{+}/H_2)-E(H^{+}/H_2)$$

$$=-\frac{0.0592}{2}\lg\frac{c^2(H^{+})}{p(H_2)/p^{\ominus}}=0.17(V)$$

即

$$-\frac{0.0592}{2}\lg\frac{c^2(H^{+})}{100/100}=-0.0592\lg c(H^{+})=0.17(V)$$

$$c(H^{+})=1.3\times10^{-3}(mol\cdot L^{-1})$$

由

$$c(H^+)=\sqrt{c(HAc)\cdot K_a^{\ominus}(HAc)}=\sqrt{0.10\times K_a^{\ominus}(HAc)}=1.3\times10^{-3}$$

解得

$$K_a^{\ominus}(HAc)=1.8\times10^{-5}$$

21. 应用下列溴元素的标准电势图 $E^{\ominus}(B)/V$

$$\overset{0.61\ (BrO_3^-\to Br^-)}{BrO_3^- \xrightarrow{\ ?\ } BrO^- \xrightarrow{\ ?\ } 1/2Br_2 \xrightarrow{1.065} Br^-}\qquad \underset{0.70\ (BrO^-\to Br^-)}{}$$

(1) 求 $E^{\ominus}(BrO^-/Br_2)$和 $E^{\ominus}(BrO_3^-/BrO^-)$;(2)判断 BrO^- 能否发生歧化反应?若能,则写出反应式。

解 (1)

$$E^{\ominus}(BrO^-/Br^-)=\frac{1\times E^{\ominus}(BrO^-/Br_2)+1\times E^{\ominus}(Br_2/Br^-)}{2}$$

$$E^{\ominus}(BrO_3^-/Br^-)=\frac{4\times E^{\ominus}(BrO_3^-/BrO^-)+2\times E^{\ominus}(BrO^-/Br^-)}{6}$$

由元素的标准电势图可知:$E^{\ominus}(Br_2/Br^-)=1.065V$,$E^{\ominus}(BrO^-/Br^-)=0.70V$,$E^{\ominus}(BrO_3^-/Br^-)=0.61V$,代入数据得

$$E^{\ominus}(BrO^-/Br_2)=0.335V,E^{\ominus}(BrO_3^-/BrO^-)=0.565V$$

(2) 由于 $E^{\ominus}(BrO^-/Br^-)>E^{\ominus}(BrO_3^-/BrO^-)$,$BrO^-$ 能发生歧化反应,反应方程式为

$$3BrO^- = BrO_3^- + 2Br^-$$

22. 根据标准电极电势,判断下列反应能否发生歧化反应。

(1) $2Cu^+ \rightleftharpoons Cu+Cu^{2+}$

(2) $Hg_2^{2+} \rightleftharpoons Hg+Hg^{2+}$

(3) $I_2+2OH^- \rightleftharpoons IO^-+I^-+H_2O$

(4) $H_2O+I_2 \rightleftharpoons HIO+I^-+H^+$

答 (1) $E^{\ominus}(Cu^+/Cu)=0.52V>E^{\ominus}(Cu^{2+}/Cu^+)=0.159V$,$Cu^+$ 能发生歧化反应。

(2) $E^{\ominus}(Hg_2^{2+}/Hg)=0.793V<E^{\ominus}(Hg^{2+}/Hg_2^{2+})=0.920V$,$Hg_2^{2+}$ 不能发生歧化反应。

(3) $E^{\ominus}(I_2/I^-)=0.535V>E^{\ominus}(IO^-/I_2)=0.45V$,$I_2$ 能发生歧化反应。

(4) $E^{\ominus}(I_2/I^-)=0.535V<E^{\ominus}(HIO/I_2)=1.45V$,$I_2$ 不能发生歧化反应。

23. 有一 $K_2Cr_2O_7$ 溶液,每升含 9.806g $K_2Cr_2O_7$,则 $c(1/6K_2Cr_2O_7)$是多少?在酸性溶液中 30.00mL 此 $K_2Cr_2O_7$ 溶液可氧化 $0.1000mol\cdot L^{-1}$ $FeSO_4$ 溶液多少毫升?

解

$$c(1/6K_2Cr_2O_7)=\frac{n(1/6K_2Cr_2O_7)}{V}=\frac{m}{V\cdot M(1/6K_2Cr_2O_7)}$$

$$=\frac{9.806}{1\times294.18/6}=0.2000(mol\cdot L^{-1})$$

$K_2Cr_2O_7$ 氧化 Fe^{2+} 的反应为

$$Cr_2O_7^{2-}+6Fe^{2+}+14H^+ = 2Cr^{3+}+6Fe^{3+}+7H_2O$$

由等物质的量关系:$n(1/6K_2Cr_2O_7)=n(Fe^{2+})$,有

$$c(1/6K_2Cr_2O_7)\cdot V(K_2Cr_2O_7)=c(Fe^{2+})\cdot V(Fe^{2+})$$

即

$$0.2000 \times 30.00 = 0.1000 \times V(Fe^{2+})$$

解得

$$V(Fe^{2+}) = 60.00(mL)$$

24. 取 0.1500g $Na_2C_2O_4$ 溶解后用 $KMnO_4$ 溶液滴定，用去 20.00mL 到达终点，则 $c(1/5KMnO_4)$为多少？

解　由反应式

$$2MnO_4^- + 5C_2O_4^{2-} + 16H^+ \longrightarrow 2Mn^{2+} + 10CO_2\uparrow + 8H_2O$$

可知等物质的量关系为：$n(1/5KMnO_4) = n(1/2Na_2C_2O_4)$，即

$$c(1/5KMnO_4) \cdot V(KMnO_4) = \frac{m(Na_2C_2O_4)}{M(1/2Na_2C_2O_4)}$$

$$c(1/5KMnO_4) \times 20.00 \times 10^{-3} = \frac{0.1500}{134.00/2}$$

得

$$c(1/5KMnO_4) = 0.1119(mol \cdot L^{-1})$$

25. 一份 50.00mL H_2SO_4 与 $KMnO_4$ 的混合液，需用 40.00mL 0.1000mol · L^{-1} NaOH 溶液中和，另一份 50.00mL 的混合液，需用 25.00mL 0.1000mol · L^{-1} $FeSO_4$ 溶液将 $KMnO_4$ 还原。则每升混合液中含有 H_2SO_4 和 $KMnO_4$ 各多少克？

解　(1)

$$H_2SO_4 + 2NaOH \longrightarrow Na_2SO_4 + 2H_2O$$

化学计量关系是：$H_2SO_4 \sim 2NaOH$

等物质的量关系为：$n(1/2H_2SO_4) = n(NaOH)$，即

$$\frac{\rho(H_2SO_4) \cdot V(H_2SO_4)}{M(1/2H_2SO_4)} = c(NaOH) \cdot V(NaOH)$$

$$\frac{\rho(H_2SO_4) \times 50.00 \times 10^{-3}}{98.07/2} = 0.1000 \times 40.00 \times 10^{-3}$$

得

$$\rho(H_2SO_4) = 3.923(g \cdot L^{-1})$$

(2)

$$MnO_4^- + 8H^+ + 5Fe^{2+} \longrightarrow Mn^{2+} + 5Fe^{3+} + 4H_2O$$

化学计量关系是：$MnO_4^- \sim 5Fe^{2+}$

等物质的量关系为：$n(1/5KMnO_4) = n(Fe^{2+})$，即

$$\frac{\rho(KMnO_4) \cdot V(KMnO_4)}{M(1/5KMnO_4)} = c(Fe^{2+}) \cdot V(Fe^{2+})$$

$$\frac{\rho(KMnO_4) \times 50.00 \times 10^{-3}}{158.03/5} = 0.1000 \times 25.00 \times 10^{-3}$$

得

$$\rho(KMnO_4) = 1.580(g \cdot L^{-1})$$

26. 不纯的 KI 试样 0.5180g，用 0.1940g $K_2Cr_2O_7$（过量）处理后，将溶液煮沸除去析出的碘，然后用过量的纯 KI 处理，这时析出的碘需用 0.1000mol · L^{-1} $Na_2S_2O_3$ 溶液 10.00mL 滴定，计算试样中 KI 的质量分数。

解 由题可知，等物质的量关系为：$n(\mathrm{KI})=n(1/6\mathrm{K_2Cr_2O_7})-n(\mathrm{Na_2S_2O_3})$，即

$$w(\mathrm{KI})=\frac{[m/M(1/6\mathrm{K_2Cr_2O_7})-c(\mathrm{Na_2S_2O_3})\cdot V(\mathrm{Na_2S_2O_3})]\cdot M(\mathrm{KI})}{m_{样}}$$

$$=\frac{\left(\dfrac{0.1940}{294.18/6}-0.1000\times\dfrac{10.00}{1000}\right)\times 166.00}{0.5180}=0.9475$$

27. 称取 0.1000g 红丹(Pb_3O_4)样品，用 HCl 溶解后再加入 K_2CrO_4，使其定量沉淀为 $PbCrO_4$，将沉淀过滤、洗涤后溶于酸并加入过量的 KI，析出的 I_2 以淀粉为指示剂，用 $0.1000\mathrm{mol\cdot L^{-1}}$ $Na_2S_2O_3$ 溶液滴定，用去 12.00mL。求试样中 Pb_3O_4 的质量分数。

解 设试样中 Pb_3O_4 的质量分数为 x，红丹酸溶后变为 Pb^{2+}，用 K_2CrO_4 将其完全沉淀为 $PbCrO_4$，反应为

$$Pb^{2+}+CrO_4^{2-}=\!=\!=PbCrO_4\downarrow$$

$$2PbCrO_4+2H^+=\!=\!=2Pb^{2+}+Cr_2O_7^{2-}+H_2O$$

$$Cr_2O_7^{2-}+6I^-+14H^+=\!=\!=2Cr^{3+}+3I_2+7H_2O$$

$$I_2+2S_2O_3^{2-}=\!=\!=2I^-+S_4O_6^{2-}$$

由此可推知：

$$Na_2S_2O_3\sim 1/2I_2\sim 1/6Cr_2O_7^{2-}\sim 1/3PbCrO_4\sim 1/3Pb^{2+}\sim 1/9Pb_3O_4$$

因此，等物质的量关系为：$n(1/9\mathrm{Pb_3O_4})=n(\mathrm{Na_2S_2O_3})$，即

$$w(\mathrm{Pb_3O_4})=\frac{n(1/9\mathrm{Pb_3O_4})\cdot M(1/9\mathrm{Pb_3O_4})}{m_{样}}$$

$$=\frac{c(\mathrm{Na_2S_2O_3})\cdot V(\mathrm{Na_2S_2O_3})\cdot M(1/9\mathrm{Pb_3O_4})}{m_{样}}$$

$$=\frac{0.1000\times 12.00\times 10^{-3}\times 685.60/9}{0.1000}=0.9141$$

28. 在硫酸介质中，向含有 0.9826g MnO_2 试样的溶液中加入 35.00mL $0.2000\mathrm{mol\cdot L^{-1}}$ $Na_2C_2O_4$ 标准溶液，待其充分反应后，用 $0.048\,26\mathrm{mol\cdot L^{-1}}$ $KMnO_4$ 标准溶液 19.25mL 滴定剩余的 $C_2O_4^{2-}$。计算试样中 MnO_2 的质量分数。

解

$$MnO_2+C_2O_4^{2-}+4H^+=\!=\!=Mn^{2+}+2CO_2\uparrow+2H_2O$$

$$2MnO_4^-+5C_2O_4^{2-}+16H^+=\!=\!=2Mn^{2+}+10CO_2\uparrow+8H_2O$$

$$c(1/2\mathrm{Na_2C_2O_4})=2c(\mathrm{Na_2C_2O_4}),\ c(1/5\mathrm{KMnO_4})=5c(\mathrm{KMnO_4})$$

由此可知，等物质的量关系为

$$n(1/2\mathrm{MnO_2})=n(1/2\mathrm{Na_2C_2O_4})-n(1/5\mathrm{KMnO_4})$$

即

$$w(\mathrm{MnO_2})=\frac{[c(1/2\mathrm{Na_2C_2O_4})\cdot V(\mathrm{Na_2C_2O_4})-c(1/5\mathrm{KMnO_4})\cdot V(\mathrm{KMnO_4})]\cdot M(1/2\mathrm{MnO_2})}{m_{样}}$$

$$=\frac{(2\times 0.2000\times 35.00/1000-5\times 0.048\,26\times 19.25/1000)\times 86.94/2}{0.9826}$$

$$=0.4139$$

29. 准确称取酒精样品 5.000g，置于 1L 容量瓶中，用水稀释至刻度。取 25.00mL 加入稀

硫酸酸化，再加入 0.020 00mol · L^{-1} $K_2Cr_2O_7$ 标准溶液 50.00mL，发生下列化学反应：

$$3C_2H_5OH + 2Cr_2O_7^{2-} + 16H^+ \rightleftharpoons 4Cr^{3+} + 3CH_3COOH + 11H_2O$$

待反应完全后，加入 0.1253mol · L^{-1} Fe^{2+} 溶液 20.00mL，再用 0.020 00mol · L^{-1} $K_2Cr_2O_7$ 标准溶液返滴剩余的 Fe^{2+}，消耗 $K_2Cr_2O_7$ 7.46mL。计算样品中 C_2H_5OH 的质量分数。

解

$$3C_2H_5OH + 2Cr_2O_7^{2-} + 16H^+ \Longrightarrow 4Cr^{3+} + 3CH_3COOH + 11H_2O$$

$$Cr_2O_7^{2-} + 6Fe^{2+} + 14H^+ \Longrightarrow 2Cr^{3+} + 6Fe^{3+} + 7H_2O$$

$$c(1/6K_2Cr_2O_7) = 6c(K_2Cr_2O_7)$$

由题可知，等物质的量关系为

$$n(1/4C_2H_5OH) = n(1/6K_2Cr_2O_7) - n(Fe^{2+})$$

即

$$w(C_2H_5OH) = \frac{[c(1/6K_2Cr_2O_7) \cdot V(K_2Cr_2O_7) - c(Fe^{2+}) \cdot V(Fe^{2+})] \times M(1/4C_2H_5OH)}{m_{样} \times \frac{25.00}{1000}}$$

$$= \frac{\left[6 \times 0.020\,00 \times \frac{(50.00 + 7.46)}{1000} - 0.1253 \times \frac{20.00}{1000}\right] \times 46.07/4}{5.000 \times \frac{25.00}{1000}}$$

$$= 0.4044$$

8.5　自 测 习 题

(一) 填空题

1. 原电池通过__________反应将__________直接转化为电能。

2. 利用氧化还原反应组成原电池，其电动势可判断氧化还原反应的方向。若 $\varepsilon^{\ominus}$__________时，$\Delta G^{\ominus}$__________，反应将正向自发进行。若 $\varepsilon^{\ominus}$__________时，$\Delta G^{\ominus}$__________，反应将逆向自发进行。

3. 铜片插入盛有 0.5mol · L^{-1} $CuSO_4$ 溶液的烧杯中，银片插入盛有 0.5mol · L^{-1} $AgNO_3$ 溶液的烧杯中，组成电池，电池反应为__________，该电池中的负极是__________。

4. 在下列情况下，铜锌原电池的电动势是增大还是减小？

(1) 向 $ZnSO_4$ 溶液加入一些 NaOH 浓溶液__________。

(2) 向 $CuSO_4$ 溶液加入一些 NH_3 浓溶液__________。

5. 已知 $E^{\ominus}(Fe^{3+}/Fe^{2+}) = 0.77V$，$E^{\ominus}(MnO_4^-/Mn^{2+}) = 1.51V$，$E^{\ominus}(F_2/F^-) = 2.87V$。在标准状态下，上述三个电对中，最强的氧化剂是__________，最强的还原剂是__________。

6. 将下述反应设计为电池，$Ag^+(aq) + Fe^{2+}(aq) \rightleftharpoons Ag(s) + Fe^{3+}(aq)$，其电池符号为__________。

7. 反应 $3ClO^- \Longrightarrow ClO_3^- + 2Cl^-$ 是属于氧化还原反应中的__________反应。

8. 某反应 $B(s) + A^{2+}(aq) \rightleftharpoons B^{2+}(aq) + A(s)$，$E^{\ominus}(A^{2+}/A) = 0.8920V$，$E^{\ominus}(B^{2+}/B) = 0.3000V$，该反应的平衡常数是__________。

9. 氢电极插入纯水中通氢气[$p(H_2) = 100kPa$]，在 298K 时，其电极电势为__________，

是因为__________。

10. 以 $Mn^{2+} + 2e^- \rightleftharpoons Mn$ 及 $Mg^{2+} + 2e^- \rightleftharpoons Mg$ 两个标准电极组成电池，则电池符号是__________。

11. 在强酸性溶液中，高锰酸钾和亚铁盐反应，配平的离子方程式是__________。

12. 电极电势是某电极与________组成原电池的电动势值，如果此电极发生________反应，则此值应加上负号。

13. 在原电池中通常采用__________填充盐桥。

14. 根据标准溶液所用的氧化剂不同，氧化还原滴定法主要有________法、__________法和__________法。

15. $KMnO_4$ 试剂中通常含有少量杂质，且蒸馏水中的微量还原性物质又会与 $KMnO_4$ 作用，所以 $KMnO_4$ 标准溶液不能__________配制。

16. $K_2Cr_2O_7$ 易提纯，分析纯 $K_2Cr_2O_7$ 可以用作________，可__________配制标准溶液。

17. 碘滴定法所用标准溶液是__________溶液。滴定碘法所用标准溶液是__________溶液。

18. 氧化还原滴定所用的标准溶液，因具有氧化性，故一般在滴定时装在__________滴定管中。

19. 氧化还原指示剂是一类可以参与氧化还原反应，本身具有__________性质的物质，它们的氧化态和还原态具有__________的颜色。

20. 有的物质本身并不具备氧化还原性，但它能与滴定剂或反应生成物形成特别的有色化合物，从而指示滴定终点，这种指示剂称为__________指示剂。

21. 用 $KMnO_4$ 溶液滴定至终点后，溶液中出现的粉红色不能持久，是由于空气中的________气体和灰尘都能与 MnO_4^- 缓慢作用，使溶液的粉红色消失。

22. 在氧化还原滴定中，利用标准溶液本身的颜色变化指示终点的称为__________。

23. 淀粉可用作指示剂是根据它能与__________反应，生成__________的物质。

24. 用 $Na_2C_2O_4$ 标定 $KMnO_4$ 溶液时，$Na_2C_2O_4$ 溶液要在 75～85℃下滴定，温度低了则__________；温度高了则__________。

25. 用碘量法测定铜盐中铜的含量时，加入__________的目的是使 CuI 转化成溶解度更小的物质，减小沉淀对 I_2 的吸附。

26. 碘量法的主要误差来源是__________、__________。

27. 对于反应 $n_2Ox_1 + n_1Red_2 = n_2Red_1 + n_1Ox_2$，其化学计量点时电势 E_{sp} 计算式是__________。

28. I_2 在水中溶解度很小且易挥发，通常将其溶解在较浓的__________溶液中，从而提高其溶解度，降低其挥发性。

29. 氧化还原指示剂的变色范围为__________。

30. $K_2Cr_2O_7$ 滴定 $FeSO_4$ 时，为了扩大滴定曲线的突跃范围，应加入________作酸性介质。

(二) 判断题(正确的请在括号内打√，错误的打×)

31. 原电池无电流通过或通过的电流接近零时，两极间的电势差称为电池的电动势。（　）

32. 由于 $E^\ominus(Li^+/Li) = -3.0V$，$E^\ominus(Na^+/Na) = -2.7V$，因此与同一氧化剂发生化学反应时，Li 的反应速率一定比 Na 的反应速率快。（　）

33. 电极的 $E^{\ominus}$ 值越大，表明其氧化态越易得到电子，是越强的氧化剂。（　）

34. 标准氢电极的电势为零是实际测定的结果。（　）

35. 电极反应 $Cl_2 + 2e^- \rightleftharpoons 2Cl^-$，$E^{\ominus} = +1.36V$，故 $\frac{1}{2}Cl_2 + e^- \rightleftharpoons Cl^-$，$E^{\ominus} = \frac{1}{2} \times 1.36V$。（　）

36. 在由铜片和 $CuSO_4$ 溶液、银片和 $AgNO_3$ 溶液组成的原电池中，如将 $CuSO_4$ 溶液加水稀释，原电池的电动势会减小。（　）

37. 根据 $E^{\ominus}(AgCl/Ag) < E^{\ominus}(Ag^+/Ag)$ 可合理判定，$K_{sp}^{\ominus}(AgI) < K_{sp}^{\ominus}(AgCl)$。（　）

38. 任一原电池中，正极总是有金属沉淀出来，负极总是有金属溶解下来成为阳离子。（　）

39. 原电池工作一段时间后，其电动势将发生变化。（　）

40. $MnO_4^- + 8H^+ + 5e^- \rightleftharpoons Mn^{2+} + 4H_2O$，$E^{\ominus} = +1.51V$，高锰酸钾是强氧化剂，因为它在反应中得到的电子多。（　）

41. CuS 不溶解于水和盐酸，但能溶解于硝酸，因为硝酸的酸性比盐酸强。（　）

42. $SeO_4^{2-} + 4H^+ + 2e^- \rightleftharpoons H_2SeO_3 + H_2O$，$E^{\ominus} = 1.15V$，因为 H^+ 在此处不是氧化剂，也不是还原剂，所以 H^+ 浓度的变化不影响电极电势。（　）

43. 在电势一定的铜电极溶液中，加入一些水使电极溶液体积增大，将会使电极电势有所升高。（　）

44. 若 $E^{\ominus}(A^+/A) > E^{\ominus}(B^+/B)$，则可判定在标准状态下 $B^+ + A \rightleftharpoons B + A^+$ 是自发的。（　）

45. 同一元素在不同化合物中，氧化数越高，其得电子能力越强；氧化数越低，其失电子能力越强。（　）

46. 原电池电动势在反应过程中，随反应进行不断减少。同样，两电极的电极电势值也随之不断减少。（　）

47. 将反应 $2Fe^{2+} + I_2 \rightleftharpoons 2Fe^{3+} + 2I^-$ 设计为原电池时，Fe^{3+}/Fe^{2+} 为负极，I_2/I^- 为正极。（　）

48. 对于某电极，如 H^+ 或 OH^- 参加反应，则溶液 pH 改变时，其电极电势也将发生变化。（　）

49. 铁能置换铜离子，因此铜片不能溶解于三氯化铁溶液中。（　）

50. 在 $Zn|ZnSO_4(1mol \cdot L^{-1}) \| CuSO_4(1mol \cdot L^{-1})|Cu$ 原电池中，向 $ZnSO_4$ 溶液中通入 NH_3 后，原电池的电动势将升高。（　）

51. 两个电极都由锌片插入不同浓度的 $ZnSO_4$ 溶液中构成，它们连接的电池电动势为零。（　）

52. 改变氧化还原反应中某反应物的浓度就很容易使反应方向逆转的是 $\varepsilon^{\ominus}$ 接近零的反应。（　）

53. 已知 $E^{\ominus}(H_3AsO_4/HAsO_2) = 0.58V$，$E^{\ominus}(I_2/I^-) = 0.54V$，当 H_3AsO_4 和 I^- 反应时，溶液 pH 越小，则 I^- 越容易被氧化。（　）

54. 原电池反应 ε 值越大，其自发进行的倾向越大，故反应速率越快。（　）

(三) 选择题（下列各题只有一个正确答案，请将正确答案填在括号内）

55. $MA(s) + e^- \rightleftharpoons M(s) + A^-$，此类难溶电解质溶解度越低的，其 $E^{\ominus}(MA/M)$ 将（　）。

A. 越高　　B. 越低　　C. 不受影响　　D. 无法判断

56. $Pb^{2+}+2e^- \rightleftharpoons Pb$，$E^\ominus=-0.1263V$，则（　　）。

A. Pb^{2+}浓度增大时 E 增大　　B. Pb^{2+}浓度增大时 E 减小

C. 金属铅的量增大时 E 增大　　D. 金属铅的量增大时 E 减小

57. 下列电极中，$E^\ominus$值最高的是（　　）。

A. $[Ag(NH_3)_2]^+/Ag$　　B. $[Ag(CN)_2]^-/Ag$

C. $AgCl/Ag$　　D. Ag^+/Ag

58. 已知 $E^\ominus(Zn^{2+}/Zn)=-0.76V$，$E^\ominus(Cu^{2+}/Cu)=0.34V$。由 $Cu^{2+}+Zn \rightleftharpoons Cu+Zn^{2+}$组成的电池，测得其电动势为 1.00V，由此两电极溶液中（　　）。

A. $c(Cu^{2+})=c(Zn^{2+})$　　B. $c(Cu^{2+})>c(Zn^{2+})$

C. $c(Cu^{2+})<c(Zn^{2+})$　　D. Cu^{2+}、Zn^{2+}的关系不得而知

59. Cl_2/Cl^- 和 Cu^{2+}/Cu 的标准电极电势分别是 +1.36V 和 +0.34V，反应 $Cu^{2+}(aq)+2Cl^-(aq)=Cu(s)+Cl_2(g)$的 $\varepsilon^\ominus$值是（　　）。

A. −2.38V　　B. −1.70V　　C. −1.02V　　D. +1.70V

60. 氢电极插入纯水，通 H_2(100kPa)至饱和，则其电极电势（　　）。

A. $E=0$　　B. $E>0$

C. $E<0$　　D. 因未加酸不可能产生

61. 在 $S_4O_6^{2}$ 中 S 的氧化数是（　　）。

A. +2　　B. +4　　C. +6　　D. +2.5

62. 原电池(−)$Zn|ZnSO_4(1mol\cdot L^{-1})\|NiSO_4(1mol\cdot L^{-1})|Ni$(+)，在负极溶液中加入 NaOH，其电动势（　　）。

A. 增大　　B. 减小　　C. 不变　　D. 无法判断

63. 由电极 MnO_4^-/Mn^{2+} 和 Fe^{3+}/Fe^{2+} 组成的原电池。若加大溶液的酸度，原电池的电动势将（　　）。

A. 增大　　B. 减小　　C. 不变　　D. 无法判断

64. 反应 $4Al+3O_2+6H_2O=4Al(OH)_3(s)$，$\Delta_r G_m^\ominus=-nF\varepsilon^\ominus$中的 $n=$（　　）。

A. 12　　B. 2　　C. 3　　D. 4

65. $K_2Cr_2O_7+HCl \longrightarrow KCl+CrCl_3+Cl_2+H_2O$ 在完全配平的方程式中 Cl_2 的系数是（　　）。

A. 1　　B. 2　　C. 3　　D. 4

66. 下列反应在 298K 时的平衡常数为（　　）。

$$Cr_2O_7^{2-}+3Sn^{2+}+14H^+ \rightleftharpoons 2Cr^{3+}+3Sn^{4+}+7H_2O$$

A. $\lg K^\ominus=3\varepsilon^\ominus/0.0592$　　B. $\lg K^\ominus=2\varepsilon^\ominus/0.0592$

C. $\lg K^\ominus=6\varepsilon^\ominus/0.0592$　　D. $\lg K^\ominus=12\varepsilon^\ominus/0.0592$

67. 两锌片分别插入不同浓度的 $ZnSO_4$ 水溶液中，测得电动势 $\varepsilon_{Ⅰ}=-0.70V$，$\varepsilon_{Ⅱ}=-0.76V$，说明两溶液中锌离子浓度是（　　）。

A. Ⅰ的 Zn^{2+}浓度＞Ⅱ的 Zn^{2+}浓度

B. Ⅰ的 Zn^{2+}浓度等于Ⅱ的 Zn^{2+}浓度

C. Ⅰ的 Zn^{2+}浓度＜Ⅱ的 Zn^{2+}浓度

D. Ⅰ的 Zn^{2+}浓度等于Ⅱ的 Zn^{2+}浓度的 2 倍

68. 已知 $A(s)+D^{2+}(aq) \rightleftharpoons A^{2+}(aq)+D(s)$，$\varepsilon^{\ominus}>0$；$A(s)+B^{2+}(aq) \rightleftharpoons A^{2+}(aq)+B(s)$，$\varepsilon^{\ominus}>0$；则在标准状态时，$D^{2+}(aq)+B(s) \rightleftharpoons D(s)+B^{2+}(aq)$为（　　）。

A. 自发的　　B. 非自发的　　C. 达平衡态　　D. 无法判定

69. 根据电势图 $Au^{3+} \xrightarrow{1.41V} Au^{+} \xrightarrow{1.68V} Au$，判断能自发进行反应的是（　　）。

A. $Au^{3+}+2Au = 3Au^{+}$　　B. $Au+Au^{+} = 2Au^{3+}$

C. $2Au = Au^{+}+Au^{3+}$　　D. $3Au^{+} = Au^{3+}+2Au$

70. 金属铁表面镀有 Ni，如有破裂处，发生腐蚀，而首先腐蚀的是（　　）。

A. Fe　　B. Ni　　C. 同时腐蚀　　D. 无法判定

71. 在酸性溶液中比在纯水中铁更易腐蚀，是因为（　　）。

A. Fe^{2+}/Fe 的标准电极电势下降

B. Fe^{3+}/Fe^{2+} 的标准电极电势上升

C. $E(H^{+}/H_2)$的值因 H^{+} 浓度增大而上升

D. $E^{\ominus}(H^{+}/H_2)$的值上升

72. 利用 $KMnO_4$ 的强氧化性，在强酸性溶液中可测定许多种还原性物质，但调节强酸性溶液必须用（　　）。

A. HCl　　B. H_2SO_4　　C. HNO_3　　D. HAc

73. 滴定碘法是应用较广泛的方法之一，但此方法要求溶液的酸度必须是（　　）。

A. 强酸性　　B. 强碱性　　C. 中性或弱酸性　D. 弱碱性

74. 在滴定碘法中，为了增大单质 I_2 的溶解度，通常采取的措施是（　　）。

A. 增强酸性　　B. 加入有机溶剂　C. 加热　　D. 加入过量 KI

75. 用 $K_2Cr_2O_7$ 法测定亚铁盐中铁的含量时，假如混酸既可调节酸度，也扩大了滴定的突跃范围，此混酸为 H_2SO_4-（　　）。

A. HCl　　B. HNO_3　　C. H_3PO_4　　D. HAc

76. 氧化还原滴定法根据滴定剂和被滴定物质的不同，计量点在突跃范围内的位置也不同，计量点位于突跃范围中点的条件是（　　）。

A. $n_1=1$　　B. $n_2=1$　　C. $n_1=n_2$　　D. $n_1 \neq n_2$

77. 在选择氧化还原指示剂时，指示剂变色的（　　）应落在滴定的突跃范围内，至少也要部分重合。

A. 电极电势　　B. 电势范围　　C. 标准电极电势　D. 电势

78. 直接碘量法的指示剂是淀粉溶液。只有（　　）淀粉与碘形成纯蓝色复合物，所以配制时必须使用这种淀粉。

A. 药用　　B. 食用　　C. 直链　　D. 侧链

79. 用 $KMnO_4$ 溶液进行滴定，当溶液中出现的粉红色在（　　）内不褪，就可认为已达滴定终点。

A. 10s　　B. 30s　　C. 1min　　D. 2min

80. 在酸性介质中，用 $KMnO_4$ 溶液滴定草酸钠时，滴定速度（　　）。

A. 像酸碱滴定那样快速　　B. 始终缓慢

C. 开始快然后慢　　D. 开始慢中间逐渐加快最后慢

81. 间接碘量法一般是在中性或弱酸性溶液中进行，这是因为（　　）。

A. $Na_2S_2O_3$ 在酸性溶液中容易分解　B. I_2 在酸性条件下易挥发

C. I_2 在酸性条件下溶解度小　　D. 淀粉指示剂在酸性条件下不灵敏

82. 欲以 $K_2Cr_2O_7$ 测定 $FeCl_3$ 中铁含量，溶解试样最合适的溶剂是(　　)。

A. 蒸馏水　　B. HCl＋蒸馏水

C. NH_4Cl＋蒸馏水　　D. HNO_3＋蒸馏水

83. 用 $K_2Cr_2O_7$ 法测定钢铁试样中铁含量时，加入 H_3PO_4 的主要目的是(　　)。

A. 加快反应速率

B. 提高溶液酸度

C. 防止析出 $Fe(OH)_3$ 沉淀

D. 使 Fe^{3+} 生成 $Fe(HPO_4)^+$，降低铁电对电势

84. 用 $KMnO_4$ 法滴定 Fe^{2+}，反应介质应选择(　　)。

A. 稀盐酸　　B. 稀硫酸　　C. 稀硝酸　　D. 稀乙酸

85. 下列基准物质中，既可标定 NaOH 又可标定 $KMnO_4$ 溶液的是(　　)。

A. $KHC_8H_4O_4$　　B. $Na_2B_4O_7 \cdot 10H_2O$

C. $H_2C_2O_4 \cdot 2H_2O$　　D. $Na_2C_2O_4$

86. 用草酸为基准物质标定 $KMnO_4$ 溶液时，其中 MnO_4^-、$C_2O_4^{2-}$ 的物质的量之比为(　　)。

A. 2∶5　　B. 4∶5　　C. 5∶2　　D. 5∶4

87. 在盐酸溶液中用 $KMnO_4$ 法测 Fe^{2+}，测定结果偏高，其主要原因是(　　)。

A. 滴定突跃范围小　　B. 酸度较低

C. 由于 Cl^- 参与反应　　D. 反应速率慢

88. 以碘量法测定铜合金中的铜，称取试样 0.1727g，处理成溶液后，用 0.1032mol·L^{-1} $Na_2S_2O_3$ 溶液 24.56mL 滴至终点，计算铜合金中 Cu 的质量分数为(　　)。

A. 0.4680　　B. 0.8927　　C. 0.6342　　D. 0.9361

89. 用间接碘量法测定物质含量时，淀粉指示剂应在(　　)加入。

A. 滴定前　　B. 滴定开始时　　C. 接近计量点时　　D. 达到计量点时

90. 在用 $K_2Cr_2O_7$ 标定 $Na_2S_2O_3$ 时，KI 与 $K_2Cr_2O_7$ 反应较慢，为了使反应能进行完全，下列措施不正确的是(　　)。

A. 增加 KI 用量　　B. 溶液在暗处放置 5min

C. 使反应在较浓溶液中进行　　D. 加热

91. $KMnO_4$ 在酸性溶液中与还原剂反应，其自身还原的产物是(　　)。

A. MnO_2　　B. MnO_4^{2-}　　C. Mn^{2+}　　D. Mn_2O_2

92. 碘量法测定铜的过程中，加入 KI 的作用是(　　)。

A. 还原剂、配位剂、沉淀剂　　B. 还原剂、沉淀剂、催化剂

C. 氧化剂、沉淀剂、配位剂　　D. 氧化剂、配位剂、指示剂

(四) 简答题

93. 准确称取胆矾 0.4～0.5g，放入 250mL 碘量瓶中，加入 5mL 1mol·L^{-1} H_2SO_4 及 100mL 蒸馏水。待胆矾溶解后加入 10mL 饱和 NaF 溶液及 10mL 10%KI 溶液，摇匀，置暗处 5min，用 $Na_2S_2O_3$ 标准溶液滴定至浅黄色，然后加入 2mL 0.5%淀粉溶液继续用标准溶液滴定至浅蓝色，然后加入 10mL 15%KSCN 溶液，摇匀，再继续滴定至蓝色刚好消失，即为终点。读取 $Na_2S_2O_3$ 消耗的体积，计算胆矾中铜的含量。

(1) 胆矾易溶于水，为什么溶解时要加入 H_2SO_4？能否用 HCl 代替 H_2SO_4？

(2) 测定中加入 KSCN 的目的何在？能否在酸化后立即加入 KSCN？

(3) 加入 NaF 有何作用？可否在加入 KI 之后才加入 NaF？

(4) 滴定至终点后，放置一会儿，为什么溶液会变蓝？

94. 用间接碘量法测定物质的含量时，为什么要在被测溶液中加入过量的 KI？

(五) 计算题

95. 计算下列反应 298K 时 $\Delta_r G_m^\ominus$，已知 $E^\ominus(MnO_2/Mn^{2+})=1.208V$，$E^\ominus(Br_2/Br^-)=1.087V$，$E^\ominus(Cl_2/Cl^-)=1.3583V$。

(1) $MnO_2+4H^++2Br^- \xlongequal{} Mn^{2+}+Br_2+2H_2O$

(2) $Cl_2+2Br^- \xlongequal{} Br_2+2Cl^-$

96. 如果电池 $Zn|Zn^{2+}(c=?)\parallel Cu^{2+}(0.020mol\cdot L^{-1})|Cu$ 的电动势是 1.06V，则 Zn^{2+} 浓度是多少？已知：$E^\ominus(Zn^{2+}/Zn)=-0.763V$，$E^\ominus(Cu^{2+}/Cu)=0.337V$。

97. 下列反应的标准电极电势为：$Ag^++e^- \xlongequal{} Ag$，$E^\ominus(Ag^+/Ag)=0.799V$；$Ag+2NH_3-e^- \rightleftharpoons [Ag(NH_3)_2]^+$，$E^\ominus\{[Ag(NH_3)_2]^+/Ag\}=0.372V$。试计算 $[Ag(NH_3)_2]^+$ 的 $K_f^\ominus$。

98. 求电极 MnO_4^-/Mn^{2+} 在 MnO_4^- 浓度为 $0.1mol\cdot L^{-1}$，Mn^{2+} 浓度为 $1mol\cdot L^{-1}$ 和 H^+ 浓度为 $0.1mol\cdot L^{-1}$ 时的电极电势，若 Cl^-、Br^-、I^- 浓度均为 $1mol\cdot L^{-1}$，这种情况下 MnO_4^- 能否氧化它们？已知：$E^\ominus(MnO_4^-/Mn^{2+})=1.51V$，$E^\ominus(Cl_2/Cl^-)=1.358V$，$E^\ominus(Br_2/Br^-)=1.087V$，$E^\ominus(I_2/I^-)=0.535V$。

99. 通过计算说明，反应 $Fe^{3+}+I^- \rightleftharpoons Fe^{2+}+1/2I_2$ 在标准状态时，该反应能否自发进行？已知：$E^\ominus(Fe^{3+}/Fe^{2+})=0.77V$，$E^\ominus(I_2/I^-)=0.535V$。

100. 取一定量的 MnO_2 固体，加入过量浓 HCl，将反应生成的 Cl_2 通入 KI 溶液，游离出 I_2，用 $0.1000mol\cdot L^{-1}Na_2S_2O_3$ 溶液滴定，耗去 20.00mL，计算 MnO_2 的质量。

101. 测定某样品中 $CaCO_3$ 含量时，取试样 0.2303g 溶于酸后加入过量 $(NH_4)_2C_2O_4$ 使 Ca^{2+} 沉淀为 CaC_2O_4，过滤洗涤后用硫酸溶解，再用 $0.040\ 24mol\cdot L^{-1}KMnO_4$ 溶液 22.30mL 完成滴定，计算试样中 $CaCO_3$ 的质量分数。

102. 相等质量的纯 $KMnO_4$ 和 $K_2Cr_2O_7$ 混合物，在强酸性和过量 KI 条件下作用，析出的 I_2 用 $0.1000mol\cdot L^{-1}Na_2S_2O_3$ 溶液滴定至终点，用去 30.00mL，计算：(1) $KMnO_4$、$K_2Cr_2O_7$ 的质量；(2) 它们各消耗 $Na_2S_2O_3$ 溶液多少毫升。

自测习题答案

(一) 填空题

1. 氧化还原，化学能；2. >0，<0，<0，>0；3. $Cu+2Ag^+ \xlongequal{} Cu^{2+}+2Ag$，铜片；4. 增大，减小；5. F_2，Fe^{2+}；6. $(-)Pt|Fe^{3+}(c_1),Fe^{2+}(c_2)\parallel Ag^+(c_3)|Ag(+)$；7. 歧化；8. 10^{20}；9. −0.4144V，纯水中 $c(H^+)$ 为 $10^{-7}mol\cdot L^{-1}$；10. $(-)Mg(s)|Mg^{2+}(c_1)\parallel Mn^{2+}(c_2)|Mn(+)$；11. $MnO_4^-+5Fe^{2+}+8H^+ \xlongequal{} Mn^{2+}+5Fe^{3+}+4H_2O$；12. 标准氢电极，氧化；13. KCl 或 KNO_3；14. $KMnO_4$，$K_2Cr_2O_7$，碘量；15. 直接；16. 基准物质，直接；17. 单质碘，$Na_2S_2O_3$；18. 酸式；19. 氧化还原，不同；20. 特殊；21. 还原性；22. 自身指示剂；23. I_2，蓝色；24. 反应速率慢，$H_2C_2O_4$ 分解；25. KSCN；26. 单质 I_2 的挥发，I^- 的氧化；27. $\dfrac{n_1E^{\ominus\prime}(Ox_1/Red_1)+n_2E^{\ominus\prime}(Ox_2/Red_2)}{n_1+n_2}$；28. KI；

29. $E=E_{In}^{\ominus}(Ox/Red)\pm\frac{0.0592}{n}$；30. H_2SO_4-H_3PO_4 混酸。

（二）判断题

31. √，32. ×，33. √，34. ×，35. ×，36. ×，37. √，38. ×，39. √，40. ×，41. ×，42. ×，43. ×，44. ×，45. ×，46. ×，47. √，48. √，49. ×，50. √，51. ×，52. √，53. √，54. ×。

（三）选择题

55. B，56. A，57. D，58. C，59. C，60. C，61. D，62. A，63. A，64. A，65. C，66. C，67. A，68. D，69. D，70. A，71. C，72. B，73. C，74. D，75. C，76. C，77. B，78. C，79. B，80. D，81. A，82. B，83. D，84. B，85. C，86. A，87. C，88. D，89. C，90. D，91. C，92. A。

（四）简答题

93. (1) 为了防止 Cu^{2+} 水解，不能；(2) 使 CuI 沉淀转化为溶解度更小的 CuSCN 沉淀，不能在酸化后立即加入 KSCN，否则会还原 I_2 使测定结果偏低；(3) 消除 Fe^{3+} 的干扰，不能，否则 Fe^{3+} 会氧化 I^-，使测定结果偏高；(4) I^- 被空气中的氧氧化为单质 I_2，遇淀粉又变蓝。

94. 使 I_2 与 I^- 生成 I_3^-，增大 I_2 的溶解度，减少 I_2 的挥发。

（五）计算题

95. (1) $-23.35kJ \cdot mol^{-1}$；(2) $-52.36kJ \cdot mol^{-1}$。

96. $0.45mol \cdot L^{-1}$。

97. $K_f^{\ominus}=1.63\times10^7$。

98. 1.38V，能氧化。

99. 自发。

100. 0.086 94g。

101. 0.9750%。

102. (1) 0.057 65g；(2) $KMnO_4$ 消耗 $Na_2S_2O_3$ 体积为 18.24mL，$K_2Cr_2O_7$ 消耗 $Na_2S_2O_3$ 体积为 11.76mL。

第 9 章　配位平衡与配位滴定法

9.1　学 习 要 求

(1) 掌握配合物的组成和命名，了解螯合物的形成条件及螯合物的稳定性。

(2) 理解配合物的价键理论，能判断配合物的杂化轨道类型和空间构型、磁性和稳定性。

(3) 掌握配位平衡及有关计算，沉淀反应对配位平衡的影响及有关计算，了解酸碱平衡、氧化还原平衡对配位平衡的影响。

(4) 理解条件稳定常数概念以及酸效应对稳定常数的影响。

(5) 掌握配位滴定原理及指示剂的选择，熟悉单一离子的滴定条件及同一溶液中多种离子连续滴定的条件。

(6) 熟悉配位滴定的有关应用，掌握配位滴定的有关计算。

9.2　内 容 要 点

9.2.1　配合物的基本概念

由可以给出孤对电子或多个不定域电子的一定数目的离子或分子(称为配体)和具有接受孤对电子或多个不定域电子的原子或离子(统称中心离子)，按一定的组成和空间构型所形成的化合物称为配合物。

1. 配合物的组成

(1) 中心离子。它是配合物的核心，一般是阳离子，也有电中性原子。中心离子绝大多数为金属离子特别是过渡金属离子，少数高氧化值的非金属元素也可作中心离子。

(2) 配体和配位原子。配合物中与中心离子直接结合的阴离子或中性分子称为配体；配体中具有孤对电子并与中心离子形成配位键的原子称为配位原子，配位原子通常是电负性较大的非金属原子，如 N、O、S、C 和卤素等原子。

只含有一个配位原子的配体称为单基配体；含有两个或两个以上配位原子的配体称为多基配体。

(3) 配位数。配合物中直接与中心离子形成配位键的配位原子的总数目称为该中心离子的配位数。应注意配位数与配体数的区别。

(4) 配离子的电荷数。它等于中心离子和配体电荷的代数和。

2. 配合物的命名

对整个配合物的命名与一般无机化合物的命名相同，称为某化某、某酸某和某某酸等。配离子按下列顺序依次命名：阴离子配体→中性分子配体→“合”→中心离子(用罗马数字标明氧化数)。若有几种阴离子配体，命名顺序是：简单离子→复杂离子→有机酸根离子；同类配体按配位原子元素符号英文字母顺序排列。各配体的个数用数字一、二、三、……写在该种配体名称的前面。不同配体之间以“·”隔开。

3. 配合物的类型

(1) 简单配合物。它是由单基配体与一个中心离子形成的配合物。

(2) 螯合物。它是由中心离子与多基配体形成的环状结构配合物。螯合物结构中的环称为螯环,能形成螯环的配体称为螯合剂,中心离子与螯合剂分子或离子的数目之比称为螯合比。螯合物的环上有几个原子称为几元环。由于螯环的形成而使螯合物具有特殊的稳定性称为螯合效应。螯合物的稳定性与环的大小和多少有关,一般来说,以五元环、六元环最稳定;一种配体与中心离子形成的螯合物其环数目越多越稳定。

(3) 特殊配合物。多核配合物:配合物分子中含有两个或以上中心离子的配合物。羰基配合物:CO 分子与某些 d 区元素形成的配合物。有机金属配合物:金属直接与碳形成配位键的配合物。

9.2.2 配合物的价键理论

(1) 价键理论的要点。形成配位键的条件是中心离子 M 必须具有空的价电子轨道,配体 L 中至少有一个原子含有孤对电子。配合物形成时,L 提供的孤对电子进入 M 的空价电子轨道而形成配位键 L→M。为形成稳定的配合物,M 所提供的空轨道必须首先进行杂化,形成数目相同的新的等性杂化轨道。配离子的空间结构、中心离子的配位数以及配离子的稳定性,主要取决于形成配位键时所用杂化轨道的类型。

配位数	杂化类型	空间构型	实例
2	sp	直线形	$[Ag(NH_3)_2]^+$,$[Cu(NH_3)_2]^+$,$[Ag(CN)_2]^-$
3	sp^2	平面三角形	$[CuCl_3]^{2-}$,$[HgI_3]^-$
4	sp^3	四面体	$[Zn(NH_3)_4]^{2+}$,$[Ni(NH_3)_4]^{2+}$,$[BF_4]^-$
4	dsp^2	平面正方形	$[Cu(NH_3)_4]^{2+}$,$[Ni(CN)_4]^{2-}$,$[Pt(NH_3)_2Cl_2]$
5	dsp^3	三角双锥	$[Fe(CO)_5]$,$[Ni(CN)_5]^{3-}$,$[CuCl_5]^{3-}$
6	sp^3d^2	八面体	$[FeF_6]^{3-}$,$[Fe(H_2O)_6]^{2+}$,$[Ti(H_2O)_6]^{3+}$
6	d^2sp^3	八面体	$[Fe(CN)_6]^{3-}$,$[Cr(NH_3)_6]^{3+}$,$[Co(NH_3)_6]^{3+}$

(2) 内轨型和外轨型配合物。形成配合物时,若中心离子的内层电子结构不受配体的影响,而是以外层空间轨道进行杂化,形成的配合物称为外轨型配合物,又称高自旋配合物;若中心离子的内层电子结构受到配体的影响发生重排,形成杂化轨道时涉及内层空间轨道,形成的配合物称为内轨型配合物,又称低自旋配合物。一般内轨型配合物比外轨型配合物的稳定性大得多。

若中心离子 d 轨道未充满,一般配位原子的电负性很大时,如 F^-、H_2O 等与中心离子配位,形成外轨型配合物;配位原子电负性较小,如 CN^-、NO_2^- 等与中心离子配位,常形成内轨型配合物。

过渡金属配合物中,如果有成单电子,在外加磁场中表现出顺磁性;若无成单电子,在外加磁场中表现出反磁性。配合物磁性的大小以磁矩 μ 表示,它与成单电子数 n 有以下关系:

$$\mu \approx \sqrt{n(n+2)} \quad (\text{B. M.})$$

9.2.3 配离子的配位解离平衡

1. 配离子的稳定常数

对任意配位解离平衡

$$M + nL \rightleftharpoons ML_n$$

配离子的稳定常数

$$K_f^{\ominus} = \frac{c(ML_n)}{c(M) \cdot c^n(L)}$$

同类型的配离子，即配体数目相同的配离子，不存在其他副反应时，可直接根据 $K_f^{\ominus}$ 值比较配离子稳定性的大小。对不同类型的配离子不能简单地利用 $K_f^{\ominus}$ 值比较它们的稳定性，要通过计算同浓度时溶液中中心离子的浓度来比较。

2. 配位平衡移动

(1) 配位平衡与酸碱平衡。当溶液中 H^+ 浓度增加时，H^+ 便和配体结合成弱电解质分子或离子，导致配体浓度降低，使配位平衡向解离方向移动。相反，溶液中 H^+ 浓度降低到一定程度时，会生成氢氧化物沉淀，也使配位平衡向解离方向移动。要使配离子稳定存在，溶液酸度必须控制在一定范围内。

(2) 配位平衡与沉淀溶解平衡。如果配位剂的配位能力大于沉淀剂沉淀能力，则沉淀溶解或不生成沉淀，而生成配离子。反之，如果沉淀剂的沉淀能力大于配位剂的配位能力，则配离子被破坏，而产生沉淀。

(3) 配位平衡与氧化还原平衡。配位反应的发生可使溶液中金属离子的浓度降低，从而改变金属离子的氧化能力和氧化还原反应的方向，或者阻止某些氧化还原反应的发生，或者使通常不能发生的氧化还原反应得以进行。

(4) 配位平衡之间的转化。若在一种配合物的溶液中，加入另一种能与中心离子生成更稳定的配合物的配位剂，则发生配合物之间的转化作用。较不稳定的配合物容易转化成较稳定的配合物；反之，若要使较稳定的配合物转化为较不稳定的配合物就很难实现。

9.2.4 配位滴定法

1. 概述

配位滴定法是以配位反应为基础的滴定分析方法，它是用配位剂作为标准溶液直接或间接滴定被测物质。配位剂分无机和有机两类。有机配位剂特别是氨羧配位剂用于配位滴定后，配位滴定得到了迅速的发展，已成为应用最广的滴定分析方法之一。

2. EDTA 配位滴定法的基本原理

乙二胺四乙酸(EDTA)，常用 H_4Y 表示，它可以接受 2 个质子，用 H_6Y^{2+} 表示。EDTA 在溶液中存在 H_6Y^{2+}、H_5Y^+、H_4Y、H_3Y^-、H_2Y^{2-}、HY^{3-} 和 Y^{4-} 七种型体。在实践中一般用含有 2 分子结晶水的 EDTA 二钠盐(用符号 $Na_2H_2Y \cdot 2H_2O$ 表示)，习惯上仍简称 EDTA。

EDTA 有 6 个配位原子，配位能力强，它与金属离子的配位反应有以下特点：能与大多数金属离子发生配位反应，生成 1∶1 的稳定性高的螯合物，且一般都可溶于水；与无色金属离子生成无色配合物，与有色金属离子则生成颜色更深的配合物。

3. 副反应系数和条件稳定常数

$$\begin{array}{llllll} \text{主反应} & \text{M} & + & \text{Y} & \rightleftharpoons & \text{MY} \\ & \overset{OH^-}{\swarrow}\ \overset{L}{\searrow} & & \overset{H^+}{\swarrow}\ \overset{N}{\searrow} & & \overset{H^+}{\swarrow}\ \overset{OH^-}{\searrow} \\ \text{副反应} & M(OH)\quad ML & & HY\quad NY & & MHY\quad M(OH)Y \\ & \vdots\qquad\quad \vdots & & \vdots & & \\ & M(OH)_n\quad ML_n & & H_6Y & & \end{array}$$

(1) 酸效应和酸效应系数。由于 H^+ 的存在而使 Y^{4-} 参加主反应能力降低的现象称为酸效应。酸效应的大小用酸效应系数 $\alpha[Y(H)]$ 衡量，它是指 EDTA 各种存在型体的总浓度 $c'(Y)$ 与 Y^{4-} 的平衡浓度 $c(Y^{4-})$ 之比，即为 Y^{4-} 的分布系数的倒数。溶液的酸度升高，酸效应系数 $\alpha[Y(H)]$ 增大，EDTA 与金属离子的配位能力减小。

(2) 配位效应和配位效应系数。由于配位剂 L 与金属离子的配位反应而使主反应能力降低的现象称为配位效应。配位效应的大小用配位效应系数 $\alpha[M(L)]$ 表示，它是指金属离子 M 的各种存在型体的总浓度 $c'(M)$ 与游离金属离子浓度 $c(M)$ 之比，即 $c(M)$ 的分布系数的倒数。

(3) 配合物的条件稳定常数。用未与滴定剂 Y^{4-} 配位的金属离子 M 的各种存在型体的总浓度 $c'(M)$ 代替 $c(M)$，用未参与配位反应的 EDTA 各种存在型体的总浓度 $c'(Y)$ 代替 $c(Y)$，MY 的总浓度为 $c'(MY)$，这样配合物的稳定性可表示为

$$K_f^{\ominus\prime}(MY)=\frac{c'(MY)}{c'(M)\cdot c'(Y)}=\frac{\alpha(MY)c(MY)}{\alpha[M(L)]c(M)\cdot\alpha[Y(H)]c(Y)}$$

$$=\frac{\alpha(MY)}{\alpha[M(L)]\cdot\alpha[Y(H)]}\cdot K_f^{\ominus}(MY)$$

式中：$\alpha[MY]$ 为 MY 的混合配位效应副反应系数，一般情况下可以忽略，则

$$\lg K_f^{\ominus\prime}(MY)=\lg K_f^{\ominus}(MY)-\lg\alpha[M(L)]-\lg\alpha[Y(H)]$$

当溶液中不存在其他配体时

$$\lg K_f^{\ominus\prime}(MY)=\lg K_f^{\ominus}(MY)-\lg\alpha[Y(H)]$$

$K_f^{\ominus\prime}(MY)$ 在一定条件下是一常数，称为配合物的条件稳定常数。显然，副反应系数越大，$K_f^{\ominus\prime}(MY)$ 越小。这说明酸效应和配位效应越大，配合物的实际稳定性越小。

4. 配位滴定曲线

(1) EDTA 的配位滴定曲线。以 pM 为纵坐标，以加入标准溶液的体积或滴定分数为横坐标作图，则可得到配位滴定曲线。MY 配合物的条件稳定常数越大，被测金属的初始浓度越高，滴定突跃就越大。金属离子能被准确滴定的条件为

$$K_f^{\ominus\prime}(MY)\geqslant 10^8\text{，或者 } c\cdot K_f^{\ominus\prime}(MY)\geqslant 10^6$$

(2) 酸度对 EDTA 配位滴定的影响。将各种金属离子的 $\lg K_f^{\ominus}$ 与其滴定时允许的最低 pH 作图，得到的曲线称为 EDTA 的酸效应曲线。应用酸效应曲线，可解决以下几个问题：①确定单独滴定某一金属离子时，所允许的最低 pH；②判断在某一 pH 下测定某种离子，什么离子有干扰；③判断当有几种金属离子共存时，能否通过控制溶液酸度进行选择滴定或连续

滴定。

配位滴定中，因 EDTA 与金属离子反应时，不断有 H^+ 释放出来，故常需要用缓冲溶液控制溶液酸度。

5. 金属指示剂

金属指示剂本身是一种有机配位剂，它能与金属离子生成与指示剂本身的颜色明显不同的有色配合物。金属指示剂应具备的条件：滴定 pH 下，MIn 与 In 的颜色有显著不同；MIn 的稳定性要适当，且其稳定性小于 MY［一般 $\lg K_f^\ominus(MY) - \lg K_f^\ominus(MIn) \geqslant 2$］；MIn 应是水溶性的，指示剂的稳定性好，与金属离子的配位反应灵敏度高，并有一定的选择性。

金属指示剂在使用中存在的问题有：指示剂的封闭现象、指示剂的僵化现象和指示剂的氧化变质现象。

6. 提高配位滴定选择性的方法

(1) 控制溶液的酸度。通过调节溶液 pH，可改变被测离子和干扰离子与 EDTA 所形成配合物的稳定性，从而消除干扰。

(2) 加入掩蔽剂。几种金属离子共存时，加入一种能与干扰离子形成稳定配合物的试剂（称为掩蔽剂），可以较好地消除干扰。此外，还可用氧化还原和沉淀掩蔽剂消除干扰。

(3) 解蔽作用。在掩蔽的基础上加入一种适当的试剂，把已掩蔽的离子重新释放出来，再对它进行测定，称为解蔽作用。

7. 配位滴定法的应用示例

配位滴定法的应用广泛，如直接滴定法测定水中钙镁及总硬度，返滴定法测定铝盐，置换滴定法测定 Ag^+，间接滴定法测定硫酸盐。

9.3 例题解析

例 9.1 将 0.20 $mol \cdot L^{-1}$ $AgNO_3$ 与 1.00 $mol \cdot L^{-1}$ $Na_2S_2O_3$ 溶液等体积混合，然后向此溶液中加入 KBr 固体，使 Br^- 浓度为 0.010 $mol \cdot L^{-1}$，则有无 AgBr 沉淀生成？

解 查表得 $K_{sp}^\ominus(AgBr) = 5.0 \times 10^{-13}$，$K_f^\ominus\{[Ag(S_2O_3)_2]^{3-}\} = 2.88 \times 10^{13}$

由于等体积混合，浓度减半，$c(AgNO_3) = 0.10\ mol \cdot L^{-1}$，$c(Na_2S_2O_3) = 0.50\ mol \cdot L^{-1}$

设平衡时 $c(Ag^+) = x\ mol \cdot L^{-1}$，则

	Ag^+	+ $2S_2O_3^{2-}$	$\rightleftharpoons$ $[Ag(S_2O_3)_2]^{3-}$
起始浓度/($mol \cdot L^{-1}$)	0.10	0.50	0
平衡浓度/($mol \cdot L^{-1}$)	x	$0.50 - 2(0.10 - x)$ ≈ 0.30	$0.10 - x$（x 较小）≈ 0.10

由 $K_f^\ominus = \dfrac{c\{[Ag(S_2O_3)_2]^{3-}\}}{c(Ag^+) \cdot c^2(S_2O_3^{2-})}$，有

$$c(Ag^+) = \frac{c\{[Ag(S_2O_3)_2]^{3-}\}}{K_f^\ominus \cdot c^2(S_2O_3^{2-})} = \frac{0.10}{2.88 \times 10^{13} \times 0.30^2}$$

$$= 3.9 \times 10^{-14}\ (mol \cdot L^{-1})$$

因为 $c(Ag^+) \cdot c(Br^-) = 3.9\times10^{-14}\times0.010 = 3.9\times10^{-16} < K_{sp}^{\ominus}(AgBr) = 5.0\times10^{-13}$，所以无 AgBr 沉淀生成。

例 9.2 (1) 欲使 0.10mmol 的 AgCl 完全溶解，生成$[Ag(NH_3)_2]^+$，最少需要 1.0mL 多大浓度的氨水？(2) 欲使 0.10mmol 的 AgI 完全溶解，生成$[Ag(NH_3)_2]^+$，最少需要 1.0mL 多大浓度的氨水？需要 1.0mL 多大浓度的 KCN 溶液？

解 查表得 $K_{sp}^{\ominus}(AgCl) = 1.8\times10^{-10}$，$K_f^{\ominus}\{[Ag(NH_3)_2]^+\} = 1.6\times10^7$，$K_{sp}^{\ominus}(AgI) = 8.3\times10^{-17}$，$K_f^{\ominus}\{[Ag(CN)_2]^-\} = 1.26\times10^{21}$。

(1) 若 0.10mmol AgCl 被 1.0mL 氨水恰好完全溶解，则平衡时 $c\{[Ag(NH_3)_2]^+\} = c(Cl^-) = 0.10mol\cdot L^{-1}$，设平衡时 NH_3 的浓度为 $x\,mol\cdot L^{-1}$，则

$$AgCl(s) + 2NH_3 \rightleftharpoons [Ag(NH_3)_2]^+ + Cl^-$$

平衡浓度/$(mol\cdot L^{-1})$ x 0.10 0.10

$$K_j^{\ominus} = \frac{c\{[Ag(NH_3)_2]^+\}\cdot c(Cl^-)}{c^2(NH_3)} = K_f^{\ominus}\{[Ag(NH_3)_2]^+\}\cdot K_{sp}^{\ominus}(AgCl)$$

即

$$\frac{0.10\times0.10}{x^2} = 1.6\times10^7\times1.8\times10^{-10}$$

$$x = \sqrt{\frac{0.10\times0.10}{1.6\times10^7\times1.8\times10^{-10}}} = 1.9(mol\cdot L^{-1})$$

该浓度为维持平衡所需 $c(NH_3)$，另外生成 $0.10mol\cdot L^{-1}[Ag(NH_3)_2]^+$ 还消耗 $0.10\times2(mmol)NH_3$，故共需 NH_3 的量为 $1.9+2\times0.10=2.1(mol\cdot L^{-1})$。所以，至少需用 1.0mL $2.1mol\cdot L^{-1}$ 氨水。

(2) 同样可以计算出溶解 AgI($K_{sp}^{\ominus}=8.3\times10^{-17}$)所需要氨水浓度是 $2.7\times10^3 mol\cdot L^{-1}$，氨水实际上不可能达到这样大的浓度，所以 AgI 沉淀不可能被氨水溶解。若改用 KCN 溶液，同样可以计算出溶解 AgI 所需的最低 KCN 浓度

$$AgI(s) + 2CN^- \rightleftharpoons [Ag(CN)_2]^- + I^-$$

平衡浓度/$(mol\cdot L^{-1})$ y 0.10 0.10

$$K_j^{\ominus} = \frac{c\{[Ag(CN)_2]^-\}\cdot c(I^-)}{c^2(CN^-)} = K_f^{\ominus}\{[Ag(CN)_2]^-\}\cdot K_{sp}^{\ominus}(AgI)$$

即

$$\frac{0.10\times0.10}{y^2} = 1.26\times10^{21}\times8.3\times10^{-17}$$

$$y = \sqrt{\frac{0.10\times0.10}{1.26\times10^{21}\times8.3\times10^{-17}}} = 3.1\times10^{-4}(mol\cdot L^{-1})$$

故共需 CN^- 的量为 $3.1\times10^{-4}+0.20\approx0.20(mol\cdot L^{-1})$，显然 AgI 沉淀易溶于 KCN 溶液。

例 9.3　一溶液中含有 $c\{[Ag(NH_3)_2]^+\}=0.050mol\cdot L^{-1}$，$c(Cl^-)=0.050mol\cdot L^{-1}$，$c(NH_3)=3.00mol\cdot L^{-1}$，向此溶液中滴加 HNO_3 至刚刚有白色沉淀开始生成，计算此时溶液中 $c(NH_3)$ 及溶液的 pH。已知：$K_f^{\ominus}\{[Ag(NH_3)_2]^+\}=1.6\times10^7$，$K_{sp}^{\ominus}(AgCl)=1.8\times10^{-10}$，$K_b^{\ominus}(NH_3)=1.8\times10^{-5}$。

解　刚刚有白色沉淀生成时，$Q_i>K_{sp}^{\ominus}(AgCl)=1.8\times10^{-10}$

当 $Q_i=K_{sp}^{\ominus}(AgCl)=1.8\times10^{-10}$ 时，有

$$c(Ag^+)=\frac{K_{sp}^{\ominus}(AgCl)}{c(Cl^-)}=\frac{1.8\times10^{-10}}{0.050}=3.6\times10^{-9}(mol\cdot L^{-1})$$

设平衡时：$c(NH_3)=x\,mol\cdot L^{-1}$，则

$$Ag^+ + 2NH_3 \rightleftharpoons [Ag(NH_3)_2]^+$$

平衡浓度/$(mol\cdot L^{-1})$　3.6×10^{-9}　x　$0.050-3.6\times10^{-9}\approx0.050$

$$K_f^{\ominus}=\frac{c\{[Ag(NH_3)_2]^+\}}{c(Ag^+)\cdot c^2(NH_3)}=\frac{0.050}{3.6\times10^{-9}\cdot x^2}=1.6\times10^7$$

解得

$$x=0.93(mol\cdot L^{-1})$$

$$c(NH_4^+)=3.00-0.93=2.07(mol\cdot L^{-1})$$

$$c(H^+)=\frac{K_a^{\ominus}\cdot c_a}{c_b}=\frac{K_w^{\ominus}}{K_b^{\ominus}}\times\frac{c_a}{c_b}$$

$$=\frac{1.0\times10^{-14}}{1.8\times10^{-5}}\times\frac{2.07}{0.93}=1.2\times10^{-9}(mol\cdot L^{-1})$$

$$pH=-\lg(1.2\times10^{-9})=8.91$$

例 9.4　向 $0.010mol\cdot L^{-1}$ $ZnCl_2$ 溶液中通 H_2S 至饱和，当溶液 pH=1.0 时开始有 ZnS 沉淀产生。若在此浓度 $ZnCl_2$ 溶液中加入 $1.0mol\cdot L^{-1}KCN$ 后，通 H_2S 至饱和，则 pH 为多少时有 ZnS 沉淀产生？已知：$[Zn(CN)_4]^{2-}$ 的 $K_f^{\ominus}=5.0\times10^{16}$，$H_2S$ 的 $K_{a1}^{\ominus}=1.1\times10^{-7}$，$K_{a2}^{\ominus}=1.3\times10^{-13}$。

解　由题给条件 pH=1.0，$c(H^+)=0.10mol\cdot L^{-1}$，$c(Zn^{2+})=0.010mol\cdot L^{-1}$，有

$$K_{sp}^{\ominus}(ZnS)=c(Zn^{2+})\cdot c(S^{2-})=0.010\times\frac{K_{a1}^{\ominus}\cdot K_{a2}^{\ominus}\cdot c(H_2S)}{c^2(H^+)}$$

$$=K_{a1}^{\ominus}\cdot K_{a2}^{\ominus}\cdot c(H_2S)$$

在 $ZnCl_2$ 溶液中加入 $1.0mol\cdot L^{-1}KCN$ 后，由

$$K_f^{\ominus}=\frac{c\{[Zn(CN)_4]^{2-}\}}{c(Zn^{2+})\cdot c^4(CN^-)}=\frac{0.010}{c(Zn^{2+})\times(0.96)^4}$$

解得

$$c(Zn^{2+})=2.4\times10^{-19}(mol\cdot L^{-1})$$

故

$$K_{sp}^{\ominus}(ZnS)=c(Zn^{2+})\cdot c(S^{2-})=2.4\times10^{-19}\times\frac{K_{a1}^{\ominus}\cdot K_{a2}^{\ominus}\cdot c(H_2S)}{c^2(H^+)}$$

即

$$2.4\times10^{-19}\times\frac{K_{a1}^{\ominus}\cdot K_{a2}^{\ominus}\cdot c(H_2S)}{c^2(H^+)}=K_{a1}^{\ominus}\cdot K_{a2}^{\ominus}\cdot c(H_2S)$$

解得

$$c(H^+)=4.9\times10^{-10}(mol\cdot L^{-1}),pH=9.31$$

所以 pH>9.31 时有 ZnS 沉淀产生。

例 9.5 若在 1.0L 水中溶解 0.10mol $Zn(OH)_2$，需要加入多少克固体 NaOH？已知：$[Zn(OH)_4]^{2-}$ 的 $K_f^{\ominus}=4.6\times10^{17}$，$Zn(OH)_2$ 的 $K_{sp}^{\ominus}=1.2\times10^{-17}$。

解

$$Zn(OH)_2(s)+2OH^- \rightleftharpoons [Zn(OH)_4]^{2-}$$

$$K^{\ominus}=\frac{c\{[Zn(OH)_4]^{2-}\}}{c^2(OH^-)}=\frac{c\{[Zn(OH)_4]^{2-}\}}{c^2(OH^-)}\times\frac{c(Zn^{2+})c^2(OH^-)}{c(Zn^{2+})c^2(OH^-)}=K_f^{\ominus}\cdot K_{sp}^{\ominus}$$

即

$$\frac{0.10}{c^2(OH^-)}=4.6\times10^{17}\times1.2\times10^{-17}$$

解得

$$c(OH^-)=0.13(mol\cdot L^{-1})$$

溶解 0.10mol $Zn(OH)_2$ 需要消耗 NaOH 的量为：0.13+2×0.10=0.33(mol)。

需要加入固体 NaOH 的质量为：0.33×40=13(g)。

例 9.6 有一含 $FeCl_3$ 和 HCl 的混合溶液，分别按下列步骤测定其中酸和铁的含量。取 25.00mL 溶液，以磺基水杨酸为指示剂，用 20.04mL 0.020 12mol·L^{-1} EDTA 滴定至终点。另取同量试液，加入 20.04mL 0.020 12mol·L^{-1}EDTA 以配合铁，加热冷却后，以甲基红为指示剂，用 0.1015mol·L^{-1}NaOH 滴定，消耗 32.35mL。求试样中 $FeCl_3$ 和 HCl 的浓度。

解 因 $Fe^{3+}+H_2Y^{2-}=FeY^-+2H^+$，由题意可知：

$$n(FeCl_3)=n(EDTA),n(HCl)=n(NaOH)-2n(EDTA)$$

$$c(FeCl_3)=\frac{c(EDTA)V(EDTA)}{V(样)}=\frac{0.020\ 12\times20.04}{25.00}$$

$$=0.016\ 13(mol\cdot L^{-1})$$

$$c(HCl)=\frac{c(NaOH)V(NaOH)-2c(EDTA)V(EDTA)}{V(样)}$$

$$=\frac{0.1015\times32.35-2\times0.020\ 12\times20.04}{25.00}$$

$$=0.099\ 08(mol\cdot L^{-1})$$

例 9.7 测定锆英石中 ZrO_2、Fe_2O_3 含量时，称取 1.000g 试样，以适当的熔样方法制成 200.0mL 溶液，取 50.00mL 试液，调节 pH 为 0.8，加入盐酸羟胺还原 Fe^{3+}，以二甲酚橙为指示剂，用 0.001 00mol·L^{-1}EDTA 滴定，用去 10.00mL。加入浓 HNO_3 加热，使 Fe^{2+} 被氧化为 Fe^{3+}，调节溶液 pH 约 1.5，用磺基水杨酸作指示剂，用上述 EDTA 滴定，用去 20.00mL。计算试样中 ZrO_2 和 Fe_2O_3 的质量分数。

解 pH=0.8 时测定的是 Zr^{4+}，pH=1.5 时测定的是 Fe^{3+}

由题意可知：$n(ZrO_2)=n_1(EDTA)$，$n(1/2Fe_2O_3)=n_2(EDTA)$，故

$$w(ZrO_2)=\frac{0.001\ 00\times10.00\times10^{-3}\times123.22}{1.000\times50.00/200.0}=4.93\times10^{-3}$$

$$w(Fe_2O_3)=\frac{0.00100\times 20.00\times 10^{-3}\times 159.69/2}{1.000\times 50.00/200.0}=6.39\times 10^{-3}$$

例 9.8　称取 Bi、Pb、Cd 合金 2.420g，用硝酸溶解并定容为 250.0mL。取 50.00mL 试液，调节 pH 为 1，以二甲酚橙为指示剂，用 0.024 79mol · L^{-1} EDTA 滴定，用去 25.67mL，然后用六亚甲基四胺调节 pH 为 5，再用上述 EDTA 滴定，用去 24.76mL，加入邻二氮菲，置换出 EDTA 配合物中的 Cd^{2+}，用 0.021 74mol · L^{-1} $Pb(NO_3)_2$ 标准溶液滴定游离出的 EDTA，消耗 6.67mL。计算此合金中 Bi、Pb、Cd 的质量分数。

解　pH＝1 时测定的是 Bi^{3+}，pH＝5 时测定的是 Pb^{2+} 和 Cd^{2+} 的总量，用 $Pb(NO_3)_2$ 标准溶液滴定的是与 Cd^{2+} 配位的 EDTA，因此

$$n(Bi)=n_1(EDTA),\ n(Pb)+n(Cd)=n_2(EDTA),\ n(Cd)=n[Pb(NO_3)_2]$$

所以

$$n(Pb)=n_2(EDTA)-n[Pb(NO_3)_2]$$

$$w(Bi)=\frac{0.02479\times 25.67\times 10^{-3}\times 208.98}{2.420\times 50.00/250.0}=0.2748$$

$$w(Cd)=\frac{0.02174\times 6.67\times 10^{-3}\times 112.41}{2.420\times 50.00/250.0}=0.0338$$

$$w(Pb)=\frac{(0.02479\times 24.76\times 10^{-3}-0.02174\times 6.67\times 10^{-3})\times 207.2}{2.420\times 50.00/250.0}=0.2007$$

例 9.9　为测定水样中 Cu^{2+} 及 Zn^{2+} 的含量，移取水样 100.0mL，用碘量法测定 Cu^{2+} 的量，消耗 20.20mL 0.1000mol · L^{-1} $Na_2S_2O_3$ 溶液；另取水样 10.00mL，调节 pH＝5.0 后，加入 50.00mL 0.010 00mol · L^{-1} EDTA 溶液，剩余的 EDTA 恰好与 12.00mL 0.010 00mol · L^{-1} Cu^{2+} 标准溶液完全反应，计算水样中 Cu^{2+} 和 Zn^{2+} 的含量(g · L^{-1})。

解　因为 $2Cu^{2+}\sim I_2\sim 2S_2O_3^{2-}$，所以

$$n(Cu^{2+})=n(S_2O_3^{2-})=0.1000\times 20.20\times 10^{-3}=2.020\times 10^{-3}(mol)$$

pH＝5.0 时测定的是 Cu^{2+}、Zn^{2+} 总量，即 $n(Zn^{2+})+n(Cu^{2+})=n(EDTA)$，故 100.0mL 水样中：

$$\begin{aligned}n(Zn^{2+})&=n(EDTA)-n(Cu^{2+})\\&=(50.00\times 0.01000-12.00\times 0.01000)\times 10^{-3}\times 10-2.020\times 10^{-3}\\&=1.780\times 10^{-3}(mol)\end{aligned}$$

$$\rho(Cu^{2+})=2.020\times 10^{-3}\times 63.55\times\frac{1000}{100}=1.284(g\cdot L^{-1})$$

$$\rho(Zn^{2+})=1.780\times 10^{-3}\times 65.39\times\frac{1000}{100}=1.164(g\cdot L^{-1})$$

9.4　习题解答

1. 命名下列配位化合物，并指出中心离子、配体、配位原子、配位数、配离子的电荷数。

(1) $[Co(NH_3)_6]Cl_2$　　(2) $[Co(NH_3)_5Cl]Cl_2$

(3) $(NH_4)_2[FeCl_5(H_2O)]$　　(4) $K_2[Zn(OH)_4]$

(5) $[Pt(NH_3)_2Cl_2]$　　(6) $Na_3[Co(NO_2)_6]$

答　结果列于下表：

序号	命名	中心离子	配体	配位原子	配位数	配离子的电荷数
(1)	氯化六氨合钴(Ⅱ)	Co^{2+}	NH_3	N	6	+2
(2)	氯化氯·五氨合钴(Ⅲ)	Co^{3+}	NH_3、Cl^-	N、Cl	6	+2
(3)	五氯·水合铁(Ⅲ)酸铵	Fe^{3+}	Cl^-、H_2O	Cl、O	6	−2
(4)	四羟基合锌(Ⅱ)酸钾	Zn^{2+}	OH^-	O	4	−2
(5)	二氯·二氨合铂(Ⅱ)	Pt^{2+}	NH_3、Cl^-	N、Cl	4	0
(6)	六硝基合钴(Ⅲ)酸钠	Co^{3+}	NO_2^-	N	6	−3

2. 写出下列配合物的化学式。

(1) 硫酸四氨合铜(Ⅱ)　　(2) 六氯合铂(Ⅳ)酸钾

(3) 氯化二氯·三氨·水合钴(Ⅲ)　　(4) 四硫氰·二氨合钴(Ⅲ)酸铵

答　(1) $[Cu(NH_3)_4]SO_4$　　(2) $K_2[PtCl_6]$

(3) $[CoCl_2(NH_3)_3(H_2O)]Cl$　　(4) $NH_4[Co(SCN)_4(NH_3)_2]$

3. 选择题。

(1) 中心离子配位数是指(D)。

A. 配体的个数　　B. 多齿配体的个数

C. 配体的原子总数　　D. 配位原子的总数

(2) 下列各配体中能作为螯合剂的是(D)。

A. F^-　　B. H_2O

C. NH_3　　D. $C_2O_4^{2-}$

(3) 配合物$[Cu(NH_3)_2(en)]^{2+}$中，铜元素的氧化数和配位数为(B)。

A. +2 和 3　　B. +2 和 4

C. 0 和 3　　D. 0 和 4

(4) 在 $H[AuCl_4]$溶液中，除 H_2O、H^+外，其相对含量最大的是(C)。

A. Cl^-　　B. $AuCl_3$

C. $[AuCl_4]^-$　　D. Au^{3+}

(5) 某配合物实验式为 $NiCl_2 \cdot 5H_2O$，其溶液加过量 $AgNO_3$ 时，1mol 该物质能产生 AgCl 1mol，则该配合物的内界是(B)。

A. $[Ni(H_2O)_4Cl_2]$　　B. $[Ni(H_2O)_5Cl]^+$

C. $[Ni(H_2O)_4]^{2+}$　　D. $[Ni(H_2O)_2Cl_2]$

4. 无水 $CrCl_3$ 和氨能形成两种配合物，组成相当于 $CrCl_3 \cdot 6NH_3$ 及 $CrCl_3 \cdot 5NH_3$。$AgNO_3$从第一种配合物水溶液中能将几乎所有的氯沉淀为 AgCl，而从第二种配合物水溶液中仅能沉淀出组成中含氯量的 2/3。从上述事实确定两种配合物的结构式。

答　第一种配合物为$[Cr(NH_3)_6]Cl_3$；第二种配合物为$[CrCl(NH_3)_5]Cl_2$。

5. 在 $ZnSO_4$ 溶液中慢慢加入 NaOH 溶液，可生成白色 $Zn(OH)_2$ 沉淀。把沉淀分成三份，分别加入 HCl 溶液、过量 NaOH 溶液及氨水，沉淀都能溶解。写出三个反应式。

答

$$Zn(OH)_2 + 2HCl = ZnCl_2 + H_2O$$

$$Zn(OH)_2 + 2NaOH \longrightarrow Na_2ZnO_2 + 2H_2O$$

$$Zn(OH)_2 + 4NH_3 \longrightarrow [Zn(NH_3)_4](OH)_2$$

6. 将 KSCN 加入 $NH_4Fe(SO_4)_2 \cdot 12H_2O$ 溶液中，溶液呈血红色，但加到 $K_3[Fe(CN)_6]$ 溶液中并不出现红色，这是为什么？

答　这是因为 $NH_4Fe(SO_4)_2 \cdot 12H_2O$ 是复盐，溶液中铁是以 Fe^{3+} 形式存在；而铁在 $K_3[Fe(CN)_6]$ 中主要是以 $[Fe(CN)_6]^{3-}$ 配位离子形式存在，SCN^- 遇到 Fe^{3+} 才会生成血红色配合物 $[Fe(SCN)_x]^{3-x}$。

7. EDTA 与金属离子配位的特点是什么？为什么它具有这些特点？

答　EDTA 分子中含有 2 个氨基氮和 4 个羧基氧共 6 个配位原子，可以和很多金属离子形成十分稳定的螯合物。EDTA 与金属离子的配位反应有以下特点：

(1) 普遍性。EDTA 几乎能与所有的金属离子(碱金属离子除外)发生配位反应，生成稳定的螯合物。

(2) 组成一定。在一般情况下，EDTA 与金属离子形成的配合物是 1∶1 的螯合物。

(3) 稳定性高。EDTA 与金属离子所形成的配合物一般具有 5 个五元环结构，所以稳定常数大，稳定性高。

(4) 可溶性。EDTA 与金属离子形成的配合物一般可溶于水，使滴定能在水溶液中进行。且与无色金属离子一般生成无色配合物，与有色金属离子则生成颜色更深的配合物。

8. 解释下列各名词。

(1) 螯合效应；(2) 酸效应；(3) 金属指示剂；(4) 解蔽作用。

答　(1) 由于螯环的形成而使螯合物具有特殊的稳定性称为螯合效应。

(2) 由于 H^+ 的存在而使 Y^{4-} 参加主反应能力降低的现象称为酸效应。

(3) 配位滴定中的指示剂是用来指示溶液中金属离子浓度的变化情况，所以称为金属离子指示剂，简称金属指示剂。

(4) 在掩蔽的基础上，加入一种适当的试剂，把已掩蔽的离子重新释放出来，再对它进行测定，称为解蔽作用。

9. 根据价键理论，指出下列配离子的成键轨道类型(注明内轨型或外轨型)和空间结构。

$[Cd(NH_3)_4]^{2+}$ ($\mu = 0$B. M.)　　$[Ag(NH_3)_2]^+$ ($\mu = 0$B. M.)

$[Ni(H_2O)_6]^{2+}$ ($\mu = 2.8$B. M.)　　$[Co(CNS)_4]^{2-}$ ($\mu = 3.9$B. M.)

$[Ni(CN)_4]^{2-}$ ($\mu = 0$B. M.)　　$[Fe(CN)_6]^{3-}$ ($\mu = 1.73$B. M.)

答　结果列于下表：

配离子	磁矩 μ/B. M.	成单电子数 n	杂化轨道类型	成键轨道类型	空间结构
$[Cd(NH_3)_4]^{2+}$	0	0	sp^3	外轨型	四面体
$[Ag(NH_3)_2]^+$	0	0	sp	外轨型	直线形
$[Ni(H_2O)_6]^{2+}$	2.8	2	sp^3d^2	外轨型	八面体
$[Co(CNS)_4]^{2-}$	3.9	3	sp^3	外轨型	四面体
$[Ni(CN)_4]^{2-}$	0	0	dsp^2	内轨型	平面正方形
$[Fe(CN)_6]^{3-}$	1.73	1	d^2sp^3	内轨型	八面体

10. 为什么配位滴定要求控制在一定的 pH 条件下进行？

答　(1) 由于不同金属离子的 EDTA 配合物的稳定性不同，因此滴定时所允许的最低 pH(金属离子能被准确滴定所允许的 pH)也不相同。

(2) 如果 pH 过高，金属离子可能水解，甚至生成氢氧化物沉淀。

11. 在 $0.50\text{mol}\cdot\text{L}^{-1}[AlF_6]^{3-}$ 溶液中，含有 $0.10\text{mol}\cdot\text{L}^{-1}$ 游离 F^-，求溶液中 Al^{3+} 的浓度。

解　查表得 $K_f^{\ominus}\{[AlF_6]^{3-}\}=6.9\times10^{19}$，设平衡时 $c(Al^{3+})=x\text{mol}\cdot\text{L}^{-1}$，则

$$Al^{3+} + 6F^- \rightleftharpoons [AlF_6]^{3-}$$

平衡浓度/$(\text{mol}\cdot\text{L}^{-1})$　　x　　0.10　　0.50

由 $K_f^{\ominus}=\dfrac{c\{[AlF_6]^{3-}\}}{c(Al^{3+})\cdot c^6(F^-)}$，有

$$c(Al^{3+})=\frac{c\{[AlF_6]^{3-}\}}{K_f^{\ominus}\cdot c^6(F^-)}=\frac{0.50}{6.9\times10^{19}\times(0.10)^6}=7.2\times10^{-15}(\text{mol}\cdot\text{L}^{-1})$$

12. 在 1L $0.010\text{mol}\cdot\text{L}^{-1}$ Pb^{2+} 的溶液中，加入 0.50mol EDTA 及 0.0010mol Na_2S，则溶液中是否有 PbS 沉淀生成？

解　查表得 $K_f^{\ominus}\{[PbY]^{2-}\}=1.1\times10^{18}$，$K_{sp}^{\ominus}(PbS)=8.0\times10^{-28}$。

要判断是否有 PbS 沉淀生成，先计算出 $c(Pb^{2+})$、$c(S^{2-})$，然后再根据溶度积规则判断。

设平衡时 $c(Pb^{2+})=x\text{mol}\cdot\text{L}^{-1}$，则

$$Pb^{2+} + Y^{4-} \rightleftharpoons [PbY]^{2-}$$

起始浓度/$(\text{mol}\cdot\text{L}^{-1})$　　0.010　　0.50　　0

平衡浓度/$(\text{mol}\cdot\text{L}^{-1})$　　x　　$0.50-(0.010-x)\approx0.49$　　$0.010-x$(x 较小)≈0.010

由 $K_f^{\ominus}=\dfrac{c\{[PbY]^{2-}\}}{c(Pb^{2+})\cdot c(Y^{4-})}$，有

$$c(Pb^{2+})=\frac{c\{[PbY]^{2-}\}}{K_f^{\ominus}\cdot c(Y^{4-})}=\frac{0.010}{1.1\times10^{18}\times0.49}=1.9\times10^{-20}(\text{mol}\cdot\text{L}^{-1})$$

因为 $Q_i=c(Pb^{2+})\cdot c(S^{2-})=1.9\times10^{-20}\times0.0010=1.9\times10^{-23}>K_{sp}^{\ominus}(PbS)=8.0\times10^{-28}$，所以溶液中有 PbS 沉淀生成。

13. 在 $0.10\text{mol}\cdot\text{L}^{-1}[Ag(NH_3)_2]^+$ 溶液中含有浓度为 $1.0\text{mol}\cdot\text{L}^{-1}$ 的氨水，试计算 Ag^+ 的浓度。

解　查表得 $K_f^{\ominus}\{[Ag(NH_3)_2]^+\}=1.6\times10^7$，设平衡时 $c(Ag^+)=x\text{mol}\cdot\text{L}^{-1}$，则

$$[Ag(NH_3)_2]^+ \rightleftharpoons Ag^+ + 2NH_3$$

起始浓度/$(\text{mol}\cdot\text{L}^{-1})$　　0.10　　0　　1.0

平衡浓度/$(\text{mol}\cdot\text{L}^{-1})$　　$0.10-x\approx0.10$　　x　　$1.0+2x\approx1.0$(x 较小)

由 $K_f^{\ominus}=\dfrac{c\{[Ag(NH_3)_2]^+\}}{c(Ag^+)\cdot c^2(NH_3)}$，有

$$c(Ag^+)=\frac{c\{[Ag(NH_3)_2]^+\}}{K_f^{\ominus}\cdot c^2(NH_3)}=\frac{0.10}{1.6\times10^7\times(1.0)^2}=6.2\times10^{-9}(\text{mol}\cdot\text{L}^{-1})$$

14. 在 25℃时，1L 6.0mol·L^{-1}氨水可溶解多少克 AgCl？

解　查表得 $K_{sp}^{\ominus}(AgCl)=1.8\times10^{-10}$，$K_f^{\ominus}\{[Ag(NH_3)_2]^+\}=1.6\times10^7$。设 1L 6mol·L^{-1}氨水可溶解 x mol AgCl，则平衡时 $c\{[Ag(NH_3)_2]^+\}=c(Cl^-)=x$ mol·L^{-1}

$$AgCl(s)+2NH_3 \rightleftharpoons [Ag(NH_3)_2]^+ + Cl^-$$

平衡浓度/(mol·L^{-1})　　$6.0-2x$　　x　　x

$$K_j^{\ominus}=\frac{c\{[Ag(NH_3)_2]^+\}\cdot c(Cl^-)}{c^2(NH_3)}=K_f^{\ominus}\{[Ag(NH_3)_2]^+\}\cdot K_{sp}^{\ominus}(AgCl)$$

$$=1.6\times10^7\times1.8\times10^{-10}=2.9\times10^{-3}$$

即

$$\frac{x^2}{(6.0-2x)^2}=2.9\times10^{-3}$$

解得

$$x=0.29(mol\cdot L^{-1})$$

AgCl 为 0.29mol，AgCl 的质量为 0.29×143.3=42(g)。

15. 利用有关溶度积和稳定常数，求下列反应的平衡常数。

(1) $CuS+4NH_3 \rightleftharpoons [Cu(NH_3)_4]^{2+}+S^{2-}$

(2) $[CuCl_2]^- \rightleftharpoons CuCl+Cl^-$

解　(1)

$$K_j^{\ominus}=\frac{c\{[Cu(NH_3)_4]^{2+}\}\cdot c(S^{2-})}{c^4(NH_3)}$$

$$=K_f^{\ominus}\{[Cu(NH_3)_4]^{2+}\}\cdot K_{sp}^{\ominus}(CuS)$$

$$=2.08\times10^{13}\times6.3\times10^{-36}=1.3\times10^{-22}$$

(2)

$$K_j^{\ominus}=\frac{c(Cl^-)}{c\{[CuCl_2]^-\}}=\frac{c(Cl^-)}{c\{[CuCl_2]^-\}}\times\frac{c(Cu^+)\cdot c(Cl^-)}{c(Cu^+)\cdot c(Cl^-)}$$

$$=\frac{1}{K_f^{\ominus}\{[CuCl_2]^-\}\cdot K_{sp}^{\ominus}(CuCl)}=\frac{1}{1.2\times10^{-6}\times3.6\times10^5}=2.3$$

16. 已知 $Hg^{2+}+4I^- \rightleftharpoons [HgI_4]^{2-}$ 的 $K_f^{\ominus}=6.76\times10^{29}$，电对 $E^{\ominus}(Hg^{2+}/Hg)=0.854V$，试计算电对 $E^{\ominus}\{[HgI_4]^{2-}/Hg\}$的值。

解

$$E^{\ominus}\{[HgI_4]^{2-}/Hg\}=E^{\ominus}(Hg^{2+}/Hg)+\frac{0.0592}{2}\lg c(Hg^{2+})$$

$$=E^{\ominus}(Hg^{2+}/Hg)+\frac{0.0592}{2}\lg\frac{c\{[HgI_4]^{2-}\}}{K_f^{\ominus}\cdot c(I^-)}$$

$$=0.854+\frac{0.0592}{2}\lg\frac{1}{6.76\times10^{29}}=-0.029(V)$$

17. 如果在 0.10mol·L^{-1}$[Ag(CN)_2]^-$溶液中加入 KCN 固体，使 CN^- 的浓度为 0.10mol·L^{-1}，然后再加入：(1) KI 固体，使 I^- 的浓度为 0.10mol·L^{-1}；(2) Na_2S 固体，使 S^{2-} 的浓度为 0.10mol·L^{-1}；是否都产生沉淀？

解　查表得 $K_f^{\ominus}\{[Ag(CN)_2]^-\}=1.26\times10^{21}$，设平衡时 $c(Ag^+)=x$ mol·L^{-1}，则

$$[Ag(CN)_2]^- \rightleftharpoons Ag^+ + 2CN^-$$

起始浓度/(mol·L^{-1})　0.10　　0　　0.10

平衡浓度/(mol·L^{-1})　$0.10-x\approx0.10$　　x　　$0.10+2x\approx0.10$(x 较小)

由 $K_f^{\ominus}=\dfrac{c\{[Ag(CN)_2]^-\}}{c(Ag^+)\cdot c^2(CN^-)}$，有

$$c(Ag^+)=\frac{c\{[Ag(CN)_2]^-\}}{K_f^{\ominus}\cdot c^2(CN^-)}=\frac{0.10}{1.26\times10^{21}\times(0.10)^2}$$
$$=7.9\times10^{-21}(mol\cdot L^{-1})$$

（1）查表得

$$K_{sp}^{\ominus}(AgI)=8.3\times10^{-17}$$
$$Q_i=c(Ag^+)\cdot c(I^-)=7.9\times10^{-21}\times0.10$$
$$=7.9\times10^{-22}<K_{sp}^{\ominus}(AgI)=8.3\times10^{-17}$$

所以没有 AgI 沉淀产生。

（2）查表得

$$K_{sp}^{\ominus}(Ag_2S)=6.3\times10^{-50}$$
$$Q_i=c^2(Ag^+)\cdot c(S^{2-})=(7.9\times10^{-21})^2\times0.10$$
$$=6.2\times10^{-42}>K_{sp}^{\ominus}(Ag_2S)=6.3\times10^{-50}$$

所以有 Ag_2S 沉淀产生。

18. 称取过磷酸钙试样 0.4120g，经处理后，把其中的磷沉淀为 $Mg(NH_4)PO_4$。将沉淀过滤、洗涤后，再溶解，然后在适当条件下，用 0.020 00mol · L^{-1} EDTA 标准溶液滴定其中的 Mg^{2+}，消耗体积为 50.00mL，求试样中 P_2O_5 的质量分数。

解　因为 $1/2P_2O_5\sim Mg(NH_4)PO_4\sim Mg^{2+}\sim EDTA$，所以 $1/2P_2O_5\sim EDTA$

$$w(P_2O_5)=\frac{c(EDTA)\cdot V(EDTA)\cdot M(1/2P_2O_5)}{m}$$
$$=\frac{0.020\,00\times50.00\times10^{-3}\times141.95/2}{0.4120}=0.1723$$

19. 在 pH=10 的条件下，以铬黑 T 作指示剂，滴定 50.00mL 水样中的 Ca^{2+}、Mg^{2+} 总量，共用去 0.010 00mol · L^{-1} EDTA 标准溶液 9.86mL，则此水样的总硬度是多少度？

解
$$n(Ca^{2+})+n(Mg^{2+})=n(EDTA)$$
$$总硬度(°H)=\frac{c(EDTA)\cdot V(EDTA)\cdot M(CaO)}{V_{水}}\times100$$
$$=\frac{0.010\,00\times9.86\times56.08}{50.00}\times100=11.06$$

20. 试剂厂生产的无水 $ZnCl_2$，采用 EDTA 配位滴定法测定产品中 $ZnCl_2$ 的含量。先准确称取样品 0.2500g，溶于水后，控制溶液酸度在 pH=6 的情况下，以二甲酚橙为指示剂，用 0.1024mol · L^{-1} EDTA 滴定溶液中的 Zn^{2+}，用去 17.90mL，求样品中 $ZnCl_2$ 的质量分数。

解
$$n(ZnCl_2)=n(EDTA)$$
$$w(ZnCl_2)=\frac{c(EDTA)\cdot V(EDTA)\cdot M(ZnCl_2)}{m}$$
$$=\frac{0.1024\times17.90\times10^{-3}\times136.29}{0.2500}=0.9992$$

21. 有一铜锌合金试样，称 0.5000g 溶解后定容成 100mL，取 25.00mL，调 pH=6.0，以 PAN 为指示剂，用 $0.050\ 00mol \cdot L^{-1}$ EDTA 滴定 Cu^{2+}、Zn^{2+}，用去 EDTA 37.30mL。另取 25.00mL 试液，调 pH=10.0，加入 KCN，Cu^{2+}、Zn^{2+} 被掩蔽，再加甲醛以解蔽 Zn^{2+}，消耗相同浓度的 EDTA 13.40mL，计算试样中 Cu^{2+}、Zn^{2+} 的质量分数。

解 pH=6.0 时测定的是 Cu^{2+}、Zn^{2+} 总量，pH=10.0 时测定的是 Zn^{2+} 含量

$$w(Zn^{2+})=\frac{c(EDTA)\cdot V_2\times 10^{-3}\times M(Zn)}{m\times 25.00/100}$$

$$=\frac{0.050\ 00\times 13.40\times 10^{-3}\times 65.39}{0.5000\times 25.00/100}=0.3505$$

$$w(Cu^{2+})=\frac{c(EDTA)\cdot (V_1-V_2)\times 10^{-3}\times M(Cu)}{m\times 25.00/100}$$

$$=\frac{0.050\ 00\times (37.30-13.40)\times 10^{-3}\times 63.546}{0.5000\times 25.00/100}$$

$$=0.6075$$

22. 在 pH=12 时，用钙指示剂以 EDTA 进行石灰石中 CaO 含量测定。称出试样 0.4086g 在 250mL 容量瓶中定容后，吸取 25.00mL 试液，以 EDTA 滴定，用去 $0.020\ 43mol \cdot L^{-1}$ EDTA 溶液 17.50mL，求该石灰石中 CaO 的质量分数。

解

$$w(CaO)=\frac{c(EDTA)\cdot V(EDTA)\times 10^{-3}\times M(CaO)}{m\times 25.00/250}$$

$$=\frac{0.020\ 43\times 17.50\times 10^{-3}\times 56.08}{0.4086\times 25.00/250}=0.4907$$

23. 取 100.0mL 水样，调节 pH=10，用铬黑 T 作指示剂，用去 $0.0100mol \cdot L^{-1}$ EDTA 25.40mL；另取一份 100.0mL 水样，调节 pH=12，用钙指示剂，用去 EDTA 14.25mL，求每升水样中含 CaO、MgO 的质量。

解

$$\rho(CaO)=\frac{c(EDTA)\cdot V_2\times M(CaO)}{V\times 10^{-3}}$$

$$=\frac{0.0100\times 14.25\times 56.08}{100\times 10^{-3}}$$

$$=79.9(mg\cdot L^{-1})$$

$$\rho(MgO)=\frac{c(EDTA)\cdot (V_1-V_2)\times M(MgO)}{V\times 10^{-3}}$$

$$=\frac{0.0100\times (25.40-14.25)\times 40.30}{100\times 10^{-3}}$$

$$=44.9(mg\cdot L^{-1})$$

24. 测定无机盐中 SO_4^{2-} 的含量，称取试样 3.000g，溶解后，用容量瓶稀释至 250mL，用移液管吸取 25.00mL 试液加入 25.00mL，$0.050\ 00mol \cdot L^{-1}$ $BaCl_2$ 溶液中过滤后用 $0.050\ 00mol \cdot L^{-1}$ EDTA 17.50mL 滴定剩余的 Ba^{2+}，求 SO_4^{2-} 的质量分数。

解 $$w(SO_4^{2-})=\frac{n(SO_4^{2-})\cdot M(SO_4^{2-})}{m}$$

$$=\frac{[c(Ba^{2+})\cdot V(Ba^{2+})-c(EDTA)\cdot V(EDTA)]\times 10^{-3}\times M(SO_4^{2-})}{m\times 25.00/250}$$

$$=\frac{(0.05000\times25.00-0.05000\times17.50)\times10^{-3}\times96.05}{3.000\times25.00/250}$$

$$=0.1201$$

25. 设计方案使 Zn^{2+}、Mg^{2+} 实现分别测定。

答　先在 pH＝5～6 时，用二甲酚橙作指示剂，以 EDTA 滴定 Zn^{2+}（此时 Mg^{2+} 不被滴定），然后再调节溶液 pH＝10 左右，以铬黑 T 作指示剂，以 EDTA 滴定 Mg^{2+}。

26. 一含有 Fe^{3+}、Al^{3+}、Zn^{2+}（其浓度均为 $10^{-2}\,mol\cdot L^{-1}$）的溶液，试设计一个以配位滴定方法测定上述元素的方案。（要求：写明测定的理论根据、主要步骤、主要条件、试剂及指示剂）

答　理论根据：当 Fe^{3+}、Al^{3+}、Zn^{2+} 共存时，由于 Fe^{3+} 与 Al^{3+}、Zn^{2+} 在酸效应曲线上相距较远，可以通过调节溶液的 pH，改变被测离子和干扰离子与 EDTA 所形成配合物的稳定性，从而消除干扰，而 Al^{3+}、Zn^{2+} 在酸效应曲线上相距较近，无法通过调节溶液的 pH 消除彼此的干扰。加入掩蔽剂将其中一种金属离子掩蔽起来，而对另一种进行测定，最后加入解蔽剂，把已掩蔽的离子释放出来，对其进行滴定。

主要步骤如下：

(1) 滴定 Fe^{3+}。先在 pH＝1～2 时，以磺基水杨酸为指示剂，用 EDTA 标准溶液滴定 Fe^{3+}，溶液由紫色变为黄色为滴定终点。

(2) 滴定 Al^{3+}。加入 KCN，使 Zn^{2+} 形成配离子 $[Zn(CN)_4]^{2-}$ 而掩蔽起来，加入过量 EDTA 标准溶液煮沸，再加入二甲酚橙指示剂，以 Zn^{2+} 标准溶液返滴定剩余的 EDTA，终点为黄紫红（橙黄）。

(3) 滴定 Zn^{2+}。用 EDTA 滴定 Al^{3+} 后，再加入甲醛破坏 $[Zn(CN)_4]^{2-}$，在 pH＝5～6 时，二甲酚橙作指示剂，用 EDTA 标准溶液继续滴定释放出来的 Zn^{2+}。滴定终点时溶液由紫红色变成黄色。

$$[Zn(CN)_4]^{2-}+4HCHO+4H_2O=\!=\!=Zn^{2+}+4HOCH_2CN+4OH^-$$

主要条件：酸度、掩蔽、解蔽。

试剂：EDTA 标准溶液、Zn^{2+} 标准溶液、甲醛。

指示剂：磺基水杨酸、二甲酚橙。

9.5　自测习题

（一）填空题

1. 钴离子（Co^{3+}）和四个氨分子、两个氯离子生成配离子，它的氯化物分子式为________，名称为__________。

2. 溴化氯·三氨·二水合钴（Ⅲ）的内界为________，外界为________。

3. 四氯合铂（Ⅱ）酸四氨合铜（Ⅱ）的化学式为__________。

4. 在 $[RhBr_2(NH_3)_4]^+$ 中，Rh 的氧化数为________，配位数为________。

5. $K[CrCl_4(NH_3)_2]$ 的名称是________，Cr 的氧化数为________，配位数为________。

6. 配离子 $[PtCl(NO_2)(NH_3)_4]^{2+}$ 中，中心离子氧化数为________，配位数为________，该化合物名称为__________。

7. 螯合物是由__________和__________配位而成的具有环状结构的化合物。

8. 对比同一中心离子,它所形成的内轨型配合物比__________型配合物的稳定性________。

9. 在$[Ag(NH_3)_2]NO_3$ 溶液中,存在下列平衡:$Ag^+ + 2NH_3 \rightleftharpoons [Ag(NH_3)_2]^+$。(1) 若向溶液中加入 HCl,则平衡向__________移动;(2) 若向溶液中加入氨水,则平衡向________移动。

10. $[PtCl(NO_2)(NH_3)_4]CO_3$ 名称为__________,中心离子氧化数为__________,配离子电荷数为__________。

11. 用 $FeCl_3$ 溶液在白纸上写字,干后可用__________或__________喷射,即可得到颜色鲜明的字迹。

12. 已知配离子$[Fe(CN)_6]^{3-}$为内轨型,配离子$[FeF_6]^{3-}$为外轨型,则反应:$[Fe(CN)_6]^{3-} + 6F^- \rightleftharpoons [FeF_6]^{3-} + 6CN^-$是向生成__________的方向进行。

13. 已知$[CrF_6]^{3-}$为外轨型配合物,则 Cr^{3+} 是以__________杂化轨道成键的,其空间构型为________。

14. 金属离子 M 溶液 pH 增大时,$\lg K_f^{\ominus\prime}(MY)$__________,滴定曲线的突跃范围__________。

15. 配位滴定中,若金属离子的原始浓度为 $0.01mol \cdot L^{-1}$,只有当________时,才能进行准确滴定。

16. 由于 EDTA 具有__________和__________两种配位能力很强的配位原子,因此它能和许多金属离子形成稳定的__________。

17. 由于__________存在,而使配体参加__________能力降低的现象称为酸效应。

18. EDTA 酸效应曲线图中,金属离子位置所对应的 pH,就是滴定这种金属离子的________。

19. 配位滴定的直接滴定法中,其终点所呈现的颜色是__________。

20. EDTA 与金属离子形成配合物的过程中,因有__________放出,应加__________控制溶液的酸度。

21. 由于某些金属离子的存在,导致加入过量的 EDTA 滴定剂,指示剂也无法指示终点的现象称为__________。故被滴定溶液中应事先加入__________剂,以克服这些金属离子的干扰。

22. 用 EDTA 测 Ca^{2+}、Mg^{2+} 总量时,以__________作指示剂,控制 pH 为__________,滴定终点时,溶液由__________色变成__________色。

(二) 判断题(正确的请在括号内打√,错误的打×)

23. 多齿配体与中心离子生成的配合物,都是螯合物。　(　　)

24. 实验证明,在$[Co(NH_3)_6]^{3+}$中没有单电子,可判定它的杂化轨道类型为 sp^3d^2。　(　　)

25. $[PtCl_2(NH_3)_2]Cl_2$ 的名称是氯化二氨·二氯合铂(Ⅳ)。　(　　)

26. Fe^{3+} 和 1 个 H_2O 分子、5 个 Cl^- 形成的配离子是$[Fe(Cl)_5(H_2O)]^{2-}$。　(　　)

27. 任何中心离子配位数为 4 的配离子均为四面体构型。　(　　)

28. 配合物的 $K_f^{\ominus}$ 越大,表明内界和外界结合越牢固。　(　　)

29. 将 KSCN 加入 $NH_4Fe(SO_4)_2 \cdot 12H_2O$ 溶液中,出现红色,但加入$K_3[Fe(CN)_6]$溶液中,并不出现红色,这一现象可初步认为前者是复盐,后者是配盐。　(　　)

30. 氨水溶液不能装在铜制容器中,其原因是发生配位反应,生成$[Cu(NH_3)_4]^{2+}$,使铜溶解。　(　　)

31. 与中心离子配位的配体数目就是中心离子的配位数。 (　　)

32. 由于$[Fe(CN)_6]^{3-}$带有 3 个负电荷，而$[Fe(H_2O)_6]^{3+}$带有 3 个正电荷，因此前者是外轨型配合物，后者是内轨型配合物。 (　　)

33. 因$[Ni(CN)_4]^{2-}$的构型为平面正方形，故该配合物为外轨型配合物。 (　　)

34. 螯合物中通常形成五元环或六元环，这是因为五元环、六元环比较稳定。 (　　)

35. 由稳定常数的大小可比较不同配合物的稳定性，即 $K_f^{\ominus}$ 越大，配合物越稳定。(　　)

36. 在 Fe^{2+} 的配合物中，中心离子 d 轨道只有高自旋分布，没有低自旋分布。 (　　)

37. 酸效应系数越大，配合物的稳定性越大。 (　　)

38. EDTA 滴定金属离子至终点时，溶液呈现的颜色是 MY 的颜色。 (　　)

39. Al^{3+} 和 Fe^{3+} 共存时，可以通过控制溶液 pH，先测定 Fe^{3+}，然后提高 pH，再用 EDTA 直接滴定 Al^{3+}。 (　　)

40. 金属指示剂与金属离子生成的配合物越稳定，测定准确度越高。 (　　)

(三) 选择题

41. 下列物质中可作配体的有(　　)。

A. NH_4^+　B. H_3O^+　C. NH_3　D. CH_4

42. 用以检出 Fe^{2+} 的试剂是(　　)。

A. KSCN　B. $K_3[Fe(CN)_6]$　C. $K_4[Fe(CN)_6]$　D. H_2O

43. 下列配合物中属于弱电解质的是(　　)。

A. $[Ag(NH_3)_2]Cl$　B. $K_3[FeF_6]$　C. $[Co(en)_3]Cl_2$　D. $[PtCl_2(NH_3)_2]$

44. 通常情况下，下列离子可能生成内轨型配合物的是(　　)。

A. Cu(Ⅰ)　B. Fe(Ⅱ)　C. Ag(Ⅰ)　D. Au(Ⅰ)

45. 实验证实，$[Co(NH_3)_6]^{3+}$配离子中无单电子，由此推论 Co^{3+} 采取的杂化轨道是(　　)。

A. sp^3　B. d^2sp^3　C. dsp^2　D. sp^3d^2

46. 对相同的中心离子，其外轨型配合物与内轨型配合物相比，稳定程度大小为(　　)。

A. 外轨型稳定　B. 内轨型稳定

C. 两者稳定性没有差别　D. 无法比较

47. 下列阳离子中，与氨能形成配离子的是(　　)。

A. Ca^{2+}　B. Fe^{2+}　C. K^+　D. Cu^{2+}

48. 在$[Cu(NH_3)_4]^{2+}$配离子中，Cu^{2+} 的氧化数和配位数各为(　　)。

A. +2 和 4　B. 0 和 3　C. +4 和 2　D. +2 和 8

49. 在$[Pt(en)_2]^{2+}$中，Pt 的氧化数和配位数为(　　)。

A. +2 和 2　B. +4 和 4　C. +2 和 4　D. +4 和 2

50. 金属离子 M^{n+} 形成化学式为$[ML_2]^{(n-4)+}$的配离子，式中 L 为二齿配体，则 L 携带的电荷是(　　)。

A. +2　B. 0　C. −1　D. −2

51. 为了提高配位滴定的选择性，采取的措施之一是设法降低干扰离子的浓度，其作用称为(　　)。

A. 掩蔽作用　B. 解蔽作用

C. 控制溶液的酸度　D. 加入有机试剂

52. 0.010mol · L^{-1} M^{2+} 与 0.010mol · L^{-1} Na_2H_2Y 反应后，溶液 pH 约为[$K_f^{\ominus}(MY)=1.0\times10^{20}$]（　）。

A. 2.00　B. 1.70　C. 1.82　D. 1.40

53. EDTA 在不同 pH 条件下的酸效应系数分别是 pH＝4、6、8、10 时，$\lg\alpha[Y(H)]$为 8.44、4.65、2.27、0.45，已知 $\lg K_f^{\ominus}(MgY)=8.7$，设无其他副反应，确定用 EDTA 直接准确滴定 Mg^{2+} 的酸度为（　）。

A. pH＝4　B. pH＝6　C. pH＝8　D. pH＝10

54. 金属离子与 EDTA 和指示剂形成配合物的稳定常数之比[$K_f^{\ominus}(MY)/K_f^{\ominus}(MIn)$]要（　）。

A. $>10^2$　B. $<10^2$　C. $=10^2$　D. $\leqslant10^2$

55. 用钙指示剂在 Ca^{2+}、Mg^{2+} 的混合溶液中直接滴定 Ca^{2+}，溶液的 pH 必须达到（　）。

A. 14　B. 12　C. 10　D. 8

56. 为了防止金属指示剂变质，常将指示剂与（　）按比例配成固体使用。

A. 中性盐　B. 酸式盐　C. 碱式盐　D. 正盐

57. EDTA 法测定 M^{n+} 时，pH 越大，$\lg K_f^{\ominus\prime}(MY)$越大，因此测 M^{n+} 时溶液的 pH 应控制在一定范围内，这是因为（　）。

A. pH 过大 M^{n+} 水解　B. pH 过大生成物不稳定

C. pH 过大突跃小　D. pH 过大没有指示剂

58. 某溶液主要含有 Ca^{2+}、Mg^{2+} 及少量 Fe^{3+}、Al^{3+}，今在 pH 为 10 时，加入三乙醇胺后以 EDTA 滴定，用铬黑 T 为指示剂，则测出的是（　）。

A. Mg^{2+} 含量　B. Ca^{2+} 含量

C. Ca^{2+}、Mg^{2+} 总量　D. Fe^{3+}、Al^{3+}、Ca^{2+}、Mg^{2+} 总量

59. 在 EDTA 配位滴定中，下列关于酸效应的叙述正确的是（　）。

A. $\alpha[Y(H)]$越小，配合物稳定性越小

B. $\alpha[Y(H)]$越大，配合物稳定性越大

C. pH 越高，$\alpha[Y(H)]$越小

D. $\alpha[Y(H)]$越小，配位滴定曲线的 pM 突跃范围越小

60. 用于测定水硬度的方法一般是（　）。

A. 碘量法　B. 重铬酸钾法　C. EDTA 法　D. 酸碱滴定法

61. 在配位滴定中，条件稳定常数 $K_f^{\ominus\prime}(MY)$总是比稳定常数 $K_f^{\ominus}(MY)$小，这是因为（　）。

A. 生成物发生副反应　B. $pH>12$

C. M、Y 均发生副反应　D. $\alpha_M=1$

62. 将 0.56g 含 Ca 试样溶成 250mL，取 25mL，用 0.020 00mol · L^{-1} EDTA 溶液滴定，耗去 30mL，则试样中 CaO(56.0g · mol^{-1})质量分数约为（　）。

A. 0.03　B. 0.60　C. 0.12　D. 0.30

63. 配位滴定中，Fe^{3+}、Al^{3+} 对铬黑 T 指示剂有（　）。

A. 僵化作用　B. 氧化作用　C. 封闭作用　D. 沉淀作用

64. 下列配合物中，磁矩约为 2.8B. M. 的是（　）。

A. $K_3[CoF_6]$　B. $K_3[Fe(CN)_6]$　C. $Ba[TiF_6]$　D. $[V(H_2O)_6]^{3+}$

(四) 计算题

65. 在 0.010mol · $L^{-1}$$[Ag(NH_3)_2]^+$溶液中,含有过量的 0.010mol · L^{-1}氨水,计算溶液中的 Ag^+浓度是多少? 已知:$K_f^{\ominus}\{[Ag(NH_3)_2]^+\}=1.7\times10^7$。

66. 将 0.50mol · L^{-1}氨水 0.50mL 加入 0.50mL 0.20mol · L^{-1} $AgNO_3$ 溶液中,计算平衡时溶液中 Ag^+、$[Ag(NH_3)_2]^+$、NH_3、H^+的浓度。已知:$K_f^{\ominus}\{[Ag(NH_3)_2]^+\}=1.7\times10^7$,$K_b^{\ominus}(NH_3)=1.8\times10^{-5}$。

67. 已知:$E^{\ominus}(Cu^+/Cu)=0.521V$,$E^{\ominus}\{[Cu(CN)_2]^-/Cu\}=-0.896V$,试计算$[Cu(CN)_2]^-$的稳定常数。

68. 测煤中含硫量时,取试样 2.100g 经燃烧处理成 H_2SO_4 后,向其中加入 0.1000mol · L^{-1} $BaCl_2$ 溶液 25.00mL。过量 $BaCl_2$ 用 0.088 00mol · L^{-1} Na_2SO_4 标准溶液滴定,消耗 1.00mL 至终点,计算试样中 S 的质量分数。

69. 称取 0.5000g 白云石样品,溶于酸后定容成 250mL,吸取 25.00mL,加掩蔽剂消除干扰,在 pH = 10 用 K-B 混合指示剂,以 0.020 00mol · L^{-1} EDTA 标准溶液滴定,用去 26.26mL。又另取 25.00mL 加掩蔽剂后,在 pH=12.5 时用钙指示剂,用同浓度的 EDTA 溶液滴定,用去 13.12mL,计算试样中 $CaCO_3$ 和 $MgCO_3$ 的质量分数。

70. 称取 0.5000g 铜锌合金,溶解后定容成 100.0mL。取 25.00mL 试液,调 pH 6.0,以 PAN 为指示剂,用 0.050 00mol · L^{-1} EDTA 标准溶液滴定 Cu^{2+}、Zn^{2+},用去 37.30mL。另取 25.00mL 试液,调 pH 10.0,加 KCN 掩蔽 Cu^{2+} 和 Zn^{2+},用同浓度 EDTA 溶液滴定 Mg^{2+},用去 4.10mL。然后加甲醛解蔽 Zn^{2+},用同浓度 EDTA 溶液滴定,耗去 13.40mL。计算试样中 Cu、Zn 和 Mg 的质量分数。

自测习题答案

(一) 填空题

1. $[CoCl_2(NH_3)_4]Cl$,氯化二氯 · 四氨合钴(Ⅲ);2. $[CoCl(NH_3)_3(H_2O)_2]^{2+}$,$Br^-$;3. $[Cu(NH_3)_4][PtCl_4]$;4. +3,6;5. 四氯 · 二氨合铬(Ⅲ)酸钾,+3,6;6. +4,6,一氯 · 一硝基 · 四氨合铂(Ⅳ)配离子;7. 中心离子,多齿配体;8. 外轨,高;9. 左,右;10. 碳酸一氯 · 一硝基 · 四氨合铂(Ⅳ),+4,+2;11. KSCN,$K_4[Fe(CN)_6]$;12. $[Fe(CN)_6]^{3-}$;13. sp^3d^2,正八面体;14. 增大,增大;15. $K_f^{\ominus\prime}\geqslant10^8$;16. 氨基氮,羧基氧,螯合物;17. H^+,主反应;18. 最低 pH;19. 游离指示剂的颜色;20. H^+,缓冲溶液;21. 指示剂的封闭现象,掩蔽;22. 铬黑 T,10,酒红,纯蓝。

(二) 判断题

23. ×,24. ×,25. ×,26. √,27. ×,28. ×,29. √,30. √,31. ×,32. ×,33. ×,34. √,35. ×,36. ×,37. ×,38. ×,39. ×,40. ×。

(三) 选择题

41. C,42. B,43. D,44. B,45. B,46. B,47. D,48. A,49. C,50. D,51. A,52. B,53. D,54. A,55. B,56. A,57. A,58. C,59. C,60. C,61. C,62. B,63. C,64. D。

(四) 计算题

65. 5.9×10^{-6} mol · L^{-1}。

66. $c(Ag^+)=2.4\times10^{-6}$ mol · L^{-1},$c\{[Ag(NH_3)_2]^+\}=0.10$mol · L^{-1},$c(NH_3)=0.050$mol · L^{-1},$c(H^+)=1.1\times10^{-11}$mol · L^{-1}。

67. $K_f^{\ominus}\{[Cu(CN)_2]^-\}=8.63\times10^{23}$。

68. $w(S)=0.0368$。

69. $w(CaCO_3)=0.5253$，$w(MgCO_3)=0.4431$。

70. $w(Cu)=0.6075$，$w(Zn)=0.3505$，$w(Mg)=0.0399$。

第 10 章　吸光光度分析法

10.1　学 习 要 求

(1) 掌握朗伯-比尔定律,吸光光度分析法仪器的主要构造,以及吸光光度分析法的应用。

(2) 理解朗伯-比尔定律的理论推导,偏离朗伯-比尔定律的原因,吸光光度分析法条件的选择。

(3) 了解吸光光度分析法的作用和特点,仪器的主要类型。

10.2　内 容 要 点

吸光光度分析法是基于物质对光的选择性吸收而建立起来的分析方法。

10.2.1　吸光光度分析法的特点

灵敏度较高,常用于 $10^{-3}\%$～1%的微量组分;准确度较高,一般相对误差为 2%～5%;选择性好;设备简单,操作简便、快速;应用广泛。

10.2.2　物质对光的选择性吸收

单色光是指具有同一波长的光,而复合光则由不同波长的单色光组成。能够形成白光的两种颜色的光互称为互补色光。物质选择性地吸收白光中某种颜色的光,人们就会看到它的互补色光,从而使物质呈现出一定的颜色。

不同物质的分子因其组成和结构不同而对不同波长的光具有选择性吸收,从而具有各自特征的吸收光谱(A-λ 曲线),最大吸收峰对应的波长称为最大吸收波长 λ_{max},由此可进行物质的定性分析;同一物质由于含量不同而对同一波长光的吸收程度不同(A-c 曲线),由此可以进行定量分析。

10.2.3　朗伯-比尔定律

当一束平行单色光垂直照射某一均匀非散射的吸光物质时,其吸光度 A 与吸光物质的浓度 c 及液层厚度 b 成正比,即

$$A = \lg\frac{I_0}{I_t} = \lg\frac{1}{T} = \varepsilon bc(\text{或 } abc)$$

式中:a 为质量吸光系数,$L \cdot g^{-1} \cdot cm^{-1}$;$\varepsilon$ 为摩尔吸光系数,$L \cdot mol^{-1} \cdot cm^{-1}$;$c$ 为溶液浓度,$g \cdot L^{-1}$或 $mol \cdot L^{-1}$;b 为液层厚度,cm。

ε 在特定波长和溶剂情况下是吸光质点的一个特征常数,是物质吸光能力的量度。ε 值越大,方法灵敏度越高。ε 为 10^4 数量级时,测定该物质的浓度范围可达到 10^{-6}～$10^{-5}\,mol \cdot L^{-1}$,灵敏度比较高。

根据朗伯-比尔定律,A-c 曲线应为一条通过原点的直线,由此可进行定量分析。但受物理因素(单色光不纯)和化学因素(溶液浓度较高,介质不均匀,吸光物质的解离、缔合、形成新

化合物或互变异构等)的影响,造成 A-c 曲线发生偏离。

吸光光度分析法的灵敏度可以通过吸光系数、摩尔吸光系数等表征。

10.2.4 吸光光度分析法及其仪器

1. 主要方法

目视比色法是用肉眼观察,比较被测溶液和标准溶液的颜色异同,确定被测物质含量的方法。方法主观误差大,准确度不高,相对误差为 5%~20%。

由光源发出白光,采用分光装置,获得单色光,让单色光通过有色溶液,透过光的强度通过检测器进行测量,从而求出被测物质含量,这种方法称为吸光光度分析法。

2. 主要部件

光源:可见光区用的光源是钨灯和碘钨灯等白炽光源,紫外光区用氢灯、氘灯等放电灯。

单色器:作用是将光源发出连续光谱的光分为各种波长的单色光,常用棱镜和光栅等。

吸收池:盛装被测溶液的装置。使用时应注意保护其透光面的光洁,避免沾上指纹、油腻及其他物质,防止磨损产生划痕而影响其透光特性,造成误差。

检测器:将透过吸收池的光转换成光电流并测量出其大小的装置,常用的有光电池、光电管、光电倍增管、二极管阵列等。

显示系统:常用的显示器有检流计、微安表、数字电压表、计算机显示和记录测量结果。

3. 仪器主要类型

根据波长范围,分光光度计分为可见光分光光度计和紫外-可见光分光光度计两类。根据仪器的结构可分为单光束、双光束和双波长三种基本类型。

10.2.5 吸光光度分析法条件的选择

1. 显色反应条件的选择

将无色或浅色的被测物质转化成有色化合物的反应称为显色反应,与被测组分形成有色化合物的试剂称显色剂。显色反应必须符合下列要求:①灵敏度高,一般 ε 值在 $10^4\sim10^5$;②有色化合物组成固定、稳定性高;③选择性好;④显色剂在测定波长处无明显吸收;⑤显色反应受温度、pH、试剂加入量的变化影响小。

显色剂用量、酸度、显色时间、温度等因素对显色反应有很大影响,可以通过实验确定最佳条件。

2. 测量条件的选择

测量波长的选择:"最大吸收"或"吸收最大,干扰最小"的原则。

吸光度范围的选择:吸光度 A 为 0.434 或透光率 T 为 36.8%时,测量的相对误差最小。一般应控制 $A=0.2\sim0.8$。

参比溶液的选择:试液及显色剂均无色,选溶剂空白;显色剂无色,被测试液中存在其他有色离子,选试样空白;显色剂有色,而试液本身无色,选试剂空白;显色剂和试液均有颜色,可将一份试液加入适当掩蔽剂,将被测组分掩蔽起来,使之不再与显色剂作用,而显色剂及其他试剂均按试液测定方法加入，以此作为参比溶液。

10.2.6 吸光光度分析法的应用

吸光光度分析法应用广泛，不仅可测定绝大多数无机离子，也可测定许多有机化合物；不仅可用于定量分析，而且也可用于某些有机化合物的定性分析；甚至可用于反应机理研究、理化常数以及配合物组成的测定等。

(1) 比较法。它是将试液和一个标准溶液在相同条件下进行显色、定容，分别测出它们的吸光度，按下式计算被测溶液的浓度：

$$c_x = c_s \frac{A_x}{A_s}$$

(2) 工作曲线法。首先配制一系列不同浓度的标准溶液，然后和被测溶液同时进行处理、显色。在相同的条件下分别测定每个溶液的吸光度。以标准溶液的浓度为横坐标，以相应的吸光度为纵坐标，得到一条通过原点的直线。然后用被测溶液的吸光度从工作曲线上找出对应的被测溶液的浓度。

(3) 示差法。用于高含量组分的分析，它是用标准溶液代替空白溶液来调节仪器的 100% 透光率，以提高方法的准确度。

10.3 例题解析

例 10.1 某试液显色后用 2.0cm 吸收池测量时 $T=50.0\%$，若用 1.0cm 或 5.0cm 吸收池测量时，T 及 A 各为多少？

解 由 $-\lg T = A = \varepsilon bc$，对于同一溶液，$\varepsilon$ 和 c 为定值，所以

$$\frac{\lg T_1}{\lg T_2} = \frac{b_1}{b_2}$$

使用 1.0cm 吸收池时，$\lg T_2 = \frac{1}{2}\lg 0.500 = -0.150$，得

$$A_2 = 0.150 \qquad T = 70.8\%$$

使用 5.0cm 吸收池时，$\lg T_3 = \frac{5}{2}\lg 0.500 = -0.752$，得

$$A_3 = 0.752 \qquad T = 17.7\%$$

例 10.2 以吸光光度分析法测定某电镀废水中的铬(Ⅵ)含量，取 500mL 水样，经浓缩和预处理后转入 100mL 容量瓶中定容，取出 20mL 试液，调整酸度，加入二苯碳酰二肼溶液显色，定容为 25.00mL，以 5.0cm 吸收池于 540nm 波长下测得吸光度为 0.540。已知：$\varepsilon_{540} = 4.2\times 10^4\ L\cdot mol^{-1}\cdot cm^{-1}$，$M(Cr) = 51.996 g\cdot mol^{-1}$，求铬(Ⅵ)的质量浓度 $\rho(mg\cdot L^{-1})$。

解
$$c = \frac{A}{\varepsilon b} = \frac{0.540}{4.2\times 10^4 \times 5.0} = 2.6\times 10^{-6}(mol\cdot L^{-1})$$

$$\rho = \frac{2.6\times 10^{-6}\times 25.00\times 51.996}{20}\times \frac{100}{0.500} = 0.033(mg\cdot L^{-1})$$

例 10.3 某未知溶液 20.0mL，显色后稀释至 50.0mL，用 1.0cm 吸收池在一定波长下测得其吸光度为 0.550。另取同样体积未知溶液，加入 5.00mL 浓度为 $2.20\times 10^{-4} mol\cdot L^{-1}$ 的

标准溶液，显色后稀释到 50.0mL，再次用 1.0cm 吸收池测得其吸光度为 0.660。求未知溶液的浓度。

解　设未知溶液的浓度为 c_x mol · L^{-1}，则根据朗伯-比尔定律 $A=\varepsilon bc$，有

$$\frac{0.550}{0.660}=\frac{20.0c_x/50.0}{(20.0c_x+5.00\times 2.20\times 10^{-4})/50.0}$$

解得

$$c_x=2.75\times 10^{-4}(\text{mol}\cdot\text{L}^{-1})$$

例 10.4　某合金钢中含有 Mn 和 Cr，称取钢样 2.000g 溶解后，将其中 Cr 氧化成 $Cr_2O_7^{2-}$，Mn 氧化成 MnO_4^-，并稀释至 100.0mL，在 440nm 和 545nm 处用 1.0cm 吸收池测得吸光度分别为 0.210 和 0.854。已知：440nm 时 Mn 和 Cr 的摩尔吸光系数分别为 $\varepsilon_{440}^{Mn}=95.0$，$\varepsilon_{440}^{Cr}=369.0$，在 545nm 时 $\varepsilon_{545}^{Mn}=2.35\times 10^3$，$\varepsilon_{545}^{Cr}=11.0$，求钢样中 Mn、Cr 的质量分数。

解　440nm 时：

$$A=\varepsilon_{440}^{Mn}bc(\text{Mn})+\varepsilon_{440}^{Cr}bc(\text{Cr})=95.0\times c(\text{Mn})+369.0\times c(\text{Cr})=0.210$$

545nm 时：

$$A=\varepsilon_{545}^{Mn}bc(\text{Mn})+\varepsilon_{545}^{Cr}bc(\text{Cr})=2.35\times 10^3\times c(\text{Mn})+11.0\times c(\text{Cr})=0.854$$

解得

$$c(\text{Mn})=3.61\times 10^{-4}(\text{mol}\cdot\text{L}^{-1}),c(\text{Cr})=4.76\times 10^{-4}(\text{mol}\cdot\text{L}^{-1})$$

所以钢样中 Mn、Cr 的质量分数为

$$w(\text{Mn})=\frac{c(\text{Mn})\cdot V\cdot M(\text{Mn})}{m_{\text{样}}}=\frac{3.61\times 10^{-4}\times 100.0\times 10^{-3}\times 54.94}{2.000}$$

$$=9.92\times 10^{-4}$$

$$w(\text{Cr})=\frac{c(\text{Cr})\cdot V\cdot M(\text{Cr})}{m_{\text{样}}}=\frac{4.76\times 10^{-4}\times 100.0\times 10^{-3}\times 52.00}{2.000}$$

$$=1.24\times 10^{-3}$$

10.4 习题解答

1. 朗伯-比尔定律的物理意义是什么？它的适用条件和适用范围是什么？

答　朗伯-比尔定律的物理意义：当一束平行单色光垂直通过某溶液时，溶液的吸光度 A 与吸光物质的浓度 c 及液层厚度 b 成正比。朗伯-比尔定律是光吸收的基本定律，适用于所有的电磁辐射和所有的吸光物质(气体、固体、液体、原子、分子和离子)。同时应当指出，朗伯-比尔定律成立是有前提的，即①入射光为平行单色光且垂直照射；②吸收光物质为均匀非散射体系；③吸光质点之间无相互作用；④辐射与物质之间的作用仅限于光吸收过程，无荧光和光化学现象发生。

2. 摩尔吸光系数的物理意义是什么？它和哪些因素有关？

答　摩尔吸光系数的物理意义是：吸光物质的浓度为 1mol · L^{-1}，吸收层厚度为 1cm 时，吸光物质对某波长光的吸光度。但实际工作中，不能直接取 1mol · L^{-1} 这样高浓度的溶液测定 ε，而是在适宜的低浓度时测量其吸光度 A，然后根据 $\varepsilon=A/bc$ 求得。它与吸光物质的本

性、入射光的波长及溶液的温度等因素有关。

3. 什么是吸收曲线？什么是工作曲线？各有何实用意义？

答 如果将各种波长的单色光，依次通过一定浓度的某物质溶液，测量该溶液对各种光的吸收程度，然后以波长为横坐标，以物质的吸光度为纵坐标作图，所得的曲线称为该物质的吸收光谱(或吸收曲线)。吸收曲线中显示的各个峰称为吸收峰，其最大吸收峰对应的波长称为最大吸收波长，用λ_{max}表示。不同浓度的同一物质，其最大吸收波长λ_{max}位置不变，吸收光谱的形状相似但吸光度的差值在λ_{max}处最大，所以通常选择在λ_{max}进行物质含量的测定，以获得较高的灵敏度。但不同物质的λ_{max}是不相同的，它可作为物质定性鉴定的基础。

以标准溶液的浓度为横坐标，以相应的吸光度为纵坐标，绘制的曲线称为工作曲线。用被测溶液的吸光度从工作曲线上可找出对应的被测溶液的浓度。

4. 分光光度计的主要部件有哪些？各有什么作用？

答 分光光度计不论其型号如何，基本上均由光源、单色器(包括光学系统)、吸收池、检测器、显示系统等五部分组成。单色器作用是将光源发出的连续光谱的光分为各种波长的单色光。吸收池是盛装被测溶液的装置，是单色器和检测器之间光路的连接部分。检测器是将透过吸收池的光转换成光电流并测量出其大小的装置。显示系统用于显示和记录测量结果。

5. 吸光光度分析法中参比溶液有什么作用？怎样选择参比溶液？

答 测量吸光度时，利用参比溶液来调节仪器的零点，可以消除由于吸收池器壁及溶液中其他成分对入射光的反射和吸收带来的误差。在测定时应根据不同的情况选择不同的参比溶液。

当试液及显色剂均无色时，可用溶剂作参比溶液，即溶剂空白。若显色剂无色，而被测试液中存在其他有色离子，可用不加显色剂的被测试液作参比溶液，即试样空白。若显色剂有色，而试液本身无色，可用溶剂加显色剂和其他试剂作参比溶液，即试剂空白。若显色剂和试液均有颜色，可将一份试液加入适当掩蔽剂，将被测组分掩蔽起来，使之不再与显色剂作用，而显色剂及其他试剂均按试液测定方法加入，以此作为参比溶液，可以消除显色剂和一些共存组分的干扰。

6. 选择题。

(1) $KMnO_4$ 溶液呈紫红色是由于它吸收了白光中的(C)。

A. 紫光　　B. 蓝光　　C. 绿光　　D. 黄光

(2) 吸光光度分析法中不影响摩尔吸光系数的因素是(B)。

A. 溶液的温度　　B. 溶液的浓度　　C. 入射光的波长　D. 物质的特性

(3) 显色反应是指(C)。

A. 将无色混合物转变为有色混合物

B. 将无机物转变为有机物

C. 将待测离子或分子转变为有色化合物

D. 向无色物质中加入有色物质

(4) 某有色试液用 2.0cm 吸收池测定时，透光率为 60%，若用 1.0cm 吸收池测定，则吸光度是(B)。

A. 0.22　　B. 0.11　　C. 0.46　　D. 0.77

(5) 用吸光光度分析法测定某无色离子，若试剂与显色剂均无色，参比溶液为(A)。

A. 蒸馏水　　B. 被测试液

C. 除被测试液外的试剂加显色剂　　D. 除被测试液外的试剂

(6) 已知 $KMnO_4$ 溶液的最大吸收波长是 525nm，在此波长下测得某 $KMnO_4$ 溶液的吸光度为 0.710。如果不改变其他条件，只将入射光波长改为 550nm，则其吸光度将会(B)。

A. 增大　　B. 减小　　C. 不变　　D. 不能确定

(7) 某有色物质的摩尔吸光系数 ε 较大，则表示(C)。

A. 该物质的浓度较大　　B. 光透过该物质的波长长

C. 该物质对某波长光的吸收能力强　　D. 显色反应中该物质的反应快

(8) 有甲乙两个不同浓度的同一有色物质的溶液，在同一波长下测定其吸光度，当甲用 2.0cm 吸收池，乙用 1.0cm 吸收池时，获得的吸光度值相同，则它们的浓度关系为(C)。

A. 甲等于乙　　B. 甲是乙的 2 倍　　C. 乙是甲的 2 倍　　D. 乙是甲的 1/2

7. 有一 $KMnO_4$ 溶液，盛于 1.0cm 厚的吸收池中，测得透光率为 60%，如果将其浓度增大一倍，其他条件不变，则：

(1) 透光率是多少？

(2) 吸光度是多少？

解　由 $A=-\lg T=\varepsilon bc$，同种溶液 ε 相同，b 相同

(1)
$$\frac{-\lg T_1}{-\lg T_2}=\frac{c_1}{c_2}\qquad \frac{-\lg 0.60}{-\lg T_2}=\frac{c_1}{2c_1}$$

$$\lg T_2=2\lg 0.60=2\times(-0.22)=-0.44,\quad T_2=36\%$$

(2)
$$A=-\lg T_2=-\lg 36\%=0.44$$

8. 质量分数为 0.002% 的 $KMnO_4$ 溶液在 3.0cm 吸收池中的透光率为 22%，若将溶液稀释一倍后，在 1.0cm 吸收池中的透光率为多少？

解　由 $A=-\lg T=\varepsilon bc$，同种溶液 ε 相同

$$\frac{-\lg T_1}{-\lg T_2}=\frac{b_1c_1}{b_2c_2}\qquad \frac{-\lg 0.22}{-\lg T_2}=\frac{3.0\times 0.002\%}{1.0\times 0.001\%}$$

$$\lg T_2=1/6\lg 0.22=-0.11$$

$$T_2=78\%$$

9. 有一溶液，每升含有 5.0×10^{-3} g 溶质，此溶质的摩尔质量为 $125\text{g}\cdot\text{mol}^{-1}$，将此溶液放在厚度为 1.0cm 的吸收池内，测得吸光度为 1.00，求该溶质的摩尔吸光系数。

解　由 $A=\varepsilon bc$，得

$$c=5.0\times10^{-3}/125=4.0\times10^{-5}(\text{mol}\cdot\text{L}^{-1})$$

$$\varepsilon=\frac{A}{bc}=\frac{1.00}{1.0\times4.0\times10^{-5}}=2.5\times10^{4}(\text{L}\cdot\text{cm}^{-1}\cdot\text{mol}^{-1})$$

10. 在进行水中微量铁的测定时，所用的标准溶液含 Fe_2O_3 0.25mg·L^{-1}，测得其吸光度为 0.370，将试样稀释 5 倍后，在同样条件下显色，其吸光度为 0.410，求原试液中 Fe_2O_3 的含量(mg·L^{-1})。

解　由 $A=\varepsilon bc$，得标准：$A_s=\varepsilon bc_s$；试样：$A_x=\varepsilon bc_x$

$$c_x=\frac{A_xc_s}{A_s}=\frac{0.410\times0.25}{0.370}=0.28(\text{mg}\cdot\text{L}^{-1})$$

因此，原试液中 Fe_2O_3 的含量：$0.28\times5=1.4(\text{mg}\cdot\text{L}^{-1})$。

11. 用吸光光度分析法测定土壤试样中磷的含量。已知一种土壤含 P_2O_5 为 0.40%，其溶液显色后的吸光度为 0.320。现在测得未知试样溶液吸光度为 0.200，求该土壤样品中 P_2O_5 的质量分数。

解 由 $A=\varepsilon bc$，得

$$\frac{A_1}{A_2}=\frac{c_1}{c_2} \qquad c_2=\frac{A_2c_1}{A_1}=\frac{0.200\times0.40\%}{0.320}=0.25\%$$

12. 称取 0.5000g 钢样，溶于酸后，使其中的锰氧化成 MnO_4^-，在容量瓶中将溶液稀释至 100mL。稀释后的溶液用 2.0cm 厚度的吸收池，在波长 520nm 处测得吸光度为 0.620，MnO_4^- 在 520nm 处的摩尔吸光系数为 $2235L\cdot mol^{-1}\cdot cm^{-1}$。计算钢样中锰的质量分数。

解 由 $A=\varepsilon bc$，得

$$c(\mathrm{Mn})=\frac{A}{\varepsilon b}=\frac{0.620}{2235\times2.0}=1.39\times10^{-4}(\mathrm{mol\cdot L^{-1}})$$

$$m=c(\mathrm{Mn})\cdot V\cdot M(\mathrm{Mn})=1.39\times10^{-4}\times100\times10^{-3}\times54.94=7.64\times10^{-4}(\mathrm{g})$$

$$w(\mathrm{Mn})=\frac{7.64\times10^{-4}}{0.5000}=1.53\times10^{-3}$$

13. 有一浓度为 $2.0\times10^{-4}mol\cdot L^{-1}$ 的某有色溶液，若用 3.0cm 吸收池测得吸光度为 0.120，将其稀释一倍后用 5.0cm 吸收池测得吸光度为 0.200。是否符合朗伯-比尔定律？

解 如果是同一种溶液，其摩尔吸光系数应该相等，即 $\varepsilon_1=\varepsilon_2$，由 $A=\varepsilon bc$

$$\varepsilon_1=\frac{A_1}{b_1c_1}=\frac{0.120}{2.0\times10^{-4}\times3.0}=200(\mathrm{L\cdot mol^{-1}\cdot cm^{-1}})$$

$$\varepsilon_2=\frac{A_2}{b_2c_2}=\frac{0.200}{1.0\times10^{-4}\times5.0}=400(\mathrm{L\cdot mol^{-1}\cdot cm^{-1}})$$

$\varepsilon_1\neq\varepsilon_2$，不符合朗伯-比尔定律。

14. 某钢样含 Ni 约 0.1%，用丁二酮肟吸光光度分析法测定。若试样溶解后转入 100mL 容量瓶中，加水稀释至刻度，在 470nm 处用 1.0cm 吸收池测量，希望此时测量误差最小，应称取试样多少克？已知：摩尔吸光系数为 $1.3\times10^4L\cdot mol^{-1}\cdot cm^{-1}$。

解 测量误差最小 $A=0.434$，由 $A=\varepsilon bc$，得

$$c=\frac{0.434}{1.3\times10^4\times1.0}=3.3\times10^{-5}(\mathrm{mol\cdot L^{-1}})$$

$$\frac{m\times0.1\%/M}{100/1000}=3.3\times10^{-5}$$

解得

$$m=3.3\times10^{-5}\times0.1\times58.69/0.1\%=0.19(\mathrm{g})$$

15. 有一胺的样品，欲测定其相对分子质量。先用苦味酸(相对分子质量 229)处理胺样，得到苦味酸胺，此反应为 1∶1 的加成反应。称取 0.0300g 苦味酸胺，溶于乙醇中定容至 1L。取此溶液在 1.0cm 吸收池中于 380nm 测得吸光度为 0.800。已知：苦味酸胺的摩尔吸光系数为 $1.35\times10^4L\cdot mol^{-1}\cdot cm^{-1}$。求样品胺的相对分子质量。

解 由 $A=\varepsilon bc$，有

$$c=\frac{A}{\varepsilon b}=\frac{0.800}{1.35\times10^4}=5.93\times10^{-5}(\mathrm{mol\cdot L^{-1}})$$

$c=\dfrac{m/M}{1}$，即

$$M=\frac{m}{c\cdot 1}=\frac{0.0300}{5.93\times 10^{-5}}=506(\text{g}\cdot\text{mol}^{-1})$$

$$M_{胺}=506-229=277(\text{g}\cdot\text{mol}^{-1})$$

所以样品胺的相对分子质量为 277。

16. 两份透光率分别为 36.0%和 48.0%的同一物质的溶液等体积混合后，混合溶液的透光率为多少？

解　由 $A=-\lg T=\varepsilon bc$，有

$$c_1=\frac{-\lg T_1}{\varepsilon b}\qquad c_2=\frac{-\lg T_2}{\varepsilon b}$$

$$-\lg T=\varepsilon b\cdot\frac{c_1+c_2}{2}=\varepsilon b\cdot\frac{1}{2}(-\lg T_1-\lg T_2)/\varepsilon b$$

$$\lg T=\frac{\lg T_1+\lg T_2}{2}=\frac{\lg 36.0\%+\lg 48.0\%}{2}=\frac{\lg(0.360\times 0.480)}{2}$$

$$T=\sqrt{0.360\times 0.480}=0.416=41.6\%$$

10.5　自 测 习 题

(一) 填空题

1. 已知某有色配合物在一定波长下用 2cm 吸收池测定时，其透光率 $T=0.60$。若在相同条件下改用 1cm 吸收池测定，吸光度 A 为__________，用 3cm 吸收池测量，T 为__________。

2. 测量某有色配合物的透光率时，若吸收池厚度不变，当有色配合物浓度为 c 时的透光率为 T，当其浓度为 $c/3$ 时的透光率为__________。

3. 某有色物的浓度为 $1.0\times 10^{-5}\text{mol}\cdot\text{L}^{-1}$，以 1cm 吸收池在最大吸收波长下的吸光度为 0.280，在此波长下有色物的摩尔吸光系数为__________。

4. 同一有色物质浓度不同的 A、B 两种溶液，在相同条件下测得 $T_A=0.54$，$T_B=0.32$，若溶液符合朗伯-比尔定律，则 $c_A:c_B$ 为__________。

5. 吸光光度分析法测定中的标准曲线(工作曲线)指__________与__________的线性关系。

6. 符合朗伯-比尔定律的有色溶液，其吸光度与浓度成________，与透光率的__________成正比。

7. 摩尔吸光系数 ε 表明物质对某特定波长光的__________。ε 越大，表明该物质对某波长光的吸收能力__________，测定灵敏度__________。

8. 显色反应是指将待测组分转变为__________的反应。这类反应主要有__________和__________两类型。

9. 使不同波长的光透过某一固定浓度的有色溶液，测其相应波长的吸光度，以波长为横坐标，以吸光度为纵坐标，得一曲线，此曲线称__________。光吸收程度最大处对应的波长为__________，浓度变化时，__________不变。

10. 吸光光度分析法测定中通过调节__________和选用__________可控制吸光度在 0.2～0.8。

11. 朗伯-比尔定律不仅适用于可见光，也适用于__________和__________；不仅适用于

均匀非散射的液体,也适用于__________和__________。

(二) 选择题

12. 在符合朗伯-比尔定律的范围内,有色物的浓度、最大吸收波长、吸光度三者的关系是(　　)。

A. 增加,增加,增加　　B. 减小,不变,减小

C. 减小,增加,增加　　D. 增加,不变,减小

13. 吸光光度分析法中,在某浓度下 1.0cm 吸收池测得透光率为 T,若浓度增大 1 倍,透光率为(　　)。

A. T^2　　B. $T/2$　　C. $2T$　　D. $\sqrt{T}$

14. 对于可见光区、紫外光区、红外光区,其波长范围的大小顺序为(　　)。

A. 可见光区>紫外光区>红外光区　　B. 可见光区>红外光区>紫外光区

C. 可见光区<紫外光区<红外光区　　D. 紫外光区<可见光区<红外光区

15. 人眼能看见的光称为可见光,其波长范围为(　　)nm。

A. 10～200　　B. 400～560　　C. 400～750　　D. 500～840

16. 下列光呈互补色关系的是(　　)。

A. 红光与绿光　　B. 蓝光与红光　　C. 绿光与紫光　　D. 绿光与蓝光

17. 吸光光度分析法中,一般选用最大吸收波长的光为入射光,其原因是(　　)。

A. 提高分析的灵敏度　　B. 最大吸收波长不随浓度而变化

C. 最大吸收波长光程长　　D. 最大吸收波长是物质的特征常数

18. 吸光度为下列的(　　)项。

A. $\lg I_0/I_t$　　B. $\lg I_t/I_0$　　C. $-\lg(1/T)$　　D. $\lg T$

19. 下列说法正确的是(　　)。

A. 吸光度与透光率成正比　　B. 吸光度与透光率成反比

C. 吸光度与透光率的对数成正比　　D. 吸光度与透光率的负对数成正比

20. 符合朗伯-比尔定律的溶液,其(　　)。

A. 吸光度与溶液的浓度成正比　　B. 吸光度与溶液浓度的幂次方成正比

C. 透光率与溶液的浓度成正比　　D. 百分透光率与溶液的浓度成正比

21. 吸光光度分析法中所做的工作曲线是指(　　)。

A. 吸光度对入射波长的变化曲线

B. 透光率对标准溶液的浓度的变化曲线

C. 标准溶液的浓度对入射波长的变化曲线

D. 吸光度对标准溶液的浓度的变化曲线

22. 摩尔吸光系数是指(　　)。

A. 浓度为 1mol 溶液的吸光度

B. 溶液浓度为 $1\text{mol}\cdot\text{L}^{-1}$ 时的吸光度

C. 浓度为 $1\text{mol}\cdot\text{L}^{-1}$ 时单位厚度溶液的吸光度

D. 吸光度为 1 时的吸光系数

23. 将符合朗-伯比尔定律的一有色溶液稀释时,其最大吸收峰的波长位置(　　)。

A. 向长波方向移动　　B. 向短波方向移动

C. 不移动，但峰值降低　　D. 不移动，但峰值升高

24. 将符合朗伯-比尔定律的一有色溶液稀释时，其工作曲线的斜率将(　　)。

A. 增大　　B. 减小　　C. 不变　　D. 都不对

25. 吸光光度分析法应用的显色反应主要有(　　)。

A. 氧化还原反应和配位反应　　B. 酸碱反应和氧化还原反应

C. 酸碱反应和配位反应　　D. 沉淀反应和配位反应

26. 在吸光光度分析法测定中，下列操作正确的是(　　)。

A. 手拿吸收池的毛玻璃面　　B. 溶液装满吸收池

C. 常用滤纸擦透光面　　D. 倒掉前号试液后，立即注入下号试液

27. 符合朗伯-比尔定律的某有色溶液，当浓度为 c_0，透光率为 T_0，将浓度增加一倍时，则其透光率的对数为(　　)。

A. $2\lg T_0$　　B. $1/2\lg T_0$　　C. $2T_0$　　D. $(T)^{1/2}$

28. 符合朗伯-比尔定律的某有色溶液，当吸收池厚度为 1cm 时，其吸光度为 A_0，将吸收池的厚度增加一倍时，吸光度为(　　)。

A. $2A_0$　　B. $1/2A_0$　　C. $(A_0)^{1/2}$　　D. A_0

29. 在吸光光度分析法中，为使测定结果的相对误差较小，一般要求吸光度的范围在(　　)。

A. 0.1～1　　B. 0.2～0.9　　C. 0.2～0.8　　D. 0～1

30. 已知含 Fe^{2+} 为 $500\mu g \cdot L^{-1}$ 的溶液，用邻二氮菲吸光光度分析法测定铁，吸收池为 2.0cm，在 510nm 处测得吸光度为 0.19，其摩尔吸光系数为(　　)。

A. 1.1×10^4　　B. 1.1×10^{-4}　　C. 4.0×10^{-4}　　D. 4.0×10^4

31. 某试样中含 0.5%左右的铁，要求测定的相对误差为 2%，可选用的测定方法是(　　)。

A. $KMnO_4$ 滴定法　　B. $K_2Cr_2O_7$ 滴定法

C. EDTA 滴定法　　D. 邻二氮菲吸光光度分析法

32. 有甲乙两个不同浓度的同一有色物质的溶液，在相同条件下测得吸光度是甲为 0.1，乙为 0.2，甲与乙的浓度比为(　　)。

A. 2∶1　　B. 1∶2　　C. 1∶1　　D. 1∶0.25

33. 有 M 与 N 两种金属离子都能与 P 试剂形成有色化合物，前者的浓度是后者的 1/2，前者用 1.0cm 吸收池，后者用 2.0cm 吸收池，测得的吸光度相等，则两种有色物质的吸光系数之比为(　　)。

A. 2∶1　　B. 3∶1　　C. 4∶1　　D. 1∶1

34. 吸光光度分析法中的显色反应，显色剂的加入量(　　)。

A. 与被测离子的物质的量相等　　B. 要小于被测离子的物质的量

C. 远超过被测离子的物质的量　　D. 通过实验来确定

35. 一标准溶液含 P_2O_5 为 0.40%，显色后测其吸光度为 0.32，相同条件下测知未知样的吸光度为 0.20，则 P_2O_5 的质量分数是(　　)%。

A. 0.16　　B. 0.25　　C. 0.64　　D. 0.50

(三) 判断题(正确的请在括号内打√，错误的打×)

36. 符合朗伯-比尔定律的某有色溶液的浓度越低，其透光率越小。　　(　　)

37. 符合朗伯-比尔定律的有色溶液稀释时，其最大吸收峰的波长位置不移动，但吸收峰

降低。 (　　)

38. 朗伯-比尔定律的物理意义是：当一束平行单色光通过均匀的有色溶液时，溶液的吸光度与吸光物质的浓度和液层厚度的乘积成正比。 (　　)

39. 在吸光光度分析法中，摩尔吸光系数的值随入射光的波长增加而减小。 (　　)

40. 吸光系数与入射光波长及溶液浓度有关。 (　　)

41. 在吸光光度分析法测定时，根据在测定条件下吸光度与浓度成正比的朗伯-比尔定律的结论，被测溶液浓度越大，吸光度也越大，测定结果也就越准确。 (　　)

42. 进行吸光光度分析法测定时，必须选择最大吸收波长的光作入射光。 (　　)

43. 朗伯-比尔定律只适用于单色光，入射光的波长范围越狭窄，吸光光度分析测定的准确度越高。 (　　)

(四) 计算题

44. 某溶液每升含 47.0mg 铁，吸取此溶液 5.0mL 于 100mL 容量瓶中，以邻二氮菲吸光光度分析法测定铁，用 1.0cm 吸收池于 508nm 处测得吸光度为 0.467。计算吸光系数 a 和摩尔吸光系数 ε。已知：$M(Fe)=55.85g\cdot mol^{-1}$。

45. 某一含 Mn 合金试样 0.500g，溶于酸后用 KIO_4 将 Mn 全部氧化至 MnO_4^-，在容量瓶中将试液稀释至 500mL，用 1.0cm 吸收池在 525nm 处测得吸光度为 0.400，另取 $1.00\times10^{-4}mol\cdot L^{-1}$ $KMnO_4$ 标准溶液在相同条件下测得吸光度为 0.585，设在此浓度范围内符合朗伯-比尔定律。求合金试样中 Mn 的质量分数。

46. 有一标准 Fe^{2+} 溶液，浓度为 $6\mu g\cdot mL^{-1}$，测得吸光度为 0.306，有一 Fe^{2+} 的待测液体试样，在同一条件下测得吸光度为 0.510，求试样中铁的含量($mg\cdot L^{-1}$)。

47. 苯胺($C_6H_5NH_2$)与苦味酸(三硝基苯酚)能生成 1∶1 的盐-苦味酸苯胺，它的 $\lambda_{max}=359nm$，$\varepsilon_{359}=1.25\times10^4L\cdot mol^{-1}\cdot cm^{-1}$。将 0.200g 苯胺试样溶解后定容为 500mL，取 25.0mL 该溶液与足量苦味酸反应后，转入 250mL 容量瓶，并稀释至刻度。再取此反应液 10.0mL，稀释到 100mL 后用 1cm 吸收池在 359nm 处测得吸光度 $A=0.425$，计算该苯胺试样的纯度。

自测习题答案

(一) 填空题

1. 0.11，0.46；2. $T^{1/3}$；3. $2.8\times10^4L\cdot mol^{-1}\cdot cm^{-1}$；4. 0.54；5. 吸光度，溶液浓度；6. 正比，负对数；7. 吸收能力，越强，越高；8. 有色化合物，氧化还原反应，配位反应；9. 光的吸收曲线，最大吸收波长，最大吸收波长；10. 溶液的浓度，不同厚度的吸收池；11. 紫外光，红外光，气体，固体。

(二) 选择题

12. B，13. A，14. D，15. C，16. C，17. A，18. A，19. D，20. A，21. D，22. C，23. C，24. C，25. A，26. A，27. A，28. A，29. C，30. A，31. D，32. B，33. C，34. D，35. B。

(三) 判断题

36. ×，37. √，38. √，39. ×，40. ×，41. ×，42. ×，43. √。

(四) 计算题

44. $a=2.0\times10^2L\cdot g^{-1}\cdot cm^{-1}$，$\varepsilon=1.1\times10^4L\cdot mol^{-1}\cdot cm^{-1}$。

45. 3.8×10^{-3}。

46. $10mg\cdot L^{-1}$。

47. 79.1%。

第 11 章　电势分析法

11.1　学习要求

(1) 掌握电势分析法中指示电极、参比电极、膜电势等概念，电势法测量溶液 pH 的原理，离子选择性电极测定离子活度(或浓度)的原理和方法，电势滴定法的原理及指示电极的选择。

(2) 理解 pH 玻璃电极膜电势的产生原理，离子选择性电极的种类、性能及选择性。

(3) 了解直接电势法和电势滴定法的应用。

11.2　内容要点

电势分析法是利用电极电势和溶液中某种离子的活度(或浓度)之间的关系测定被测物质活度(或浓度)的一种电化学分析方法。以被测试液作电解质溶液，并在其中插入两支电极，一支是电极电势与被测试液的活度(或浓度)有定量函数关系的指示电极；另一支是电极电势稳定不变的参比电极。通过测量该电池电动势确定被测物质的含量。分为两大类：直接电势法是通过测量电池电动势确定指示电极的电极电势，然后根据能斯特方程，由测得的电池电动势计算出被测物质的含量；电势滴定法是通过测量在滴定过程中指示电极电势的变化确定滴定终点，再按滴定中消耗的标准溶液的体积和浓度计算被测物质含量。

11.2.1　电势分析法的基本原理

电势分析法测量依据是能斯特方程，若其中某一型态的活度(或浓度)为固定值，则

$$E = K \pm \frac{2.303RT}{nF}\lg c_x$$

通过测量电极电势，就可通过上述函数关系求出有关离子活度(或浓度)。

指示电极：其电极电势与待测离子的浓度有关，能指示待测离子的浓度变化。包括两类：金属基电极和离子选择性电极。最常用的是离子选择性电极。

参比电极：参比电极的电极电势恒定，不受待测离子浓度变化的影响，重现性好。常用的有饱和甘汞电极和银-氯化银电极。

11.2.2　离子选择性电极

1. 膜电势

离子选择性电极的基本构造一般包括三部分：敏感膜，内参比溶液，内参比电极。离子选择性电极的膜电势与有关离子浓度的关系符合能斯特方程，但膜电势的产生机理与其他电极不同，膜电势的产生是离子交换和扩散的结果，而没有电子转移。

pH 玻璃电极是最早使用的离子选择性电极。玻璃电极有内参比电极，如 Ag-AgCl 电极，整个玻璃电极的电势是内参比电极电势与膜电势之和，即

$$E_{玻}=E(AgCl/Ag)+E_{膜}=E(AgCl/Ag)+(K-0.0592pH_{试})=K'-0.0592pH_{试}$$

2. 离子选择性电极的性能指标

离子选择性电极的性能指标包括以下几个方面：

(1) 检测限与线性范围。

(2) 电极选择性系数。电极对各种离子的选择性可用选择性系数表示。当有共存离子时，膜电势与响应离子 i^{n+} 及共存离子 j^{m+} 的关系，由尼柯尔斯基方程式表示：

$$E_{膜}=K+\frac{RT}{nF}\ln(\alpha_i+K_{i,j}^{Pot}\alpha_j^{n/m})$$

式中：$K_{i,j}^{Pot}$ 为电极选择性系数。当有多种离子 i^{n+}、j^{m+}、k^{l+}、…存在时

$$E_{膜}=K+\frac{RT}{nF}\ln(\alpha_i+K_{i,j}^{Pot}\alpha_j^{n/m}+K_{i,k}^{Pot}\alpha_k^{n/l}+\cdots)$$

选择性系数越小，电极对 i^{n+} 及共存离子 j^{m+} 的选择性越高，若 $K_{i,j}^{Pot}$ 等于 10^{-2}，表示电极对 i^{n+} 的敏感性为 j^{m+} 的 100 倍。

利用 $K_{i,j}^{Pot}$ 可估计干扰离子 j^{m+} 共存下对测定离子 i^{n+} 所造成的误差。

$$相对误差=\frac{K_{i,j}^{Pot}\alpha_j^{n/m}}{\alpha_i}\times 100\%$$

(3) 响应时间。从离子选择性电极与参比电极一起接触试液时算起，直至电池电动势达到稳定值时所需的时间称为实际响应时间。

11.2.3 电势分析法的应用

1. 直接电势法

1) pH 的测定

用电势分析法测定溶液 pH，是以玻璃电极作指示电极，饱和甘汞电极作参比电极，浸入试液中组成原电池，用酸度计测量原电池的电动势。

(−)Ag | AgCl | HCl | 玻璃膜 | 试液[$a(H^+)$] ‖ KCl(饱和) | Hg_2Cl_2 | Hg | Pt(+)

25℃时该电池电动势为

$$\varepsilon=E_{甘汞}-E_{玻}=E_{甘汞}-(K'-0.0592pH_{试})$$

即

$$\varepsilon=K''+0.0592pH_{试}$$

$$pH_x=pH_s+\frac{\varepsilon_x-\varepsilon_s}{0.0592}$$

上式中 pH_s 为已确定值，通过测量 ε_x 和 ε_s 的值就可求出试液的 pH_x。

pH 玻璃电极在使用前应该在蒸馏水中浸泡 24h 以上，使其活化，每次测量后，也应当把它置于蒸馏水中保存，使其不对称电势减小并达到稳定。

复合 pH 电极是由玻璃电极和参比电极组装起来的单一电极体，使用复合 pH 电极特别有利于小体积溶液 pH 测定。

2) 离子活度(或浓度)的测定

(1) 标准曲线法。配制一系列标准溶液，分别测出其电动势 ε，然后在直角坐标纸上作 ε-$\lg c$ 或 ε-pX 曲线(称为标准曲线)；再在同样条件下测出未知溶液的电动势 ε_x，从标准曲线上即可查出未知液的浓度。优点是操作简便快速，适用于同时测定大批试样。

测定时须把浓度很大的惰性电解质加入标准溶液和待测溶液中，使其活度系数几乎相同，这种惰性电解质溶液称为总离子强度调节缓冲剂(TISAB)。它除了固定溶液的离子强度外，还起着缓冲作用和掩蔽干扰离子的作用。

(2) 标准加入法。试液中被测离子的浓度为 c_x，体积为 V，测得其工作电池的电动势为 ε_1；然后向试液中准确加入体积为 V_s，浓度为 c_s 的标准溶液，要求标准溶液的浓度 c_s 约为 c_x 的 100 倍，加入的体积 V_s 约为试液体积的 1%。则有

$$c_x = \frac{\Delta c}{10^{\Delta\varepsilon/S} - 1}$$

式中：$\Delta c = \dfrac{c_s V_s}{V + V_s} \approx \dfrac{c_s V_s}{V}$，$S = \dfrac{2.303RT}{nF}$。

测定时应注意控制 $\Delta\varepsilon$ 的大小，一般以 20～50mV 为宜。标准加入法适用于组成不清楚或复杂试样的分析。其优点是电极不需要校正，但对大批试样的测定，操作时间较长。

2. 电势滴定法

(1) 方法原理与特点。电势滴定法是以指示电极、参比电极与试液组成电池，然后加入滴定剂进行滴定，观察滴定过程中指示电极的电极电势的变化。在计量点附近，由于被滴定物质的浓度发生突变，所以指示电极的电势产生突跃，由此可确定滴定终点。

电势滴定法有下述特点：准确度较高，测定相对误差可低至 0.2%；能用于难以用指示剂判断终点的浑浊或有色溶液的滴定；可用于非水溶液的滴定；能用于连续滴定和自动滴定。

(2) 滴定终点的确定。电势滴定法中，终点的确定方法主要有 ε-V 曲线法、一阶导数法、二阶导数法等。

11.3　例题解析

例 11.1　已知 Hg_2Cl_2 的溶度积为 2.0×10^{-18}，KCl 的溶解度为 $330g\cdot L^{-1}$，$E^{\ominus}(Hg_2^{2+}/Hg)=0.793V$，计算饱和甘汞电极的电极电势。

解　饱和甘汞电极的电极反应为

$$Hg_2Cl_2 + 2e^- = 2Hg + 2Cl^-$$

由 Hg 与 Hg_2^{2+} 的电极反应：$Hg_2^{2+} + 2e^- = 2Hg$，有

$$E_{SCE} = E^{\ominus}(Hg_2^{2+}/Hg) + \frac{0.0592}{2}\lg c(Hg_2^{2+})$$

由于溶液中存在大量 Cl^-，它与 Hg_2^{2+} 反应，生成 Hg_2Cl_2 沉淀，并建立下列平衡：

$$Hg_2^{2+} + 2Cl^- \rightleftharpoons Hg_2Cl_2\downarrow \qquad K_{sp}^{\ominus} = 2.0\times10^{-18}$$

因 $c(Hg_2^{2+}) = \dfrac{K_{sp}^{\ominus}}{c^2(Cl^-)}$，所以

$$E_{SCE} = E^{\ominus}(Hg_2^{2+}/Hg) + \frac{0.0592}{2}\lg\frac{2.0\times10^{-18}}{(330/74.55)^2} = 0.237(V)$$

例 11.2 用 pH 玻璃电极为指示电极，饱和甘汞电极为参比电极，测定 pH=5.0 的溶液，其电动势为 43.5mV，测定另一未知溶液时，其电动势为 14.5mV，若该电极的响应斜率 S 为 58.0mV/pH，试求未知溶液的 pH。

解 电动势与试液 pH 有以下关系：

$$\varepsilon = K + S \times \text{pH}$$

因此，已知 pH 的溶液与未知 pH 的溶液和电池电动势的关系分别为

$$43.5 = K + 5.0S$$

$$14.5 = K + S \times \text{pH}$$

解得溶液 pH 为

$$\text{pH} = 5.0 + \frac{14.5 - 43.5}{58.0} = 4.5$$

例 11.3 氟离子选择性电极的内参比电极为 Ag/AgCl，内参比溶液为 0.1mol·L^{-1} NaCl 与 1.0×10^{-3} mol·L^{-1} NaF。该选择性电极与饱和甘汞电极组成测量电池。试画出电池图解式，并计算离子选择性电极在 1.0×10^{-5} mol·L^{-1} NaF、pH 为 3.50 的试液中的电势。已知：HF 的 $K_a^\ominus$ 为 6.6×10^{-4}，$E^\ominus(\text{AgCl/Ag})=0.222\text{V}$。

解 测量电池的图解式为

$$\text{Ag} \mid \text{AgCl} \left| \begin{matrix} 0.1\text{mol}\cdot\text{L}^{-1}\text{NaCl} \\ 1.0\times10^{-3}\text{mol}\cdot\text{L}^{-1}\text{NaF} \end{matrix} \right| \text{LaF}_3 \left| \begin{matrix} 1.0\times10^{-5}\text{mol}\cdot\text{L}^{-1}\text{NaF} \\ \text{pH}=3.50 \end{matrix} \right. \parallel \text{SCE}$$

因为

$$\text{H}^+ + \text{F}^- \rightleftharpoons \text{HF} \qquad K_a^\ominus = \frac{c(\text{H}^+)\cdot c(\text{F}^-)}{c(\text{HF})} = 6.6\times10^{-4}$$

pH=3.50，即 $c(\text{H}^+)=3.2\times10^{-4}\text{mol}\cdot\text{L}^{-1}$，则

$$c(\text{F}^-)_{外} = c(\text{F}^-)\cdot\delta(\text{F}^-) = 1.0\times10^{-5}\times\frac{6.6\times10^{-4}}{6.6\times10^{-4}+3.16\times10^{-4}}$$

$$= 6.8\times10^{-6}(\text{mol}\cdot\text{L}^{-1})$$

离子选择性电极的电极电势为

$$E_{\text{ISE}} = E_{内参} + E_{膜} = E_{内参} + E_{外} - E_{内}$$

$$= 0.222 - 0.0592\lg c(\text{Cl}^-)_{内} - 0.0592\lg c(\text{F}^-)_{外} + 0.0592\lg c(\text{F}^-)_{内}$$

$$= 0.222 - 0.0592\lg 0.1 - 0.0592\lg(6.8\times10^{-6}) + 0.0592\lg(1.0\times10^{-3})$$

$$= 0.222 + 0.0592 + 0.306 - 0.178 = 0.409(\text{V})$$

例 11.4 用离子选择性电极测定海水中的 Ca^{2+}，由于大量 Mg^{2+} 存在，会引起测量误差。若海水中含有的 Mg^{2+} 为 1150mg·kg^{-1}，含有的 Ca^{2+} 为 450mg·kg^{-1}，钙离子选择性电极对镁离子的选择性系数为 1.4×10^{-2}。计算用电势法测定海水中 Ca^{2+} 浓度，其方法的误差为多大？

解 已知 Ca^{2+}、Mg^{2+} 的浓度分别为

$$c(\text{Ca}^{2+}) = \frac{450\times10^{-3}}{40.08} = 1.12\times10^{-2}(\text{mol}\cdot\text{L}^{-1})$$

$$c(\text{Mg}^{2+}) = \frac{1150\times10^{-3}}{24.30} = 4.73\times10^{-2}(\text{mol}\cdot\text{L}^{-1})$$

测定的 Ca^{2+} 百分误差为

$$误差=\frac{K^{Pot}_{Ca^{2+},Mg^{2+}}\cdot c(Mg^{2+})}{c(Ca^{2+})}\times 100\%$$

$$=\frac{1.4\times 10^{-2}\times 4.73\times 10^{-2}}{1.12\times 10^{-2}}\times 100\%=5.9\%$$

11.4　习题解答

1. 在电势分析法中，什么是指示电极和参比电极？

答　指示电极，其电极电势与待测离子的浓度有关，能指示待测离子的浓度变化；具有已知和恒定的电极电势的电极称为参比电极，不受待测离子浓度变化的影响。

2. 电势分析法的基本原理是什么？

答　电势分析法是利用电极电势和溶液中某种离子的活度（或浓度）之间的关系测定被测物质活度（或浓度）的一种电化学分析方法。它是以测定电池电动势为基础的。化学电池的组成是以被测试液作为电解质溶液，并在其中插入两支电极，一支是电极电势与被测试液的活度（或浓度）有定量函数关系的指示电极；另一支是电极电势稳定不变的参比电极。通过测量该电池的电动势来确定被测物质的含量。

3. 什么是电势滴定法？如何确定滴定的终点？与一般的滴定分析法比较，它有什么优缺点？

答　电势滴定法是以指示电极、参比电极与试液组成电池，然后加入滴定剂进行滴定，观察滴定过程中指示电极的电极电势的变化。在计量点附近，由于被滴定物质的浓度发生突变，因此指示电极的电势产生突跃，由此即可确定滴定终点。终点的确定方法主要有 ε-V 曲线法、一阶导数法、二阶导数法等。

电势滴定法的基本原理与普通滴定分析法并无本质的差别，其区别主要在于确定终点的方法不同，因而有以下特点：准确度较高，测定相对误差可低至 0.2%；能用于难以用指示剂判断终点的浑浊或有色溶液的滴定；可用于非水溶液的滴定；能用于连续滴定和自动滴定。

4. 比较直接电势法和电势滴定法的特点。

答　直接电势法是通过测量电池电动势确定指示电极的电极电势，然后根据能斯特方程，由测得的电池电动势计算被测物质的含量。电势滴定法是通过测量在滴定过程中指示电极电势的变化确定滴定终点，再按滴定中消耗的标准溶液的体积和浓度计算被测物质的含量，它实际上是一种容量分析法。

5. 选择题。

(1) 电势分析法与下列哪一项无关？(D)

A. 电动势　　B. 参比电极　　C. 指示电极　　D. 指示剂

(2) 指示电极的电极电势与待测成分的浓度之间(A)。

A. 符合能斯特方程式　　B. 符合质量作用定律

C. 符合阿伦尼乌斯公式　　D. 无定量关系

(3) 关于电势滴定法的叙述正确的是(B)。

A. 需要适当的指示剂指示终点　　B. 不需要指示剂指示终点

C. 可用于有副反应的情况　　D. 只适用于氧化还原反应的滴定

(4) 下列关于 pH 玻璃电极的叙述中，不正确的是(D)。

A. 是一种离子选择性电极　　B. 可作指示电极

C. 电极电势只与溶液的酸度有关　　D. 可作参比电极

(5) 经常用作参比电极的是(A)。

A. 甘汞电极　　B. pH 玻璃电极　　C. 惰性金属电极　　D. 晶体膜电极

(6) 电势滴定法不需要(D)。

A. 滴定管　　B. 参比电极　　C. 指示电极　　D. 指示剂

6. 以玻璃电极为指示电极，饱和甘汞电极为参比电极，测得 pH=9.18 溶液的电动势为 0.418V，在相同条件下测得一未知溶液的电动势为 0.392V，求未知溶液的 pH。

解　由电动势 $\varepsilon = K'' + 0.0592\text{pH}$，有

$$\text{pH}_x = \text{pH}_s + \frac{\varepsilon_x - \varepsilon_s}{0.0592} = 9.18 + \frac{0.392 - 0.418}{0.0592} = 9.18 - 0.44 = 8.74$$

7. 在 25℃时用标准加入法测定 Cu^{2+} 浓度，于 100mL 铜盐溶液中添加 0.10mol · L^{-1} $Cu(NO_3)_2$ 溶液 1mL，电动势增加 4mV。求原溶液铜离子的总浓度。

解　由 $c_x = \dfrac{\Delta c}{10^{\Delta\varepsilon/S} - 1}$

因 $\Delta c = \dfrac{c_s V_s}{V} = \dfrac{0.10 \times 1}{100} = 0.0010(\text{mol} \cdot \text{L}^{-1})$，$S = \dfrac{0.0592}{2} = 0.0296$，故

$$c_x = \frac{0.0010}{10^{0.004/0.0296} - 1} = \frac{0.0010}{1.36 - 1} = 2.7 \times 10^{-3}(\text{mol} \cdot \text{L}^{-1})$$

8. 用钙离子选择性电极和饱和甘汞电极置于 100mL Ca^{2+} 试液中，测得电动势为 0.415V。加入 2mL 浓度为 0.218mol · L^{-1} Ca^{2+} 标准溶液后，测得电动势为 0.430V。计算 Ca^{2+} 的浓度。

解

$$\Delta c = \frac{c_s V_s}{V} = \frac{0.218 \times 2}{100} = 4.36 \times 10^{-3}(\text{mol} \cdot \text{L}^{-1})$$

$$\Delta\varepsilon = \varepsilon_2 - \varepsilon_1 = 0.430 - 0.415 = 0.015(\text{V}), S = 0.0592/2$$

$$c_x = \frac{\Delta c}{10^{\Delta\varepsilon/S} - 1} = \frac{4.36 \times 10^{-3}}{10^{0.015/(0.0592/2)} - 1} = 1.96 \times 10^{-3}(\text{mol} \cdot \text{L}^{-1})$$

9. 下面是用 0.1000mol · L^{-1} NaOH 溶液电势滴定 50.00mL 一元弱酸的数据：

体积/mL	pH	体积/mL	pH	体积/mL	pH
0.00	3.40	12.00	6.11	15.80	10.03
1.00	4.00	14.00	6.60	16.00	10.61
2.00	4.50	15.00	7.04	17.00	11.30
4.00	5.05	15.50	7.70	20.00	11.96
7.00	5.47	15.60	8.24	24.00	12.39
10.00	5.85	15.70	9.43	28.00	12.57

(1) 绘制滴定曲线；(2) 计算试样中弱酸的浓度(mol · L^{-1})。

解　(1) 滴定曲线(略)，$V_{sp} = 15.65$mL，$\text{pH}_{sp} = 8.84$。

(2) 由 $c(H^+)_0 = \sqrt{c_0 K_a^{\ominus}}$，$c(OH^-) = \sqrt{c_b K_b^{\ominus}} = \sqrt{c_{sp} \cdot K_w^{\ominus}/K_a^{\ominus}}$，有

$$c(H^+)_0 \cdot c(OH^-)_{sp} = \sqrt{c_0 \cdot c_{sp} \cdot K_w^\ominus}$$

因 $c_{sp} = \dfrac{c_0 \times 50.00}{15.65+50.00}$,故

$$10^{-3.40} \times 10^{-(14.00-8.84)} = \sqrt{c_0^2 \times \frac{50.00}{15.65+50.00} \cdot K_w^\ominus}$$

$$c_0 = \frac{10^{-3.40} \times 10^{-5.16}}{\sqrt{\dfrac{50.00}{15.65+50.00} \times 10^{-14}}} = \frac{10^{-8.56}}{10^{-7} \times 0.873} = 0.0316(\text{mol} \cdot \text{L}^{-1})$$

10. 晶体膜氯电极对 CrO_4^{2-} 的选择性系数为 2×10^{-3}。当氯电极用于测定 pH 为 6 的 0.01mol·L^{-1}铬酸钾溶液中的 5×10^{-4}mol·L^{-1}氯离子时,估计方法的相对误差有多大?

解　$$E_r = \frac{K_{Cl^-,CrO_4^{2-}} \cdot c^{1/2}(CrO_4^{2-})}{c(Cl^-)} = \frac{2\times10^{-3}\times(0.01)^{1/2}}{5\times10^{-4}} \times 100\% = 40\%$$

11. 采用下列反应进行电势滴定时,应选用什么指示电极?并写出滴定反应式。

答　(1)　$2Ag^+ + S^{2-} \rightleftharpoons Ag_2S\downarrow$　　银电极

(2)　$Ag^+ + 2CN^- \rightleftharpoons [Ag(CN)_2]^-$　　银电极

$Ag^+ + [Ag(CN)_2]^- \rightleftharpoons 2AgCN\downarrow$

(3)　$2NaOH + H_2C_2O_4 = Na_2C_2O_4 + 2H_2O$　　pH 电极

(4)　$Al^{3+} + 6F^- = AlF_6^{3-}$　　氟电极

(5)　$H_2Y^{2-} + Co^{2+} = CoY^{2-} + 2H^+$　　铂电极

11.5　自 测 习 题

(一) 选择题

1. 在一定条件下,氟离子选择性电极的电极电势(　　)。

A. 与溶液中氟离子的活度呈线性关系

B. 与溶液中氟离子的浓度呈线性关系

C. 与溶液中氟离子的活度的负对数呈线性关系

D. 与溶液中氟离子的浓度的对数呈线性关系

2. 电势滴定法用于硝酸银滴定氯离子时,采用(　　)。

A. 银电极作指示电极　　B. 铂电极作指示电极

C. 玻璃电极作指示电极　　D. 饱和甘汞电极作指示电极

3. 离子选择性电极的响应时间是指(　　)。

A. 离子选择性电极插入溶液的时间

B. 离子选择性电极活化时浸泡的时间

C. 离子选择性电极浸入溶液后达到稳定所需的时间

D. 整个测量时间

4. 用玻璃电极测量溶液 pH 时,采用的方法是(　　)。

A. 格氏作图法　　B. 直接比较法　　C. 标准加入法　　D. 标准曲线法

5. 参比电极的电极电势与待测成分的浓度之间(　　)。

A. 符合能斯特方程　　　　B. 符合质量作用定律
C. 符合阿伦尼乌斯公式　　　　D. 以上答案都不正确
6. 电极电势与下列哪种因素无关？(　　)
A. T　　B. c　　C. n　　D. E_a
7. 一定温度下，甘汞电极的电势主要取决于(　　)。
A. Cl^- 的浓度　　B. H^+ 的浓度　　C. Hg 的质量　　D. Hg_2Cl_2 的质量
8. 属于离子选择性电极的是(　　)。
A. 甘汞电极　　　　B. pH 玻璃电极
C. Ag-$AgNO_3$ 电极　　　　D. 内参比电极
9. 电势滴定法与用指示剂的滴定法相比有许多优点，下列哪一条不属于此类优点？(　　)
A. 可用于有色溶液　　　　B. 可用于有副反应的情况
C. 可用于没有指示剂的情况　　　　D. 可用于反应进行不够完全的情况
10. 电势滴定法确定滴定计量点的方法是(　　)。
A. 通过电势滴定曲线确定计量点　　　　B. 指示剂的颜色突变确定计量点
C. 测知 $E=0$ 时，即为计量点　　　　D. 以上三种方法都可以

(二) 填空题

11. 各种选择性电极的结构均由__________、__________和__________三部分组成。

12. 在电势分析法中作为指示电极，其电极电势与待测离子的浓度符合________。

13. 玻璃电极内部装的内参比溶液是__________。

14. 电势分析法需要________个电极，其中一个电极的电势与待测成分的浓度之间符合能斯特方程式，称为________电极，另一电极的电极电势不受试液组成变化的影响，称为________电极。

15. 玻璃电极由__________电极、__________溶液、__________等部分组成。

16. 电势分析法是将待测组分以适当的形式构成原电池，通过测定原电池的__________或__________来进行分析的一种方法，包括__________法和________法。

17. 电势滴定法是借助指示电极的__________以确定__________的滴定方法。

18. 电势滴定时，由于在计量点附近离子浓度发生__________，引起指示电极的__________发生突跃，故测量工作电池的__________变化，就可确定滴定的__________。

19. pH 玻璃电极是__________的指示电极，是最早使用的一种__________电极，其电势不受溶液中__________剂或__________剂的影响。

20. 指示电极的__________与__________符合能斯特方程，其可与__________组成原电池，若测知__________即可知待测组分的浓度。

(三) 计算题

21. 用玻璃电极测量 pH 为 6.86 的磷酸盐溶液，其电池电动势为 −60.5mV。测量样品溶液时，电池电动势为 16.5mV。该电极的相应斜率 S 为 59.0mV，计算样品溶液的 pH。

22. 称取含钙试样 0.0500g，溶解后用水稀释至 100mL，用流动载体钙离子选择性电极进行测定，测得电池电动势为 374.0mV。向试液中加入 0.1000mol · L^{-1} 钙离子标准溶液 1.00mL，搅拌均匀后，测得电池电动势为 403.5mV。已知：钙离子选择性电极的响应斜率为理论值。计算试样中钙的质量分数。

23. 用玻璃电极测定溶液 pH，于 pH＝4 的溶液中插入玻璃电极与另一参比电极，测得的电动势是－0.14V。于同样的原电池中放入未知的溶液，测得的电动势为 0.02V，计算未知溶液的 pH。

24. 用镁离子选择性电极测定溶液中的 Mg^{2+}，其电池的组成为

$$\text{镁离子选择性电极} \mid Mg^{2+} \parallel \text{饱和甘汞电极}$$

在 25℃，$c(Mg^{2+})=1.15\times10^{-2}\,mol\cdot L^{-1}$时，该电池的电动势为 0.275V，当用 Mg^{2+} 试液代替已知溶液时，测得电动势为 0.280V，求试液的 pMg 值。

25. 用 $0.1mol\cdot L^{-1}\,AgNO_3$ 溶液滴定 100mL $0.01mol\cdot L^{-1}$ KCl 溶液，当滴入 9.10mL $AgNO_3$ 溶液时，求银电极的电极电势。已知：$K_{sp}^{\ominus}(AgCl)=1.8\times10^{-10}$，并假定滴定过程中体积的变化可忽略不计。

自测习题答案

（一）选择题

1. C，2. A，3. C，4. B，5. D，6. D，7. A，8. B，9. B，10. A。

（二）填空题

11. 内参比电极，内参比溶液，敏感膜；12. 能斯特方程；13. $0.1mol\cdot L^{-1}$ HCl；14. 两，指示，参比；15. 内参比，内参比，玻璃传感薄膜；16. 电动势，电动势的变化，直接电势，电势滴定；17. 电势变化，终点；18. 突跃，电势，电动势，终点；19. H^{+}，离子选择性，氧化，还原；20. 电极电势，待测组分浓度，参比电极，电动势。

（三）计算题

21. 8.17。

22. $w(Ca)=8.9\times10^{-3}$。

23. 6.71。

24. 2.11。

25. 0.405V。

第 12 章　非金属元素化学

12.1　学习要求

（1）了解卤素的通性，卤化氢与氢卤酸的性质和制备方法，熟悉卤素含氧酸及其盐的有关性质。

（2）了解氧族元素的通性，熟悉氧及其重要化合物、硫及其主要化合物的性质。

（3）了解氮族元素的通性，熟悉氮的化合物结构和有关性质，了解磷及其化合物。

（4）了解碳及其化合物，硅及其化合物，硼及其化合物的结构和性质。

（5）了解氢的成键特征，氢的发生、输送与储存及氢能的利用。

12.2　内容要点

12.2.1　卤素及其化合物

1. 卤素的通性

卤素是相应各周期中半径最小、电负性最大的元素，非金属性是同周期中最强的。价电子构型为 ns^2np^5，易得到一个电子达到稳定的八隅体结构。卤素单质具有强的得电子能力，氧化性按 F_2、Cl_2、Br_2、I_2 顺序减弱；卤素离子的还原性则按 F^-、Cl^-、Br^-、I^- 顺序增强。

卤素化合物中，Cl、Br、I 呈现多种正氧化态。在水溶液中，F 的稳定氧化态是－1，而 Cl、Br、I 的主要氧化态是－1、＋1、＋3、＋5 和＋7。卤素的含氧酸都是强氧化剂。除－1 和＋7 氧化态外，其他氧化态易发生歧化反应。

卤素各氧化态的氧化能力总趋势是自上而下逐渐降低，但 Br 有些反常，卤酸根中 BrO_3^- 氧化性最强，高卤酸中 $HBrO_4$ 是最强的氧化剂。

2. 卤化氢与氢卤酸的性质和制备

卤化氢是有强烈刺激性的气体，易溶于水。液态 HF 分子间存在氢键。氢氟酸是弱酸。

氢卤酸的制取主要用单质还原和卤化物置换两种方法。氢气在氯气流中燃烧直接化合可制取氯化氢。浓硫酸与金属卤化物作用，不能合成 HBr 和 HI，采用浓磷酸代替浓硫酸即可。非金属卤化物的水解，适宜 HBr 和 HI 的制取。

3. 卤素含氧酸及其盐

氯、溴和碘均有四种类型的含氧酸：HXO、HXO_2、HXO_3、HXO_4。

次卤酸包括：HClO、HBrO、HIO，可通过卤素在水溶液中的歧化反应生成。HClO→HBrO→HIO，其酸性依次递减，稳定性迅速减小。碱性介质中所有次卤酸根都发生歧化反应。次氯酸钙是漂白粉的有效成分。

亚卤酸及其盐。亚卤酸中仅亚氯酸存在于水溶液中，酸性比次氯酸强。亚氯酸的热稳定性差。亚氯酸盐在溶液中较为稳定,有强氧化性,用作漂白剂。

卤酸及其盐。除氟外,所有卤酸都是已知的。$HClO_3$、$HBrO_3$ 仅存在于水溶液中,是强酸,HIO_3 为白色固体,为中强酸,均是强氧化剂。卤酸及其盐溶液都是强氧化剂,其中以 $HBrO_3$ 及其盐的氧化性最强。$KClO_3$ 固体是强氧化剂,大量用于制造火柴和烟火。

高卤酸及其盐。HXO_4 水溶液的氧化能力低于 HXO_3,没有明显的氧化性,但浓热的高氯酸是强氧化剂。高氯酸是无机酸中最强的酸,ClO_4^- 是离子中最难被极化变形的离子,常用于调节溶液的离子强度。大多数高氯酸盐易溶于水,但是 Cs^+、Rb^+、K^+、NH_4^+ 的高卤酸盐溶解度较小。高溴酸的氧化能力比高氯酸、高碘酸强。高碘酸有正高碘酸 H_5IO_6 或偏高碘酸 HIO_4,高碘酸的酸性比高氯酸弱得多,但氧化能力比高氯酸强。

12.2.2　氧族元素及化合物

1. 氧及其化合物

氧有两种同素异形体:氧气(O_2)和臭氧(O_3)。

氧分子和氧分子离子有四种形态:O_2、O_2^-、O_2^{2-} 和 O_2^+,带负电荷的氧分子称为负氧离子,有"空气维生素"之美称。O_2 分子有 1 个 σ 键和 2 个 3 电子 π 键。

臭氧是有鱼腥味的淡蓝色气体,不稳定,常温下分解较慢,437K 以上迅速分解,生成氧气,并放出能量。无论酸性或碱性环境,臭氧都比氧气具有更强的氧化性。臭氧能杀死细菌,可用作消毒杀菌剂。臭氧在污水处理中有广泛应用,为优良的污水净化剂、脱色剂。空气中的臭氧达到一定量时,对生命物质均有伤害。

氧化物可分为离子型、共价型和介于这两者之间的过渡型氧化物。多数金属氧化物为前者,其晶体为离子晶体;非金属氧化物是共价型化合物,其晶体为分子晶体,只有极少数是原子晶体。按氧化物对酸、碱反应及其水合物的性质,可将其分成 4 类:酸性氧化物、碱性氧化物、两性氧化物、不成盐氧化物。

氧化物的酸碱性有以下规律:

(1) 金属性较强的元素形成碱性氧化物,非金属元素形成的氧化物一般是酸性氧化物。周期表中由金属过渡到非金属交界处的元素,其氧化物为两性氧化物。

(2) 当某一种元素能生成几种不同氧化数的氧化物时,随着氧化数的升高,氧化物的酸性递增、碱性递减。

(3) 同一主族从上到下,氧化物碱性递增、酸性递减。

(4) 同一周期内最高氧化数的氧化物酸碱变化情况分为两种。短周期从左到右酸性递增、碱性递减。长周期从ⅠA 到ⅦB 族由碱性到酸性,从ⅠB 到ⅦA 族再次由碱性递变到酸性。

纯 H_2O_2 为浅蓝色液体。H_2O_2 可漂白毛、丝织物和油画,3% H_2O_2 水溶液医学上用于消毒杀菌。纯 H_2O_2 还可作火箭燃料的氧化剂。

2. 硫及其化合物

1) 单质硫

有几种同素异形体,最常见的是正交硫和单斜硫。单质硫的分子式是 S_8,呈八元环状结构。硒和硫类似,可形成 8 原子环。碲则形成无限螺旋长链。

2）硫化物

硫化氢是无色有腐蛋恶臭味的气体，剧毒；吸入后引起头痛、晕眩；大量吸入会引起严重中毒甚至死亡。在 20℃时，1 体积水约能溶解 2.5 体积的硫化氢，浓度约为 0.1mol·L^{-1}。

非金属硫化物以共价键结合，大多为分子晶体，熔点、沸点较低。但也有非金属硫化物如 SiS_2 为混合型晶体，熔点较高。ⅠA、ⅡA（Be 除外）的硫化物以离子键结合，是离子晶体，熔点、沸点较高，其他金属硫化物的键型和晶形比较复杂。同种元素的硫化物比氧化物稳定性差，溶解度小，颜色深，熔点、沸点低。

根据硫化物的溶解性，可将其分成以下 5 类：

（1）易溶于水的硫化物。ⅠA 族和铵的硫化物易溶于水，ⅡA 族除 BeS 不溶于水外，其他硫化物微溶于水。

（2）不溶于水而溶于稀盐酸的硫化物，有 Fe、Mn、Co、Ni、Al、Cr、Zn、Be、Ti、Ga、Zr 等的硫化物。

（3）难溶于水和稀盐酸，但能溶于浓盐酸的硫化物，如 CdS、PbS、SnS_2 等。

（4）只溶于氧化性酸的硫化物，如 CuS、Ag_2S。

（5）只溶于王水的硫化物，如 HgS。

碱金属（包括 NH_4^+）硫化物水溶液能溶解单质硫生成多硫化物。$(S_x)^{2-}$ 随着硫链的变长，颜色：黄→橙→红。多硫化物遇酸不稳定，具有氧化性和还原性。

3）硫的含氧化合物

硫的氧化物。SO_2 既可作氧化剂也可作还原剂。SO_2 可用于漂白纸张、草编制品等，主要用于制造硫酸和亚硫酸盐等。SO_2、SO_3 是酸雨的罪魁祸首。

亚硫酸及盐。H_2SO_3 是二元中强酸，既有氧化性又有还原性，可使品红褪色。亚硫酸盐遇酸分解放出 SO_2。亚硫酸盐在造纸、印染等领域有重要应用。

硫酸及盐。SO_4^{2-} 是四面体结构，硫采用 sp^3 杂化。分子间存在氢键，使其晶体呈现波纹形层状结构。硫酸有强吸水性、强氧化性。SO_4^{2-} 易带阴离子结晶水，以氢键与 SO_4^{2-} 结合。

硫代硫酸盐。$Na_2S_2O_3 \cdot 5H_2O$ 俗称海波或大苏打。它遇酸不稳定而发生分解，是中等强度还原剂、强的配位剂。

过硫酸及其盐。过硫酸可看成是过氧化氢中氢原子被—SO_3H 取代的产物。过二硫酸及其盐均是强氧化剂，均不稳定，加热易分解。

连二亚硫酸钠（$Na_2S_2O_4 \cdot 2H_2O$）俗称保险粉，受热时易分解，是一种强还原剂。焦硫酸（$H_2S_2O_7$）是无色晶体，可看作是 2 分子硫酸脱去 1 分子水所得产物，比浓硫酸有更强的氧化性、吸水性和腐蚀性。

3. 硒和碲的化合物

H_2Se 是无色有刺激气味的有毒气体，在水中生成氢硒酸，其酸性比 H_2S 强。它有很强的还原性，在空气中易被氧化析出 Se。H_2SeO_3 是弱酸，其酸性比 H_2SO_3 弱。H_2SeO_3 及其盐稳定性比 H_2SO_3 及其盐的稳定性好。H_2SeO_3 可将 H_2SO_3 氧化成 H_2SO_4。含 Se 的盐类及其含氧酸有抗癌的作用。H_2SeO_3、H_2SeO_4 均是无色固体，前者与 H_2SO_3 对比为中等强度氧化剂，后者为不挥发性强酸，吸水性强，氧化性比 H_2SO_4 强，其他性质类似于 H_2SO_4。

碲酸（H_6TeO_6）具有八面体结构，白色固体，弱酸，氧化性比 H_2SO_4 强。

12.2.3 氮族元素及化合物

1. 氮族元素的通性

氮族元素属周期表中ⅤA 族,包括氮、磷、砷、锑、铋。砷和磷是同族的非金属元素。黄砷的分子式是 As_4,灰砷是层状晶体,它们都是每个砷原子和临近 3 个砷原子间形成 3 个共价键。

2. 氮的化合物

氮在形成化合物时有不同于本族其他元素的一些特征:①氮在化合物中最大共价数是 4;②氮氮间能以重键结合形成化合物,如偶氮、叠氮;③氮的氢化物如 NH_3,可参与形成氢键。

氮化物可分为三类:离子型氮化物(与碱金属、碱土金属反应所得到的氮化物,与水作用可释放出氨气,水溶液呈强碱性)、共价型氮化物(与非金属作用生成的化合物)、金属型氮化物(与过渡金属元素组成的化合物)。

氮的氢化物包括 NH_3、N_2H_4、NH_2OH、HN_3 等。氨易溶于水,溶液呈碱性。氨分子间存在氢键。金属-液氨溶液具有还原性,能使低氧化态化合物趋于稳定,是无机合成中一种优良介质。液氨可用作制冷剂。氨参与的化学反应有三种类型:加合反应、取代反应、氧化反应。

铵盐水溶液显酸性,固体和水溶液的热稳定性较差,具有还原性。

氨分子中一个 H 被—OH 取代的衍生物称为羟胺。氨分子中的一个 H 被—NH_2取代的衍生物称为联胺或肼。羟胺和肼不稳定,易分解。其主要性质有:碱性、配位性、氧化还原性。形成配合物的能力:$NH_3>N_2H_4>NH_2OH$。溶液的碱性为:$NH_3>N_2H_4>NH_2OH$。

纯叠氮酸(HN_3)为无色液体,极易爆炸分解。叠氮酸的水溶液是稳定的弱酸。金属叠氮化物中,NaN_3 比较稳定,是制备其他叠氮化合物的主要原料。重金属叠氮化合物不稳定,易爆炸,如叠氮化铅广泛用作起爆剂。

氮和卤素可形成一系列化合物,如 NX_3、N_2F_2、N_2F_4 等。NF_3 和 NCl_3 的结构与 NH_3 类似。NF_3 在室温下是无色、无味的气体,几乎不表现出碱性。NCl_3 是淡黄色油状物,在温度高于沸点或受到撞击时,会发生爆炸分解。

氮和氧能生成多种化合物,如 N_2O、NO、N_2O_3、NO_2、N_2O_4、N_2O_5 等。

NO 显顺磁性,具有氧化还原性和配位性。NO_2 为红棕色有毒气体,有顺磁性,能发生聚合作用形成 N_2O_4。N_2O_4 为无色气体,具有反磁性。NO_2 既显氧化性又显还原性。NO_2 溶于水生成 HNO_3 和 HNO_2。

HNO_2 是弱酸,很不稳定,易分解和歧化。但其盐较稳定。亚硝酸盐绝大部分无色,易溶于水($AgNO_2$ 为浅黄色沉淀)。金属活泼性差,对应的亚硝酸盐稳定性差。HNO_2 及其盐既有氧化性,也有还原性,其氧化还原能力与介质的酸碱度、氧化剂与还原剂的特性、浓度、温度等因素有关。在酸性介质中,HNO_2 以氧化性较为突出;在碱性介质中时,NO_2^- 还原性是主要的。HNO_2 及其盐是公认的致癌物。

HNO_3 受热见光易分解,与许多非金属单质反应生成氧化物或含氧酸盐。HNO_3 与金属的反应,HNO_3 越稀,金属越活泼,HNO_3 中 N 被还原的氧化数越低。冷、浓 HNO_3 可使 Fe、Al、Cr 表面钝化,阻碍进一步反应。Sn、Sb、Mo、W 等和浓 HNO_3 作用生成含水氧化物或含氧酸,其余金属和 HNO_3 反应都生成可溶性硝酸盐。

固体硝酸盐加热能分解，产物与金属离子的特性有关，一般分为三种类型：①电极电势序在 Mg 以前的金属硝酸盐，受热分解为相应的亚硝酸盐，并放出 O_2；②电极电势序在 Mg～Cu 之间的金属硝酸盐，受热分解生成相应的氧化物，并放出 NO_2 和 O_2；③电极电势序在 Cu 以后的金属硝酸盐，受热分解生成金属单质并放出 NO_2 和 O_2。

3. 磷及其化合物

磷有三种同素异形体：白磷、红磷和黑磷。黑磷是磷的最稳定的同素异形体。白磷有剧毒，不溶于水，易溶于非极性有机溶剂如 CS_2、C_6H_6 等。白磷能在空气中缓慢氧化释放光能，产生磷光现象（鬼火），进而自燃，故必须隔绝空气储存。

磷常见的氢化物有 PH_3、P_2H_4。常温下膦（PH_3）是无色剧毒气体。PH_3 可通过金属磷化物水解和白磷与碱作用制备。PH_3 主要性质有还原性、配位性和剧毒性。

磷的卤化物包括 PX_3、PX_5 及 P_2X_4，此外还有混合卤化物如 PX_2Y、PX_2Y_3 和多卤化物如 PCl_3Br_{10}、PCl_3Br_8、PBr_7 等，PX_3 和 PX_5 最重要。PX_3 具有三角锥形结构。P 原子上的孤对电子决定了它能形成一系列配合物。

PX_3 主要性质是水解性、还原性、两种 PX_3 分子间的交换性。四种 PX_3 都是易挥发、活泼的有毒性的化合物；均易水解生成 H_3PO_3 和 HX；极易被 O_2、S、X_2 氧化，产物分别是 POX_3、PSX_3、PX_5；两种 PX_3 分子间能发生卤离子交换反应，生成混合卤化物。

PX_5 为三角双锥结构。热稳定性随 F、Cl、Br、I 依次减弱；水解性依次增强，水解产物为磷酸和卤化氢；能与醇反应生成卤代烃，能与许多金属卤化物生成加合物。

P_4O_{10} 为白色粉末固体，有极强的吸水性，是已知最强的干燥剂，可使硫酸、硝酸等脱水生成相应的氧化物。P_4O_6 易溶于有机溶剂，与冷水作用缓慢，生成亚磷酸；与热水作用剧烈，歧化成膦和磷酸。

磷能形成多种含氧酸。磷酸是无氧化性和非挥发性三元中强酸。分子间存在较强氢键，黏度较大。PO_4^{3-} 有很强的配位能力，能与许多金属离子形成可溶性配合物。磷酸受强热可以脱水缩聚生成各种多磷酸。

磷酸的多样性决定了磷酸盐的多样性。磷酸的 K^+、Na^+、铵盐易溶于水，磷酸二氢盐易溶于水。三聚磷酸钠（$Na_5P_3O_{10}$）能溶于水，水溶液呈碱性，在水中逐渐水解成正磷酸盐，$P_3O_{10}^{5-}$ 对金属离子有较强的配位能力。含磷酸盐废水排入水系引起水体富营养化，造成环境污染。洗涤剂中磷酸盐的替代品有碳酸钠、硅酸钠和 4A 沸石。

12.2.4　碳、硅、硼及其化合物

1. 碳及其化合物

碳可形成立方系金刚石结构的原子晶体、六方系的石墨和富勒烯（C_{60}）等多种同素异形体。金刚石是具有立方对称结构的原子晶体。石墨是六方层状结构，有滑腻感，具有润滑功能，石墨可导电、导热。富勒烯具有许多独特的性质，有望在半导体、超导材料、蓄电池材料和超级润滑材料等方面获得重要应用。

CO 是一种无色无臭的气体，有还原性，是重要的配体。CO 与血红蛋白中 Fe(Ⅱ)的结合力比 O_2 高约 140 倍，使血液失去输氧功能，引起组织缺氧，导致头痛、晕眩甚至死亡。

CO_2 是无色无臭的气体，无毒，它是主要的温室效应气体。

碳酸盐的热稳定性一般都不高。同一主族元素的碳酸盐从上到下热稳定性逐渐增强，且碱金属盐＞碱土金属盐＞过渡金属盐＞铵盐。碳酸氢盐比碳酸盐易分解。

碳化物。从结构和性质上碳化物可分为离子型碳化物、共价型碳化物（如 SiC、B_4C）、金属型碳化物（WC）三类，它们大都可用碳或烃与气体元素单质或其氧化物在高温下反应制得。

2. 硅及其化合物

硅单质有无定形和晶态两种。晶态硅为原子晶体。晶态硅分为单晶硅和多晶硅，高纯的单晶硅呈灰色、硬而脆、熔点和沸点均很高，是重要的半导体材料。硅能与强碱、氟和强氧化剂反应，硅不与盐酸、硫酸和王水反应，但可溶于 HF-HNO_3。

硅在地壳中的丰度为 29.50%，在所有元素中居第二位。硅藻土是无定形的 SiO_2，具有多孔性，是良好的吸附剂，也可作建筑工程的绝热隔音材料。SiO_2 是原子晶体，每个硅原子与 4 个氧原子以单键相连，构成[SiO_4]四面体结构单元，Si 位于四面体的中心，4 个 O 位于四面体的顶角。纯净的石英称为水晶，是一种坚硬、脆性、难溶的无色透明晶体，膨胀系数很小，骤热骤冷也不易破裂，常用作光学仪器，是光导纤维的主要材料。

SiO_2 是酸性氧化物，将 SiO_2 与 NaOH 或 Na_2CO_3 共熔可得到硅酸钠，呈玻璃状，能溶于水，其水溶液称为水玻璃，可作黏合剂、防火涂料和防腐剂等。SiO_2 是硅酸的酸酐，可构成多种硅酸，常以 $x SiO_2 \cdot y H_2O$ 表示，有偏硅酸、二硅酸、三硅酸、二偏硅酸、正硅酸。各种硅酸中，以偏硅酸最简单，常以 H_2SiO_3 代表硅酸，它是二元弱酸，在纯水中溶解度很小。

硅胶是一种白色稍透明的固体物质，有高度的多孔性，内表面积很大，有很强吸附性能，可作吸附剂、干燥剂和催化剂载体。实验室所用变色硅胶作干燥剂是将硅胶用 $CoCl_2$ 溶液浸透后烘干制得。无水 Co^{2+} 为蓝色，水合$[Co(H_2O)_6]^{2+}$ 为粉红色。随着吸附水分增多，硅胶颜色由蓝色向粉红色转变，粉红色硅胶不再有吸湿能力，可重新烘干变为蓝色，恢复吸湿能力。

所有硅酸盐中，仅碱金属硅酸盐可溶于水，其余金属的硅酸盐难溶于水。贵金属硅酸盐一般有特征的颜色。硅酸钠溶液中加入 NH_4Cl，有 H_2SiO_3 沉淀和氨气放出，可用来鉴定可溶性硅酸盐。

自然界中硅酸盐分布广、种类多，构成地壳总质量的 80%。高岭土是黏土的基本成分。钾长石、云母和石英是花岗岩的主要成分。花岗岩和黏土是主要的建筑材料。石棉耐酸、耐热，可用来包扎蒸气管道和过滤酸液，也可制成耐火布。云母透明、耐热，可作炉窗和绝缘材料。沸石可作硬水的软化剂，也是天然的分子筛。

无论天然硅酸盐多么复杂，其内部基本结构单位都是[SiO_4]四面体。

3. 硼及其化合物

浓碱在加压下分解菱镁矿，制得硼砂，酸分解硼砂得到硼酸，硼酸受热脱水得氧化硼，再用镁还原得单质硼。氢气还原硼的卤化物可得到 99.9%晶态硼；电解还原得 95%的无定形硼；BBr_3 和 BI_3 的热分解可得高纯度的硼。

硼单质包括结晶态和无定形态两种同素异形体，结晶态的硼具有多种复杂的结构。单质硼的晶体都属于原子晶体，熔点、沸点很高，硬度很大。

常温下，硼与 F_2 和 O_2 反应，并放热。加热可与其他卤素反应，在适宜条件下，硼可与各种非金属直接反应，也能与许多金属生成硼化物。硼只能与氧化性酸反应，与强碱可以熔融反应。

硼表现出缺电子特征，组成缺电子化合物。由于有空的价轨道，容易与电子给予体形成加合物或发生分子间自聚合。

氧化硼是白色固体，常见的有无定形和结晶体两种。熔融的氧化硼能与许多金属氧化物互溶反应生成玻璃状硼酸盐。

H_3BO_3 是一元路易斯弱酸，其酸性很弱，加入多羟基化合物可增加酸性。H_3BO_3 能在浓硫酸存在下与甲醇或乙醇反应生成硼酸酯，硼酸酯在高温下燃烧产生特有的绿色火焰。

硼砂（$Na_2B_4O_7 \cdot 10H_2O$）为无色结晶，空气中易风化。易溶于水，水溶液呈碱性。具有缓冲溶液特性，可作洗衣粉填料。

12.2.5 氢和氢能

氢是宇宙中最丰富的元素，在地球上氢的含量也相当丰富，约占地壳质量的 0.76%。

氢能是指以氢及其同位素为主体的反应中或氢状态变化过程中所释放的能量。氢气作为化学能源，其燃烧产物是水，不污染环境，属于清洁能源。氢是地球上取之不尽、用之不竭的能量资源而无枯竭之忧。氢能源的开发应用必须解决三个关键问题，即廉价氢的大批量制备、氢的储运和氢的合理有效利用。

12.3 例题解析

例 12.1 BCl_3 和 BF_3 遇水都易发生水解。它们的水解产物是否有区别？为什么？写出相应的水解反应方程式。

答 在共价型化合物中硼表现出明显的缺电子性，有接受孤对电子的能力，表现出路易斯酸的性质。因此，遇水时可接受 H_2O 分子中氧原子上的孤对电子而发生水解。由于 F^- 的半径远小于 Cl^- 的半径，从而可能导致水解产物有所差别。BF_3 水解产生的 HF 又可与 BF_3 加合生成氟硼酸。

$$BCl_3 + 3H_2O \xlongequal{} B(OH)_3 + 3HCl$$

$$4BF_3 + 3H_2O \xlongequal{} B(OH)_3 + 3H[BF_4]$$

例 12.2 氯的电负性比氧小，但为什么很多金属却比较容易和氯反应，而与氧反应反而较难？

答 因为氯的解离能（$239.7kJ \cdot mol^{-1}$）比氧的解离能（$493.6kJ \cdot mol^{-1}$）小，因此很多金属比较容易和氯反应，另外同种金属的卤化物的挥发性比氧化物要强，所以容易形成卤化物。

例 12.3 写出下列过程的反应方程式，并配平。

(1) 唯一能生成氮化物的碱金属与氮气反应。

(2) 消防队员的空气背包中，超氧化钾既是空气净化剂又是供氧剂。

(3) 氯化铵溶液和亚硝酸钠溶液。

(4) 硫代亚锑酸钠与盐酸作用。

(5) 常温下液溴与碳酸钠溶液作用。

答 (1) $6Li + N_2 \xlongequal{} 2Li_3N$

(2) $4KO_2 + 2CO_2 \xlongequal{} 2K_2CO_3 + 3O_2\uparrow$

(3) $NH_4Cl(aq) + NaNO_2(aq) \xlongequal{\triangle} N_2(g) + NaCl(aq) + 2H_2O(l)$

(4) $2Na_3SbS_3 + 6HCl \longequal Sb_2S_3 + 3H_2S + 6NaCl$

(5) $3Na_2CO_3 + 3Br_2 \longequal NaBrO_3 + 5NaBr + 3CO_2$

例 12.4　以 Na_2SO_4、NH_4HCO_3 和 $Ca(OH)_2$ 为原料，可制备 $NaHCO_3$、Na_2CO_3 和 NaOH，试以反应方程式表示。

答　利用 $NaHCO_3$ 的溶解度较小和热稳定性较差，以及 $CaCO_3$ 是难溶的碳酸盐来解决此问题。

$$Na_2SO_4(aq) + 2NH_4HCO_3(aq) \xlongequal{} 2NaHCO_3(s) + (NH_4)_2SO_4(aq)$$

$$2NaHCO_3(s) \xlongequal{\triangle} Na_2CO_3(s) + CO_2(g) + H_2O(g)$$

$$Na_2CO_3(aq) + Ca(OH)_2(aq) \xlongequal{} 2NaOH(aq) + CaCO_3(s)$$

12.4　习题解答

1. 选择题。

(1) 含 I^- 的溶液中通 Cl_2，产物可能是(D)。

A. I_2 和 Cl^-　　B. IO_3^- 和 Cl^-

C. ICl_2^-　　D. 以上产物均可能

(2) $LiNO_3$ 和 $NaNO_3$ 都在 700℃左右分解，其分解产物是(B)。

A. 都是氧化物和氧气　　B. 都是亚硝酸盐和氧气

C. 除产物氧气外，其余产物均不同

(3) H_2S 和 SO_2 反应的主要产物是(B)。

A. $H_2S_2O_4$　　B. S　　C. H_2SO_4　　D. H_2SO_3

(4) 下列物质中酸性最弱的是(D)。

A. H_3PO_4　　B. $HClO_3$　　C. H_3AsO_4　　D. H_3AsO_3

2. 试述氯的各种氧化态的含氧酸及其盐的酸性和氧化性的递变规律。

答　氯的含氧酸和它们的钠盐的酸性和氧化性的递变规律如下表所示。

氧化态	含氧酸	酸性	氧化性	含氧酸钠盐	氧化性
+1	HClO	增强 ↓	增大 ↑	NaClO	增大 ↑
+3	$HClO_2$			$NaClO_2$	
+5	$HClO_3$			$NaClO_3$	
+7	$HClO_4$			$NaClO_4$	

同氧化态的酸到盐，热稳定性升高，氧化性减弱。高氯酸是最强的无机酸。

3. 金属与 HNO_3 作用，就金属而言有几种类型？就 HNO_3 被还原的产物而言，有什么特点？

答　冷、浓 HNO_3 可使 Fe、Al、Cr 表面钝化，阻碍进一步反应。Sn、Sb、Mo、W 等和浓 HNO_3 作用生成含水氧化物或含氧酸，如 $SnO_2 \cdot nH_2O$、H_2MoO_4。其余金属和 HNO_3 反应都生成可溶性硝酸盐。

不同浓度的 HNO_3 与同一金属反应可生成不同的还原产物。HNO_3 越稀，金属越活泼，HNO_3 中 N 被还原的氧化数越低，如

$$Zn + 4HNO_3(\text{浓}) \xlongequal{\quad} Zn(NO_3)_2 + 2NO_2\uparrow + 2H_2O$$

$$3Zn + 8HNO_3(\text{稀 }1:2) \xlongequal{\quad} 3Zn(NO_3)_2 + 2NO\uparrow + 4H_2O$$

$$4Zn + 10HNO_3(\text{较稀},2mol\cdot L^{-1}) \xlongequal{\quad} 4Zn(NO_3)_2 + N_2O\uparrow + 5H_2O$$

$$4Zn + 10HNO_3(\text{很稀},1:10) \xlongequal{\quad} 4Zn(NO_3)_2 + NH_4NO_3 + 3H_2O$$

4. H_2SO_3 是常用的还原剂，浓 H_2SO_4 是常用的氧化剂。两者相混合时能发生氧化反应吗？为什么？

答　两者相混合时不能发生氧化反应。因为 H_2SO_4 中 S 的氧化数是+6，H_2SO_3 中 S 的氧化数是+4，S 元素没有 4～6 的氧化数。

5. 为什么不用 NH_4NO_3、$(NH_4)_2Cr_2O_7$、NH_4HCO_3 制取 NH_3？

答　NH_4NO_3、$(NH_4)_2Cr_2O_7$ 属于有氧化性酸的铵盐，它们的分解产物是 N_2 或氮的氧化物而不是 NH_3；NH_4HCO_3 在常温下即可分解，产物虽有 NH_3，但同时还有 CO_2，不易得到纯 NH_3。相应的反应式如下：

$$NH_4NO_3 \xrightarrow{\triangle} N_2O\uparrow + 2H_2O\uparrow$$

或

$$2NH_4NO_3 \xrightarrow{>300^\circ C} 2N_2\uparrow + O_2\uparrow + 4H_2O\uparrow$$

$$(NH_4)_2Cr_2O_7 \xrightarrow{\triangle} N_2\uparrow + Cr_2O_3 + 4H_2O\uparrow$$

$$NH_4HCO_3 \xrightarrow{\text{常温}} NH_3\uparrow + CO_2\uparrow + H_2O$$

6. 反应 $4NH_3(g)+5O_2(g)\xlongequal[\triangle]{\text{催化剂}}4NO(g)+6H_2O(g)$是生产硝酸的重要反应。

(1) 试通过热力学计算证明该反应在常温下可以自发进行。

(2) 生产上一般选择反应温度在 800℃左右，试分析原因。

解　(1)　　$4NH_3(g)+5O_2(g) \longrightarrow 4NO(g)+6H_2O(g)$

$\Delta_f G_m^\ominus/(kJ\cdot mol^{-1})$　-16.45　　0　　86.55　-228.572

$$\Delta_r G_m^\ominus = [4\times 86.55 + 6\times(-228.572)] - [4\times(-16.45)+5\times 0]$$
$$= -959.43(kJ\cdot mol^{-1})$$

因 $\Delta_r G_m^\ominus<0$，故该反应在常温下可以自发进行。

(2)　　$4NH_3(g)+5O_2(g) \longrightarrow 4NO(g)+6H_2O(g)$

$\Delta_f H_m^\ominus/(kJ\cdot mol^{-1})$　-46.11　　0　　90.25　-241.818

$S_m^\ominus/(J\cdot mol^{-1}\cdot K^{-1})$　192.45　　205.138　　210.761　188.825

$$\Delta_r H_m^\ominus = [4\times 90.25 + 6\times(-241.818)] - [4\times(-46.11)+5\times 0]$$
$$= -905.47(kJ\cdot mol^{-1})$$

$$\Delta_r S_m^\ominus = (4\times 210.761 + 6\times 188.825) - (4\times 192.45 + 5\times 205.138)$$
$$= 180.50(J\cdot mol^{-1}\cdot K^{-1})$$

因为 $\Delta_r H_m^\ominus<0$，$\Delta_r S_m^\ominus>0$，温度升高不会使该反应反向进行，但温度升高可使反应速率加快，所以生产上一般选择反应温度在 800℃左右。

7. 为什么一般情况下浓 HNO_3 被还原为 NO_2，而稀 HNO_3 被还原成 NO？这与它们氧化能力的强弱是否矛盾？

答　金属与浓、稀 HNO_3 反应产物不同，可能是由于存在下列平衡：

$$NO + 2HNO_3 \rightleftharpoons 3NO_2 + H_2O$$

可以看出：HNO_3 浓度越小，平衡越向左移动，则氮(Ⅴ)被还原的程度越大；也有认为浓 HNO_3 可进一步氧化低氧化数的还原产物，所以这与浓、稀 HNO_3 的氧化能力强弱并不矛盾。衡量氧化剂氧化能力，应该从同一还原剂被氧化程度来衡量，而不应该从氧化剂被还原程度来衡量。

8. 解释下列事实：

(1) NH_4HCO_3 俗称“气肥”，储存时要密封。

(2) 用浓氨水可检查氯气管道是否漏气。

答　(1) NH_4HCO_3 在常温下可缓慢分解为 NH_3、CO_2、H_2O，产物均呈气体，俗称气肥。反应式为

$$NH_4HCO_3 = NH_3\uparrow + CO_2\uparrow + H_2O$$

此外，NH_4HCO_3 易吸潮结块，所以储存 NH_4HCO_3 时要密封。

(2) 由于氨气与氯气可发生以下反应

$$2NH_3 + 3Cl_2 = N_2\uparrow + 6HCl\uparrow$$

产生的 HCl 气体和浓氨水挥发出 NH_3 进一步反应产生 NH_4Cl 白烟：

$$HCl + NH_3 = NH_4Cl$$

因此，工业上可用浓氨水检查氯气管道是否漏气。

9. 用平衡移动的观点解释 Na_2HPO_4 和 NaH_2PO_4 与 $AgNO_3$ 作用都生成黄色 Ag_3PO_4 沉淀。沉淀析出后溶液的酸碱性有何变化？写出相应的反应方程式。

答　(1)

$$Na_2HPO_4 = 2Na^+ + HPO_4^{2-}$$

$$HPO_4^{2-} \rightleftharpoons H^+ + PO_4^{3-}$$

$$+$$

$$3AgNO_3 = 3NO_3^- + 3Ag^+$$

$$\downarrow$$

$$Ag_3PO_4(\text{黄色})$$

(2)

$$NaH_2PO_4 = Na^+ + H_2PO_4^-$$

$$H_2PO_4^- \rightleftharpoons H^+ + HPO_4^{2-}$$

$$+$$

$$3AgNO_3 = 3NO_3^- + 3Ag^+$$

$$\downarrow$$

$$Ag_3PO_4(\text{黄色}) + H^+$$

由于 Ag_3PO_4 的溶解度比相应酸式盐都小得多，故平衡均向生成 Ag_3PO_4 沉淀的方向移动，因此 Na_2HPO_4 和 NaH_2PO_4 与 $AgNO_3$ 作用都生成黄色沉淀 Ag_3PO_4。

沉淀析出后溶液的酸性增强。相应反应式如下：

$$HPO_4^{2-} + 3Ag^+ = Ag_3PO_4\downarrow + H^+$$

$$H_2PO_4^- + 3Ag^+ = Ag_3PO_4\downarrow + 2H^+$$

10. 试从水解、解离平衡角度综合分析 Na_3PO_4、Na_2HPO_4 和 NaH_2PO_4 水溶液的酸碱性。

解　(1)

$$Na_3PO_4 = 3Na^+ + PO_4^{3-}$$

$$PO_4^{3-} + H_2O \rightleftharpoons HPO_4^{2-} + OH^-$$

$$K_{b1}^{\ominus}=\frac{K_w^{\ominus}}{K_{a3}^{\ominus}(H_3PO_4)}=\frac{1.0\times10^{-14}}{2.2\times10^{-13}}=4.5\times10^{-2}$$

PO_4^{3-} 水解分三步进行。第一步水解是主要的，由于 $K_{b1}^{\ominus}$ 较大，可推知 Na_3PO_4 溶液碱性较强。

(2)
$$Na_2HPO_4 = 2Na^+ + HPO_4^{2-}$$
$$HPO_4^{2-} \rightleftharpoons PO_4^{3-} + H^+ \quad K_{a3}^{\ominus}(H_3PO_4)=4.8\times10^{-13}$$
$$HPO_4^{2-} + H_2O \rightleftharpoons H_2PO_4^- + OH^-$$
$$K_{b2}^{\ominus}=\frac{K_w^{\ominus}}{K_{a2}^{\ominus}(H_3PO_4)}=\frac{1.0\times10^{-14}}{6.3\times10^{-8}}=1.6\times10^{-7}$$

可见 $K_{b2}^{\ominus}>K_{a3}^{\ominus}(H_3PO_4)$，即 HPO_4^{2-} 水解出来的 $c(OH^-)$ 大于 HPO_4^{2-} 解离出来的 $c(H^+)$，可推知 Na_2HPO_4 溶液呈弱碱性。

(3)
$$NaH_2PO_4 = Na^+ + H_2PO_4^-$$
$$H_2PO_4^{2-} \rightleftharpoons HPO_4^{2-} + H^+ \quad K_{a2}^{\ominus}(H_3PO_4)=6.23\times10^{-8}$$
$$H_2PO_4^- + H_2O \rightleftharpoons H_3PO_4 + OH^-$$
$$K_{b3}^{\ominus}=\frac{K_w^{\ominus}}{K_{a1}^{\ominus}(H_3PO_4)}=\frac{1.0\times10^{-14}}{7.52\times10^{-3}}=1.33\times10^{-12}$$

可见 $K_{a2}^{\ominus}(H_3PO_4)>K_{b3}^{\ominus}$，即 $H_2PO_4^-$ 解离出来的 $c(H^+)$ 大于 $H_2PO_4^{2-}$ 水解出来的 $c(OH^-)$，可推知 NaH_2PO_4 溶液呈弱酸性。

11. 要使氨气干燥，应将其通过下列哪种干燥剂？

(1) 浓 H_2SO_4；(2) $CaCl_2$；(3) P_4O_{10}；(4) NaOH(s)。

答　应将其通过 NaOH(s)。因为固体 NaOH 只吸收氨气中的水分，没有化学反应发生。而浓 H_2SO_4、$CaCl_2$、P_4O_{10} 与氨气分别发生以下反应，故不能用来干燥氨气。

$$H_2SO_4 + 2NH_3 = (NH_4)_2SO_4$$
$$CaCl_2 + 8NH_3 = CaCl_2\cdot 8NH_3$$
$$P_4O_{10} + 12NH_3 + 6H_2O = 4(NH_4)_3PO_4$$

12. 汽车废气中的 NO 和 CO 均为有害气体，为了减少这些气体对空气的污染，从热力学观点看下述反应可否利用？

$$2CO(g) + 2NO(g) \longrightarrow 2CO_2(g) + N_2(g)$$

解
$$2CO(g)+2NO(g)\longrightarrow 2CO_2(g)+N_2(g)$$

$\Delta_f G_m^{\ominus}/(kJ\cdot mol^{-1})$　　-137.168　　86.55　　-394.359　　0

$$\Delta_r G_m^{\ominus}=[2\times(-394.359)+0]-[2\times(-137.168)+2\times86.55]$$
$$=-687.47(kJ\cdot mol^{-1})$$

因 $\Delta_r G_m^{\ominus}\ll0$，故上述反应能自发向右进行。从热力学观点看可利用该反应减少汽车废气中的 NO 和 CO 对空气的污染。

13. 如何鉴定 NO_3^-、NO_2^-、PO_4^{3-}？写出其反应方程式。

答　NO_3^- 的鉴定：用棕色环实验鉴定 NO_3^-，即在硝酸盐溶液中加入少量硫酸亚铁晶体，沿试管壁小心加入浓 H_2SO_4，在浓 H_2SO_4 与溶液的界面上会出现“棕色环”，这是由于生成了棕色的配离子$[Fe(NO)(H_2O)_5]^{2+}$。反应式为

$$3Fe^{2+} + NO_3^- + 4H^+ = 3Fe^{3+} + NO + 2H_2O$$

$$[Fe(H_2O)_6]^{2+} + NO = [Fe(NO)(H_2O)_5]^{2+} + H_2O$$

NO_2^- 的鉴定：在溶液中加入强酸。反应式为

$$2HNO_2 \rightleftharpoons \underset{蓝色}{N_2O_3} + H_2O \rightleftharpoons NO\uparrow + \underset{红棕色}{NO_2\uparrow} + H_2O$$

PO_4^{3-} 的鉴定：在溶液中加入硝酸、钼酸铵$[(NH_4)_2MoO_4]$。反应式为

$$PO_4^{3-} + 12MoO_4^{2-} + 24H^+ + 3NH_4^+ = \underset{黄色}{(NH_4)_3PO_4 \cdot 12MoO_3 \cdot 6H_2O\downarrow} + 6H_2O$$

14. 如何除去 CO 中的 CO_2 气体？

答　将混合气体通入澄清石灰水，CO_2 与 $Ca(OH)_2$ 反应生成 $CaCO_3$ 而除去。

$$CO_2 + Ca(OH)_2 = CaCO_3\downarrow + H_2O$$

15. 试通过热力学分析说明下列反应要在高温下才能进行。

$$SiO_2(s) + 2C(s) \longrightarrow Si(s) + 2CO(g)$$

解

	$SiO_2(s)$	$+2C(s)$	$\longrightarrow Si(s)$	$+2CO(g)$
$\Delta_f H_m^\ominus/(kJ \cdot mol^{-1})$	−903.49	0	0	−110.525
$S_m^\ominus/(J \cdot mol^{-1} \cdot K^{-1})$	46.90	5.740	18.83	197.674
$\Delta_f G_m^\ominus/(kJ \cdot mol^{-1})$	−850.70	0	0	−137.168

$$\Delta_r H_m^\ominus = 2\times(-110.525) - (-903.49) = 682.44(kJ \cdot mol^{-1})$$

$$\Delta_r S_m^\ominus = (18.83 + 2\times197.674) - (46.90 + 2\times5.740)$$
$$= 355.80(J \cdot mol^{-1} \cdot K^{-1})$$

$$\Delta_r G_m^\ominus = 2\times(-137.168) - (-850.70) = 576.36(kJ \cdot mol^{-1})$$

因 $\Delta_r G_m^\ominus > 0$，故常温下上述反应不能向右进行。该反应的 $\Delta_r H_m^\ominus > 0$，$\Delta_r S_m^\ominus > 0$，根据 $\Delta_r G_m^\ominus = \Delta_r H_m^\ominus - T\Delta_r S_m^\ominus$，当某高温时，使 $T\Delta_r S_m^\ominus > \Delta_r H_m^\ominus$，即 $\Delta_r G_m^\ominus < 0$，则反应就可向右进行。

16. 解释下列现象：

(1) 在卤素化合物中，Cl、Br、I 可呈现多种氧化数。

(2) KI 溶液中通入氯气时，开始溶液呈现红棕色，继续通入氯气，颜色褪去。

答　(1) 因为 Cl、Br、I 原子的价层电子排布为 ns^2np^5，当参加反应时，未成对的电子可参与成键外，成对的电子也可拆开参与成键，故可呈现多种氧化数。

(2) 开始 I^- 被 Cl_2 氧化成 I_2，使溶液呈现红棕色；继续通入 Cl_2，I_2 被 Cl_2 氧化成无色 IO_3^-，反应式如下：

$$2I^- + Cl_2 = I_2 + 2Cl^-$$

$$I_2 + 5Cl_2 + 6H_2O = 2IO_3^- + 10Cl^- + 12H^+$$

17. 在氯水中分别加入下列物质，对氯与水的可逆反应有何影响？

(1) 稀硫酸；(2) 苛性钠；(3) 氯化钠。

答　氯水中存在以下平衡：$Cl_2 + H_2O \rightleftharpoons HClO + HCl$

(1) 加入稀硫酸，平衡向左移动，Cl_2 从溶液中逸出。

(2) 加入苛性钠，平衡向右移动，有利于 Cl_2 的歧化反应。

(3) 加入氯化钠，平衡向左移动，不利于 Cl_2 的歧化反应。

18. 怎样除去工业溴中少量 Cl_2？

答 蒸馏工业溴时，加入少量 KBr，使其发生下列反应：

$$Cl_2 + 2KBr \xlongequal{} Br_2 + 2KCl$$

19. 将 Cl_2 通入熟石灰中得到漂白粉，而向漂白粉中加入盐酸却产生 Cl_2，试解释原因。

答 因为上述过程发生了以下化学反应：

$$3Ca(OH)_2 + 2Cl_2 \xrightarrow{40℃\ 以下} Ca(ClO)_2 + CaCl_2 \cdot Ca(OH)_2 \cdot H_2O + H_2O$$

$$Ca(ClO)_2 + 4HCl \xlongequal{} 2Cl_2\uparrow + CaCl_2 + 2H_2O$$

20. 试用三种简便的方法鉴别 NaCl、NaBr、NaI。

答 (1)加 $AgNO_3$：

$$Cl^- + Ag^+ \xlongequal{} AgCl\downarrow(白色)$$

$$Br^- + Ag^+ \xlongequal{} AgBr\downarrow(淡黄色)$$

$$I^- + Ag^+ \xlongequal{} AgI\downarrow(黄色)$$

(2) Cl_2 水＋CCl_4：NaCl 在 CCl_4 中无色

$$2NaBr + Cl_2 \xlongequal{} 2NaCl + Br_2 \quad 在\ CCl_4\ 中呈橘黄色$$

$$2NaI + Cl_2 \xlongequal{} 2NaCl + I_2 \quad 在\ CCl_4\ 中呈紫红色$$

(3) 浓 H_2SO_4：

$$NaCl + H_2SO_4 \xlongequal{} NaHSO_4 + HCl\uparrow$$

$$NaBr + H_2SO_4 \xlongequal{} NaHSO_4 + HBr\uparrow$$

$$2HBr + H_2SO_4 \xlongequal{} Br_2 + 2H_2O + SO_2\uparrow \quad 使品红试纸褪色$$

$$NaI + H_2SO_4 \xlongequal{} NaHSO_4 + HI\uparrow$$

$$8HI + H_2SO_4 \xlongequal{} 4I_2 + 4H_2O + H_2S\uparrow \quad 使\ Pb(Ac)_2\ 试纸变黑$$

21. 下列两个反应在酸性介质中均能发生，请解释。

(1) $Br_2 + 2I^- \longrightarrow 2Br^- + I_2$

(2) $2BrO_3^- + I_2 \longrightarrow 2IO_3^- + Br_2$

解 (1) $E^\ominus(Br_2/Br^-) = 1.065V > E^\ominus(I_2/I^-) = 0.535V$，反应能进行。

(2) $E^\ominus(BrO_3^-/Br_2) = 1.52V > E^\ominus(IO_3^-/I_2) = 1.20V$，反应能进行。

22. 解释下列现象：

(1) I_2 在水中的溶解度小，而在 KI 溶液中的溶解度大。

(2) I^- 可被 Fe^{3+} 氧化，但加入 F^- 后就不被 Fe^{3+} 氧化。

(3) 漂白粉在潮湿空气中逐渐失效。

答 (1) I_2 是非极性分子，故在水中溶解度小；因 I_2 在 KI 溶液中能形成 I_3^-，即 $I_2 + I^- \rightleftharpoons I_3^-$，从而使 I_2 的溶解度增大。

(2) 加入 F^-，因 F^- 与 Fe^{3+} 能形成$[FeF_6]^{3-}$，使 $c(Fe^{3+})$ 降低，使 $E(Fe^{3+}/Fe^{2+}) < E(I_2/I^-)$，这样 I^- 就不被 Fe^{3+} 氧化。

(3) 次氯酸钙是漂白粉的有效成分，当将它置于潮湿的空气中，它与空气中碳酸气作用生成 HClO，而 HClO 不稳定立即分解，因而使漂白粉逐渐失效。反应式如下：

$$ClO^- + H_2CO_3 \rightleftharpoons HCO_3^- + HClO$$

$$2HClO \longrightarrow 2HCl + O_2\uparrow$$

$$K^{\ominus}=\frac{c(HCO_3^-)c(HClO)}{c(H_2CO_3)c(ClO^-)}=\frac{c(HCO_3^-)c(HClO)}{c(H_2CO_3)c(ClO^-)}\times\frac{c(H^+)}{c(H^+)}$$

$$=\frac{K_{a1}^{\ominus}(H_2CO_3)}{K_a^{\ominus}(HClO)}=\frac{4.2\times10^{-7}}{2.95\times10^{-8}}=14.2$$

23. 根据元素电势图判断下列歧化反应能否发生?

(1) $Cl_2+2OH^- \longrightarrow Cl^-+ClO^-+H_2O$

(2) $3I_2+3H_2O \longrightarrow IO_3^-+5I^-+6H^+$

(3) $3HIO \longrightarrow IO_3^-+2I^-+3H^+$

答　(1) 能。因为 $E^{\ominus}(Cl_2/Cl^-)=1.36V>E^{\ominus}(ClO^-/Cl_2)=0.40V$。

(2) 不能。因为 $E^{\ominus}(I_2/I^-)=0.535V<E^{\ominus}(IO_3^-/I_2)=1.20V$。

(3) 不能。因为 $E^{\ominus}(HIO/I^-)=0.995V<E^{\ominus}(IO_3^-/HIO)=1.14V$。

24. 有两种白色晶体 A 和 B,均为钠盐且溶于水。A 的水溶液呈中性,B 的水溶液呈碱性。A 溶液与 $FeCl_3$ 溶液作用呈红棕色,与 $AgNO_3$ 溶液作用出现黄色沉淀。晶体 B 与浓盐酸反应产生黄绿色气体,该气体与冷 NaOH 溶液作用得到含 B 的溶液。向 A 溶液中开始滴加 B 溶液时,溶液呈红棕色,若继续滴加过量 B 溶液,溶液的红棕色消失。则 A 和 B 各为何物?写出上述有关的反应式。

答　A 为 NaI,B 为 NaClO。有关的反应式为

$$2NaI+2FeCl_3 = I_2+2FeCl_2+2NaCl$$

$$I_2+I^- \rightleftharpoons I_3^-(\text{红棕色})$$

$$NaI+AgNO_3 = AgI\downarrow(\text{黄色})+NaNO_3$$

$$NaClO+2HCl(\text{浓}) = Cl_2\uparrow(\text{黄绿色})+NaCl+H_2O$$

$$Cl_2+2NaOH = NaCl+NaClO+H_2O$$

$$2NaI+NaClO+H_2O = I_2+NaCl+2NaOH$$

$$I_2+5NaClO+H_2O = 2NaIO_3+3NaCl+2HCl$$

25. 从卤化物制取各种 HX(X=F、Cl、Br、I),各应采用什么酸,为什么?

答　氟化物⟶HF,用浓 H_2SO_4;氯化物⟶HCl,用浓 H_2SO_4;溴化物⟶HBr,用浓 H_3PO_4;碘化物⟶HI,用浓 H_3PO_4。

因为 HBr、HI 还原性较强,浓 H_2SO_4 有氧化性,所以它们之间会发生氧化还原反应,得不到 HBr、HI。有关反应式如下:

$$NaBr+H_2SO_4 = NaHSO_4+HBr$$

$$2HBr+H_2SO_4 = Br_2+SO_2\uparrow+2H_2O$$

$$NaI+H_2SO_4 = NaHSO_4+HI\uparrow$$

$$8HI+H_2SO_4 = 4I_2+H_2S\uparrow+4H_2O$$

H_3PO_4 为非氧化性酸,可与溴化物、碘化物发生复分解反应制得 HBr、HI。

26. 设法除去:(1) KCl 中的 KI 杂质;(2) $CaCl_2$ 中的 $Ca(ClO)_2$ 杂质;(3) $FeCl_3$ 中的 $FeCl_2$ 杂质。

答　(1) 加入氯水,发生 $Cl_2+2KI = I_2+2KCl$ 反应;再加入 CCl_4 萃取 I_2。

(2) 加入 HCl,发生以下反应:

$$Ca(ClO)_2 + 4HCl \xrightarrow{\triangle} CaCl_2 + 2Cl_2\uparrow + 2H_2O$$

(3) 通入 Cl_2，发生 $2FeCl_2 + Cl_2 = 2FeCl_3$ 反应。

27. 实验室中制备 H_2S 气体为什么不用 HNO_3 而用 HCl 与 FeS 作用？

答　实验室常用硫化亚铁与稀盐酸作用制备 H_2S 气体：

$$FeS + 2H^+ = Fe^{2+} + H_2S\uparrow$$

不用 HNO_3 与 FeS 作用，是因为 HNO_3 有氧化性，与 FeS 发生以下反应：

$$FeS + 4HNO_3 = Fe(NO_3)_3 + S\downarrow + NO\uparrow + 2H_2O$$

28. 写出并配平下列反应的离子方程式。

(1) 碘在硫代硫酸钠溶液中褪色。

(2) 锌与稀硫酸、稀硝酸反应。

(3) 重铬酸钾与一定浓度盐酸反应制取氯气。

(4) 氯气与石灰反应制取漂白粉。

(5) 用盐酸酸化多硫化物溶液。

(6) H_2S 通入 $FeCl_3$ 溶液中。

(7) 在弱碱性介质中亚砷酸还原氧化剂碘。

(8) 氯能从溴化物中置换出 Br_2。

答　(1) $I_2 + 2S_2O_3^{2-} = 2I^- + S_4O_6^{2-}$

(2) $Zn + 2H^+ = Zn^{2+} + H_2\uparrow$

$3Zn + 8H^+ + 2NO_3^- = 3Zn^{2+} + 2NO\uparrow + 4H_2O$

或　$4Zn + 10H^+ + 2NO_3^- = 4Zn^{2+} + N_2O\uparrow + 5H_2O$

$4Zn + 10H^+ + NO_3^- = 4Zn^{2+} + NH_4^+ + 3H_2O$

(3) $K_2Cr_2O_7 + 14HCl(浓) \xrightarrow{\triangle} 2KCl + 2CrCl_3 + 3Cl_2\uparrow + 7H_2O$

(4) $2Cl_2 + 3Ca(OH)_2 = Ca(ClO)_2 + CaCl_2 \cdot Ca(OH)_2 \cdot H_2O + H_2O$

(5) $S_x^{2-} + 2H^+ = H_2S\uparrow + (x-1)S\downarrow$

(6) $H_2S + 2Fe^{3+} = S\downarrow + 2Fe^{2+} + 2H^+$

(7) $H_3AsO_3 + I_2 + H_2O = H_3AsO_4 + 2HI$

(8) $Cl_2 + 2Br^- = 2Cl^- + Br_2$

29. H_2S 气体通入 $MnSO_4$ 溶液中不产生 MnS 沉淀。若 $MnSO_4$ 溶液中含有一定量的氨水，再通入 H_2S 时即有 MnS 沉淀产生。为什么？

答　因为 $K_{sp}^{\ominus}(MnS)$ 较大，而 H_2S 溶液中 $c(S^{2-})$ 很小，因而得不到 MnS 沉淀。若有一定量氨水存在时，$NH_3 \cdot H_2O$ 与 H_2S 反应生成的 $(NH_4)_2S$ 为强电解质，提供的 $c(S^{2-})$ 较大，因此足以产生 MnS 沉淀。

30. 下列各组物质能否共存？为什么？

H_2S 与 H_2O_2；MnO_2 与 H_2O_2；H_2SO_3 与 H_2O_2；PbS 与 H_2O_2。

答　(1) H_2S 与 H_2O_2 不能共存，因为 $E^{\ominus}(H_2O_2/H_2O) = 1.776V > E^{\ominus}(S/H_2S) = 0.141V$，$H_2S$ 与 H_2O_2 要发生反应：

$$H_2S + H_2O_2 = S\downarrow + 2H_2O$$

(2) MnO_2 与 H_2O_2 不能共存，因为 MnO_2 对 H_2O_2 分解起催化作用

$$2H_2O_2 \xrightarrow{MnO_2} 2H_2O + O_2\uparrow$$

(3) H_2SO_3 与 H_2O_2 不能共存，因为 $E^{\ominus}(SO_4^{2-}/H_2SO_3)=0.158V<E^{\ominus}(H_2O_2/H_2O)=1.776V$，它们之间要发生以下反应：

$$H_2SO_3 + H_2O_2 = H_2SO_4 + H_2O$$

(4) PbS 与 H_2O_2 不能共存，因为 PbS 可被 H_2O_2 氧化：

$$PbS + 4H_2O_2 = PbSO_4 + 4H_2O$$

31. 全球工业生产每年向大气排放约 1.46 亿吨 SO_2，请提出几种可能的化学方法以消除 SO_2 对大气的污染。

答　SO_2 为酸性氧化物，可采用氨水、氢氧化钠、碳酸钠或石灰乳[$Ca(OH)_2$]等碱性物质作为吸收剂以除去。

32. 浓硫酸能干燥下列何种气体？

H_2S　NH_3　H_2　Cl_2　CO_2

答　浓硫酸能干燥的气体有：H_2、Cl_2、CO_2。

33. $AgNO_3$ 溶液中加入少量 $Na_2S_2O_3$，与 $Na_2S_2O_3$ 溶液中加入少量 $AgNO_3$，反应有何不同？

答　$AgNO_3$ 溶液中加入少量 $Na_2S_2O_3$，发生沉淀反应：

$$2Ag^+ + S_2O_3^{2-} = Ag_2S_2O_3\downarrow$$

$$Ag_2S_2O_3 + H_2O = Ag_2S\downarrow + H_2SO_4$$

$Na_2S_2O_3$ 溶液中加入少量 $AgNO_3$，发生配位反应：

$$Ag^+ + 2S_2O_3^{2-} = [Ag(S_2O_3)_2]^{3-}$$

12.5　自测习题

(一) 选择题

1. 在微酸性条件下，通入 H_2S 都能生成硫化物沉淀的是(　　)。

A. Be^{2+}，Al^{3+}　　B. Sn^{2+}，Pb^{2+}　　C. Be^{2+}，Sn^{2+}　　D. Al^{3+}，Pb^{2+}

2. 下列各对物质，能在酸性溶液中共存的是(　　)。

A. $FeCl_3$ 和溴水　　B. H_3PO_3 和 $AgNO_3$ 溶液

C. H_3AsO_4 和 KI 溶液　　D. N_2H_4 和 $HgCl_2$ 溶液

3. 下列各对含氧酸盐热稳定性的大小顺序，正确的是(　　)。

A. $BaCO_3>K_2CO_3$　　B. $CaCO_3<CdCO_3$

C. $BeCO_3>MgCO_3$　　D. $Na_2SO_3>NaHSO_3$

4. 下列物质易爆的是(　　)。

A. $Pb(NO_3)_2$　　B. $Pb(N_3)_2$　　C. $PbCO_3$　　D. $KMnO_4$

5. HClO、$HClO_3$、$HClO_4$ 酸性大小排列顺序正确的是(　　)。

A. $HClO>HClO_3>HClO_4$　　B. $HClO>HClO_4>HClO_3$

C. $HClO_4>HClO>HClO_3$　　D. $HClO_4>HClO_3>HClO$

6. 卤素单质中，解离能最大的是(　　)。

A. F_2　B. Cl_2　C. Br_2　D. I_2

7. 在碘酸盐和碘化物的溶液中加入硫酸铝溶液，下列叙述中不正确的是(　　)。

A. 碘酸盐和碘化物发生反歧化反应　B. 硫酸铝溶液发生水解

C. 溶液中有沉淀生成　D. 溶液中没有沉淀生成

8. 在 H_2O_2 溶液中加入少量 MnO_2 固体时，发生以下哪种反应？(　　)

A. H_2O_2 被氧化　B. H_2O_2 分解　C. H_2O_2 被还原　D. 复分解

9. 实验室制取硫化氢时，常用下列哪种酸？(　　)

A. HNO_3　B. HCl　C. H_2SO_4　D. H_3PO_4

10. 下列关于硫代硫酸钠性质的说法正确的是(　　)。

A. 在酸中不分解　B. 在溶液中可氧化

C. 与 I_2 反应得 SO_4^{2-}　D. 可以作为配位剂

11. 硫化铵溶液放置久了，溶液变成黄棕色甚至红棕色，其原因是生成了(　　)。

A. S 和 $Fe(OH)^{2+}$　B. NO_2　C. $(NH_4)_2S_2$　D. S 和 NH_4OH

12. 下列哪一组物质都是三元酸？(　　)

A. H_3PO_3，H_3AsO_3　B. H_3PO_4，H_3AsO_4

C. H_3BO_3，H_3AsO_4　D. 三组都是

13. 用浓 HNO_3 处理砷时，得下列哪种产物？(　　)

A. $As(NO_3)_3$　B. As_2O_3　C. H_3AsO_3　D. H_3AsO_4

14. 下列哪种物质可用作 Fe^{3+} 的掩蔽剂？(　　)

A. Cl^-　B. I^-　C. SO_4^{2-}　D. PO_4^{3-}

15. 下列溶解度大小的关系式中，不正确的是(　　)。

A. $AgF>AgCl$　B. $Ca(H_2PO_4)_2>CaHPO_4$

C. $NaHCO_3>Na_2CO_3$　D. $Ba(OH)_2>Mg(OH)_2$

16. 下列关于铵盐性质的叙述不正确的是(　　)。

A. 铵盐与相应的钾盐在水中的溶解度比较接近

B. 铵盐钾盐一样大多数易溶于水

C. 铵盐钾盐一样在水中完全电离

D. 铵盐的热稳定性大，受热不易分解

17. 下列各酸中，哪一个属于二元酸？(　　)

A. H_3PO_3　B. H_3PO_2　C. H_3PO_4　D. $H_4P_2O_7$

18. 活泼金属分别与浓硝酸、稀硝酸反应，下列叙述不正确的是(　　)。

A. 稀硝酸的还原产物主要是 N_2O

B. 很稀硝酸的还原产物主要是 NH_4^+

C. 浓硝酸的还原产物主要是 NO

D. 冷的浓硝酸使某些活泼金属钝化，但加热可反应

19. 下列氯的含氧酸排列顺序中，符合热稳定性递增顺序的是(　　)。

A. $HClO_2$，HClO，$HClO_3$，$HClO_4$　B. $HClO_2$，$HClO_4$，$HClO_3$，HClO

C. $HClO_4$，$HClO_3$，$HClO_2$，HClO　D. $HClO_3$，HClO，$HClO_4$，$HClO_2$

20. 下列关于多酸的叙述不正确是(　　)。

A. 多酸可以看作含有两个或更多酸酐的酸

B. 同多酸的组成中除氢、氧外，只有一种元素

C. 杂多酸的组成中除氢、氧外，还有不止一种元素

D. 多酸的酸性都比相应的原酸弱

21. 将足量的 SiF_4 气体通入 NaOH 溶液中，反应产物是(　　)。

A. Na_2SiO_3 与 HF　　B. Na_2SiO_3 与 Na_2SiF_6

C. H_2SiO_3 与 HF　　D. Na_2SiO_3 与 NaF

22. 下列氢化物中，最易水解的是(　　)。

A. B_2H_6　　B. CH_4　　C. NH_3　　D. N_2H_4

23. 下列无机酸中，能溶解 SiO_2 的是(　　)。

A. HCl　　B. H_2SO_4(浓)　　C. HF　　D. HNO_3(浓)

24. 为了防止水解，实验室在配制一些盐的溶液时常要在水中加入相应的酸，配制下列溶液不能加酸的是(　　)。

A. $Bi(NO_3)_3$　　B. $Na_2S_2O_3$　　C. $FeCl_3$　　D. $SnCl_2$

25. 下列盐属于正盐的是(　　)。

A. Na_2PO_2　　B. NaH_2PO_3　　C. Na_2HPO_4　　D. NaH_2PO_4

26. 下列化合物热稳定性最高的是(　　)。

A. NaN_3　　B. AgN_3　　C. $Pb(N_3)_3$　　D. $Ba(N_3)_3$

27. 环境保护中一项内容是防止大气污染，保护臭氧层。臭氧层的主要功能是(　　)。

A. 有杀菌作用　　B. 强氧化作用

C. 消除氮氧化物、CO 等气体污染　　D. 吸收太阳向地球发射的紫外线

28. 向下列溶液中加入 $AgNO_3$ 溶液，析出黑色沉淀的是(　　)。

A. H_3PO_4　　B. NaH_2PO_4　　C. H_3PO_2　　D. $Na_2H_2P_2O_7$

29. 下列氯化物中，熔点最低的是(　　)。

A. $HgCl_2$　　B. $FeCl_3$　　C. $FeCl_2$　　D. $ZnCl_2$

30. 下列卤化物中，共价性最强的是(　　)。

A. LiI　　B. BeI_2　　C. LiCl　　D. MgI_2

31. 向盛有 Br^-、I^- 混合溶液及 CCl_4 的试管中逐滴加入氯水，在 CCl_4 层中可观察到的现象是(　　)。

A. 先出现紫色，随后变黄色

B. 先出现黄色，随后出现紫色

C. 先出现紫色，随后出现黄色，再变成无色

D. 先出现紫色，随后变无色，最后出现黄色

32. 下列物质在空气中不能自燃的是(　　)。

A. 红磷　　B. 白磷　　C. P_2H_4　　D. B_2H_6

33. 酸性强弱关系正确的是(　　)。

A. $H_6TeO_6 > H_2SO_4$　　B. $H_2SO_4 < H_2S_2O_7$

C. $H_4SiO_4 > H_3PO_4$　　D. $HClO > HClO_3$

34. 下列物质中，还原性最强的是(　　)。

A. HF　　B. PH_3　　C. NH_3　　D. H_2S

35. 同物质的量浓度的下列离子在酸性介质中，氧化性最强的是(　　)。

A. SO_4^{2-}　　B. ClO^-　　C. ClO_4^-　　D. $H_3IO_6^{2-}$

（二）判断题（正确的请在括号内打√，错误的打×）

36. SiO_2 既能与氢氟酸反应，又能与强碱反应，说明它是两性氧化物。（　）

37. 氢气中的杂质 AsH_3 和 PH_3 可以用 $KMnO_4$ 的碱性溶液除去。（　）

38. 碳酸盐的溶解度均比酸式碳酸盐的溶解度小。（　）

39. 铝和氯气分别是较活泼的金属和活泼的非金属单质，因此两者能作用形成典型的离子键，固态为离子晶体。（　）

40. 同族元素的氧化物 CO_2 和 SiO_2，具有相似的物理性质和化学性质。（　）

（三）填空题

41. 比较下列各对物质中哪一个氧化性强（用＞或＜表示）：
$HClO_3$ ________ $HClO$，HNO_3（稀）________ HNO_2，H_2SO_4 ________ H_2SeO_4，PbO_2 ________ SnO_2

42. 根据 $R(OH)_x$ 规则判断含氧酸 H_3PO_4、H_2SO_4、$HClO_4$、H_2SiO_3 中酸性最强的是______，最弱的是__________。

43. 硼酸是______元______酸，其在水中的解离方程式为________。

44. CO 中毒机理是由于 CO 具有很强的__________性。

45. NaH_2PO_4 溶液与 $AgNO_3$ 溶液反应的主要产物是__________。

46. BF_3 的几何构型为__________；而 BF_4^- 的几何构型为__________。

47. XeF_4 分子中，Xe 原子以________杂化轨道成键，分子几何构型为________。

（四）简答题

48. (1) 向淀粉-碘化钾溶液中滴加 NaClO 溶液时，溶液颜色发生从蓝→无色的变化；(2) 酸化溶液后加入少量 Na_2SO_3(s) 又出现蓝色；(3) 加入过量 Na_2SO_3 则溶液蓝色又褪去；(4) 向溶液中加入 KIO_3 溶液又重复出现蓝色，试分别写出以上各步骤的反应式。

49. 请用最简便的方法区别以下五种固体盐：Na_2S，Na_2S_2，$Na_2S_2O_3$，Na_2SO_3 及 $Na_2S_2O_4$。

50. 一种盐 A 溶于水后，加入浓 HCl，有刺激性气体 B 产生，同时有黄色沉淀 C 析出，气体 B 能使 $KMnO_4$ 溶液褪色，若通 Cl_2 于 A 溶液中，Cl_2 即消失并得溶液 D，D 与钡盐溶液作用生成难溶于酸的白色沉淀。试确定 A～E 各为何物。

51. 白色固体 A 加热分解得固体 B 和气体混合物 C，将 C 通过冰盐冷却管，则得一无色液体 D 和气体 E，E 能助燃，固体 B 溶于 HNO_3 得溶液 F，溶液 F 加 KI 得金黄色沉淀 G，此沉淀可溶于热水。无色液体 D 加热则变为相对分子质量是 D 的 1/2 的红棕色气体 H，该气体遇湿的淀粉 KI 试纸变蓝色。试确定 A～H 为何物，写出有关反应式。

52. 溶液 A 与 NaCl 溶液混合，有白色沉淀 B 析出，B 可溶于氨水得溶液 C；加 NaBr 于溶液 C 中，有浅黄色沉淀 D 析出；D 在阳光下容易变黑，D 溶于 $Na_2S_2O_3$ 溶液得溶液 E；E 中加入 NaI，有黄色沉淀 F 析出，F 可溶于 NaCN 溶液得溶液 G；向 G 中加入 Na_2S 得黑色沉淀 H；令 H 与浓 HNO_3 一起煮沸后得到悬浮着浅黄色颗粒的溶液，滤去颗粒又得到原来的溶液 A。试确定 A～H 各是什么物质，并写出各步反应方程式。

自测习题答案

(一) 选择题

1. B, 2. A, 3. D, 4. B, 5. D, 6. B, 7. D, 8. B, 9. B, 10. D, 11. C, 12. B, 13. D, 14. D, 15. C, 16. D, 17. A, 18. C, 19. A, 20. A, 21. D, 22. A, 23. C, 24. B, 25. A, 26. A, 27. D, 28. C, 29. A, 30. B, 31. D, 32. A, 33. B, 34. B, 35. B。

(二) 判断题

36. ×, 37. √, 38. ×, 39. ×, 40. ×。

(三) 填空题

41. <, <, <, >; 42. $HClO_4$, H_2SiO_3; 43. 一, 弱, $H_3BO_3 + H_2O = [B(OH)_4]^- + H^+$; 44. 配位; 45. Ag_3PO_4 沉淀; 46. 平面三角形, 正四面体; 47. sp^3d^2, 平面正方形。

(四) 简答题

48. (1) $2I^- + ClO^- + 2H^+ = I_2 + Cl^- + H_2O$　$I_2 + 5ClO^- + H_2O = 2IO_3^- + 5Cl^- + 2H^+$

(2) $2IO_3^- + 2H^+ + 5SO_3^{2-} = 5SO_4^{2-} + I_2 + H_2O$

(3) $I_2 + SO_3^{2-} + H_2O = 2I^- + SO_4^{2-} + 2H^+$

(4) $5I^- + IO_3^- + 6H^+ = 3I_2 + 3H_2O$

49. 用盐酸即可。

50. A: $Na_2S_2O_3$; B: SO_2; C: S; D: $NaHSO_4$; E: $BaSO_4$。

51. A: $Pb(NO_3)_2$, B: PbO, C: $NO_2 + O_2$, D: N_2O_4, E: O_2, F: $Pb(NO_3)_2$, G: PbI_2, H: NO_2。

52. A: $AgNO_3$, B: AgCl, C: $[Ag(NH_3)_2]Cl$, D: AgBr, E: $Na_3[Ag(S_2O_3)_2]$, F: AgI, G: $Na[Ag(CN)_2]$, H: Ag_2S。

第 13 章　金属元素化学

13.1　学 习 要 求

(1) 了解碱金属和碱土金属的通性，单质的制备和用途，熟悉常见化合物的有关性质。

(2) 熟悉铝及其重要化合物的性质与用途，熟悉锗、锡、铅及其重要化合物的性质与用途，了解砷、锑、铋及其重要化合物。

(3) 熟悉过渡元素的通性，了解钛、锆、铪、钒、铌、钽、钼、钨、锝和铼及其化合物的性质和用途，熟悉铬、锰及其重要化合物的有关性质，熟悉铁系金属及其化合物的性质和用途，了解铂系金属及其化合物。

(4) 熟悉铜族元素和锌族元素及其重要化合物的性质和用途。

(5) 了解稀土金属原子结构的特点、性能、分离方法和主要应用。

13.2　内 容 要 点

13.2.1　碱金属和碱土金属

1. 金属单质

碱金属和碱土金属有良好的导电性，与其他金属相比，硬度、熔点和沸点很低。同族中自上而下，原子(离子)半径依次增大，电离能、电负性逐渐降低，金属性增强。它们都是活泼金属，几乎能与所有的非金属单质发生反应生成离子化合物。

碱金属和碱土金属与氧气可生成正常氧化物、过氧化物和超氧化物。除锂和钙外，均能生成稳定的过氧化物和超氧化物。除 BeO 为两性外，其他氧化物均显碱性。氢氧化物中除 $Be(OH)_2$ 呈两性，LiOH、$Mg(OH)_2$ 为中强碱外，其余 MOH、$M(OH)_2$ 均为强碱性。

酸和碱可用通式 $R(OH)_n$ 表示，由离子势 $\varphi = Z/r$（Z 为电荷数，r 为离子半径，单位为 pm）可得判断 $R(OH)_n$ 酸碱性的经验规则：

$$\sqrt{\varphi} < 0.22 \qquad R(OH)_n \text{ 呈碱性}$$

$$0.22 < \sqrt{\varphi} < 0.32 \qquad R(OH)_n \text{ 呈两性}$$

$$\sqrt{\varphi} > 0.32 \qquad R(OH)_n \text{ 呈酸性}$$

此判断可满意地解释电子构型为 2 或 8 电子的氢氧化物，但对于其他构型的 R^{n+}，有时会出现偏差。

碱金属过氧化物最常见的是过氧化钠，呈浅黄色。碱土金属过氧化物以过氧化钡较为重要。过氧化物遇水、稀酸等均能产生过氧化氢，进而放出氧气，或遇到二氧化碳直接放出氧气，可作氧化剂、漂白剂和氧气发生剂。过氧化钠有碱性和强氧化性，是常用的强氧化剂，可作矿物熔剂，使某些不溶于酸的矿物分解。

超氧化物是 K、Rb、Cs 等在过量氧气中反应的产物。超氧化物也是强氧化剂，能与水、二氧化碳等反应放出氧气。

碱金属和碱土金属能与氢气直接化合生成离子型氢化物。碱金属氢化物中以 LiH 最稳定，加热到熔点也不分解。其他碱金属氢化物的稳定性较差。LiH 能与 $AlCl_3$ 在无水乙醚中反应生成 $LiAlH_4$。所有的碱金属氢化物都是强还原剂。

2. 常见的金属盐

(1) 碱金属盐。绝大多数是离子型晶体；除与有色阴离子形成有色盐外，其余都为无色盐；除少数难溶盐外，一般的碱金属盐在水中都可溶。

碱金属盐有较高的熔点，熔融态下有极强的导电能力，有较高的热稳定性。含氧酸盐中，硫酸盐高温下不挥发，也难以分解；碳酸盐除 Li_2CO_3 在 1000℃以上时分解外，其余碳酸盐都不分解；硝酸盐热稳定性较低，一定温度下就会分解。

(2) 碱土金属盐。碱土金属的卤化物，尤其是 BeX_2，带有明显的共价性。

溶解度：硝酸盐、氯酸盐、高氯酸盐和乙酸盐是易溶的；卤化物中，除氟化物外，其余都易溶；碳酸盐、磷酸盐、草酸盐等都难溶，但都可以溶于盐酸中；硫酸盐中，$BaSO_4$ 溶解度最小；铬酸盐中，$BaCrO_4$ 溶解度最小。

碱土金属盐热稳定性较碱金属盐差。酸式盐的热稳定性比正盐低。除 Be^{2+} 外，Mg^{2+} 也能水解，不能用加热脱水的方法使这类含水盐脱水转化为无水盐。

焰色反应：钙呈橙红色，锶呈红色，钡呈黄绿色，锂呈红色，钠呈黄色，钾呈紫色，铷、铯呈紫红色。

3. 对角线关系

处于斜线上的元素 Li 和 Mg、Be 和 Al、B 和 Si 的许多性质十分相似，这种相似性称为斜线关系或对角线关系。

13.2.2　p 区重要金属单质与化合物

1. 铝及其重要化合物

铝在空气中极易被氧化，在表面形成一层致密的氧化铝保护膜。氧化铝有三种变体。α-Al_2O_3俗称“刚玉”，熔点高、硬度大，不溶于水，也不溶于酸和碱，电绝缘性好，高导热，是优良的高硬度耐磨材料、耐火材料和陶瓷材料。β-Al_2O_3 具有离子传导能力，是重要的固体电解质。γ-Al_2O_3 不溶于水，溶于酸和碱，有很大的比表面积，有很强的吸附能力和催化活性。

无水硫酸铝为白色粉末，从水溶液中得到为 $Al_2(SO_4)_3 \cdot 18H_2O$，是无色针状晶体。硫酸铝易与 K^+、Rb^+、Cs^+、NH_4^+ 等硫酸盐结合成矾，如明矾[$KAl(SO_4)_2 \cdot 12H_2O$]。

卤化铝中最重要的是 $AlCl_3$，常在有机合成中作催化剂。铝盐容易水解，在水溶液中不能制得无水 $AlCl_3$。$AlCl_3$ 溶于有机溶剂或在熔融状态时都以双聚分子 Al_2Cl_6 形式存在。$AlCl_3$、$AlBr_3$、AlI_3 易水解呈酸性。其中 $AlCl_3$ 在潮湿的空气中冒烟，遇水发生剧烈水解并放热。$AlCl_3$ 若逐渐水解产生各种碱式盐，在 pH=4 时加热，发生聚合反应，得聚合氯化铝。

2. 锗、锡、铅及其重要化合物

锗是灰色金属，较硬，性质与硅相似。常温下不与氧反应，高温下与氧气反应生成 GeO_2。

锗不与稀盐酸、稀硫酸反应，但可溶于浓硫酸、硝酸、王水、HF-HNO_3 和 H_2O_2-NaOH。

锡是银白色金属，较软，有三种同素异形体：灰锡（α 型）、白锡（β 型）及脆锡（γ 型）。锡可与酸、碱反应，与硝酸、浓硫酸发生氧化还原反应。

铅是很软的重金属，有剧毒，能防止 X 射线、γ 射线的穿透，能形成多种合金。铅可形成许多难溶盐，重要可溶性盐为 $Pb(NO_3)_2$ 和 $Pb(Ac)_2$。在可溶性铅盐溶液中加入 Na_2CO_3 溶液，可得到碱式碳酸铅，俗称铅白。Pb^{2+} 与 CrO_4^{2-} 反应生成黄色沉淀 $PbCrO_4$，用来鉴定 Pb^{2+} 或 CrO_4^{2-}。

3. 砷、锑、铋及其重要化合物

砷、锑有两性和准金属的性质，铋呈金属性，其熔点较低，易挥发，特征氧化态为＋3、＋5。砷、锑和镓、铟的化合物是重要的半导体材料。铋与铅、锡可制成低熔点合金，可作保险丝。

氢化物 MH_3 是有毒、不稳定的无色气体，按砷、锑、铋的顺序稳定性降低，都是强还原剂。卤化物包括 MX_3、MX_5。三卤化物可由单质与卤素反应制得，其主要性质是水解性。

砷、锑、铋的＋3 氧化态还原性依次减弱，＋5 氧化态氧化性依次增强。Na_3AsO_3 是常用的还原剂，而 $NaBiO_3$ 是常用的氧化剂。

13.2.3 过渡元素

1. 通性

过渡元素具有未充满的 d 轨道（Pd 除外），其特征电子构型为 $(n-1)d^{1\sim9}ns^{1\sim2}$。过渡元素周期性变化规律不明显。位于周期表中第四周期的 Sc 到 Ni 为第一过渡系列，第五周期的 Y 到 Pd 为第二过渡系列，第六周期的 La 到 Pt 为第三过渡系列。

过渡金属比主族金属有更大的密度和硬度，更高的熔点和沸点。除钪和钛外，其密度均大于 $5g \cdot cm^{-3}$，最重的锇为 $22.48g \cdot cm^{-3}$；硬度最大的是铬，莫氏硬度为 9；熔点、沸点最高的是钨。

过渡元素都是活泼金属，但 Ti、V、Cr 等常因表面钝化形成致密的氧化物保护膜，具有抗酸、抗碱的能力。

过渡金属价电子构型决定了它们具有多变的氧化态。在某些配合物中还可呈现低氧化态（＋1 和 0），特殊情况下可以有负氧化态。过渡金属有空的 $(n-1)$d 轨道，使它们易形成配合物，并呈现五彩缤纷的颜色。过渡金属及其化合物由于含有未成对电子而呈现顺磁性。

2. 钛、锆和铪

钛在金属中仅次于铁，但大都处于分散状态，主要矿物有金红石、钛铁矿和钒钛铁矿。钛的资源虽然丰富，但冶炼困难。锆在地壳中比铜、锌和铅的总量还多，但分布非常分散，主要矿物为斜锆石和锆英石。铪在自然界与锆共生于锆英石中，钛、锆和铪都归入稀有金属。

钛属于高熔点的轻金属，具有铁和铝无与伦比的抗腐蚀性能。钛具有生物相容性，用于接骨和人工关节，是"生物金属"。钛是活泼金属，空气中能迅速与氧反应生成致密的氧化物保护膜而钝化，使其在室温下不与水、稀酸和碱反应。钛能生成配合物$[TiF_6]^{2-}$而可溶于氢氟酸或酸性氟化物溶液中。钛也能溶于热的浓盐酸，生成绿色的 $TiCl_3 \cdot 6H_2O$。

钛在高温下可与碳、氮、硼反应生成碳化钛、氮化钛和硼化钛，它们的硬度高、难熔、稳定，称为金属陶瓷。氮化钛为青铜色，涂层能仿金。钛与氢反应形成非整比的氢化物，可作为储氢材料。钛与氧反应生成 TiO_2。因为钛与氧、氯、氮、氢有很大的亲和力，使炼制纯金属很难。

自然界中 TiO_2 有三种晶形，金红石型、锐钛矿型和板钛矿型。TiO_2 是白色粉末，不溶于水和稀酸，但溶于氢氟酸和热的浓硫酸。TiO_2 具有折射率高、着色力和遮盖力强、化学稳定性好等优点，是制备高级涂料和白色橡胶的重要原料，也是陶瓷工业特别是功能陶瓷的重要原料。纳米 TiO_2 有极好的光催化性能，在有机污水处理领域有广阔的应用前景。

锆和铪的性质极为相似，都是活泼金属，能与空气反应生成氧化物保护膜。在高温下，它们可以与碳及其含碳气体化合物作用生成高硬度、高熔点的碳化物（ZrC、HfC）；与硼作用可生成硼化物（ZrB_2、HfB_2）；吸收氮气形成固溶体和氮化物。锆具有比钛和不锈钢更高的抗化学腐蚀能力，但可溶于氢氟酸、浓硫酸、王水及熔融强碱。铪的抗化学腐蚀能力稍差，低温下可抵抗稀酸和稀碱，可溶于硫酸。

3. 钒、铌和钽

钒的主要矿物为绿硫钒、铅钒矿等。铌和钽性质相似，在自然界中共生，其矿物可用通式 $Fe(MO_3)_2$ 表示。钒、铌、钽均是稀有金属。钒是银灰色有延展性的金属，但不纯时硬而脆。钒是活泼金属，易呈钝态，常温下不与水、苛性碱和稀的非氧化性酸作用，但可溶于氢氟酸、强氧化性酸和王水中，也能与熔融的苛性碱反应。高温下可与大多数非金属反应，甚至比钛还容易与氧、碳、氮和氢化合，所以制备纯金属钒很难。

钒有“金属维生素”之称。含钒百分之几的钢，具有高强度、高弹性、抗磨损和抗冲击性能，广泛应用于结构钢、弹簧钢、工具钢、装甲钢和钢轨。

V_2O_5 是难溶于水的棕黄色固体，可由偏钒酸铵热分解制备，是重要的催化剂。它是两性氧化物，有一定氧化性，与浓盐酸反应可得到 Cl_2。

钒有多种氧化态，其离子色彩丰富；酸根极易聚合，pH 下降，聚合度增加，颜色从无色→黄色→深红，酸度足够大时为 VO_2^+。

铌和钽都是钢灰色金属，略带蓝色，具有最强的抗腐蚀能力，能抵抗浓热的盐酸、硫酸、硝酸和王水。铌和钽只能溶于氢氟酸或氢氟酸与硝酸的热混合溶液中，在熔融碱中被氧化为铌酸盐或钽酸盐。铌酸盐或钽酸盐进一步转化为其氧化物，再由金属热还原得到铌或钽。铌和钽最重要的性质是有吸收氧、氮和氢等气体的能力。钽片可弥补头盖骨的损伤，钽丝可缝合神经和肌腱，钽条可代替骨头，在医学方面有重要应用。

4. 铬、钼和钨

铬主要矿物为铬铁矿；钼和钨是稀有金属，主要矿物有辉钼矿、钼酸钙矿和钼酸铁矿，白钨矿和黑钨矿。

铬是极硬、银白色的脆性金属，常温下对一般腐蚀剂的抗腐蚀性高，广泛用作电镀保护层。铬能溶于稀盐酸和稀硫酸，起初生成蓝色的 Cr^{2+} 水合离子，然后被空气氧化为 Cr^{3+} 的绿色溶液。铬极易形成致密的氧化物保护膜而被钝化，故在硝酸、磷酸或高氯酸中呈惰性；高温下，铬可与氧、硫、氮和卤素等非金属直接反应生成相应的化合物。

铬的＋2 氧化态的化合物有还原性，＋6 氧化态的化合物有氧化性，＋3 氧化态的离子可以形成各种配合物。酸性介质中可用 $S_2O_8^{2-}$、MnO_4^- 等作氧化剂把 Cr^{3+} 氧化为橙色 $Cr_2O_7^{2-}$，碱性介质中可用 H_2O_2、Br_2 等作氧化剂把亮绿色 CrO_2^- 氧化为黄色 CrO_4^{2-}。

Cr_2O_3 是极难熔化的氧化物之一，熔点为 2275℃，是具有特殊稳定性的绿色物质，作为颜料（铬绿）。Cr_2O_3 具有两性，溶于酸形成铬盐，溶于碱形成亚铬酸盐。

CrO_3 俗称铬酐，为暗红色固体，易溶于水而形成相应的铬酸（H_2CrO_4 和 $H_2Cr_2O_7$），它由 $H_2Cr_2O_7$ 和 H_2SO_4 反应制得。

铬酸盐和重铬酸盐中比较常用的是其钾盐和钠盐，在铬酸盐溶液中加入足量酸时，就转变为重铬酸盐。

钼和钨有极其相似的性质。它们都是银白色高熔点金属；常温下很不活泼，除 F_2 外与其他非金属单质不发生反应；高温下易与氧、硫、卤素、碳及氢反应。钼和钨不与普通的酸、碱作用，但钼可被浓硝酸和浓硫酸浸蚀，它们都溶于王水或 HF 与 HNO_3 的混合物，在熔融的碱性氧化剂中迅速被腐蚀。钼和钨大量用于制造合金钢，可提高钢的耐高温强度、耐磨性和抗腐蚀性等。钼钢和钨钢可作刀具、钻头等；钼合金在武器制造和导弹、火箭等尖端领域有重要地位。

MoO_3 是白色固体，加热时变为黄色，冷却后恢复为白色，不溶于水，但能溶于氨水或强碱性溶液，生成相应的钼酸盐。$(NH_4)_2MoO_4$ 是无色晶体，溶于水，也溶于稀的氯化铵，在硝酸介质中它可与 PO_4^{3-} 反应生成黄色的磷钼酸铵 $(NH_4)_3H_4[P(Mo_2O_7)_6]$ 沉淀，用于 PO_4^{3-} 的鉴定。

5. 锰、锝和铼

锰最重要的矿物有软锰矿、黑锰矿和菱锰矿，在深海海底存在有大量的锰结核。锰是硬而脆的银白色金属，在空气中极易生成氧化物保护膜而钝化；锰与水反应生成难溶于水的氢氧化物 $[Mn(OH)_2]$ 而阻止反应继续进行，与强稀酸反应生成 Mn^{2+} 的盐和氢气。锰可被浓硫酸、浓硝酸钝化。加热时可与卤素、氧、硫、氮、碳和硅等生成相应的化合物。锰也是植物维持光合作用必不可少的微量元素。

Mn(Ⅱ)常以氧化物、氢氧化物、硫化物、Mn(Ⅱ)盐、配合物等形式存在。其中 $MnCl_2$ 和 $MnSO_4$ 最重要，它们与碱反应可生成 $Mn(OH)_2$，它极易被空气氧化。

Mn^{2+} 在硫酸或硝酸中，以 $S_2O_8^{2-}$、$NaBiO_3$、PbO_2 作氧化剂，可氧化成 MnO_4^-。Mn^{2+} 易形成高自旋配合物，只有与一些强配体如 CN^-，才生成低自旋配合物。

MnO_2 是一种不溶于水的黑色粉末，属弱酸性氧化物。MnO_2 既有氧化性，也有还原性。它在玻璃中作为脱色剂，在锰-锌干电池中用作去极剂。

K_2MnO_4 在强碱溶液中呈绿色，较稳定，但在酸性、中性及弱碱性溶液中立即歧化。

$KMnO_4$ 是一种深紫色固体，加热分解成 K_2MnO_4 和 O_2。$KMnO_4$ 在中性或弱碱性介质中，分解很慢，但在酸性介质中分解较快。$KMnO_4$ 是最重要和最常用的氧化剂之一，它的氧化能力和还原产物因介质的酸度不同而不同，反应物的加入顺序也会影响最终产物。

锝是人造元素，铼是稀有金属。锝和铼性质极其相似，与锰不同；它们不形成＋2 氧化态化合物，而＋3(Re)，＋4、＋6、＋7 氧化态化合物很普遍。TcO_4^- 和 ReO_4^- 的氧化性较 MnO_4^- 弱得多。锝和铼都是高熔点金属，在空气中缓慢氧化，失去金属光泽。它们溶于浓硝酸和浓硫酸，但不溶于氢氟酸和盐酸。与锝不同的是，铼可溶于过氧化氢的氨水溶液中，生成含氧酸盐。铼是高活性的催化剂，选择性好，抗毒能力强，广泛应用于石化工业。

6. 铁系金属

铁系金属包括铁、钴和镍。铁主要矿物有赤铁矿、磁铁矿和黄铁矿。钴和镍是我国的丰产元素，甘肃金昌市被誉为镍都，有储量丰富的钴、镍和铂系贵金属资源。

铁、钴、镍都能形成性质各异的金属合金材料。铁是血红蛋白的构成元素；维生素 B_{12} 是钴的配合物；镍是动物和人必需的微量元素，存在于 DNA 和 RNA 中。

铁、钴、镍在＋2、＋3 氧化态时，有形成配合物的强烈倾向，尤其是Co(Ⅲ)形成配合物数量特别多。

低氧化态氧化物 MO，常用非氧化性含氧酸盐绝氧热分解制备。高氧化态氧化物 M_2O_3 可用氧化性含氧酸盐（如硝酸盐）热分解得到。Fe_2O_3 有多种变体，α-Fe_2O_3 为顺磁性，主要用作防锈漆；γ-Fe_2O_3 是介稳状态的，有铁磁性，是录音磁带生产中最重要的磁性材料。Co_2O_3 用于制备钴和钴盐，还是重要的氧化剂和催化剂。

在隔绝空气的条件下，向＋2 氧化态的铁系盐溶液中加入碱可分别得到白色 $Fe(OH)_2$、粉红色的 $Co(OH)_2$ 和果绿色的 $Ni(OH)_2$。遇到空气时，$Fe(OH)_2$ 迅速氧化为红棕色的 $Fe(OH)_3$，$Co(OH)_2$ 缓慢氧化成 $Co(OH)_3$，而 $Ni(OH)_2$ 在强氧化剂作用下才可被氧化成黑色的 $Ni(OH)_3$。$Fe(OH)_3$、$Co(OH)_3$、$Ni(OH)_3$的氧化能力逐渐增加；$Fe(OH)_2$、$Co(OH)_2$、$Ni(OH)_2$的还原能力逐渐减弱。

Fe^{2+}、Fe^{3+} 均稳定，Co^{3+} 在固体中存在，在水中还原成 Co^{2+}。Ni^{3+} 氧化性很强，难存在，Ni^{2+} 稳定。$CoCl_2 \cdot 6H_2O$，因化合物中所含结晶水的数目不同而呈现不同的颜色。MO 溶于稀硫酸，可结晶出 $MSO_4 \cdot 7H_2O$。能与 NH_4^+、K^+、Na^+ 形成复盐 $M_2^{I}SO_4 \cdot MSO_4 \cdot 6H_2O$。

铁系金属氧化态为＋3 的可溶性盐中，因 Co^{3+}、Ni^{3+} 的强氧化性，热力学上不稳定，只有铁形成稳定的 Fe^{3+} 盐。在酸性介质中，Fe^{3+} 是中强氧化剂。Fe^{3+} 电荷高，离子半径小，在溶液中明显水解，使溶液显酸性。

高铁酸盐在强碱性介质中才能稳定存在，是比高锰酸盐更强的氧化剂。它是新型净水剂，具有氧化杀菌性质，生成的 $Fe(OH)_3$ 对各种阴阳离子有吸附作用，对水体中的 CN^- 去除能力非常强。

Fe^{3+}、Co^{2+} 与 SCN^- 分别生成有特殊颜色的配合物 $[Fe(NCS)_n]^{3-n}$ $(n=1\sim6)$，$[Co(NCS)_4]^{2-}$，用于 Fe^{3+}、Co^{2+} 的鉴定。

Fe^{3+} 与 F^- 和 PO_4^{3-} 的配合物 $[FeF_6]^{3-}$ 和 $[Fe(PO_4)_2]^{3-}$ 常用于分析化学中对 Fe^{3+} 的掩蔽。Fe(Ⅱ)与环戊二烯基生成夹心式化合物 $Fe(C_5H_5)_2$（二茂铁）。

7. 铂系金属

铂系金属是指Ⅷ族的钌、铑、钯和锇、铱、铂等铂系稀有元素，都是有色金属。按照密度大小分为两组，钌、铑、钯的密度约为 $12g \cdot cm^{-3}$，称为轻铂系元素；锇、铱、铂密度约为 $22g \cdot cm^{-3}$，称为重铂系元素。但其性质非常相似，在自然界中共生，自然界中可以游离态存在，如铂矿和锇铱矿；也可共生于铜和镍的硫化物中。电解精炼铜和镍后，铂系金属和金银常以阳极泥的形式存在于电解槽中。

铂系金属除锇呈蓝灰色外，其余均呈银白色，熔沸点高，密度大，钌、锇硬而脆，其余韧性、延展性好。铂系金属都有良好的吸收气体（特别是氢气和氧气）的能力，有高度的催化活性，是优良的催化剂。

铂系金属呈化学惰性，常温下不与氧、氟、氮等非金属反应，有极高的抗腐蚀性能。Ru、Rh、Ir 和块状的 Os 不溶于王水。Pd 和 Pt 相对较活泼，可溶于王水，Pd 可溶于浓硝酸和浓硫酸中。在有氧化剂如 KNO_3、$KClO_3$ 等存在时，铂系金属与碱共熔可转化成可溶性化合物。

铂系金属容易生成配合物，水溶液中几乎都以配合物形式存在。

13.2.4 铜族、锌族元素

1. 铜族

铜族元素包括ⅠB族的铜、银、金三种金属，金主要以单质形式存在于岩石或沙砾中，铜和银还有硫化物、氯化物矿，铜还有碳酸盐矿等。

铜族金属的价电子构型为：$(n-1)d^{10}ns^1$。其第一电离能远大于碱金属，电极电势呈正值，为不活泼金属。

铜、银、金有特征颜色，有极好的延展性和可塑性，是热和电的良导体，银在所有金属中有最佳导电性。铜族元素在常温下不与非氧化性酸反应，铜和银溶于浓硫酸和浓硝酸中，而金只溶于王水。铜在空气中加热时可与氧反应生成黑色氧化铜，而金、银加热也不与氧作用。铜在潮湿的空气中可以生成铜锈。

铜、银、金都可形成+1、+2、+3氧化态的化合物，其中Cu(Ⅱ)最稳定，Ag(Ⅰ)和Au(Ⅲ)最稳定。它们都能与CN^-等简单配体形成稳定配合物。

铜可形成黑色CuO和红色Cu_2O。加热分解氢氧化铜、硝酸铜、碱式碳酸铜均可得到CuO。CuO和Cu_2O都不溶于水。向Cu^{2+}溶液中加入强碱可得到$Cu(OH)_2$，它微显两性，以碱性为主，能溶于强碱的浓溶液形成$[Cu(OH)_4]^{2-}$，易溶于氨水。

卤化铜有无水CuX_2（白色CuF_2、棕色$CuCl_2$、棕色$CuBr_2$）和含结晶水的化合物。$CuCl_2$不但溶于水，而且溶于乙醇和丙酮。在很浓的溶液中呈黄绿色，在浓的溶液中呈绿色，在稀溶液中显蓝色。

卤化亚铜CuX都是白色的难溶化合物，其溶解度按Cl、Br、I顺序减小。拟卤化铜也是难溶物。干燥的CuCl在空气中比较稳定，但湿的CuCl在空气中易发生水解和氧化。CuCl易溶于盐酸，由于形成配离子，溶解度随盐酸浓度增加而增大。

$CuSO_4 \cdot 5H_2O$俗称胆矾，在不同温度下可逐步失水，无水硫酸铜为白色粉末，不溶于乙醇和乙醚，吸水性很强，吸水后呈蓝色，利用这一性质可检验乙醇和乙醚等有机溶剂中的微量水。

氢氧化钠与硝酸银反应可得到棕黑色氧化银沉淀，温度升高或见光会发生分解，放出氧气并得到银。

硝酸银与碱金属卤化物反应可得到难溶卤化银。由于AgF易溶于水，可将氧化银溶于氢氟酸中，然后蒸发，制得AgF。AgCl、AgBr、AgI都有感光分解的性质，可作感光材料。

硝酸银是制备其他银盐的原料，见光易分解，应保存在棕色瓶中。硝酸银是一种氧化剂，室温下许多有机物都能将它还原成黑色的银粉。硝酸银和某些试剂反应，得到难溶的化合物。

Au(Ⅲ)是金常见的氧化态。$AuCl_3$无论在气态或固态都是以二聚体Au_2Cl_6的形式存在，基本上是平面正方形结构。

铜族元素的离子有18电子结构，既呈较大的极化力，又有明显的变形性，因而化学键带有部分共价性；可形成多种配离子，大多数阳离子以sp、sp^2、sp^3、dsp^2等杂化轨道和配体成键；易和H_2O、NH_3、X^-等形成配合物。

Cu^+能以sp、sp^2或sp^3等杂化轨道和X^-（除F外）、NH_3、$S_2O_3^{2-}$、CN^-等易变形的配体形成配合物，大多数Cu(Ⅰ)配合物是无色的。Cu^+的卤素配合物的稳定性顺序为I>Br>Cl。

Cu^{2+}的配位数有 2、4、6 等，常见配位数为 4。

Ag^+常以 sp 杂化轨道与配体如 Cl^-、NH_3、CN^-、$S_2O_3^{2-}$ 等形成稳定性不同的配离子。

$HAuCl_4 \cdot H_2O$(或 $NaAuCl_4 \cdot 2H_2O$)和 $KAu(CN)_2$ 是金的典型配合物，后者是氰化法提取金的基础，广泛应用于金的冶炼中。

铜的常见氧化态为+1 和+2，不同氧化态之间可相互转化。常温时，固态 Cu(Ⅰ)和 Cu(Ⅱ)的化合物都很稳定。高温时，固态的 Cu(Ⅱ)化合物能分解为 Cu(Ⅰ)化合物。在水溶液中，简单的 Cu^+不稳定，易发生歧化反应，产生 Cu^{2+}和 Cu。

2. 锌族

ⅡB 族的锌、镉、汞称为锌族，其稳定氧化态为+2，汞可以 Hg_2^{2+} 的形式呈现+1 氧化态。它们都是亲硫元素，在自然界中以硫化物的形式存在，锌还有菱锌矿。

锌、镉、汞都是银白色金属，均较软，汞是常温下唯一的液态金属。汞能溶解许多金属，如与钠、钾、银、金、锌、镉、锡、铅和铊等结合而形成汞齐。

锌、镉、汞的活泼性由 Zn→Cd→Hg 依次递减。锌和镉能与稀酸反应放出氢气；汞不与非氧化性酸作用，但可溶于硝酸。锌不同于镉和汞，还可与强碱反应生成$[Zn(OH)_4]^{2-}$。在干燥的空气中，它们都很稳定；锌和镉可以在空气中燃烧，生成氧化物，但汞氧化很慢。

锌和镉常见氧化态为+2，汞有+1 和+2 两种氧化态。多数盐类含有结晶水，形成配合物倾向也大。锌是人体必需的微量元素，但镉和汞有剧毒。锌和镉的氧化物可由单质直接氧化得到，也可通过碳酸盐热分解制备。氧化锌受热时是黄色的，但冷时是白色的。氧化锌俗名锌白，常用作白色颜料。氧化镉在室温下是黄色的，加热最终为黑色，冷却后复原。在锌盐、镉盐和汞盐溶液中加入适量强碱可得白色的锌和镉的氢氧化物及黄色的氧化汞。氧化锌和氢氧化锌、氧化镉和氢氧化镉均呈两性，均溶于氨水形成配合物。

$ZnCl_2$ 是白色易潮解固体，其水溶液蒸干不能得到无水 $ZnCl_2$。$HgCl_2$ 俗称升汞，是典型的共价化合物，剧毒。Hg_2Cl_2 称为甘汞，味甜，是无毒不溶于水的白色固体，有抗磁性，常用于制作甘汞电极。

锌族元素的配合物。锌族比相应主族元素有较强的形成配合物的倾向，常见配位数为 4。Zn^{2+}、Cd^{2+}可形成氨配合物、氰配合物。Hg^{2+} 可与卤素离子和 SCN^- 形成一系列配离子。Hg^{2+}与卤素离子形成配合物的稳定性按 Cl→Br→I 顺序增强。Hg^{2+}与过量 KI 反应，先产生红色碘化汞沉淀，然后沉淀溶于过量 KI 中，生成无色的$[HgI_4]^{2-}$。$K_2[HgI_4]$和 KOH 的混合溶液称为奈斯勒试剂，如有 NH_4^+ 存在时，滴入试剂立刻生成红棕色沉淀。

ⅡB 族元素与ⅡA 族元素性质对比。ⅡB 族金属的熔点、沸点比ⅡA 族金属低；ⅡB 族元素化学活泼性比ⅡA 族元素低，它们的金属性比碱土金属弱，并按 Zn→Cd→Hg 的顺序减弱；ⅡB 族元素形成共价化合物和配离子的倾向比碱土金属强得多；两族元素的硝酸盐都易溶于水，ⅡB 族元素的硫酸盐是易溶的，而钙、锶、钡的硫酸盐是微溶的。两族元素的碳酸盐又都难溶于水。ⅡB 族元素的盐在溶液中都有一定程度的水解，而钙、锶、钡盐则不水解。

13.2.5　稀土金属

1. 单质的结构与性能

稀土金属通常是指钪、钇和镧系共 17 种元素，用 RE 表示。从铈到镥共 14 种元素称为内过渡元素，统称为镧系元素，用 Ln 表示。镧系收缩使钇的离子半径(Y^{3+})与 Tb^{3+}、Dy^{3+} 的离子半径相近，导致钇在矿物中与镧系金属共生；其次镧系收缩也使 Zr 与 Hf，Nb 与 Ta，Mo 与 W 的半径几乎相等，造成这三对元素性质非常相似，给分离工作带来很大困难。

稀土金属呈银白色，较软，有延展性，有很强的还原性。其标准电极电势与镁接近，具有与碱土金属相似的性质，故应保存于煤油中，否则会被空气氧化而变色。金属的活泼顺序由 Sc→Y→La递增，由 La 到 Lu 递减。容易与其他非金属形成离子键化合物。

稀土金属在加热下直接与氧反应可以得到碱性氧化物 Ln_2O_3；但 Ce、Pr、Tb 例外，它们分别生成 CeO_2、Pr_6O_{11}、Tb_4O_7，这些氧化物在酸性条件下都是强氧化剂，可与卤化物定量反应生成卤素单质。在 1275K 时，稀土金属可与 N_2 反应生成 LnN；与沸腾的硫反应生成 Ln_2S_3；与 H_2 反应生成非整比化合物 LnH_2、LnH_3 等；与水反应生成 $Ln(OH)_3$ 或 $Ln_2O_3 \cdot xH_2O$ 沉淀，并放出 H_2，加热会使反应加速。

稀土金属可按其物理、化学性质的微小差异和稀土矿物的形成特点，以钆为界，划分为轻稀土和重稀土两组。按照分离工艺可分为三组：铈组、铽组和钇组，或称为轻、中和重稀土，分界线因分离工艺不同而稍有差别。

2. 我国的稀土资源

我国稀土矿占世界稀土总储量的 70%以上，种类包括：①混合型矿，由氟碳铈镧矿和独居石矿混合构成；②离子吸附型矿，稀土以离子吸附态被风化的高岭土等铝硅酸盐吸附；③独居石，含有稀土的磷酸盐；④磷钇矿。

3. 稀土元素的重要化合物

稀土元素单质除 Ce、Pr、Tb 外与氧直接反应或其草酸盐、硫酸盐、硝酸盐、氢氧化物在空气中加热分解，都能得到 RE_2O_3 型氧化物。而 Ce、Pr、Tb 分别得到 CeO_2、Pr_6O_{11} 和 Tb_4O_7，将它们还原可得到+3 氧化态氧化物。RE_2O_3 为离子型氧化物，难溶于水，易溶于酸，熔点高，是很好的耐火材料。

RE(Ⅲ)的盐溶液中加入 NaOH 或 $NH_3 \cdot H_2O$ 均可沉淀为 $RE(OH)_3$，它为离子型碱性氢氧化物，随着离子半径减小，其碱性越弱，碱性比 $Ca(OH)_2$ 弱，但比 $Al(OH)_3$ 强。$Ce(OH)_4$为棕色沉淀物，沉淀的 pH 为 0.7～1.0，而使$Ce(OH)_3$沉淀需近中性条件。把 Ce(Ⅲ)完全氧化成 $Ce(OH)_4$，是从 Ln^{3+} 中分离出 Ce 的一种有效方法。

稀土元素的强酸盐大多可溶，弱酸盐难溶，如氯化物、硫酸盐、硝酸盐易溶于水，草酸盐、碳酸盐、氟化物、磷酸盐难溶于水。

稀土硫酸盐具有特殊的溶解度规律，无水硫酸盐溶解度低于水合硫酸盐，溶解度随温度升高而降低。RE^{3+} 能与 SO_4^{2-} 形成复盐，$Na_2SO_4 \cdot RE_2(SO_4)_3 \cdot 2H_2O$ 是复盐的典型代表。硫酸复盐的溶解度从 La 到 Lu 逐渐增大，并按 NH_4^+、Na^+、K^+ 的顺序降低。

铈、镨、铽、镝都能形成+4 氧化态的化合物，以 Ce(Ⅳ)的化合物最重要。Ce(Ⅳ)化合物既能存在于水溶液中，又能存在于固体中。+4 氧化态化合物均是强氧化剂。

钐、铕和镱能形成+2 氧化态化合物，Sm^{2+}、Eu^{2+}、Yb^{2+} 有不同程度的还原性，铕(Ⅱ)盐的结构类似于 Ba、Sr 相应的化合物。

从矿物中提取稀土金属一般包括三步：精矿的分解、化合物的分离和纯化、稀土金属的制备。目前用于分离单一稀土金属的方法有：分级结晶法，分级沉淀法，选择性氧化还原法，离子交换法和溶剂萃取法等。稀土金属是活泼金属,常用熔盐电解法和金属热还原法制备。

13.3 例题解析

例 13.1 根据以下实验说明产生各种现象的原因,并写出有关反应方程式。

(1) 打开装有四氯化钛的瓶塞,立即冒白烟。

(2) 向此瓶中加入浓盐酸和金属锌时,生成紫色溶液。

(3) 缓慢地加入氢氧化钠溶液至溶液呈碱性,则析出紫色沉淀。

(4) 沉淀过滤后,先用硝酸,然后用稀碱溶液处理,有白色沉淀生成。

答 (1) 由于 $TiCl_4$ 有强烈的水解性,当暴露于潮湿的空气中便会发生水解,即

$$TiCl_4 + 3H_2O \xlongequal{} H_2TiO_3 + 4HCl$$

因此会看到冒白烟。

(2) 在 $TiCl_4$ 中加入浓 HCl 及 Zn 时,锌可将其还原为 Ti(Ⅲ),并以紫色的$[Ti(H_2O)_6]^{3+}$形式存在:

$$2TiCl_4 + 12H_2O + Zn \xlongequal{} 2[Ti(H_2O)_6]Cl_3 + ZnCl_2$$

(3) 当在上述溶液中加入碱时,便逐步中和 HCl 溶液,最后从体系中析出 $TiCl_3 \cdot 6H_2O$ 的紫色晶体。

(4) 将沉淀用 HNO_3 溶液处理后,使+3 价钛又变为+4 价钛,再用碱处理,有二氧化钛水合物从溶液中析出。

例 13.2 某溶液中含有 $MgCl_2$ 和 $BaCl_2$,设计一实验方案将 Mg^{2+} 和 Ba^{2+} 分开。

答 在混合溶液中加入足量的 $Ba(OH)_2$ 溶液,充分沉淀后过滤。将沉淀用盐酸溶解,得到 $MgCl_2$;滤液加盐酸调节 pH 至酸性,得到 $BaCl_2$。有关反应如下:

$$MgCl_2 + Ba(OH)_2 \xlongequal{} Mg(OH)_2 + BaCl_2$$

$$Mg(OH)_2 + 2HCl \xlongequal{} MgCl_2 + 2H_2O$$

例 13.3 下列物质均为白色固体,试用简单的方法、较少的实验步骤和常用的试剂区别它们,写出有关实验现象和反应方程式。

Na_2CO_3,Na_2SO_4,$MgCO_3$,$Mg(OH)_2$,$CaCl_2$,$BaCO_3$。

答 鉴别方法如下:

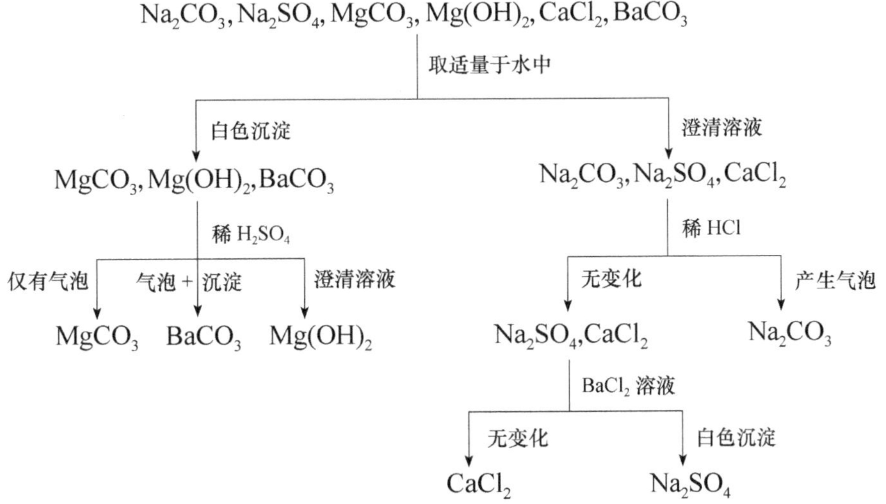

$$MgCO_3 + H_2SO_4 \longrightarrow MgSO_4 + CO_2\uparrow + H_2O$$

$$Mg(OH)_2 + H_2SO_4 \longrightarrow MgSO_4 + 2H_2O$$

$$BaCO_3 + H_2SO_4 \longrightarrow BaSO_4\downarrow + CO_2\uparrow + H_2O$$

$$Na_2CO_3 + 2HCl \longrightarrow 2NaCl + CO_2\uparrow + H_2O$$

$$BaCl_2 + Na_2SO_4 \longrightarrow BaSO_4\downarrow + 2NaCl$$

例 13.4 根据下列实验现象确定各字母所代表的物质。

无色溶液 A $\xrightarrow{NaOH}$ 棕色沉淀 B $\xrightarrow{HCl}$ 白色沉淀 C $\xrightarrow{氨水}$ 无色溶液 D $\xrightarrow{KBr}$ 淡黄色沉淀 E

黑色沉淀 I $\xleftarrow{Na_2S}$ 无色溶液 H $\xleftarrow{KCN}$ 黄色沉淀 G $\xleftarrow{KI}$ 无色溶液 F $\xleftarrow{Na_2S_2O_3}$（E）

答 A 为 $AgNO_3$，B 为 Ag_2O，C 为 AgCl，D 为 $[Ag(NH_3)_2]^+$，E 为 AgBr，F 为 $[Ag(S_2O_3)_2]^{3-}$，G 为 AgI，H 为 $[Ag(CN)_2]^-$，I 为 Ag_2S。

有关反应方程式为

$$2Ag^+ + 2OH^- \longrightarrow Ag_2O\downarrow + H_2O$$

$$Ag_2O + 2H^+ + 2Cl^- \longrightarrow 2AgCl\downarrow + H_2O$$

$$AgCl + 2NH_3 \longrightarrow [Ag(NH_3)_2]^+ + 2Cl^-$$

$$[Ag(NH_3)_2]^+ + Br^- \longrightarrow AgBr\downarrow + 2NH_3$$

$$AgBr + 2S_2O_3^{2-} \longrightarrow [Ag(S_2O_3)_2]^{3-} + Br^-$$

$$[Ag(S_2O_3)_2]^{3-} + I^- \longrightarrow AgI\downarrow + 2S_2O_3^{2-}$$

$$AgI + 2CN^- \longrightarrow [Ag(CN)_2]^- + I^-$$

$$2[Ag(CN)_2]^- + S^{2-} \longrightarrow Ag_2S\downarrow + 4CN^-$$

例 13.5 已知有五瓶透明溶液：$Ba(NO_3)_2$、Na_2CO_3、KCl、Na_2SO_4、$FeCl_3$。除以上五种溶液外，不用任何其他试剂和试纸，请将它们一一区别出来。

答 五瓶透明溶液中黄色的是 $FeCl_3$。取少量其余四种溶液，各加入少量 $FeCl_3$ 溶液，有红棕色沉淀者为溶液 Na_2CO_3。另取少量其余三种溶液，加入少量 Na_2CO_3 溶液，有白色沉淀者为 $Ba(NO_3)_2$ 溶液。再取少量其余两种溶液，加入 $Ba(NO_3)_2$ 溶液，有白色沉淀者为 Na_2SO_4，另一种即为 KCl 溶液。

13.4 习题解答

1. 选择题。

(1) Ca、Sr、Ba 的氢氧化物在水中的溶解度与其铬酸盐在水中的溶解度变化趋势为(A)。

A. 前者逐渐增加，后者逐渐降低　B. 前者逐渐降低，后者逐渐增加

C. 无一定顺序　D. 两者递变顺序相同

(2) 下列卤化物中，共价性最强的是(D)。

A. LiF　B. RbCl　C. LiI　D. BeI_2

(3) 下列化合物最稳定的是(D)。

A. Li_2O_2　B. Na_2O_2　C. K_2O_2　D. Rb_2O_2

(4) 可以将 Ba^{2+} 和 Sr^{2+} 分离的一组试剂是(C)。

A. H_2S 和 HCl　　B. $(NH_4)_2CO_3$ 和 $NH_3 \cdot H_2O$

C. K_2CrO_4 和 HAc　　D. $(NH_4)_2C_2O_4$ 和 HAc

(5) 下列碳酸盐中最易分解为氧化物的是(C)。

A. $CaCO_3$　　B. $BaCO_3$　　C. $MgCO_3$　　D. $SrCO_3$

(6) 下列氯化物中更易溶解于有机溶剂的是(B)。

A. NaCl　　B. LiCl　　C. KCl　　D. $CaCl_2$

(7) 和水反应得不到 H_2O_2 的是(D)。

A. K_2O_2　　B. Na_2O_2　　C. KO_2　　D. KO_3

(8) 金属钙在空气中燃烧生成的是(D)。

A. CaO　　B. CaO_2

C. CaO 及 CaO_2　　D. CaO 及 Ca_3N_2

(9) 下列电极反应中，电极电势最小的是(A)。

A. $Cu^{2+} + e^- \rightleftharpoons Cu^+$　　B. $Cu^{2+} + Cl^- + e^- \rightleftharpoons CuCl$

C. $Cu^{2+} + Br^- + e^- \rightleftharpoons CuBr$　　D. $Cu^{2+} + I^- + e^- \rightleftharpoons CuI$

(10) 下列离子和过量的 KI 溶液反应只得到澄清无色溶液的是(C)。

A. Cu^{2+}　　B. Ag^+　　C. Hg^{2+}　　D. Hg_2^{2+}

(11) 下列化合物中，最稳定的是(C)。

A. $[AgF_2]^-$　　B. $[AgCl_2]^-$　　C. $[AgI_2]^-$　　D. $[AgBr_2]^-$

(12) 下列金属和相应的盐混合，可发生反应的是(A、C)。

A. Fe 和 Fe^{3+}　　B. Cu 和 Cu^{2+}　　C. Hg 和 Hg^{2+}　　D. Zn 和 Zn^{2+}

(13) 与汞不能生成汞齐合金的是(D)。

A. Cu　　B. Ag　　C. Zn　　D. Fe

(14) 下列配合物离子空间构型为正四面体的是(A、D)。

A. $[Zn(NH_3)_4]^{2+}$　　B. $[Cu(NH_3)_4]^{2+}$

C. $[Ni(CN)_4]^{2-}$　　D. $[Hg(CN)_4]^{2-}$

(15)下列配合物属于反磁性的是(B、D)。

A. $[Mn(CN)_6]^{4-}$　　B. $[Cd(NH_3)_4]^{2+}$

C. $[Fe(CN)_6]^{3-}$　　D. $[Co(CN)_6]^{3-}$

(16)下列硫化物中，能溶于过量 Na_2S 溶液的是(D)。

A. CuS　　B. Au_2S　　C. ZnS　　D. HgS

2. 如何配制 $SbCl_3$、$Bi(NO_3)_3$ 溶液？写出其水解反应式。

答　把 $SbCl_3$、$Bi(NO_3)_3$ 固体分别溶在少量浓 HCl、浓 HNO_3 中，再加水稀释至所需浓度。其水解反应式为

$$Sb^{3+} + H_2O + Cl^- = SbOCl\downarrow + 2H^+$$

$$Bi^{3+} + H_2O + NO_3^- = BiONO_3\downarrow + 2H^+$$

3. 如何配制和保存 $SnCl_2$ 溶液？为什么？

答　先把 $SnCl_2$ 固体溶在少量浓 HCl 中，待完全溶解后再加水稀释至所需浓度，最后加一些 Sn 粒。因为 $SnCl_2$ 易发生水解反应：

$$SnCl_2 + H_2O = Sn(OH)Cl\downarrow + HCl$$

加 HCl 可抑制其水解。

又因为 $SnCl_2$ 具有还原性，易被空气中 O_2 氧化，反应式为

$$2Sn^{2+} + O_2 + 4H^+ \xlongequal{\quad} 2Sn^{4+} + 2H_2O$$

为保证 $SnCl_2$ 的纯度，需加入 Sn 粒，反应式为

$$Sn^{4+} + Sn \xlongequal{\quad} 2Sn^{2+}$$

4. 如何制备无水 $AlCl_3$？能否用加热脱去 $AlCl_3 \cdot 6H_2O$ 中水的方法制取无水 $AlCl_3$？

答 只能用干法制备无水 $AlCl_3$。反应式为

$$2Al + 3Cl_2 \xrightarrow{\triangle} 2AlCl_3 \quad 或 \quad Al_2O_3 + 3C + 3Cl_2 \xrightarrow{\triangle} 2AlCl_3 + 3CO$$

不能用加热 $AlCl_3 \cdot 6H_2O$ 方法制取 $AlCl_3$。

5. 碱金属及其氢氧化物为什么不能在自然界中存在？

答 因为碱金属的化学性质活泼，可与空气中氧、自然界中的水直接反应；碱金属的氢氧化物均为强碱，易与自然界中的酸性物质（如空气中的 CO_2、雨水中的硝酸等）作用生成盐，所以碱金属及其氢氧化物不能在自然界中存在。

6. 金属钠着火时能否用 H_2O、CO_2、石棉毯扑灭？为什么？

答 金属钠着火时不能用 H_2O、CO_2 扑灭，可用石棉毯扑灭。因为金属钠着火时，若用 H_2O 灭火，钠可与水反应产生易燃易爆的 H_2；若用 CO_2 灭火，钠着火时表面生成的 Na_2O_2 会与 CO_2 作用产生助燃的 O_2。石棉（$CaO \cdot 3MgO \cdot 4SiO_2$）与钠不作用，可用于扑灭钠着火。

7. 为什么人们常用 Na_2O_2 作供氧剂？

答 因为 Na_2O_2 在室温下可与 H_2O、CO_2 反应生成 O_2，即

$$Na_2O_2 + 2H_2O \xlongequal{\quad} 2NaOH + H_2O_2$$

$$2H_2O_2 \xlongequal{\quad} 2H_2O + O_2\uparrow$$

$$2Na_2O_2 + 2CO_2 \xlongequal{\quad} 2Na_2CO_3 + O_2\uparrow$$

8. 某地的土壤显碱性主要是由 Na_2CO_3 引起的，加入石膏为什么有降低碱性的作用？

答 石膏为 $CaSO_4$，它虽不溶于水，但与 Na_2CO_3 作用可生成更难溶的$CaCO_3$，则降低了由于 Na_2CO_3 水解而引起的土壤碱性。

9. 盛 $Ba(OH)_2$ 溶液的瓶子，在空气中放置一段时间后，其内壁会被蒙上一层白色薄膜，这层薄膜是什么物质？欲除去应采用下列何种物质洗涤，并说明理由。(1) 水；(2) 盐酸；(3) 硫酸。

答 薄膜是 $BaCO_3$，因为 $Ba(OH)_2$ 可与空气中 CO_2 反应，即

$$Ba(OH)_2 + CO_2 \xlongequal{\quad} BaCO_3\downarrow + H_2O$$

用盐酸可将 $BaCO_3$ 除去，因为可发生下列反应：

$$BaCO_3 + 2HCl \xlongequal{\quad} BaCl_2 + H_2O + CO_2\uparrow$$

水和硫酸不能将 $BaCO_3$ 除去，前者是因为 $BaCO_3$ 不溶于水，后者是生成了难溶的 $BaSO_4$。

10. 如何解释下列事实：

(1) 锂的电离能比铯大，但 $E^\ominus(Li^+/Li)$ 却比 $E^\ominus(Cs^+/Cs)$ 小。

(2) $E^\ominus(Li^+/Li)$ 比 $E^\ominus(Na^+/Na)$ 小，但锂与水的作用不如钠剧烈。

(3) LiI 比 KI 易溶于水，而 LiF 比 KF 难溶于水。

(4) $BeCl_2$ 为共价化合物，而 $CaCl_2$ 为离子化合物。

(5) 金属钙与盐酸反应剧烈，但与硫酸反应缓慢。

答　(1) 虽然锂在升华及解离时吸收能量均比铯大，但 Li^+ 的半径很小，水合热比 Cs^+ 大，足以抵消前两项吸热之和而且有余。因此，$\Delta_f H_m^\ominus(Li^+, aq)$ 比 $\Delta_f H_m^\ominus(Cs^+, aq)$ 更负，所以 $E^\ominus(Li^+/Li)$ 小于 $E^\ominus(Cs^+/Cs)$。$E^\ominus$ 与 $\Delta_r G_m^\ominus$ 有关，考虑到从金属生成水合离子时，二者 $\Delta_r S_m^\ominus$ 相近，因此可用 $\Delta_r H_m^\ominus$ 做上述估计。

(2) 因为锂的熔点(180.5℃)较高，反应所产生的热量不足以使它熔化，而钠的熔点(97.82℃)较低，钠与水反应所放出的热可使其熔化，更利于与水反应。另外，Li 与 H_2O 反应产物 LiOH 的溶解度较小，它一经生成即覆盖在 Li 的表面上，阻碍反应继续进行。

(3) LiI 比 KI 易溶于水，主要由于 Li^+ 半径小，其水合能大的因素占主导；而 LiF 比 KF 难溶于水，主要由于 Li^+ 半径小，LiF 的晶格能大的因素占主导。

(4) 主要是由于 Be^{2+} 的半径小，极化力强，故 $BeCl_2$ 为共价化合物；而 Ca^{2+} 的半径大，极化力较弱，故 $CaCl_2$ 为离子化合物。

(5) 因为金属钙与硫酸反应生成了难溶的 $CaSO_4$，覆盖在金属钙表面，阻碍了反应进行。

11. 为什么商品 NaOH 中常含有 Na_2CO_3？怎样简便地检验和除去？

答　因为 NaOH 易与空气中的 CO_2 作用，即

$$2NaOH + CO_2 \longrightarrow Na_2CO_3 + H_2O$$

所以商品 NaOH 中常含有 Na_2CO_3。

取少许商品 NaOH，加入稀 HCl 溶液，若有 CO_2 气体产生，说明含有 Na_2CO_3 杂质。将含杂质的 NaOH 加适量水溶解，加 $Ca(OH)_2$ 溶液，则发生下列反应：

$$Na_2CO_3 + Ca(OH)_2 \longrightarrow 2NaOH + CaCO_3\downarrow$$

过滤，即可除去所含 Na_2CO_3 杂质。

12. 工业 NaCl 和 Na_2CO_3 中都含有杂质 Ca^{2+}、Mg^{2+}、Fe^{3+}，通常采用沉淀法除去。为什么在 NaCl 溶液中除加 NaOH 外还要加 Na_2CO_3？在 Na_2CO_3 溶液中要加 NaOH？

答　在 NaCl 溶液中若只加 NaOH，则 Ca^{2+} 除不干净，因为 $Ca(OH)_2$ 溶解度虽不大，但也不是很小，加入 Na_2CO_3，可生成溶解度很小的 $CaCO_3$ 沉淀。

在 Na_2CO_3 溶液中 Mg^{2+}、Fe^{3+} 除不干净，因为沉淀不完全，加入 NaOH，可生成溶解度很小的 $Mg(OH)_2$、$Fe(OH)_3$ 沉淀。

13. 某化合物 A 能溶于水，在溶液中加入 K_2SO_4 时有不溶于酸的白色沉淀 B 生成，并得到溶液 C。在溶液 C 中加入 $AgNO_3$ 不发生反应，但它可与 I_2 反应，产生有刺激性气味的黄绿色气体 D 和溶液 E。将气体 D 通入 KI 溶液中，有棕色溶液 F 生成。当加 CCl_4 于溶液 F 中，在 CCl_4 层中显紫红色，而水溶液的颜色变浅。若在水溶液中加入 $AgNO_3$，则有黄色沉淀 G 生成。写出每步反应，并确定 A、B、C、D、E、F 和 G 各为何物。

答　A：$Ba(ClO_3)_2$；B：$BaSO_4$；C：$KClO_3$；D：Cl_2；E：KIO_3；F：KI_3；G：AgI。

有关反应方程式如下：

$$Ba(ClO_3)_2 + K_2SO_4 \longrightarrow BaSO_4\downarrow + 2KClO_3$$

$$2KClO_3 + I_2 \longrightarrow 2KIO_3 + Cl_2\uparrow$$

$$2KI + Cl_2 \longrightarrow 2KCl + I_2$$

$$KI + I_2 \longrightarrow KI_3$$

$$AgNO_3 + KI \longrightarrow AgI\downarrow + KNO_3$$

14. 化合物A为黑色固体，不溶于水、稀乙酸及稀碱溶液，但它可溶于热的盐酸中产生绿色溶液B，B和铜丝共同煮沸即可逐渐得到土黄溶液C，将C用大量水稀释得白色沉淀D，D溶于氨水得无色溶液E，E在空气中可迅速变成深蓝色溶液F，在F中加入KCN溶液时蓝色消失得溶液G。则A、B、C、D、E、F和G各为何物？写出相关反应方程式。

答　A：CuO；B：$[CuCl_4]^{2-}$；C：$[CuCl_3]^{2-}$；D：$CuCl$；E：$[Cu(NH_3)_2]^+$；F：$[Cu(NH_3)_4]^{2+}$；G：$[Cu(CN)_4]^{3-}$。有关反应方程式如下：

$$CuO(s) + 2HCl(aq) \xrightarrow{\triangle} CuCl_2(aq) + H_2O$$

$$CuCl_2(aq) + 2Cl^-(aq) \longrightarrow [CuCl_4]^{2-}$$

$$[CuCl_4]^{2-} + Cu(s) + 2Cl^- \longrightarrow 2[CuCl_3]^{2-}$$

$$[CuCl_3]^{2-} \longrightarrow CuCl(s) + 2Cl^-$$

$$CuCl(s) + 2NH_3 \cdot H_2O \longrightarrow [Cu(NH_3)_2]^+ + Cl^- + 2H_2O$$

$$4[Cu(NH_3)_2]^+ + O_2(g) + 8NH_3(aq) + 2H_2O \longrightarrow 4[Cu(NH_3)_4]^{2+} + 4OH^-$$

$$2[Cu(NH_3)_4]^{2+} + 10CN^- \longrightarrow 2[Cu(CN)_4]^{3-} + (CN)_2\uparrow + 8NH_3$$

15. 有一种固体可能含有$AgNO_3$、$ZnCl_2$、CuS、$KMnO_4$和K_2SO_4。固体加入水中，并用几滴盐酸酸化，有白色沉淀A生成，滤液B是无色的。白色沉淀A能溶于氨水。滤液B分成两份：一份加入少量NaOH时有白色沉淀生成，再加入过量NaOH溶液，沉淀溶解；另一份加入少量氨水时有白色沉淀生成，加入过量氨水，沉淀也溶解。根据上述实验现象，指出哪些化合物肯定存在？哪些化合物肯定不存在？哪些化合物可能存在？

答　肯定存在的化合物：$AgNO_3$、$ZnCl_2$；肯定不存在的化合物：$CuS(s)$（黑色）、$KMnO_4$（因为滤液无色）；可能存在的化合物：K_2SO_4。

16. 试从下列题(1)中找出两种较强的还原剂，从题(2)中找出三种较强的氧化剂。

(1) Cr^{2+}，Cr^{3+}，Mn^{3+}，Fe^{2+}，Fe^{3+}，Ni^{2+}，Co^{2+}。

(2) Cr^{3+}，Mn^{2+}，MnO_4^-，Fe^{2+}，Fe^{3+}，Co^{3+}，$Cr_2O_7^{2-}$。

答　(1) 中较强还原剂为Cr^{2+}、Fe^{2+}。

(2) 中较强氧化剂为MnO_4^-、Co^{3+}、$Cr_2O_7^{2-}$。

17. 下列哪些氢氧化物呈明显两性？

$Mn(OH)_2$，$Al(OH)_3$，$Ni(OH)_2$，$Fe(OH)_3$，$Cr(OH)_3$，$Fe(OH)_2$，$Zn(OH)_2$，$Cu(OH)_2$，$Co(OH)_2$。

答　呈明显两性的化合物为：$Al(OH)_3$、$Cr(OH)_3$、$Zn(OH)_2$、$Cu(OH)_2$。

18. 下列离子中，指出哪些能在氨水溶液中形成氨合物。

Pb^{2+}，Cr^{3+}，Mn^{2+}，Fe^{3+}，Fe^{2+}，Co^{2+}，Ni^{2+}，Na^+，Mg^{2+}，Sn^{2+}，Ag^+，Hg^{2+}，Cd^{2+}。

答　能形成氨合物的为：Cr^{3+}、Co^{2+}、Ni^{2+}、Ag^+、Cd^{2+}。

19. (1) 请选用一种试剂区别下列五种离子：Cu^{2+}，Zn^{2+}，Hg^{2+}，Fe^{2+}，Co^{2+}。

(2) 选用适当的配位剂分别将下列各种沉淀物溶解，并写出相应的反应方程式。

$CuCl$，$Cu(OH)_2$，$AgBr$，AgI，$Zn(OH)_2$，HgI_2。

答　(1) 选用NaOH或过量$NH_3 \cdot H_2O$即可。

$$Cu^{2+} + 2OH^- \longrightarrow Cu(OH)_2\downarrow（浅蓝色）$$

$$Cu(OH)_2 + 2OH^- = [Cu(OH)_4]^{2-}(\text{亮蓝色})$$

$$Zn^{2+} + 2OH^- = Zn(OH)_2\downarrow(\text{白色})$$

$$Zn(OH)_2 + 2OH^- = [Zn(OH)_4]^{2-}(\text{无色})$$

$$Hg^{2+} + 2OH^- = HgO\downarrow(\text{黄色}) + H_2O$$

$$Fe^{2+} + 2OH^- = Fe(OH)_2\downarrow(\text{白色})$$

$$4Fe(OH)_2 + O_2 + 2H_2O = 4Fe(OH)_3\downarrow(\text{红棕色})$$

$$Co^{2+} + 2OH^- = Co(OH)_2\downarrow(\text{粉红色})$$

或
$$Cu^{2+} + 4NH_3 \cdot H_2O = [Cu(NH_3)_4]^{2+}(\text{深蓝色}) + 4H_2O$$

$$Zn^{2+} + 4NH_3 \cdot H_2O = [Zn(NH_3)_4]^{2+}(\text{无色}) + 4H_2O$$

$$2Hg^{2+} + 4NH_3 + H_2O + NO_3^- = HgO \cdot NH_2HgNO_3\downarrow(\text{白色}) + 3NH_4^+$$

$$Fe^{2+} + 2NH_3 \cdot H_2O = Fe(OH)_2\downarrow(\text{白色}) + 2NH_4^+$$

$$4Fe(OH)_2 + O_2 + 2H_2O = 4Fe(OH)_3\downarrow(\text{红棕色})$$

$$Co^{2+} + 6NH_3 \cdot H_2O = [Co(NH_3)_6]^{2+}(\text{土黄色}) + 6H_2O$$

$$4[Co(NH_3)_6]^{2+}(\text{土黄色}) + O_2 + 2H_2O = 4[Co(NH_3)_6]^{3+}(\text{红褐色}) + 4OH^-$$

(2) CuCl：　$CuCl + HCl(\text{浓}) = [CuCl_2]^- + H^+$

$Cu(OH)_2$：　$Cu(OH)_2 + 4NH_3 \cdot H_2O = [Cu(NH_3)_4]^{2+} + 2OH^- + 4H_2O$

或　$Cu(OH)_2 + 2OH^- = [Cu(OH)_4]^{2-}$

AgBr：　$AgBr + 2S_2O_3^{2-} = [Ag(S_2O_3)_2]^{3-} + Br^-$

AgI：　$AgI + 2CN^- = [Ag(CN)_2]^- + I^-$

$Zn(OH)_2$：　$Zn(OH)_2 + 4NH_3 \cdot H_2O = [Zn(NH_3)_4]^{2+} + 2OH^- + 4H_2O$

或　$Zn(OH)_2 + 2OH^- = [Zn(OH)_4]^{2-}$

HgI_2：　$HgI_2 + 2I^- = [HgI_4]^{2-}$

20. 解释下列现象或问题，并写出相应的反应式。

(1) 加热$[Cr(OH)_4]^-$溶液和 $Cr_2(SO_4)_3$ 溶液，均能析出 $Cr_2O_3 \cdot xH_2O$ 沉淀。

(2) Na_2CO_3 与 $Fe_2(SO_4)_3$ 两溶液作用得不到 $Fe_2(CO_3)_3$。

(3) 在水溶液中用 Fe^{3+} 盐和 KI 不能制取 FeI_3。

(4) 在含有 Fe^{3+} 的溶液中加入氨水，得不到 Fe(Ⅲ)的氨合物。

(5) 在 Fe^{3+} 的溶液中加入 KSCN 时出现血红色，若再加入少许铁粉或 NH_4F 固体则血红色消失。

(6) Fe^{3+} 盐是稳定的，而 Ni^{3+} 盐在水溶液中尚未制得。

(7) Co^{3+} 盐不如 Co^{2+} 盐稳定，而它们配离子的稳定性则往往相反。

(8) 加热 $CuCl_2 \cdot 2H_2O$ 时得不到无水 $CuCl_2$。

(9) 银器在含有 H_2S 的空气中会慢慢变黑。

(10) 利用酸性条件下 $K_2Cr_2O_7$ 的强氧化性，使乙醇氧化，反应颜色由橙红色变为绿色，据此监测司机酒后驾车的情况。

(11) 铜在含 CO_2 的潮湿空气中，表面会逐渐生成绿色的铜锈。

(12) 从废的定影液中回收银常用 Na_2S 作沉淀剂，而不能用 NaCl 作沉淀剂。

(13) Zn 能溶于氨水和 NaOH 溶液中。

(14) 焊接金属时，常用浓 $ZnCl_2$ 溶液处理金属表面。

答 (1)
$$2Cr^{3+} + (x+3)H_2O \xrightarrow{\triangle} Cr_2O_3 \cdot xH_2O\downarrow + 6H^+$$
$$2[Cr(OH)_4]^- + (x-3)H_2O \xrightarrow{\triangle} Cr_2O_3 \cdot xH_2O\downarrow + 2OH^-$$

(2) 因发生了双水解：
$$2Fe^{3+} + 3CO_3^{2-} + 3H_2O = 2Fe(OH)_3\downarrow + 3CO_2\uparrow$$

(3) 因发生了氧化还原反应：
$$2Fe^{3+} + 2I^- = 2Fe^{2+} + I_2$$

(4)
$$Fe^{3+} + 3NH_3 \cdot H_2O = Fe(OH)_3\downarrow + 3NH_4^+$$

(5)
$$Fe^{3+} + xSCN^- = [Fe(SCN)_x]^{3-x}\text{(血红色)}$$
$$2[Fe(SCN)_x]^{3-x} + Fe = 3Fe^{2+} + 2xSCN^-$$
$$[Fe(SCN)_x]^{3-x} + 6F^- = [FeF_6]^{3-}\text{(无色)} + xSCN^-$$

(6) Ni^{3+} 氧化性太强。

(7) Co^{3+} 有很强的氧化性，但若形成配合物后，一般 Co^{3+} 配合物比 Co^{2+} 配合物稳定。例如，$K_f^{\ominus}\{[Co(NH_3)_6]^{3+}\} = 1.58\times10^{35}$，$K_f^{\ominus}\{[Co(NH_3)_6]^{2+}\} = 1.29\times10^5$，使溶液中 $c(Co^{3+})$ 很小，造成电极电势明显降低：
$$E^{\ominus}(Co^{3+}/Co^{2+}) = 1.92V, \quad E^{\ominus}\{[Co(NH_3)_6]^{3+}/[Co(NH_3)_6]^{2+}\} = 0.058V$$
故 $[Co(NH_3)_6]^{3+}$ 比 $[Co(NH_3)_6]^{2+}$ 稳定。

(8) 因发生了水解反应：
$$CuCl_2 + H_2O \xrightarrow{\triangle} Cu(OH)Cl\downarrow + HCl$$

(9)
$$4Ag + 2H_2S + O_2 = 2Ag_2S + 2H_2O$$

(10)
$$\underset{\text{橙红色}}{3C_2H_5OH + 2K_2Cr_2O_7} + 8H_2SO_4 = 3CH_3COOH + \underset{\text{绿色}}{2Cr_2(SO_4)_3} + 2K_2SO_4 + 11H_2O$$

(11)
$$2Cu + O_2 + CO_2 + H_2O = Cu_2(OH)_2CO_3\text{(铜绿)}$$

(12)
$$2[Ag(S_2O_3)_2]^{3-} + S^{2-} = Ag_2S\downarrow + 4S_2O_3^{2-}$$
而
$$AgCl + 2S_2O_3^{2-} = [Ag(S_2O_3)_2]^{3-} + Cl^-$$
或者说因为束缚 Ag^+ 能力的顺序为：$S^{2-} > S_2O_3^{2-} > Cl^-$

(13)
$$Zn + 2OH^- + 2H_2O = [Zn(OH)_4]^{2-} + H_2\uparrow$$
$$Zn + 4NH_3 \cdot H_2O = [Zn(NH_3)_4](OH)_2 + H_2\uparrow + 2H_2O$$

(14)
$$ZnCl_2 + 2H_2O = H_2[ZnCl_2(OH)_2]$$
$$Fe_2O_3 + 3H_2[ZnCl_2(OH)_2] = Fe_2[ZnCl_2(OH)_2]_3 + 3H_2O$$

21. (1) 欲从含有少量 Cu^{2+} 的 $ZnSO_4$ 溶液中除去 Cu^{2+}，最好加入试剂 H_2S、NaOH、Zn、Na_2CO_3 中的哪一种？

(2) CuCl、AgCl、Hg_2Cl_2 均为难溶于水的白色粉末，试用最简便的方法区别它们。

答 (1) 应加入 Zn，在除去 Cu^{2+} 杂质后又不会引入别的杂质：
$$Cu^{2+} + Zn = Cu + Zn^{2+}$$

(2) 用 $NH_3 \cdot H_2O$ 即可：

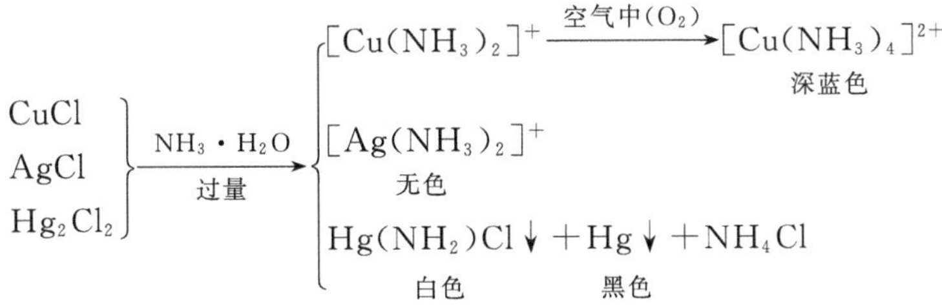

22. 判断下列四组酸性未知液的定性分析报告是否合理？

(1) K^+、NO_2^-、MnO_4^-、CrO_4^{2-}；　(2) Fe^{2+}、Mn^{2+}、SO_4^{2-}、Cl^-；

(3) Fe^{3+}、Ni^{3+}、I^-、Cl^-；　(4) $Cr_2O_7^{2-}$、Ba^{2+}、NO_3^-、Br^-。

答　(1) 不合理。在酸性介质中 MnO_4^- 会与 NO_2^- 发生氧化还原反应；而且 CrO_4^{2-} 主要存在于碱性介质中。

(2) 合理。

(3) 不合理。在水溶液中 Ni^{3+} 不能稳定存在；而且 Fe^{3+} 与 I^- 会发生氧化还原反应。

(4) 不合理。$Cr_2O_7^{2-}$ 与 Ba^{2+} 会产生 $BaCrO_4$ 沉淀；而且在酸性介质中 $Cr_2O_7^{2-}$ 与 Br^- 会发生氧化还原反应。

23.(1) 车间存有一桶呈蓝绿色的母液，可能是铜盐或镍盐，如何鉴别？

(2) 车间清理出的剩余金属可能是 Zn、Mg、Al 或 Fe，如何鉴别？

(3) 现有一不锈钢样品，其中含有 Ni、Cr、Mn 和 Fe 等元素，试设计一个简单的定性分析方案。

答　(1) 取少量试液，加入适量 NaAc 后再加入丁二酮肟，若生成鲜红色沉淀则为镍盐；取少量试液，加入 $K_4[Fe(CN)_6]$溶液，若生成红褐色沉淀则为铜盐。

(2) 若用火能点燃并放出强烈的白光者则为 Mg。若不溶于碱但溶于酸，其酸性溶液加入 $K_4[Fe(CN)_6]$或 $K_3[Fe(CN)_6]$溶液能生成蓝色沉淀者为 Fe。若能溶于稀盐酸中，取出少量试液，能与过量氨水生成白色胶状沉淀，加入铝试剂有红色絮状沉淀者则为 Al；与过量氨水不能生成白色胶状沉淀、加入 Na_2S 溶液有白色沉淀生成者则为 Zn。

(3) 先用稀硫酸溶解样品，所得试液进行以下定性分析：

(i)加入少量 $AgNO_3$ 溶液，加入适量$(NH_4)_2S_2O_8$ 后，溶液若变紫色，说明样品中含 Mn。

(ii)加入过量碱，过滤，滤液用 H_2O_2 氧化，溶液若变黄色，说明样品中含 Cr。

(iii)加入少量 KSCN 溶液，若溶液呈血红色，说明样品中含 Fe。

(iv)用氨水调至碱性，再加少量 Na_2HPO_4 溶液，滴入丁二酮肟，若生成鲜红色沉淀，说明样品中含 Ni。

24. 高锰酸根离子与过氧化氢在酸性溶液中反应，得到 Mn(Ⅱ)盐，同时释放出氧气：

$$2MnO_4^- + H_2O_2 + 6H^+ \longrightarrow 2Mn^{2+} + 3O_2 + 4H_2O$$

$$2MnO_4^- + 3H_2O_2 + 6H^+ \longrightarrow 2Mn^{2+} + 4O_2 + 6H_2O$$

$$2MnO_4^- + 5H_2O_2 + 6H^+ \longrightarrow 2Mn^{2+} + 5O_2 + 8H_2O$$

$$2MnO_4^- + 7H_2O_2 + 6H^+ \longrightarrow 2Mn^{2+} + 6O_2 + 10H_2O$$

(1)上述方程式系数正确的是__________，并解释你的决定。

A. 所有的方程式　B. 有几个方程式　C. 只有一个方程式　D. 没有

(2) 哪个反应物是氧化剂，哪个是还原剂？

(3) 在标准状态下，从过量过氧化氢酸性溶液中释放出 112mL 氧气，需要多少克高锰酸钾？

解 (1) C 正确。通过离子-电子法配平即可确定为第三个反应式。

(2) MnO_4^- 是氧化剂，H_2O_2 是还原剂。

(3)

$$2MnO_4^- + 5H_2O_2 + 6H^+ \longrightarrow 2Mn^{2+} + 5O_2 + 8H_2O$$

$$2 \qquad\qquad\qquad\qquad 5\times 22.4$$

$$x \qquad\qquad\qquad\qquad 112\times 10^{-3}$$

$$x = \frac{112\times 10^{-3}\times 2}{5\times 22.4} = 2.00\times 10^{-3}(\text{mol})$$

需要 $KMnO_4$ 的量为：$158.03\times 2.00\times 10^{-3} = 0.316(g)$

25. 欲制备纯 $ZnSO_4$，已知粗 $ZnSO_4$ 溶液中含有 Fe^{2+}、Fe^{3+}、Cu^{2+} 时，在不引入杂质的条件下，如何设计除杂工艺？

答 (1) 加 Zn 粉，使 Cu^{2+} 还原成 Cu，Fe^{3+} 还原成 Fe^{2+}，过滤除去 Cu。

(2) 溶液加 H_2O_2，将 Fe^{2+} 氧化成 Fe^{3+}。

(3) 加入 NH_3 溶液调 pH 4～5，使 Fe^{3+} 沉淀完全，过滤除去。

(4) 加热溶液使多余的 H_2O_2 分解除去。

26. 有一份测试报告说明溶液中同时含有 Ag^+、K^+、$S_2O_3^{2-}$ 和 Zn^{2+}，这个结论是否正确？简述原因。

答 不正确。Ag^+ 和 $S_2O_3^{2-}$ 不能共存。

27. 锌、镉、汞同为ⅡB族，锌和镉为活泼金属，可作为工程材料，而汞在常温下为液体，表现出化学惰性，如何解释？

答 锌族元素的化学活泼性按 Zn→Cd→Hg 顺序依次降低。锌、镉主要用于电镀镀层。锌有防腐蚀的性能，常用来镀薄铁板，俗称“白铁皮”，用作包装材料。ⅡB族元素最外层的 s 电子成对，因惰性电子对效应，稳定性增加，而且这种稳定性随着原子序数的增加而增强，也就是 ns^2 逐渐变得不活泼。“惰性电子对效应”以第六周期元素最为显著。因 d 电子没有参与形成金属键，ⅡB族金属均较软，表现为低熔点和低沸点，并按 Zn→Cd→Hg 的顺序下降，汞是常温下唯一的液态金属。

28. 稀土是我国的优势资源。它们包括哪些元素？其原子结构有何特点？简述其性能、分离方法和主要应用。

答 稀土金属通常是指 Sc、Y 和镧系共 17 种元素。从铈到镥共 14 种元素，统称为镧系元素，用 Ln 表示，其电子构型的通式是 $4f^{0\sim14}5d^{0\sim1}6s^2$。镧系元素单质及其离子的物理和化学性质十分相似，但镧系元素随核电荷增加和 4f 电子数目不同所引起的半径变化，使它们的性质略有差异，成为镧系元素得以区分和分离的基础。

稀土金属呈银白色，较软，具有延展性；有很强的还原性，其标准电极电势与镁接近，具有与碱土金属相似的性质，故应保存于煤油中，否则会被空气氧化而变色。金属的活泼顺序由 Sc→Y→La 递增，由 La 到 Lu 递减，容易与其他非金属形成离子键化合物。

由于稀土金属性质的相似性，使稀土的分离十分困难。目前用于分离单一稀土金属的方法有：分级结晶法，分级沉淀法，选择性氧化还原法，离子交换法和溶剂萃取法等。其基本原则是充分利用稀土元素的个性，设法拉大它们之间的性能差距，实现有效分离。

稀土金属及其化合物在农作物生产、石油化工、原子能工业、生物医药、冶金工业和功能材料领域有广泛的应用。以 Ce 为主体的混合轻稀土长期用于民用打火石和军用发火合金。稀土金属及其合金具有吸收气体的能力，且吸氢能力最强，可用作储氢材料。稀土金属及其化合物都是重要的永磁材料。

13.5 自测习题

(一) 选择题

1. 下列物质中，非黄色的是(　　)。

A. PbI_2　　B. HgI_2　　C. CdS　　D. $K_3[Co(NO_2)_6]$

2. 下列关于过渡元素性质的叙述中，不正确的是(　　)。

A. 都是金属　　B. 水合离子大多具有颜色

C. 仅少数离子能形成配合物　　D. 大多具有多种氧化态

3. 下列氢氧化物中，既能溶于过量 NaOH 溶液又能溶于氨水的是(　　)。

A. $Ni(OH)_2$　　B. $Zn(OH)_2$　　C. $Fe(OH)_3$　　D. $Al(OH)_3$

4. 重铬酸铵固体受热分解时，其产物为(　　)。

A. $CrO_3+NH_3+H_2O$　　B. $Cr_2O_3+NH_3+H_2O$

C. $CrO_3+N_2+H_2O$　　D. $Cr_2O_3+N_2+H_2O$

5. 下列氧化物中，哪种广泛用作颜料？(　　)

A. Al_2O_3　　B. MgO　　C. CaO　　D. TiO_2

6. 欲使共存的 Al^{3+} 和 Cr^{3+} 分离，下列试剂应采用(　　)。

A. NaOH　　B. $NH_3 \cdot H_2O$　　C. HAc　　D. $NaHCO_3$

7. 与碱土金属相比，碱金属表现出(　　)。

A. 较大的硬度　　B. 较高的熔点

C. 较小的离子半径　　D. 较低的电离能

8. 下列元素中最可能形成共价化合物的是(　　)。

A. 钙　　B. 镁　　C. 钠　　D. 锂

9. 金属锂应保存在下列哪种物质中？(　　)

A. 汽油　　B. 煤油　　C. 干燥空气　　D. 液体石蜡

10. 下列各组金属在空气中燃烧主要生成超氧化物的是(　　)。

A. Li，Na，K　　B. Na，K，Rb　　C. K，Rb，Cs　　D. Li，Rb，Cs

11. 将铝粉、石墨和二氧化钛按一定比例混合均匀，涂在金属表面上，在高温下煅烧可得到耐高温的金属陶瓷。金属表面耐高温涂层的成分是(　　)。

A. 铝钛合金　　B. 氧化铝和钛

C. 氧化铝和碳化钛　　D. 氧化铝和铝钛合金

12. Ca、Ti、Ba、Zr 四种元素的金属性从强到弱的排列顺序为(　　)。

A. Ba，Ti，Ca，Zr　　B. Ba，Ca，Ti，Zr

C. Ca，Ba，Ti，Zr　　D. Ba，Zr，Ca，Ti

13. 已知某溶液中含有 Fe^{3+}、Cr^{3+}、Zn^{2+}、K^+ 和 Cl^-，加入过量的 NaOH 溶液将导致(　　)。

A. 溶液外观无变化　B. 无沉淀，不冒泡
C. 红棕色沉淀和绿色溶液　D. 绿色沉淀和红棕色的溶液

14. 在 $K_2Cr_2O_7$ 溶液中加入 $BaCl_2$ 溶液，得到的沉淀是（　）。
A. $BaCr_2O_7$　B. $BaCrO_4$　C. $Cr_2O_2Cl_2$　D. $Ba(CrO_2)_2$

15. 下列铁系氢氧化物的碱性强弱比较，正确的是（　）。
A. $Fe(OH)_3>Co(OH)_3>Ni(OH)_3$　B. $Ni(OH)_3>Co(OH)_3>Fe(OH)_3$
C. $Co(OH)_3>Ni(OH)_3>Fe(OH)_3$　D. $Fe(OH)_3>Ni(OH)_3>Co(OH)_3$

16. 下列铁系氢氧化物的氧化性比较，正确的是（　）。
A. $Ni(OH)_3>Co(OH)_3>Fe(OH)_3$　B. $Fe(OH)_3>Co(OH)_3>Ni(OH)_3$
C. $Co(OH)_3>Ni(OH)_3>Fe(OH)_3$　D. $Fe(OH)_3>Ni(OH)_3>Co(OH)_3$

17. 镧系收缩的结果是使以下哪组元素的性质相似？（　）
A. Cr、Mo　B. Nb、Hf　C. Zr、Ta　D. Zr、Hf

18. 以下矿物中，哪一种可作为提取稀土元素的矿物？（　）
A. 孔雀石　B. 锆英石　C. 独居石　D. 重晶石

19. 向 $K_2Cr_2O_7$ 的饱和溶液中加入过量的浓硫酸，生成含铬的产物是（　）。
A. K_2CrO_4　B. CrO_3　C. Cr_2O_3　D. $CrSO_4$

20. 分别向下列溶液中加入浓氨水，不形成氨配合物的是（　）。
A. $ZnCl_2$　B. $NiCl_2$　C. $CuSO_4$　D. $Hg_2(NO_3)_2$

21. 下列盐在水中溶解度最小是（　）。
A. LiI　B. NaI　C. KI　D. CsI

22. 下列离子中，最难生成酸式碳酸盐的是（　）。
A. K^+　B. Na^+　C. Ca^{2+}　D. Ba^{2+}

23. 下列物质中，酸性最强的是（　）。
A. $Sn(OH)_2$　B. $Sn(OH)_4$　C. $Pb(OH)_2$　D. $Pb(OH)_4$

24. 某黄色固体化合物，不溶于热水，溶于热的稀盐酸，生成一橙色溶液，当所得溶液冷却时，有一白色沉淀析出，加热该溶液后白色沉淀又消失。此黄色固体化合物是（　）。
A. $Fe(OH)_3$　B. CdS　C. AgBr　D. $PbCrO_4$

25. 既可在盐酸中溶解，又可在氢氧化钠溶液中溶解的物质是（　）。
A. $Mg(OH)_2$　B. $Sb(OH)_3$　C. $Bi(OH)_3$　D. As_2S_3

26. 下列化合物中溶解度最大的是（　）。
A. HgS　B. MgS　C. MnS　D. SnS

27. 仅用一种试剂即可将 Ag^+、Hg^{2+}、Zn^{2+}、Fe^{3+}、Ni^{2+} 5 种离子区分开，这种试剂可选用（　）。
A. $NH_3 \cdot H_2O$　B. NaOH　C. H_2S　D. Na_2S

28. 将高锰酸钾溶液调节到酸性时，可以观察到的现象是（　）。
A. 紫红色褪去　B. 绿色加深
C. 有棕色沉淀生成　D. 溶液变成紫红色且有棕色沉淀生成

29. 下列各金属制容器中，能用来储存汞的容器为（　）。
A. 铁制　B. 铝制　C. 铜制　D. 锌制

30. 金属铜能溶于下列哪种酸且放出氢气？（　）

A. 稀硫酸　　B. 浓盐酸　　C. 稀盐酸　　D. 稀硝酸

31. 下列各物质水溶液中，酸化后有颜色变化的是(　　)。

A. MnO_4^-　　B. $[Zn(OH)_4]^{2-}$　　C. CrO_4^{2-}　　D. K^+

32. 现有 ds 区某元素的硫酸盐 A 和另一元素氯化物 B 水溶液，各加入适量 KI 溶液，则 A 生成某元素的碘化物沉淀和 I_2。B 则生成碘化物沉淀，这一碘化物沉淀进一步与 KI 溶液作用，生成配合物溶解，则硫酸盐和氯化物分别是(　　)。

A. $ZnSO_4$、Hg_2Cl_2　　B. $CuSO_4$、$HgCl_2$

C. $CdSO_4$、$HgCl_2$　　D. Ag_2SO_4、Hg_2Cl_2

33. 下列各组物质能共存的是(　　)。

A. H_2O_2 和 H_2S　　B. MnO_2 和 H_2O_2

C. $KMnO_4$ 和 $K_2Cr_2O_7$(溶液)　　D. $FeCl_3$ 和 KI(溶液)

34. 下列物质中，碱性最强的是(　　)。

A. AgOH　　B. $Cu(OH)_2$　　C. $Zn(OH)_2$　　D. $Cd(OH)_2$

(二) 判断题(正确的请在括号内打√，错误的打×)

35. 碱金属或碱土金属元素的电离能都是自上而下递减，它们生成水合离子的标准电极电势也是自上而下减小。(　　)

36. 依钙、锶、钡的顺序，它们的硫酸盐、铬酸盐的溶解度依次递减，而氟化物的溶解度则依次递增。(　　)

37. 处理含汞污水时，常向污水中加入硫化钠作沉淀剂。因为过量时发生同离子效应，沉淀得完全，所以应添加过量的硫化钠。(　　)

38. 黑色的氧化铜与氢碘酸反应，生成物为白色的碘化铜沉淀及水。(　　)

39. 同一副族元素，氧化态相同的含氧酸，自上而下其酸性大小变化规律与同一主族元素，氧化态相同的含氧酸变化规律是相同的。(　　)

40. Li^+、Na^+、K^+、Rb^+、Cs^+ 等碱金属离子不易形成一般的配合物，但可与某些螯合剂形成稳定的螯合物。(　　)

41. 在酸性溶液中铬、钼、钨的 MO_4^{2-} 都能生成同多酸及杂多酸，其他副族元素无此性质。(　　)

42.“真金不怕火炼”，说明金的熔点非常高，不易熔化。(　　)

(三) 填空题

43. 在 Fe^{3+}、Cu^{2+}、Ti^{4+}、Ag^+ 中，水解性最强的是__________，最弱的是__________。

44. H_2CrO_4、H_2MoO_4、H_2WO_4 三种酸随着中心原子的原子序数增大，酸性依次__________，氧化性依次__________。

45. Li、Na、K 在空气中燃烧时主要产物分别是__________，产物的颜色分别是__________。

46. 铬酸洗液通常是由__________的饱和溶液和__________配制而成。

47. HgS 是最难溶的硫化物之一，但可溶于王水和 Na_2S 溶液中，Hg(Ⅱ)在王水和 Na_2S 溶液中存在的形式分别为__________和__________。向 $HgCl_2$ 溶液中加入氨水可生成白色沉淀，这种沉淀的化学式为__________。

48. 在硝酸汞的溶液中，逐滴加入碘化钾溶液，开始有__________色的化合物__________生成，碘化钾过量时，溶液变为__________色，生成了__________。

49. Cu^+ 在溶液中不稳定，容易发生歧化反应，反应方程式为__________，所以 Cu^+ 在水溶液中只能以__________物和__________物的形式存在。

50. 在水溶液中 $[Cu(NH_3)_4]^{2+}$ 为深蓝色，而 $[Cu(NH_3)_2]^+$ 却是__________色，其原因是__________。

51. 元素 Zr 和 Hf，Nb 和 Ta，Mo 和 W 之间的化学性质十分相似，其主要原因是__________。

（四）简答题

52. 写出下列各物质的化学式：

(1) 莫尔盐；(2) 铬绿；(3) 镉黄；(4) 立德粉；(5) 红矾钠；(6) 甘汞；(7) 辉铜矿；(8)明矾。

53. 写出下列有关的反应式，并说明反应现象：

(1) $ZnCl_2$ 溶液加入 NaOH 溶液，再加过量的 NaOH 溶液。

(2) $CuSO_4$ 溶液加氨水，再加过量氨水。

(3) $HgCl_2$ 溶液加适量的 $SnCl_2$ 溶液，再加过量的 $SnCl_2$ 溶液。

(4) $HgCl_2$ 溶液加适量的 KI，再加过量的 KI 溶液。

54. 有 10 种金属：Ag、Au、Al、Cu、Fe、Hg、Na、Ni、Zn、Sn，根据下列性质和反应判断 A、B、C、…各代表何种金属。

(1) 难溶于盐酸，但溶于热的浓硫酸中，反应产生气体的是 A、D。

(2) 与稀硫酸或氢氧化物溶液作用产生氢气的是 B、E、J，其中离子化倾向最小的是 J。

(3) 在常温下和水剧烈反应的是 C。

(4) 密度最小的是 C，最大的是 H。

(5) 电阻最小的是 I，最大的是 D、F 和 G，在冷浓硝酸中呈钝态。

(6) 熔点最低的是 D，最高的是 H。

(7) B^{n+} 易和氨生成配合物，而 E^{m+} 则不与氨生成配合物。

55. 金属 M 溶于稀 HCl 溶液生成 MCl_2，其磁矩为 5.0B. M.。在无氧化条件下操作，MCl_2 遇 NaOH 溶液生成白色沉淀 A。A 接触空气就逐渐变绿，最后变成棕色沉淀 B。灼烧 B 得红棕色粉末 C，C 经不彻底还原，得黑色磁性物质 D。D 溶于稀 HCl 溶液生成溶液 E，E 可使 KI 溶液氧化生成 I_2，但如果在 KI 溶液加入之前加入 NaF 溶液则不会有 I_2 生成。若向 B 的浓 NaOH 悬浮液中通入氯气，可得紫红色溶液 F，加入 $BaCl_2$ 溶液可析出红棕色固体 G，G 是一种很强的氧化剂。则A～G是何物？写出有关的化学反应方程式。

56. 将白色固体 A 加强热，得到白色固体 B 和无色气体，将气体通入 $Ca(OH)_2$ 饱和溶液中得到白色固体 C。如果将少量 B 加入水中，所得 B 溶液能使红色石蕊试纸变蓝。B 的水溶液被盐酸中和后，经蒸发干燥白色固体 D。用 D 做焰色反应，火焰颜色为绿色。如果 B 的水溶液与 H_2SO_4 反应后，得白色沉淀 E，E 不溶于盐酸。试确定 A～E 各为何物？写出有关反应方程式。

57. 有一份白色固体混合物，其中可能含有 KCl、$MgSO_4$、$BaCl_2$、$CaCO_3$，根据下列实验现象，判断混合物中有哪几种化合物？

(1) 混合物溶于水，得无色澄清溶液；

(2) 进行焰色反应，通过钴玻璃观察到紫色；

(3) 向溶液中加入碱，产生白色胶状沉淀。

58. 铬的某化合物 A 是橙红色溶于水的固体，将 A 用浓 HCl 处理产生黄绿色刺激性气体 B 和生成暗绿色溶液 C。在 C 中加入 KOH 溶液，先生成灰蓝色沉淀 D，继续加入过量的 KOH 溶液则沉淀消失，变成绿色溶液 E。在 E 中加入 H_2O_2 加热则生成黄色溶液 F，F 用稀酸酸化，又变为原来的化合物 A 的溶液。试确定 A～F 各是什么？写出各步变化的化学反应方程式。

59. 有一锰的化合物，它是不溶于水且很稳定的黑色粉末状物质 A，该物质与浓硫酸反应则得到淡红色的溶液 B，且有无色气体 C 放出。向 B 溶液加入强碱，可以得到白色沉淀 D。此沉淀在碱性介质中很不稳定，易被空气氧化成棕色 E。若将 A 与 KOH、$KClO_3$ 一起混合加热熔融可得到一绿色物质 F。将 F 溶于水并通入 CO_2，则溶液变成紫色 G，且又析出 A。试问 A～G各为何物，并写出相应的反应方程式。

60. 向一含有三种阴离子的混合溶液中，滴加 $AgNO_3$ 溶液至不再有沉淀生成为止。过滤，当用稀硝酸处理沉淀时，砖红色沉淀溶解得橙红色溶液，但仍有白色沉淀。滤液呈紫色，用硫酸酸化后，加入 $Na_2S_2O_3$，则紫色逐渐消失。指出上述溶液含哪三种阴离子，并写出有关反应方程式。

61. 在 Fe^{2+}、Co^{2+}、Ni^{2+} 盐的溶液中加入 NaOH 溶液，在空气中放置后，各得到何种产物？写出有关反应方程式。

62. 在用生成蓝色 $[Co(SCN)_4]^{2-}$ 配离子方法测定 Co^{2+} 的存在及其浓度时，为什么要用浓 NH_4SCN 溶液并加入一定量的丙酮？

自测习题答案

(一) 选择题

1. B，2. C，3. B，4. D，5. D，6. B，7. D，8. D，9. D，10. C，11. C，12. B，13. C，14. B，15. B，16. A，17. D，18. C，19. B，20. D，21. A，22. D，23. B，24. D，25. B，26. B，27. C，28. C，29. A，30. B，31. C，32. B，33. C，34. D。

(二) 判断题

35. ×，36. √，37. ×，38. ×，39. √，40. √，41. ×，42. ×。

(三) 填空题

43. Ti^{4+}，Ag^+；44. 递减，递减；45. Li_2O、Na_2O_2、KO_2，白色、淡黄色、淡黄色；46. 重铬酸钾，浓硫酸；47. $[HgCl_4]^{2-}$，$[HgS_2]^{2-}$，NH_2HgCl；48. 红，HgI_2，无，$[HgI_4]^{2-}$；49. $2Cu^+ = Cu^{2+} + Cu$，配合，难溶；50. 无，Cu^+ 为 d^{10} 电子构型，配合物大多无色，Cu^{2+} 为 d^9 电子构型，配合物为蓝色；51. 由于镧系收缩的影响，同族元素间原子半径和离子半径极为接近，造成其结构相近，性质相近。

(四) 简答题

52. (1) $(NH_4)_2SO_4 \cdot FeSO_4 \cdot 6H_2O$；(2) Cr_2O_3；(3) CdS；(4) $ZnS \cdot BaSO_4$；

(5) $Na_2CrO_4 \cdot 10H_2O$；(6) Hg_2Cl_2；(7) Cu_2S；(8) $KAl(SO_4)_2 \cdot 12H_2O$。

53. (1) $Zn^{2+} + 2OH^- = Zn(OH)_2\downarrow$，$Zn(OH)_2 + 2OH^- = [Zn(OH)_4]^{2-}$

(2) $2Cu^{2+} + 2NH_3 \cdot H_2O + SO_4^{2-} = Cu_2(OH)_2SO_4\downarrow + 2NH_4^+$

$Cu_2(OH)_2SO_4 + 8NH_3 = 2[Cu(NH_3)_4]^{2+} + SO_4^{2-} + 2OH^-$

(3) $2HgCl_2 + SnCl_2 = Hg_2Cl_2\downarrow + SnCl_4$，$Hg_2Cl_2 + SnCl_2 = 2Hg\downarrow + SnCl_4$

(4) $Hg^{2+} + 2I^- = HgI_2\downarrow$，$HgI_2 + 2I^- = [HgI_4]^{2-}$

54. A:Cu；B:Zn；C:Na；D:Hg；E:Al；F:Ni；G:Fe；H:Au；I:Ag；J:Sn。

55. M:Fe；A:$Fe(OH)_2$；B:$Fe(OH)_3$；C:Fe_2O_3；D:Fe_3O_4；E:$FeCl_3$；F:Na_2FeO_4；G:$BaFeO_4$。

56. A：$BaCO_3$；B：BaO；C：$CaCO_3$；D：$BaCl_2$；E：$BaSO_4$。

57. 含有 KCl、$MgSO_4$ 两种化合物。

58. A：$K_2Cr_2O_7$；B：Cl_2；C：$CrCl_3$；D：$Cr(OH)_3$；E：$KCrO_2$；F：K_2CrO_4。

59. A：MnO_2；B：$MnSO_4$；C：O_2；D：$Mn(OH)_2$；E：$MnO(OH)_2$；F：K_2MnO_4；G：$KMnO_4$。

60. CrO_4^{2-}，Cl^-，MnO_4^-。

61. $Fe(OH)_3$，$Co(OH)_3$，$Ni(OH)_2$。

62. Co^{2+} 配合物的水溶液稳定性较差，在 Co^{2+} 溶液中加入浓的 NH_4SCN 溶液（或固体）并加入一定量的乙醚或丙酮，则可以得到稳定的$[Co(SCN)_4]^{2-}$ 蓝色配离子，此方法也可以用来鉴定 Co^{2+} 的存在。

第 14 章　定量分析中的分离方法

14.1　学 习 要 求

(1) 理解分析化学中常用的沉淀分离法、萃取分离法、离子交换分离法和色谱分离法等分离方法的基本原理及特点。

(2) 了解萃取条件的选择及主要的萃取体系。

(3) 了解离子交换的种类和性质及离子交换的操作。

14.2　内 容 要 点

14.2.1　概述

评价分离方法的分离效果，可用回收率衡量。待测组分 A 的回收率为

$$R_A = \frac{\text{分离后测得 A 的量}}{\text{分离前 A 的量}} \times 100\%$$

在实际工作中，对于含量 1%以上的常量组分，回收率应在 99%以上，对于微量组分，回收率为 95%，甚至更低一些也是允许的。

14.2.2　沉淀分离法

1. 常量组分的沉淀分离

沉淀分离法是利用沉淀反应有选择性地沉淀某些离子，而其他离子则留于溶液中，从而达到分离的目的。沉淀剂有无机沉淀剂、有机沉淀剂两种。沉淀分离法的主要依据是溶度积原理。

2. 痕量组分的共沉淀分离和富集

加入某种离子与沉淀剂生成沉淀作为载体，将痕量组分定量地沉淀下来，然后将沉淀分离，溶解在少量溶剂中以达到分离和富集的目的。其沉淀富集分离一方面要求欲富集的痕量组分回收率高；另一方面要求共沉淀剂不干扰富集组分的测定。所用的共沉淀剂主要有无机共沉淀剂(利用表面吸附进行共沉淀)和有机共沉淀剂(利用胶体的凝聚作用进行共沉淀；利用形成离子缔合物进行共沉淀；利用“固体萃取剂”进行共沉淀)。

14.2.3　液-液萃取分离法

液-液萃取分离法又称溶剂萃取分离法，简称萃取分离法，它是利用与水不相混溶的有机溶剂与试液一起振荡，一些组分进入有机相中，另一些组分仍留在水相中，从而达到分离富集的目的。

1. 萃取分离法的基本原理

萃取过程的本质是将物质由亲水性转化为疏水性的过程。

(1)分配定律。当有机相和水相的混合物中溶有溶质 A 时,如果 A 在两相中的平衡浓度分别为 $c(\mathrm{A})_{有}$、$c(\mathrm{A})_{水}$,则

$$\frac{c(\mathrm{A})_{有}}{c(\mathrm{A})_{水}}=K_{\mathrm{D}}$$

式中:K_{D} 是分配系数,它与溶质和溶剂的特性及温度等因素有关。分配定律只适用于下列情况:溶质的浓度较低;溶质在两相中的存在形式相同,没有解离、缔合系列反应。

(2)分配比。通常把溶质在有机相中的各种存在形式的总浓度 $c_{有}$ 与在水相中的各种存在形式的总浓度 $c_{水}$ 之比,称为分配比 D。

$$D=\frac{c_{有}}{c_{水}}$$

(3)萃取率。萃取率 E 可表示萃取的完全程度,它是物质被萃取到有机相中的百分数:

$$E=\frac{被萃取物质在有机相中的总量}{被萃取物质的总量}\times 100\%$$

$$E=\frac{c_{有}V_{有}}{c_{有}V_{有}+c_{水}V_{水}}\times 100\%=\frac{D}{D+V_{水}/V_{有}}\times 100\%$$

当分配比 D 不高时,一次萃取不能满足分离或测定要求,此时可用多次连续萃取方法提高萃取率。若每次用 $V_{有}$ 新鲜溶剂萃取 n 次,剩余在水相中的被萃取物 A 的质量为 m_n,则

$$m_n=m_0\left(\frac{V_{水}}{DV_{有}+V_{水}}\right)^n$$

2. 重要的萃取体系

根据萃取反应的类型,萃取体系可分为螯合物萃取体系、离子缔合物萃取体系、三元配合物萃取体系。

3. 萃取分离操作

萃取分离操作包括分液漏斗的准备、萃取、分层、分液等步骤。

14.2.4 离子交换分离法

离子交换分离法是利用离子交换剂与溶液中的离子之间所发生的交换反应进行分离的方法。这种方法的分离效果很高,不仅用于带相反电荷的离子之间的分离,还可用于带相同电荷或性质相近的离子之间的分离,同时还广泛地应用于微量组分的富集和高纯物质的制备等。这种方法的缺点是操作较麻烦,周期长。目前常用的离子交换剂为离子交换树脂。

1. 离子交换树脂

离子交换树脂是一种高分子聚合物,具有网状结构,网状结构上有许多可交换的活性基团。

交换容量:指每克干燥树脂所能交换的物质的量(mmol)。

交联度：树脂中所含二乙烯苯的质量分数，就是该树脂的交联度。

2. 离子交换的亲和力

离子交换树脂对离子的亲和力，反映了离子在离子交换树脂上的交换能力。

1)强酸性阳离子交换树脂

(1)不同价的离子，电荷越高，亲和力越大。

(2)一价阳离子的亲和力顺序为：$Li^+ < H^+ < Na^+ < NH_4^+ < K^+ < Rb^+ < Cs^+ < Tl^+ < Ag^+$。

(3)二价阳离子的亲和力顺序为：$UO_2^{2+} < Mg^{2+} < Zn^{2+} < Co^{2+} < Cu^{2+} < Cd^{2+} < Ni^{2+} < Ca^{2+} < Sr^{2+} < Pb^{2+} < Ba^{2+}$。

(4)稀土元素的亲和力随原子序数增大而减小。稀土金属离子的离子半径随其原子序数的增大而减小，但水合离子的半径却增大，故亲和力顺序为：$La^{3+} > Ce^{3+} > Pr^{3+} > Nd^{3+} > Sm^{3+} > Eu^{3+} > Gd^{3+} > Tb^{3+} > Dy^{3+} > Y^{3+} > Ho^{3+} > Er^{3+} > Tm^{3+} > Yb^{3+} > Lu^{3+} > Sc^{3+}$。

2)弱酸性阳离子交换树脂

H^+ 的亲和力比其他阳离子大，但其他阳离子的亲和力顺序与上面所述相似。

3)强碱性阴离子交换树脂

常见阴离子的亲和力顺序为：$F^- < OH^- < CH_3COO^- < HCOO^- < Cl^- < NO_2^- < CN^- < Br^- < C_2O_4^{2-} < NO_3^- < HSO_4^- < I^- < CrO_4^{2-} < SO_4^{2-} <$ 柠檬酸根离子。

4)弱碱性阴离子交换树脂

常见阴离子亲和力顺序为：$F^- < Cl^- < Br^- < I^- = CH_3COO^- < MoO_4^{2-} < PO_4^{3-} < AsO_4^{3-} < NO_2^- <$ 酒石酸根离子 $<$ 柠檬酸根离子 $< CrO_4^{2-} < SO_4^{2-} < OH^-$。

3. 离子交换分离操作

离子交换分离操作包括树脂的选择与处理、装柱、交换、洗脱、树脂再生等过程。

14.2.5　纸上色谱法

色谱分离法是根据不同的物质在流动相和固定相的分配比不同而使物质分离的方法。按照固定相的形式，可将色谱分为柱色谱、薄层色谱和纸上色谱。

(1) 纸上色谱法的基本原理。纸上色谱法是根据不同物质在两相间的分配比不同而进行分离的。纸上色谱分离法用滤纸作为载体，将待分离的试液用毛细管滴在滤纸的原点位置上，利用纸上吸着的水分作为固定相，另取一有机溶剂作流动相(展开剂)。由于毛细管作用，流动相自下而上地不断上升。流动相上升时，与滤纸上的固定相相遇。这时，被分离的组分就在两相间一次又一次的分配(相当于一次又一次的萃取)。分配比大的组分上升得快，分配比小的组分上升得慢，从而将它们逐个分开。经一定时间后，取出滤纸，喷上显色剂显斑。纸上色谱分离法中，通常用比移值(R_f)衡量各组分的分离情况。

$$R_f = \frac{x}{x + y}$$

(2) 纸上色谱法的操作。包括选择适当层析纸、点样、展开剂的选择、层析、测定等步骤。

14.3　例题解析

例 14.1　用某有机溶剂从 100mL 含溶质 A 的水溶液中萃取 A。若每次用 20mL 有机溶剂，共萃取两次，萃取率可达 90.0%，计算该萃取体系的分配比。

解 由 $m_n = m_0 \times \left(\dfrac{V_{水}}{D \cdot V_{有} + V_{水}}\right)^2$，$E = \dfrac{m_0 - m_n}{m_0} \times 100\% = 90.0\%$，有

$$E = 1 - \left(\frac{V_{水}}{D \cdot V_{有} + V_{水}}\right)^2 \quad 即 \quad 90.0\% = 1 - \left(\frac{100}{20D + 100}\right)^2$$

解得

$$D = 10.8$$

例 14.2 某弱酸 HB 在水中的 $K_a^{\ominus} = 4.2 \times 10^{-5}$，在水相与某有机相中的分配系数 $K_D = 44.5$。若将 HB 从 50.0mL 水溶液中萃取到 10.0mL 有机溶液中，试分别计算 pH=1.0 和 pH=5.0 时的萃取率。（假如 HB 在有机相中仅以 HB 一种形体存在）

解 依据题意有

$$D = \frac{c(\mathrm{HB})_{有}}{c(\mathrm{HB})_{水} + c(\mathrm{B})_{水}}$$

根据弱酸解离平衡，$c(\mathrm{B})_{水} = \dfrac{K_a^{\ominus} \cdot c(\mathrm{HB})_{水}}{c(\mathrm{H^+})}$，有

$$D = \frac{c(\mathrm{HB})_{有}}{c(\mathrm{HB})_{水} + \dfrac{K_a^{\ominus} \cdot c(\mathrm{HB})_{水}}{c(\mathrm{H^+})}} = K_D \frac{c(\mathrm{H^+})}{c(\mathrm{H^+}) + K_a^{\ominus}}$$

当 pH=1.0 时：

$$D = 44.5 \times \frac{10^{-1}}{10^{-1} + 4.2 \times 10^{-5}} = 44.5$$

$$E_1 = \left[1 - \left(\frac{50}{44.5 \times 10 + 50}\right)\right] \times 100\% = 89.9\%$$

当 pH=5.0 时：

$$D = 44.5 \times \frac{10^{-5}}{10^{-5} + 4.2 \times 10^{-5}} = 8.56$$

$$E_2 = \left[1 - \left(\frac{50}{8.56 \times 10 + 50}\right)\right] \times 100\% = 63.1\%$$

例 14.3 称取 1.500g 氢型阳离子交换树脂，以 0.098 75mol·L^{-1}NaOH 溶液 50.00mL 浸泡 24h，使树脂上的 H^+ 全部被交换到溶液中。再用 0.1024mol·L^{-1}HCl 标准溶液滴定过量的 NaOH，用去 24.50mL。试计算树脂的交换容量。

解 交换容量=(0.098 75×50.00−0.1024×24.50)/1.500

=1.618(mmol·g^{-1})

例 14.4 将 0.2548g NaCl 和 KBr 的混合物溶于水后通过强酸性阳离子交换树脂，经充分交换后，流出液需用 0.1012mol·L^{-1}NaOH 溶液 35.28mL 滴定至终点。求混合物中 NaCl 和 KBr 的质量分数。

解 设混合物中 NaCl 的质量为 xg，则 KBr 的质量为(0.2548−x)g，根据题意有

$$\frac{x}{58.44} + \frac{0.2548 - x}{119.00} = 0.1012 \times 35.28 \times 10^{-3}$$

解得

$$x = 0.1641(\text{g})$$

则混合物中 NaCl 和 KBr 的质量分数为

$$w(\text{NaCl}) = \frac{0.1641}{0.2548} = 0.6441$$

$$w(\text{KBr}) = 1 - 0.6441 = 0.3559$$

14.4　习题解答

1. 分离方法在定量分析中有什么重要性？分离时对常量和微量组分的回收率要求如何？

答　在实际的分析工作中，遇到的样品往往含有各种组分，当进行测定时通常彼此发生干扰。不仅影响分析结果的准确度，甚至无法进行测定，为消除干扰，较简单的方法是控制分析条件或采用适当的掩蔽剂，但在有些情况下，这些方法并不能消除干扰，因此必须把被测元素与干扰组分分离以后才能进行测定。定量分离是分析化学的主要内容之一。

对于相对含量较大的常量组分，回收率应在 99%以上；而对于相对含量较低的微量组分，回收率能够达到 90%～95%就可满足要求。

2. 分配系数与分配比有何联系？有何差别？

答　分配系数是指溶质在有机相和水相中的平衡浓度之比。

分配比是溶质在有机相中的各种存在形式的总浓度与在水相中的各种存在形式的总浓度之比，表示该物质在两相中的分配情况。

分配比 D 和分配系数 K_D 不同，K_D 是常数而 D 随实验条件而变，只有当溶质以单一形式存在于两相中时，才有 $D=K_D$。

3. 用 $BaSO_4$ 重量法测定 S 含量时，大量 Fe^{3+} 会产生共沉淀。当分析硫铁矿（FeS_2）中的 S 时，如果用 $BaSO_4$ 重量法进行测定，有什么办法可消除 Fe^{3+} 的干扰？

答　沉淀前将 Fe^{3+} 还原为不易吸附的 Fe^{2+}，或用酒石酸加以掩蔽。

4. 有机沉淀剂较无机沉淀剂有什么优点？

答　具有较高的选择性，沉淀的溶解度小，沉淀作用比较完全，而且得到的沉淀较纯净。沉淀通过灼烧即可除去沉淀剂而留下待测定的元素。

5. 萃取操作有哪几个基本步骤？每步有什么基本要求？

答　萃取操作的基本步骤有分液漏斗的准备、萃取、分层、分液等。

分液漏斗应检查不漏水后才能使用；萃取过程中应注意定时开启活塞放气；待两相液体完全分开后，下层液体自活塞放出，然后将上层液体从分液漏斗的上口倒出，切不可从活塞放出；若产生乳化现象，可用加入电解质、改变溶液酸度等方法，破坏乳浊液，促使两相分层。

6. 离子交换法有哪几个基本步骤？其分离原理是什么？

答　离子交换法包括树脂的选择与处理、装柱、交换、洗脱、树脂再生等基本步骤。其分离原理是：离子交换树脂本身的离子和溶液中的同号离子作等物质的量的交换。如果把含阳离子 B^+ 的溶液和离子交换树脂 R^-A^+ 混合，则它们之间的反应可表示为

$$R^-A^+ + B^+ \rightleftharpoons R^-B^+ + A^+$$

达到平衡时，则

$$K = \frac{c(A^+)_{水} \cdot c(B^+)_{有}}{c(A^+)_{有} \cdot c(B^+)_{水}}$$

7. 选择题。

(1) 含 Al^{3+} 的 20mL 溶液,用等体积的乙酰丙酮萃取,已知其分配比为 10,则 Al^{3+} 的萃取率为(C)。

A. 99% B. 95% C. 90% D. 85%

(2) 萃取过程的本质可表述为(D)。

A. 金属离子形成螯合物的过程 B. 金属离子形成离子缔合物的过程

C. 配合物进入有机相的过程 D. 将物质由亲水性转变为疏水性的过程

(3) 下列物质属于阳离子交换树脂的是(C)。

A. RNH_3OH B. RNH_2CH_3OH C. ROH D. $RN(CH_3)_3OH$

(4) 在一定的萃取体系中,当萃取溶剂的总体积一定时,为提高萃取效率,最有效的方法是(D)。

A. 提高萃取时的温度

B. 提高萃取时的压力

C. 减少萃取次数,增加每次萃取液的体积

D. 增加萃取次数,减少每次萃取液的体积

8. 0.02mol·L^{-1} Fe^{2+} 溶液,加 NaOH 溶液进行沉淀时,要使其沉淀达 99.99%以上,则溶液的 pH 至少要达到多少?已知:$K_{sp}^{\ominus}=8\times10^{-16}$。

解 由 $c(Fe^{2+})\cdot c^2(OH^-)=K_{sp}^{\ominus}[Fe(OH)_2]$,有

$$c(OH^-)=\sqrt{\frac{K_{sp}^{\ominus}[Fe(OH)_2]}{c(Fe^{2+})}}=\sqrt{\frac{8\times10^{-16}}{0.02\times(1-99.99\%)}}=2\times10^{-5}(mol\cdot L^{-1})$$

$$pOH=-\lg c(OH^-)=-\lg(2\times10^{-5})=4.70,pH=14.00-4.70=9.30$$

9. 已知某萃取体系的萃取率 $E=98\%$,$V_{有}=V_{水}$,求分配比 D。

解 由 $E=\dfrac{D}{D+V_{水}/V_{有}}\times100\%$,有

$$\frac{D}{D+1}\times100\%=98\%$$

解得

$$D=49$$

10. 某溶液含 Fe^{3+} 10mg,将它萃取到某有机溶剂中时,分配比 $D=99$。则用等体积溶剂萃取 1 次和 2 次,剩余 Fe^{3+} 量各是多少?若在萃取 2 次后,分出有机层,用等体积水洗 1 次,会损失 Fe^{3+} 多少毫克?

解 用等体积溶剂萃取 1 次后,剩余 Fe^{3+} 的量

$$m_1=m_0\left(\frac{V_{水}}{DV_{有}+V_{水}}\right)=10\times\left(\frac{1}{99+1}\right)=0.1(mg)$$

用等体积溶剂萃取 2 次后,剩余 Fe^{3+} 量

$$m_2=m_0\left(\frac{V_{水}}{DV_{有}+V_{水}}\right)^2=10\times\left(\frac{1}{99+1}\right)^2=0.001(mg)$$

萃取 2 次后,转入有机相中的 Fe^{3+} 量为

$$10-0.001=9.999(mg)$$

因 $D=99$,用等体积有机相萃取 1 次时的萃取率为

$$E=\frac{D}{D+1}\times100\%=\frac{99}{99+1}\times100\%=99\%$$

则反萃取率 $E'=1\%$,所以用等体积水洗 1 次将损失的 Fe^{3+} 量为

$$9.999\times1\%=0.09999\approx0.1(\mathrm{mg})$$

11. 已知 I_2 在 CS_2 和水中的分配比为 420,今有 100mL I_2 溶液,欲使萃取率达到 99.5%,若每次用 5mL CS_2 萃取,则需要萃取多少次?

解　由 $m_n=m_0\left(\frac{V_{水}}{DV_{有}+V_{水}}\right)^n$,$E=\frac{m_0-m_n}{m_0}\times100\%$,有

$$E=1-\left(\frac{V_{水}}{DV_{有}+V_{水}}\right)^n$$

即

$$99.5\%=1-\left(\frac{100}{420\times5+100}\right)^n$$

解得 $n=1.71$,因此需要萃取 2 次。

12. 有两种性质相似的元素 A 和 B,共存于同一溶液中。用纸上色谱法分离时,它们的比移值 R_f 分别为 0.45 和 0.63。欲使分离后斑点中心之间相距 2cm,则滤纸条至少应截取多长?

解　设原点至斑点中心的距离为 $y$cm,原点至溶剂前沿的距离为 $x$cm,由比移值 R_f 的定义可知:

对元素 A　　$0.45=y/x$　　(1)

对元素 B　　$0.63=(y+2)/x$　　(2)

联解式(1)、式(2)得

$$x=11.1(\mathrm{cm})$$
$$y=5.0(\mathrm{cm})$$

14.5　自 测 习 题

(一) 选择题

1. 在液-液萃取分离中,达到平衡状态时,被萃取物质在有机相和水相中都具有一定的浓度,它们的浓度之比称为(　　)。

A. 物质的量比　B. 稳定常数　C. 分配比　D. 分配系数

2. 液-液萃取中,同一物质的分配系数与分配比不同,这是由于物质在两相中的(　　)。

A. 浓度　B. 溶解度不同　C. 交换力不同　D. 存在形式不同

3. Al^{3+}、Na^+、K^+、Ca^{2+} 与强酸性阳离子交换树脂进行交换,其亲和力顺序为(　　)。

A. $Al^{3+}>Ca^{2+}>Na^+>K^+$　B. $Al^{3+}>Ca^{2+}>Na^+=K^+$

C. $Al^{3+}>Ca^{2+}>K^+>Na^+$　D. $Na^+>K^+>Ca^{2+}>Al^{3+}$

4. 离子交换的亲和力是指(　　)。

A. 离子在离子交换树脂上的吸附力　B. 离子在离子交换树脂上的交换能力

C. 离子在离子交换树脂上的吸引力　D. 离子在离子交换树脂上的渗透能力

5. 使用有机沉淀剂的优点是(　　)。

A. 选择性高　　B. 形成的沉淀溶解度小

C. 沉淀的相对分子质量较大　　D. 沉淀易于过滤和洗涤

6. 有 100mL 含某物质 100mg 的水溶液,用有机溶剂 50mL 萃取一次。设 $D=10$,则萃取率为(　　)。

A. 17%　　B. 83%　　C. 91%　　D. 96%

7. 在微量分析中,回收率应为(　　)。

A. 0.75～0.85　B. 0.85～0.95　C. 0.65～0.75　D. 0.90～0.95

8. 在萃取分离达到平衡时溶质在两相中的浓度比称为(　　)。

A. 浓度比　　B. 萃取率　　C. 分配系数　　D. 萃取回收率

9. 液-液萃取分离的基本原理是利用物质在两相中的(　　)。

A. $K_{sp}^{\ominus}$不同　　B. 溶解度不同　　C. 分配系数不同　　D. 存在形式不同

10. 用 30mL CCl_4 萃取等体积含碘水溶液(分配比为 85),下列哪种萃取过程最合理?(　　)

A. 用 30mL CCl_4 萃取 1 次　　B. 每次用 10mL CCl_4 萃取 3 次

C. 每次用 5mL CCl_4 萃取 6 次　　D. 每次用 2mL CCl_4 萃取 15 次

11. 对下列阴离子,离子交换的亲和力的顺序为(　　)。

A. $F^- > Cl^- > Br^- > I^-$　　B. $I^- > Br^- > Cl^- > F^-$

C. $Br^- > I^- > Cl^- > F^-$　　D. $Cl^- > Br^- > I^- > F^-$

12. 下列萃取剂中对金属离子萃取效率最好的是(　　)。

A. CH_3CH_2OH　　B. $CH_3CH_2OCH_2CH_3$

C. $CH_3(CH_2)_3OH$　　D. (8-羟基喹啉结构式:N, OH)

(二) 判断题(正确的请在括号内打√,错误的打×)

13. 具有相似性质的金属离子易产生共沉淀。(　　)

14. 在液-液萃取分离中,分配系数越大,分配比就越大。(　　)

15. 液-液萃取分离法中分配比随溶液酸度改变。(　　)

16. 在萃取分离中,分配系数与分配比是对同一概念的两种不同描述,在温度、压力等外界条件固定时,两者在数值上相等。(　　)

17. 在一定的萃取体系中,为提高萃取效率,增加萃取液体积比增加萃取次数更有效。(　　)

18. 在定量分析中,采用分离的方法去除干扰组分是最后的办法。(　　)

(三) 计算题

19. 用某有机溶剂从 100mL 含溶质 A 的水溶液中萃取 A,要求萃取率为 90.0%。(1) 用等体积有机溶剂萃取一次,分配比 D 需多少才可以?(2) 每次用 20mL 有机溶剂,共萃取两次,分配比 D 又为多少才可以?

20. 1.0g 干阳离子交换树脂的交换容量为 $1.25mmol \cdot g^{-1}$。在泡胀和填充于柱内后同量的树脂占有 7.5mL。若柱共含有 30mL 树脂，它可以交换多少毫克钙离子？

21. 将 1.00g 糖和 KNO_3 的样品溶于 100mL 水中，通过一 H 型阳离子交换柱，流出物滴定时需要用 $0.0100mol \cdot L^{-1}$ NaOH 溶液 7.80mL，计算样品中 KNO_3 的质量分数。

22. 某纯二元有机酸 H_2A，制备为纯的钡盐，称取 0.3460g 盐样，溶于 100.0mL 水中，将溶液通过强酸性阳离子交换树脂，并水洗，流出液以 $0.099\ 60mol \cdot L^{-1}$ NaOH 溶液 20.20mL 滴至终点，求有机酸的摩尔质量。

自测习题答案

（一）选择题

1. C，2. D，3. C，4. B，5. C，6. B，7. D，8. C，9. C，10. B，11. B，12. D。

（二）判断题

13. ×，14. ×，15. √，16. ×，17. ×，18. √。

（三）计算题

19.（1）9；（2）10.8。

20. 100.2mg。

21. 7.89×10^{-3}。

22. $208.6g \cdot mol^{-1}$。

模拟试题(Ⅰ)

(一) 单项选择题(在每小题列出的四个备选项中只有一个是符合题目要求的。错选、多选或未选均无分。每小题 2 分,共 20 分)

1. 反应 $MnO_4^- + H_2O_2 + H^+ \longrightarrow Mn^{2+} + O_2 + H_2O$ 配平后,H_2O_2 的系数是(　　)。

A. 3　　B. 5　　C. 7　　D. 9

2. 已知 $Zn^{2+} + 2e^- \rightleftharpoons Zn, E^{\ominus} = -0.77V$,则 $2Zn \rightleftharpoons 2Zn^{2+} + 4e^-, E^{\ominus} =$(　　)。

A. −0.77V　　B. −1.54V　　C. 1.54V　　D. 0.77V

3. 反应 $2NO(g) + O_2(g) \longrightarrow 2NO_2(g)$,对 NO 为二级反应,对 O_2 为一级反应,某温度下,反应物的浓度均为 $0.01mol \cdot L^{-1}$时,若反应速率为$2.5 \times 10^{-3} mol \cdot L^{-1} \cdot s^{-1}$,则此时反应速率常数为(　　)$L^2 \cdot mol^{-2} \cdot s^{-1}$。

A. 2.5×10^3　　B. 1.25×10^3　　C. 1.25×10^{-3}　　D. 2.5×10^{-3}

4. 下列数据中,有效数字是 4 位的是(　　)。

A. 0.231　　B. 2.0×10^3　　C. 5.023×10^{23}　　D. 0.0140

5. 10mL $0.20mol \cdot L^{-1}$ HCl 溶液与 10mL $0.40mol \cdot L^{-1}$ NaAc 溶液混合后,计算溶液的 pH 为(　　)。已知:$K_a^{\ominus}(HAc) = 1.75 \times 10^{-5}$。

A. 2.5　　B. 3.25　　C. 4.76　　D. 6.5

6. 由过量 KBr 溶液与 $AgNO_3$ 溶液混合得到的溶胶,其(　　)。

A. 溶胶是负溶胶　　B. 电位离子是 Ag^+

C. 反离子是 NO_3^-　　D. 扩散层带负电

7. 用高锰酸钾溶液滴定过氧化氢溶液,可选用的指示剂是(　　)。

A. 铬黑 T　　B. 淀粉

C. 高锰酸钾自身　　D. 二苯胺

8. 水的共轭酸是(　　)。

A. H^+　　B. OH^-　　C. H_3O^+　　D. H_2O

9. 在饱和的 $BaSO_4$ 溶液中,加入适量的 Na_2SO_4,则 $BaSO_4$ 的溶解度(　　)。

A. 增大　　B. 不变　　C. 减小　　D. 无法确定

10. 今有两种溶液:一为 3.0g 尿素溶于 200g 水中;另一为 21.4g 未知物溶于 1000g 水中,这两种溶液的凝固点相同,则这个未知物的相对分子质量为(　　)。已知:尿素的相对分子质量为 60。

A. 342.4　　B. 85.6　　C. 142.4　　D. 42.4

(二) 多项选择题(在每小题列出的四个备选项中有两个或两个以上是符合题目要求的。错选、漏选、多选或未选均无分。每小题 3 分,共 15 分)

1. 下列用来表示核外电子运动状态的各组量子数中,合理的是(　　)。

A. $n=3, l=1, m=-1, m_s=+1/2$　　B. $n=3, l=1, m=-1, m_s=-1/2$

C. $n=3, l=3, m=2, m_s=+1/2$　　D. $n=4, l=3, m=4, m_s=+1/2$

2. CH_3OH 分子与 H_2O 分子之间存在哪些作用力?(　　)

A. 取向力　　B. 诱导力　　C. 色散力　　D. 氢键

3. HAc 溶液被稀释后(　　)。

A. H^+ 浓度增大 B. pH 上升　　C. OH^- 浓度增高 D. pH 下降

4. 下列物质的标准溶液只能用间接法配制的是(　　)。

A. HCl　　B. $Na_2S_2O_3$　　C. $K_2Cr_2O_7$　　D. $KMnO_4$

5. EDTA 的酸效应系数记为 $\alpha[Y(H)]$,在 pH=4、6、8、10 时,$\lg\alpha[Y(H)]$分别为 8.44、4.65、2.27、0.45,已知 $\lg K_f^\ominus(MgY)=8.7$,设无其他副反应,不能用 0.01mol·L^{-1} EDTA 直接准确滴定 0.01mol·L^{-1} Mg^{2+} 的酸度为(　　)。

A. pH=4　　B. pH=6　　C. pH=8　　D. pH=10

(三) 判断题(每小题 1 分,共 15 分,正确的请在括号内打√,错误的打×)

1. 由极性键形成的双原子分子,一定是极性分子。(　　)
2. 精密度高的一组数据,其准确度一定高。(　　)
3. 计量点前后±0.1%相对误差范围内溶液 pH 的变化,称为滴定的 pH 突跃范围。(　　)
4. 基态 Cu 原子的电子排布式为 $1s^2 2s^2 2p^6 3s^2 3p^6 3d^{10} 4s^1$。(　　)
5. 一元弱酸能被强碱准确滴定,应符合的条件是 $cK_a^\ominus \geqslant 10^{-8}$。(　　)
6. 正催化剂之所以能加快反应速率,是因为它降低了反应活化能。(　　)
7. 施肥过多引起烧苗是由于土壤溶液的渗透压比植物细胞液高所致。(　　)
8. 将一块冰放在 0℃的食盐水中则冰逐渐融化。(　　)
9. p 轨道与 p 轨道之间形成的共价键一定是 π 键。(　　)
10. 在沉淀滴定中,莫尔法选用的指示剂是铁铵矾。(　　)
11. 酸碱指示剂在酸性溶液中呈现酸色,在碱性溶液中呈现碱色。(　　)
12. 所谓完全沉淀,就是用沉淀剂将某一离子完全除去。(　　)
13. 已知反应 $2Fe^{2+}+I_2 \rightleftharpoons 2Fe^{3+}+2I^-$,将其组成原电池,则 Fe^{3+}/Fe^{2+} 为负极,I_2/I^- 为正极。(　　)
14. EDTA 与金属离子形成配合物的过程中,因有 H^+ 放出,故一般应加缓冲溶液控制溶液的酸度。(　　)
15. 已知 $KMnO_4$ 溶液的最大吸收波长是 525nm,在此波长下测得某 $KMnO_4$ 溶液的吸光度为 0.710。如果不改变其他条件,只将入射光波长改为 550nm,则其吸光度将会增大。(　　)

(四) 填空题(每空 1 分,共 20 分)

1. 准确度的表征用__________;而精密度的表征用__________,即数据之间的离散程度。

2. 状态函数的改变值只与__________和__________有关,而与变化的途径无关。

3. $NH_4H_2PO_4$ 溶液的质子条件式是__________。

4. 配合物 $K_3[Fe(CN)_5(CO)]$的名称是__________,中心元素的氧化数为__________,配位数为__________。

5. 有效数字的可疑值是其__________，某同学用万分之一天平称量时可疑值为小数点后第__________位。

6. 碘量法的主要误差来源是__________和__________。

7. 分光光度计一般由__________、__________、吸收池、检测器、显示系统等五大部件构成。

8. __________的电极电势随待测离子活度变化而改变，而__________的电极电势不受待测试液组成变化的影响，具有恒定的数据。

9. 电极反应 $MnO_4^- + 8H^+ + 5e^- \xlongequal{} Mn^{2+} + 4H_2O$ 的电极电势与标准电极电势的关系为__________。

10. CH_4 的 C 原子以__________杂化，CH_4 的空间几何构型为__________。

11. 吸光光度分析法遵循朗伯-比尔定律，其表达式为__________。

（五）计算题（每小题 10 分，共 30 分）

1. 通过计算，判断下列反应在标准状态下，298.15K 和 263.15K 时，反应自发进行的方向。

$$H_2O_2(l) \xlongequal{} H_2O(l) + 1/2O_2(g)$$

已知：$\Delta_f H_m^\ominus(H_2O_2,l) = -187.8kJ \cdot mol^{-1}$，$\Delta_f H_m^\ominus(H_2O,l) = -285.8kJ \cdot mol^{-1}$；$S_m^\ominus(H_2O_2,l) = 109.6J \cdot mol^{-1} \cdot K^{-1}$，$S_m^\ominus(H_2O,l) = 69.91J \cdot mol^{-1} \cdot K^{-1}$，$S_m^\ominus(O_2,g) = 205.03J \cdot mol^{-1} \cdot K^{-1}$。

2. 一溶液中含有 $c\{[Ag(NH_3)_2]^+\} = 0.05mol \cdot L^{-1}$，$c(Cl^-) = 0.05mol \cdot L^{-1}$，$c(NH_3) = 3.0mol \cdot L^{-1}$，向此溶液中滴加 HNO_3 溶液至刚刚有白色沉淀生成，计算此时溶液中 $c(NH_3)$ 及溶液的 pH。已知：$K_f^\ominus\{[Ag(NH_3)_2]^+\} = 1.7 \times 10^7$，$K_{sp}^\ominus(AgCl) = 1.6 \times 10^{-10}$，$K_b^\ominus(NH_3) = 1.8 \times 10^{-5}$。

3. 称取含有惰性杂质的混合碱（其成分可能有 Na_2CO_3 和 NaOH 或 $NaHCO_3$ 和 Na_2CO_3）的试样 0.2042g，溶于水后，用 $0.1000mol \cdot L^{-1}$ HCl 溶液滴至酚酞刚刚褪色，用去 24.04mL。然后加入甲基橙指示剂，用 $0.1000mol \cdot L^{-1}$ HCl 溶液继续滴至橙色出现，又用去 8.00mL。则试样中混合碱的组分有哪些？各组分的质量分数为多少？已知：$M(Na_2CO_3) = 105.99g \cdot mol^{-1}$，$M(NaOH) = 40.01g \cdot mol^{-1}$，$M(NaHCO_3) = 84.01g \cdot mol^{-1}$。

模拟试题(Ⅱ)

(一) 选择题(每小题 2 分,共 32 分)

1. 相同条件下,由相同反应物变为相同的产物,反应由两步与一步完成相比(　　)。

A. 放出热量多　　B. 热力学能增加

C. 熵增加　　D. 焓、熵、势力学能变化相等

2. 标准状态下,$N_2(g)$与 $H_2(g)$反应生成 1.0g $NH_3(g)$时,放热 a kJ,故 NH_3 的 $\Delta_f H_m^\ominus$ 值是(　　)$kJ \cdot mol^{-1}$。

A. a　　B. $-a/17$　　C. $-17a$　　D. $17a$

3. 电子构型为$[Ar]3d^6 4s^0$ 的离子是(　　)。

A. Mn^{2+}　　B. Fe^{3+}　　C. Co^{3+}　　D. Ni^{2+}

4. 在氨水中加入 NH_4Cl 后,NH_3 的 α 和 pH 变化是(　　)。

A. α 和 pH 都增大　　B. α 减小,pH 增大

C. α 增大,pH 变小　　D. α、pH 都减小

5. 已知 $K_{sp}^\ominus(PbS)=3.1\times10^{-28}$,$K_{sp}^\ominus(PbCrO_4)=1.77\times10^{-14}$。在 Na_2S 和 K_2CrO_4 相同浓度的混合稀溶液中,滴加稀 $Pb(NO_3)_2$ 溶液,则(　　)。

A. PbS 先沉淀　　B. $PbCrO_4$ 先沉淀

C. 两种沉淀同时出现　　D. 两种沉淀都不产生

6. 反应 B $\longrightarrow$ A 和 B $\longrightarrow$ C 的热效应分别为 ΔH_1 和 ΔH_2,则反应 A $\longrightarrow$ C 的热效应 ΔH 应是(　　)。

A. $\Delta H_1+\Delta H_2$　B. $\Delta H_1-\Delta H_2$　　C. $\Delta H_2-\Delta H_1$　D. $2\Delta H_1-\Delta H_2$

7. 如果一个原子的主量子数是 3,则它(　　)。

A. 只有 s 电子　　B. 只有 s 和 p 电子

C. 只有 s、p 和 d 电子　　D. 只有 d 电子

8. 二卤甲烷(CH_2X_2)中,沸点最高的是(　　)。

A. CH_2I_2　　B. CH_2Br_2　　C. CH_2Cl_2　　D. CH_2F_2

9. 已知$\frac{4.178\times0.0037}{0.04}=0.386\ 465$,按有效数字运算规则,正确的答案应该是(　　)。

A. 0.3865　　B. 0.4　　C. 0.386　　D. 0.39

10. 已知 $KMnO_4$ 溶液的最大吸收波长是 525nm,在此波长下测得某 $KMnO_4$ 溶液的吸光度为 0.710。如果不改变其他条件,只将入射光波长改为 550nm,则其吸光度将会(　　)。

A. 增大　　B. 减小　　C. 不变　　D. 不能确定

11. H_3PO_4 是三元酸,用 NaOH 溶液滴定时,pH 突跃有(　　)个。

A. 1　　B. 2　　C. 3　　D. 无法确定

12. 下列物质中,哪个是两性离子?(　　)

A. CO_3^{2-}　　B. SO_4^{2-}　　C. HPO_4^{2-}　　D. PO_4^{3-}

13. 标准状态下,稳定单质 C(石墨)的(　　)为零。

A. $\Delta_f H_m^\ominus$、$S_m^\ominus$　　B. $\Delta_f H_m^\ominus$、$\Delta_f G_m^\ominus$、$S_m^\ominus$

C. $S_m^\ominus$　　D. $\Delta_f G_m^\ominus$、$\Delta_f H_m^\ominus$

14. 已知含 Fe^{2+} 为 500μg · L^{-1} 的溶液，用邻二氮菲吸光光度分析法测定铁，比色皿为 2.0cm，在 510nm 处测得吸光度为 0.19，其摩尔吸光系数为(　　)L · mol^{-1} · cm^{-1}。

A. 1.1×10^4　　B. 1.1×10^{-4}　　C. 4.0×10^{-4}　　D. 4.0×10^4

15. 有甲乙两个不同浓度的同一有色物质的溶液，在同一波长下测定其吸光度，当甲用 2.0cm 吸收池，乙用 1.0cm 吸收池时，获得的吸光度值相同，则它们的浓度关系为(　　)。

A. 甲等于乙　　B. 甲是乙的 2 倍

C. 乙是甲的 2 倍　　D. 乙是甲的 1/2

16. 参比电极的电极电势与待测成分的浓度之间(　　)。

A. 符合能斯特方程　　B. 符合质量作用定律

C. 符合阿伦尼乌斯公式　　D. 以上答案都不正确

(二) 判断题(每小题 1 分，共 10 分，正确的请在括号内打√，错误的打×)

1. 根据同离子效应，欲使沉淀完全，必须加入过量沉淀剂，且沉淀剂用量越多，效果越好。(　　)

2. 体系由状态 1→状态 2 的过程中，热(Q)和功(W)的数值随不同的途径而异。(　　)

3. 二元弱酸 H_2A 的正盐与其酸式盐 NaHA 相比，前者的碱性一定强于后者。(　　)

4. 对不同类型的难溶电解质，不能认为溶度积大的物质其溶解度也一定大。(　　)

5. $MnO_4^- + 8H^+ + 5e^- \rightleftharpoons Mn^{2+} + 4H_2O$，$E^\ominus = +1.51V$，高锰酸钾是强氧化剂，因为它在反应中得到的电子数多。(　　)

6. 由 1 个 ns 轨道和 3 个 np 轨道杂化而形成 4 个 sp^3 杂化轨道。(　　)

7. 已知难溶电解质 AB 的 $K_{sp}^\ominus = a$，它的溶解度是 $\sqrt{a}$ mol · L^{-1}。(　　)

8. 以极性键结合的双原子分子一定是极性分子。(　　)

9. 取向力只存在于极性分子与极性分子之间。(　　)

10. 各种类型的一元酸碱滴定，其化学计量点的位置均在突跃范围的中点。(　　)

(三) 填空题(每空 1 分，共 26 分)

1. 用 $Na_2C_2O_4$ 标定 $KMnO_4$ 溶液时，$Na_2C_2O_4$ 溶液要在 75～85℃下滴定，温度低了则__________；温度高了则__________。

2. 在 500K 时，反应 $SO_2(g) + 1/2O_2(g) \rightleftharpoons SO_3(g)$ 的 $K^\ominus = 50$，在同一温度下，反应 $2SO_3(g) \rightleftharpoons 2SO_2(g) + O_2(g)$ 的 $K^\ominus =$__________。

3. H_2O 分子之间存在__________键，使 H_2O 的沸点__________于 H_2S、H_2Se 等。

4. 共价键的特征是具有__________和__________。

5. 在理论上，$c(HIn) = c(In^-)$ 时，溶液的 pH = $pK^\ominus(HIn)$，此 pH 称为指示剂的__________。

6. 角量子数表示电子云的__________，磁量子数表示电子云的__________。

7. I_2 在水中溶解度很小且易挥发，通常将其溶解在较浓的__________溶液中，从而提高其溶解度，降低其挥发性。

8. 分光光度测定中的标准曲线(工作曲线)指__________与__________的线性关系。

9. 电势分析法是利用__________和__________之间的关系，其关系符合__________方程式，测定物质含量的一种方法。

10. 配离子$[PtCl(NO_2)(NH_3)_4]^{2+}$中，中心原子氧化数为__________，配位数为__________，该化合物名称为__________。

11. 形成配合物的条件为：中心原子具有__________，配体具有__________。

12. 常用的消除干扰成分的方法有__________和__________。

13. 由于某些金属离子的存在，导致加入过量的 EDTA 滴定剂，指示剂也无法指示终点的现象称为__________。故被滴定溶液中应事先加入__________剂，以消除这些金属离子的干扰。

14. 最理想的指示剂应是恰好在__________时变色的指示剂。

(四)计算题(每小题 8 分，共 32 分)

1. 已知$E^{\ominus}(MnO_4^-/Mn^{2+})=1.51V$，$E^{\ominus}(Br_2/Br^-)=1.07V$。反应：$2MnO_4^-+10Br^-+16H^+ = 2Mn^{2+}+5Br_2+8H_2O$，若$MnO_4^-$、$Mn^{2+}$和$Br^-$的浓度均为$1mol \cdot L^{-1}$，则 pH 等于多少时，该反应可以从左向右进行？

2. 在 298K 时，反应$CaCO_3(s) \rightleftharpoons CaO(s)+CO_2(g)$的$\Delta_r G_m^{\ominus}=130.0kJ \cdot mol^{-1}$，$\Delta_r S_m^{\ominus}=160.0J \cdot mol^{-1} \cdot K^{-1}$，计算该反应在 1000K 达平衡时$CO_2$的分压。

3. 有 2.000g 浓H_3PO_4，用水稀释定容为 250.0mL，取 25.00mL，以$0.1000mol \cdot L^{-1}$ NaOH 标准溶液 20.04mL 滴定至甲基红变为橙黄色，计算H_3PO_4的含量。已知：$M(H_3PO_4)=98.00g \cdot mol^{-1}$。

4. 有一铜锌合金试样，称 0.5000g 溶解后定容成 100mL，取 25.00mL，调 pH=6.0，以 PAN 为指示剂，用$0.050\ 00mol \cdot L^{-1}$ EDTA 标准溶液滴定Cu^{2+}、Zn^{2+}，用去 EDTA 标准溶液 37.30mL。另又取 25.00mL 试液，调 pH=10.0，加入 KCN 溶液，Cu^{2+}、Zn^{2+}被掩蔽，再加甲醛以解蔽Zn^{2+}，消耗相同浓度的 EDTA 标准溶液 13.40mL，计算试样中 Cu、Zn 的质量分数。已知：Cu、Zn 的相对原子质量分别为 63.55、65.39。

模拟试题(Ⅲ)

(一) 选择题(每小题 2 分,共 32 分)

1. 相同质量摩尔浓度的蔗糖溶液与 NaCl 溶液,其沸点( )。

A. 前者大于后者　　B. 后者大于前者

C. 两者相同　　D. 不能判断

2. 下列用来描述核外电子运动状态的各组量子数中,合理的是( )。

A. (2,1,−1,1/2)　　B. (2,1,0,0)

C. (3,1,2,1/2)　　D. (1,2,0,−1/2)

3. 在 Fe^{3+}、Al^{3+}、Ca^{2+}、Mg^{2+} 的混合溶液中,用 EDTA 测定 Ca^{2+} 和 Mg^{2+},消除 Fe^{3+}、Al^{3+} 的干扰,最简便的是( )。

A. 沉淀分离法　B. 控制酸度法　C. 配位掩蔽法　D. 离子交换法

4. 0.1010×(25.00−18.80)的计算结果应有几位有效数字( )。

A. 5　B. 4　C. 3　D. 2

5. 某学生做实验时,不小心被 NaOH 灼伤,正确的处理方法是( )。

A. 先用水冲洗,再用 2%乙酸冲洗　B. 先用乙酸冲洗,再用大量水冲洗

C. 先用大量水冲洗,再用 2%硼酸洗　D. 先用硼酸洗,再用大量水冲洗

6. Na_2CO_3 和 $NaHCO_3$ 混合物可用 HCl 标准溶液测定,测定过程中两种指示剂的滴加顺序为( )。

A. 酚酞、甲基橙　　B. 甲基橙、酚酞

C. 酚酞、百里酚蓝　　D. 百里酚蓝、酚酞

7. 任何一个化学变化,影响平衡常数数值的因素是( )。

A. 反应物浓度　B. 生成物浓度　C. 温度　D. 催化剂

8. 如果 $0.1mol \cdot L^{-1}$ HCN 溶液中 0.01%的 HCN 是解离的,那么 HCN 的解离常数是( )。

A. 10^{-2}　B. 10^{-3}　C. 10^{-7}　D. 10^{-9}

9. 酸碱滴定法测定 $CaCO_3$ 含量时,应采用( )。

A. 直接滴定法　B. 返滴定法　C. 置换滴定法　D. 间接滴定法

10. 将不足量的 HCl 加到 $NH_3 \cdot H_2O$ 中,或将不足量的 NaOH 加到 HAc 中,这种溶液往往是( )。

A. 酸碱完全中和的溶液　　B. 缓冲溶液

C. 酸和碱的混合液　　D. 单一酸或单一碱的溶液

11. 下列弱酸或弱碱能用酸碱滴定法直接准确滴定的是( )。

A. $0.1mol \cdot L^{-1}$苯酚($K_a^\ominus=1.1\times10^{-10}$)

B. $0.1mol \cdot L^{-1}$ H_3BO_3($K_a^\ominus=7.3\times10^{-10}$)

C. $0.1mol \cdot L^{-1}$羟胺($K_b^\ominus=1.07\times10^{-8}$)

D. $0.1mol \cdot L^{-1}$ HF($K_a^{\ominus}=3.5\times10^{-4}$)

12. 用 $KMnO_4$ 法滴定 H_2O_2 的介质应选择(　　)。

A. HAc　B. H_2SO_4　C. HNO_3　D. HCl

13. 在 $S_4O_6^{2-}$ 中 S 的氧化数是(　　)。

A. +2　B. +4　C. +6　D. +2.5

14. 决定共价键方向性的因素是(　　)。

A. 电子配对　B. 原子轨道最大重叠

C. 自旋方向相同的电子互斥　D. 泡利原理

15. 形成 π 键的条件是(　　)。

A. s 与 s 轨道重叠　B. s 与 p 轨道重叠

C. p 与 p 轨道“头碰头”重叠　D. p 与 p 轨道“肩并肩”重叠

16. 在反应 $4P+3KOH+3H_2O \longrightarrow 3KH_2PO_2+PH_3$ 中,磷(　　)。

A. 仅被还原　B. 仅被氧化　C. 两者都有　D. 两者都没有

(二) 判断题(每小题 1 分,共 12 分,正确的请在括号内打√,错误的打×)

1. 相同质量的碘,分别溶于 100g CCl_4 和苯中,两种溶液具有相同的凝固点。(　　)
2. 催化剂将增加平衡时产物的浓度。(　　)
3. 把 pH=3 和 pH=5 的两稀酸溶液等体积混合后,混合液的 pH 应等于 4。(　　)
4. 偶然误差是由某些难以控制的偶然因素所造成的,故无规律可循。(　　)
5. 在酸性介质中 $Cl_2 \longrightarrow Cl^-$,配平的半反应式为 $Cl_2+2e^- \rightleftharpoons 2Cl^-$。(　　)
6. 任何中心元素配位数为 4 的配离子,均为四面体构型。(　　)
7. 氢原子核外的电子层如果再增加 1 个电子,则变为氦原子。(　　)
8. pH=11.21 的有效数字为 4 位。(　　)
9. 螯合物中通常形成五元环或六元环,这是因为五元环、六元环比较稳定。(　　)
10. 在同一原子中,具有一组相同的量子数的电子不能多于一个。(　　)
11. 因 $SnCl_2$ 水溶液易发生水解,故要配制澄清的 $SnCl_2$ 溶液,应先加盐酸。(　　)
12. sp^2 杂化是指 1 个 s 电子和 2 个 p 电子进行杂化。(　　)

(三) 填空题(每空 1 分,共 24 分)

1. 溶液中的溶剂通过半透膜向纯溶剂方向流动,该过程称为__________,利用此原理可使海水__________。

2. 某气体反应,当升高反应温度时,反应物的转化率减小,若只增加体系总压时,反应物的转化率提高,则此反应为__________热反应,且反应物分子数__________(大于、小于)产物分子数。

3. 表示电子云形状的量子数是__________,表示电子云空间伸展方向的量子数是__________。

4. 可以直接配制标准溶液或标定标准溶液的纯物质称为__________。

5. 螯合物是由__________和__________配位而成的具有环状结构的化合物。

6. $[Cu(NH_3)_4]SO_4$ 的名称为__________,中心离子是__________,配体是__________,配位原子是__________,配位数为__________。

7. 在含有 Fe^{3+} 和 Fe^{2+} 的溶液中，若加入邻二氮菲溶液，则 Fe^{3+}/Fe^{2+} 电对的电势将__________。

8. 莫尔法测定 Cl^- 含量时，若 K_2CrO_4 用量太大，将会引起终点的__________到达。对测定结果的影响为__________误差。

9. EDTA 与金属离子形成配合物的过程中，由于有__________放出，应加__________控制溶液的酸度。

10. 在氨溶液中，加入 NH_4Cl 则氨的 α __________，溶液的 pH __________，这一作用称为__________。

11. BF_3 是平面三角形的构型，但 CH_4 却是正四面体构型，原因是前者的中心原子 B 原子采取__________杂化，后者的中心原子 C 原子采取__________杂化。

(四) 计算题(每小题 8 分，共 32 分)

1. 准确称取含磷试样 0.1000g，处理成溶液后，把磷沉淀为 $Mg(NH_4)PO_4$，将沉淀过滤、洗涤后，再溶解，然后用 0.010 00mol · L^{-1} EDTA 标准溶液 20.00mL 完成滴定，求试样中 P_2O_5 的质量分数。已知：$M(P_2O_5)=141.91g \cdot mol^{-1}$。

2. 纯苯的凝固点为 5.50℃，0.322g 萘溶于 80g 苯所配制的溶液的凝固点为 5.34℃，已知苯的 K_f 值为 5.12K · kg · mol^{-1}，求萘的相对分子质量。

3. 将 0.10mol · L^{-1} HAc 溶液 50mL 和 0.10mol · L^{-1} NaAc 溶液 50mL 混合，求混合溶液的 pH。已知：HAc 的 $pK_a^\ominus=4.75$。

4. 已知：

	$C_2H_5OH(l)$	$C_2H_5OH(g)$
$\Delta_f H_m^\ominus/(kJ \cdot mol^{-1})$	−277.69	−235.10
$S_m^\ominus/(J \cdot mol^{-1} \cdot K^{-1})$	160.7	282.70

(1) 在 298K 的标准状态下，$C_2H_5OH(l)$ 能否自发地变成 $C_2H_5OH(g)$？

(2) 在 373K 的标准状态下，$C_2H_5OH(l)$ 能否自发地变成 $C_2H_5OH(g)$？

(3) 由此数据计算乙醇在标准压力下的沸点。

模拟试题(Ⅳ)

(一) 选择题(每小题 1 分,共 30 分)

1. 用千分之一的天平称取 0.3g 左右的样品,下列记录正确的是(　　)。

A. 0.3047g　　B. 0.305g　　C. 0.30g　　D. 0.3g

2. 0.0008g 的准确度比 8.0g 的准确度(　　)。

A. 大　　B. 小　　C. 相等　　D. 难以确定

3. EDTA 与金属离子配位时,1 分子 EDTA 可提供的配位原子个数是(　　)。

A. 2　　B. 4　　C. 6　　D. 8

4. 用间接碘量法测定物质含量时,淀粉指示剂应在(　　)加入。

A. 滴定前　　B. 滴定开始时

C. 接近计量点时　　D. 达到计量点时

5. 室温下,$0.1mol \cdot kg^{-1}$ 糖溶液的渗透压接近(　　)kPa。

A. 2.5　　B. 25　　C. 250　　D. 10

6. 下列物质的浓度均为 $0.1mol \cdot L^{-1}$ 时,对负溶胶聚沉能力最大的是(　　)。

A. $Al_2(SO_4)_3$　　B. Na_3PO_4　　C. $CaCl_2$　　D. NaCl

7. 对于封闭体系不做非体积功的恒压过程,吸收的热 Q_p 与体系焓变关系为(　　)。

A. $Q_p>\Delta H$　　B. $Q_p<\Delta H$　　C. $Q_p=\Delta H$　　D. $Q_p=\Delta U$

8. 不受温度影响的放热自发反应的条件是(　　)。

A. 任何条件下　B. 熵增过程　　C. 熵减过程　　D. 高温下

9. 在标准状态下,下列两个反应的速率(　　)。

① $2NO_2(g) \rightleftharpoons N_2O_4(g)$　$\Delta_r G_m^{\ominus}=-5.8kJ \cdot mol^{-1}$

② $N_2(g)+3H_2(g) \rightleftharpoons 2NH_3(g)$　$\Delta_r G_m^{\ominus}=-16.7kJ \cdot mol^{-1}$

A. 反应①较②快　　B. 反应②较①快

C. 反应速率相等　　D. 无法判断

10. 某反应 $\Delta H^{\ominus}<0$,当温度由 T_1 升高到 T_2 时,平衡常数 $K_1^{\ominus}$ 和 $K_2^{\ominus}$ 之间的关系是(　　)。

A. $K_1^{\ominus}>K_2^{\ominus}$　　B. $K_1^{\ominus}<K_2^{\ominus}$　　C. $K_1^{\ominus}=K_2^{\ominus}$　　D. 以上都对

11. 一密闭容器内有一杯纯水和一杯糖水,如果外界条件不改变,久置后这两个杯中(　　)。

A. 照旧保持不变　　B. 糖水一半转移到纯水杯中

C. 纯水一半转移到糖水杯中　　D. 纯水几乎都能转移到糖水杯中

12. 某反应的速率常数的单位是 $mol \cdot L^{-1} \cdot s^{-1}$,该反应的反应级数为(　　)。

A. 0　　B. 1　　C. 2　　D. 3

13. 某溶液含 Ca^{2+}、Mg^{2+} 及少量 Fe^{3+}、Al^{3+},今加入三乙醇胺调节 pH=10,以铬黑 T 为指示剂,用 EDTA 滴定,此时测定的是(　　)。

A. Mg^{2+}含量　　B. Ca^{2+}含量

C. Ca^{2+}、Mg^{2+}总量　　D. Ca^{2+}、Mg^{2+}、Fe^{3+}、Al^{3+}总量

14. H_2O的沸点是100℃，H_2Se的沸点是−42℃，这可用下列哪种理论解释？（　　）

A. 共价键　　B. 离子键　　C. 氢键　　D. 范德华力

15. 根据杂化轨道理论，BF_3分子和NH_3分子的空间构型分别（　　）。

A. 均为平面三角形　　B. BF_3为平面三角形，NH_3为三角锥形

C. 均为三角锥形　　D. BF_3为三角锥形，NH_3为平面三角形

16. 下列各组缓冲溶液中，缓冲容量最大的是（　　）。

A. 0.5mol·L^{-1} NH_3和0.1mol·L^{-1} NH_4Cl

B. 0.1mol·L^{-1} NH_3和0.5mol·L^{-1} NH_4Cl

C. 0.1mol·L^{-1} NH_3和0.1mol·L^{-1} NH_4Cl

D. 0.3mol·L^{-1} NH_3和0.3mol·L^{-1} NH_4Cl

17. 下列弱酸或弱碱中的哪种最适合配制pH=9.0的缓冲溶液？（　　）

A. 羟胺(NH_2OH) $K_b^\ominus=1\times10^{-9}$　　B. 氨水 $K_b^\ominus=1\times10^{-5}$

C. 甲酸 $K_a^\ominus=1\times10^{-4}$　　D. 乙酸 $K_a^\ominus=1\times10^{-5}$

18. 各种类型的一元酸碱滴定，其计量点的位置均在（　　）。

A. pH=7　　B. pH>7　　C. pH<7　　D. 突跃范围中点

19. 某难溶电解质s和$K_{sp}^\ominus$的关系是$K_{sp}^\ominus=4s^3$，它的分子式可能是（　　）。

A. AB　　B. A_2B_3　　C. A_3B_2　　D. A_2B

20. 用0.1mol·L^{-1} Sn^{2+}和0.01mol·L^{-1} Sn^{4+}组成的电极，其电极电势是（　　）。

A. $E^\ominus+0.0592/2$　　B. $E^\ominus+0.0592$

C. $E^\ominus-0.0592$　　D. $E^\ominus-00592/2$

21. 下列反应属于歧化反应的是（　　）。

A. $2KClO_3 = 2KCl+3O_2$　　B. $NH_4NO_3 = N_2O+2H_2O$

C. $NaOH+HCl = NaCl+H_2O$　　D. $2Na_2O_2+2CO_2 = 2Na_2CO_3+O_2$

22. 由氧化还原反应$Cu+2Ag^+ = Cu^{2+}+2Ag$组成的电池，若用E_1、E_2分别表示Cu^{2+}/Cu和Ag^+/Ag电对的电极电势，则电池电动势ε为（　　）。

A. E_1-E_2　　B. E_1-2E_2　　C. E_2-E_1　　D. $2E_2-E_1$

23. 已知$E^\ominus(Fe^{3+}/Fe^{2+})>E^\ominus(I_2/I^-)>E^\ominus(Sn^{4+}/Sn^{2+})$，下列物质能共存的是（　　）。

A. Fe^{3+}和Sn^{2+}　　B. Fe^{2+}和I_2　　C. Fe^{3+}和I^-　　D. I_2和Sn^{2+}

24. 在$H[AuCl_4]$溶液中，除H_2O、H^+外，其相对含量最大的是（　　）。

A. Cl^-　　B. $AuCl_3$　　C. $[AuCl_4]^-$　　D. Au^{3+}

25. 某配合物实验式为$NiCl_2\cdot5H_2O$，其溶液加过量$AgNO_3$时，1mol该物质能产生AgCl 1mol，则该配合物的内界是（　　）。

A. $[Ni(H_2O)_4Cl_2]$　　B. $[Ni(H_2O)_5Cl]^+$

C. $[Ni(H_2O)_4]^{2+}$　　D. $[Ni(H_2O)_2Cl_2]$

26. 下列卤化物中，共价性最强的是（　　）。

A. LiF　　B. RbCl　　C. LiI　　D. BeI_2

27. H_2S和SO_2反应的主要产物是（　　）。

A. $H_2S_2O_4$　　B. S　　C. H_2SO_4　　D. H_2SO_3

28. 下列金属和相应的盐混合,可发生反应的是(　　)。

A. Fe 和 Fe^{3+}　B. Cu 和 Cu^{2+}　C. Hg 和 Hg^{2+}　D. Zn 和 Zn^{2+}

29. 硼酸是几元酸?(　　)

A. 三元弱酸　B. 三元强酸　C. 一元弱酸　D. 二元弱酸

30. 金属锂应保存在下列哪种物质之中?(　　)

A. 汽油　B. 煤油　C. 干燥空气　D. 液态石蜡

(二) 判断题(每小题 1 分,共 10 分,正确的请在括号内打√,错误的打×)

1. 系统误差呈现正态分布规律。(　　)
2. 1mol 物质的量称为摩尔质量。(　　)
3. 5%蔗糖溶液和 5%葡萄糖溶液的渗透压不相同。(　　)
4. 电解质对溶胶的聚沉值越大,其聚沉能力越小。(　　)
5. 因为 $\Delta H=Q_p$,$\Delta U=Q_V$,所以 Q_p、Q_V 均是状态函数。(　　)
6. “非自发反应”就是指“不可能”实现的反应。(　　)
7. 反应速率常数 k 的单位由反应级数决定。(　　)
8. 氢键就是氢和其他元素间形成的化学键。(　　)
9. s 电子与 s 电子间形成的键是 σ 键,p 电子与 p 电子间形成的键是 π 键。(　　)
10. 升高温度,反应速率增大的主要原因是平衡向吸热反应方向移动。(　　)

(三) 简答题(每小题 4 分,共 20 分)

1. 已知下列化学反应的反应热,求乙炔(C_2H_2,g)的标准摩尔生成热 $\Delta_f H_m^\ominus$。

(1) $C_2H_2(g)+5/2O_2(g)=\!=\!=2CO_2(g)+H_2O(g)\quad \Delta_r H_m^\ominus=-1246.2kJ\cdot mol^{-1}$

(2) $C(s)+2H_2O(g)=\!=\!=CO_2(g)+2H_2(g)\quad \Delta_r H_m^\ominus=90.9kJ\cdot mol^{-1}$

(3) $2H_2O(g)=\!=\!=2H_2(g)+O_2(g)\quad \Delta_r H_m^\ominus=483.6kJ\cdot mol^{-1}$

2. 已知下列反应在 1123K 时的平衡常数 $K^\ominus$:

(1) $C(s)+CO_2(g)\rightleftharpoons 2CO(g)\qquad K_1^\ominus=1.3\times10^{14}$

(2) $CO(g)+Cl_2(g)\rightleftharpoons COCl_2(g)\qquad K_2^\ominus=6.0\times10^{-3}$

计算反应 $2COCl_2(g)\rightleftharpoons C(s)+CO_2(g)+2Cl_2(g)$ 在 1123K 时的平衡常数 $K^\ominus$。

3. 判断下列化合物中有无氢键存在,若存在氢键,是分子间氢键还是分子内氢键?

(1) C_6H_6;(2) NH_3;(3) H_3BO_3;(4) 水杨酸。

4. 将 10mL 0.02mol · L^{-1} $AgNO_3$ 溶液和 100mL 0.005mol · L^{-1}KCl 溶液混合以制备 AgCl 溶胶,写出胶团结构式。

5. 铜丝插入 $CuSO_4$ 溶液,银丝插入 $AgNO_3$ 溶液,组成原电池。请写出原电池符号。

(四) 简单计算题(每小题 5 分,共 20 分)

1. 在 0.010mol · L^{-1} $[Ag(NH_3)_2]^+$ 溶液中,含有过量的 0.010mol · L^{-1} 氨水,计算溶液中的 Ag^+ 浓度是多少?已知:$K_f^\ominus\{[Ag(NH_3)_2]^+\}=1.7\times10^7$。

2. 101mg 胰岛素溶于 10.0mL 水中,该溶液在 298.15K 时的渗透压为 4.34kPa,求胰岛素的摩尔质量。

3. 已知合成氨反应

$N_2(g)+3H_2(g) \rightleftharpoons 2NH_3(g)$　$\Delta_r H_m^{\ominus}=-92.22kJ \cdot mol^{-1}$

若室温 298K 时的 $K_1^{\ominus}=6.0\times10^{-5}$，试计算 700K 时的平衡常数 $K_2^{\ominus}$。

4. 求 0.010mol·L^{-1} HAc 溶液的 pH。已知：$K_a^{\ominus}=1.76\times10^{-5}$。

(五) 综合题(第 1、第 2 小题各 6 分，第 3 小题 8 分，共 20 分)

1. 已知 $E^{\ominus}(Fe^{3+}/Fe^{2+})=0.771V$，$E^{\ominus}(Ag^+/Ag)=0.799V$，求下列反应的平衡常数：

$$Fe^{2+}(aq)+Ag^+(aq) = Ag(s)+Fe^{3+}(aq)$$

2. 利用热力学数据计算 298.15K 时反应：$CaCO_3(s) = CaO(s)+CO_2(g)$ 的 $\Delta_r H_m^{\ominus}$ 和 $\Delta_r S_m^{\ominus}$ 值，并判断上述反应在 298.15K 时能否自发进行。

	$CaCO_3(s)$	$CaO(s)$	$CO_2(g)$
$\Delta_f H_m^{\ominus}(298.15K)/(kJ \cdot mol^{-1})$	−1206.92	−635.09	−393.509
$S_m^{\ominus}(298.15K)/(J \cdot mol^{-1} \cdot K^{-1})$	92.9	39.75	213.74

3. 在 0.10mol·L^{-1} $FeCl_3$ 溶液中，加入等体积的含有 0.20mol·L^{-1} $NH_3 \cdot H_2O$ 和 2.0mol·L^{-1} NH_4Cl 的混合溶液，有无 $Fe(OH)_3$ 沉淀生成？已知：$NH_3 \cdot H_2O$ 的 $K_b^{\ominus}=1.76\times10^{-5}$，$Fe(OH)_3$ 的 $K_{sp}^{\ominus}=4.0\times10^{-38}$。

模拟试题(Ⅴ)

(一) 单项选择题(每小题 1.5 分,共 30 分)

1. 有三种非电解质的稀溶液(都为水溶液),它们的沸点顺序为 C>B>A,则它们的蒸气压曲线为( )。

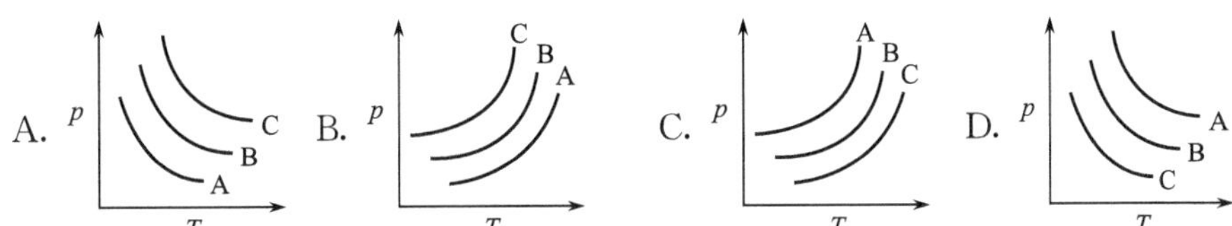

2. $CaO(s)+H_2O(l)$ ══ $Ca(OH)_2(s)$,在 25℃ 的标准状态下反应自发进行,高温时其逆反应为自发反应,这表明该反应为( )类型。

A. $\Delta_r H_m^{\ominus}>0, \Delta_r S_m^{\ominus}<0$ B. $\Delta_r H_m^{\ominus}<0, \Delta_r S_m^{\ominus}>0$

C. $\Delta_r H_m^{\ominus}>0, \Delta_r S_m^{\ominus}>0$ D. $\Delta_r H_m^{\ominus}<0, \Delta_r S_m^{\ominus}<0$

3. 在 1073K 下,反应 $2NO(g)+2H_2(g)$ ══ $N_2(g)+2H_2O(g)$的反应速率如下:

序号	$c(NO)/(mol \cdot L^{-1})$	$c(H_2)/(mol \cdot L^{-1})$	$v/(mol \cdot L^{-1} \cdot s^{-1})$
1	2.00×10^{-3}	6.00×10^{-3}	1.92×10^{-3}
2	1.00×10^{-3}	6.00×10^{-3}	0.48×10^{-3}
3	2.00×10^{-3}	3.00×10^{-3}	0.96×10^{-3}

该反应的速率方程为( )。

A. $v=kc(NO)\cdot c(H_2)$ B. $v=kc^2(NO)\cdot c^2(H_2)$

C. $v=kc(NO)\cdot c^2(H_2)$ D. $v=kc^2(NO)\cdot c(H_2)$

4. 下列反应的标准摩尔反应焓变等于其产物的标准摩尔生成焓的是( )。

A. $SO_2(g)+1/2O_2(g)$ ══ $SO_3(g)$ B. $1/2N_2(g)+1/2O_2(g)$ ══ $NO(g)$

C. $2H_2(g)+O_2(g)$ ══ $2H_2O(g)$ D. $CO(g)+1/2O_2(g)$ ══ $CO_2(g)$

5. 反应 2A+2B ══ 3C,对 A 是一级反应,对 B 是二级反应,其反应速率常数 k 的单位为( )。

A. s^{-1} B. $mol\cdot L^{-1}\cdot s^{-1}$

C. $L\cdot mol^{-1}\cdot s^{-1}$ D. $L^2\cdot mol^{-2}\cdot s^{-1}$

6. 反应 $2H_2O_2(g)$ ══ $2H_2O(g)+O_2(g)$,$\Delta_r H_m^{\ominus}=-211.46kJ\cdot mol^{-1}$,对其逆反应来说,下列说法正确的是( )。

A. $K^{\ominus}$与温度无关   B. $K^{\ominus}$随温度升高而增大

C. $K^{\ominus}$随温度升高而减小   D. 增加 $p(H_2O_2)$,$K^{\ominus}$增大

7. 几个数字乘除运算,计算结果有效数字的位数取决于( )。

A. 相对误差最大的   B. 相对误差最小的

C. 绝对误差最大的   D. 绝对误差最小的

8. 若用双指示剂法测定 NaOH 和 Na_2CO_3 组成的混合碱,则达两计量点时,所需 HCl 标

准溶液的体积有以下关系（　　）。

A. $V_1>V_2$　　B. $V_1<V_2$　　C. $V_1=V_2$　　D. 无法确定

9. 用四个量子数 n、l、m、m_s 表示某一电子的运动状态，不合理的是（　　）。

A. 3，2，−2，+1/2　　B. 3，1，1，+1/2

C. 3，2，1，−1/2　　D. 3，0，1，−1/2

10. 表示 Fe^{3+} 的价电子层结构，正确的是（　　）。

A. $3d^6 4s^2$　　B. $3d^5 4s^0$　　C. $3d^3 4s^2$　　D. $3d^4 4s^1$

11. 离子键不具有饱和性，但离子能结合的相反电荷的离子的数量有限，原因是（　　）。

A. 离子外空间有限

B. 离子电荷的数量有限

C. 离子结合的相反电荷的离子数量有限

D. 离子键的稳定性有限

12. $Fe(OH)_3$ 沉淀在下列介质中溶解度最大的是（　　）。

A. 纯水　　B. 0.10mol·L^{-1} $NH_3·H_2O$

C. 0.10mol·L^{-1} HAc　　D. 0.10mol·L^{-1} $FeCl_3$

13. 下列电对中，标准电极电势最大的是（　　）。

A. AgBr/Ag　　B. Ag_2CrO_4/Ag

C. $[Ag(NH_3)_2]^+$/Ag　　D. Ag^+/Ag

14. 某有色溶液，当浓度减小时，溶液的最大吸收波长和吸光度分别（　　）。

A. 向长波方向移动，不变　　B. 不变，变小

C. 不变，最大　　D. 向短波方向移动，不变

15. 下列分子中，偶极矩为零的是（　　）。

A. NF_3　　B. $CHCl_3$　　C. SiH_4　　D. OF_2

16. 下列物质不可以作为基准物质的是（　　）。

A. 硼砂　　B. 邻苯二甲酸氢钾　　C. 氢氧化钠　D. 碳酸钠

17. 强酸滴定弱碱，以下指示剂不能使用的是（　　）。

A. 甲基橙　　B. 酚酞　　C. 甲基红　　D. 溴甲酚绿

18. 下列配离子在强酸介质中，肯定能稳定存在的是（　　）。

A. $[AgCl_2]^-$　　B. $[AlF_6]^{3-}$

C. $[Mn(NH_3)_6]^{2+}$　　D. $[Fe(C_2O_4)_3]^{3-}$

19. 下列物质中的中心离子属于 sp^3d^2 杂化的是（　　）。

A. $[Cu(CN)_4]^{2-}$　　B. $[FeF_6]^{3-}$

C. $[Cu(NH_3)_4]^{2+}$　　D. $[Fe(CN)_6]^{3-}$

20. 已知溴在酸性介质中的电极电势图为

$$BrO_4^- \xrightarrow{1.76V} BrO_3^- \xrightarrow{1.49V} HBrO \xrightarrow{1.59V} Br_2 \xrightarrow{1.07V} Br^-$$

则下列说法不正确的是（　　）。

A. 酸性介质中，溴元素中间价态的物质均易歧化

B. 酸性介质中，HBrO 能发生歧化

C. 酸性介质中，BrO_4^- 能将 Br^- 氧化成 BrO_3^-

D. 酸性介质中,溴的含氧酸根都具有较强的氧化性

(二) 填空题(每空 1 分,共 30 分)

1. HF、HCl、HBr 三物质,分子间取向力按________顺序递增;色散力按________顺序递增;沸点按________顺序递增。

2. $BaSO_4$($K^{\ominus}_{sp}=1.08\times10^{-10}$)、AgCl($K^{\ominus}_{sp}=1.77\times10^{-10}$)、$CaF_2$($K^{\ominus}_{sp}=3.45\times10^{-11}$)溶解度从大到小的顺序是________。

3. 配合物$[CoCl(SCN)(en)_2]Cl$的名称是________,中心离子是________,中心离子的配位数是________,配体数是________,配体是________。

4. 反应 MnO_4^- (0.1mol · L^{-1}) + $5Fe^{2+}$ (0.1mol · L^{-1}) + $8H^+$ (1.0mol · L^{-1}) ══ Mn^{2+} (0.1mol · L^{-1}) + $5Fe^{3+}$ (0.1mol · L^{-1}) + $4H_2O$ 的电池符号是________。

5. 朗伯-比尔定律中,吸光度 A 与溶液浓度 c 及液层厚度 b 的关系为________,透光率 T 为 50% 的溶液,其 $A=$________,为了使测量的误差比较小,吸光度的读数应该控制在________范围内。

6. 把 0.020mol · L^{-1} Na_2SO_4 溶液 10mL 与 0.0050mol · L^{-1} $BaCl_2$ 溶液 90mL 混合制得 $BaSO_4$ 溶胶,电泳时胶粒向________极移动,其胶团结构式为________。$AlCl_3$、$MgSO_4$、$K_3[Fe(CN)_6]$三种电解质对该溶胶的聚沉能力由小到大为________。

7. 乙炔分子中,碳原子的杂化类型是________,分子中有 σ 键________个,π 键________个。

8. 以下几种情况反应速率加快的主要原因是:增加反应物浓度________;升高温度________;加催化剂________。

9. NaH_2PO_4 水溶液的质子条件式为________。

10. 浓度为 0.1mol · L^{-1}某一元弱酸能被准确滴定的条件是________。

11. 29 号元素其基态原子核外电子排布式为________,是第________周期、第________族、________区元素。

12. pH=2.0 的 HAc 溶液用等体积水稀释后,其 pH 会变为________。

13. 已知 $E^{\ominus}(Fe^{3+}/Fe^{2+})=0.68V$,$E^{\ominus}(Ce^{4+}/Ce^{3+})=1.44V$。以 Ce^{4+} 滴定 Fe^{2+} 至终点时的电位为________V。

(三) 判断题(每小题 1 分,共 10 分,正确的请在括号内打"√",错误的打×)

1. 渗透压不同的两种溶液用半透膜相隔时,渗透压大的溶液将迫使渗透压小的溶液液面有所上升。 ( )

2. $E^{\ominus}$大小反映物质得失电子的能力,与电极反应的写法有关。 ( )

3. 25℃下,元素稳定单质的 $\Delta_f H^{\ominus}_m=0$,$S^{\ominus}_m=0$,$\Delta_f G^{\ominus}_m=0$。 ( )

4. 在消除系统误差的前提下,增加实验次数可消除随机误差。 ( )

5. 在薛定谔方程中,波函数 ψ 描述的是原子轨道;ψ^2 描述的是电子在原子核外某处出现的概率密度。 ( )

6. 用酸效应曲线可选择酸碱滴定的指示剂。 ( )

7. 用部分风化的 $H_2C_2O_4 \cdot 2H_2O$ 作基准物质标定 NaOH,结果偏高。 ( )

8. 活化能高的反应,其反应速率很低,且达到平衡时其 $K^{\ominus}$值也一定很小。 ( )

9. 难溶电解质的不饱和溶液中不存在沉淀溶解平衡。 （ ）

10. 强酸滴定弱碱，突跃范围与弱碱的解离常数和起始浓度有关。 （ ）

（四）计算题（第1题9分，第2～4题各7分，共30分，要求计算步骤清晰，有效数字位数正确）

1. 已知 $CO_2(g)$ 和 $Fe_2O_3(s)$ 在 298.15K 时，

$\Delta_f H_m^{\ominus}(CO_2, g) = -393.51 kJ \cdot mol^{-1}$，$\Delta_f G_m^{\ominus}(CO_2, g) = -394.38 kJ \cdot mol^{-1}$

$\Delta_f H_m^{\ominus}(Fe_2O_3, s) = -822.2 kJ \cdot mol^{-1}$，$\Delta_f G_m^{\ominus}(Fe_2O_3, s) = -741.0 kJ \cdot mol^{-1}$

则反应 $Fe_2O_3(s) + 3/2C(s) = 2Fe(s) + 3/2CO_2(g)$ 在什么温度下能自发进行？

2. 蛋白质试样 0.2320g，采用适当的方法将其中的 N 处理成 NH_4^+，然后加入浓碱蒸馏，用过量的硼酸溶液吸收溶液蒸出的 NH_3，再用 $0.1200 mol \cdot L^{-1}$ 盐酸 21.00mL 滴定至终点，计算试样中 N 的质量分数。已知：$M(N) = 14.0067 g \cdot mol^{-1}$。

3. 将等体积的浓度均为 $0.0020 mol \cdot L^{-1}$ 的 KCl 和 KI 溶液混合，逐滴加入 $AgNO_3$ 溶液（设体积不变），则 Cl^- 和 I^- 沉淀顺序如何？能否用分步沉淀方法将两者分离？已知：$K_{sp}^{\ominus}(AgCl) = 1.77 \times 10^{-10}$，$K_{sp}^{\ominus}(AgI) = 8.52 \times 10^{-17}$。

4. 已知：$E^{\ominus}(Fe^{3+}/Fe^{2+}) = 0.771V$，$E^{\ominus}(Cu^{2+}/Cu) = 0.34V$，当 $c(Fe^{2+}) = c(Cu^{2+}) = 1.0 mol \cdot L^{-1}$，$Fe^{3+}$ 浓度至少大于多少时下列反应才能进行：

$$2Fe^{3+} + Cu = 2Fe^{2+} + Cu^{2+}$$

硕士研究生入学试题(Ⅰ)

(一) 判断题(每小题 1 分,共 10 分)

1. 一个配体中含有两个或两个以上可提供孤对电子的原子,这种配体称为多齿或多基配体。 ( )

2. 氯的含氧酸盐热稳定性强弱次序为:$MClO < MClO_2 < MClO_3 < MClO_4$。 ( )

3. 含有 1.0mol·L^{-1} NaCl 的 0.50mol·L^{-1} HAc 溶液的解离度比不含有 NaCl 的 0.50mol·L^{-1} HAc 溶液的解离度大。 ( )

4. 碳酸盐的溶解度均比酸式碳酸盐的溶解度小。 ( )

5. 电对 XO_3^-/X_2 标准电极电势高低次序为:$E^\ominus(ClO_3^-/Cl_2) > E^\ominus(BrO_3^-/Br_2) > E^\ominus(IO_3^-/I_2)$。 ( )

6. 所有固体铵盐的热分解产物中均有氨气。 ( )

7. 今有含吸收曲线不相互重叠的 A 和 B 混合溶液,可用同一波长的光分别测定 A 和 B。 ( )

8. 影响有色配合物的摩尔吸光系数的因素是有色溶液的浓度。 ( )

9. AgCl 在 HCl 溶液中的溶解度,随 HCl 浓度的增大,先是减小然后逐渐增大,最后超过其在纯水中的溶解度,开始减小是由于酸效应。 ( )

10. 吸光光度分析法测定中使用复合光时,曲线发生偏离是因为有色物质对各光波的 ε 相近。 ( )

(二) 选择题(每小题 2 分,共 40 分)

1. 已知 $K_{sp}^\ominus(NiS) = 2.0\times10^{-26}$,$K_d^\ominus\{[Ni(CN)_4]^{2-}\} = 5.0\times10^{-32}$。欲使 1.0×10^{-2}mol NiS 沉淀溶于 1.0L KCN 溶液中,KCN 的起始浓度至少应为( )mol·L^{-1}。

A. 0.25 B. 0.044 C. 0.066 D. 0.088

2. 钠的液氨溶液呈深蓝色且能导电,一般认为溶液中含有( )。

A. NH_4^+ 和 NH_2^- B. Na^+ 和 NH_2^-

C. Na^+ 和 e^- D. Na^+ 和 $e(NH_3)_x^-$

3. 下列分子或离子中含有 Π_4^6 键的是( )。

A. O_3 B. NO_2^- C. SO_3 D. Na^+ 和 SO_3^{2-}

4. 仅用一种试剂即可将 Ag^+、Hg^{2+}、Zn^{2+}、Fe^{3+}、Ni^{2+} 五种离子区分开,这种试剂可选用( )。

A. $NH_3\cdot H_2O$ B. NaOH C. H_2S D. Na_2S

5. 在含有 Pb^{2+} 和 Cd^{2+} 的溶液中,通入 H_2S,生成 PbS 和 CdS 沉淀时,溶液中 $c(Pb^{2+})/c(Cd^{2+}) =$( )。

A. $K_{sp}^\ominus(PbS)\cdot K_{sp}^\ominus(CdS)$ B. $K_{sp}^\ominus(CdS)/K_{sp}^\ominus(PbS)$

C. $K_{sp}^\ominus(PbS)/K_{sp}^\ominus(CdS)$ D. $[K_{sp}^\ominus(PbS)\cdot K_{sp}^\ominus(CdS)]^{1/2}$

6. 下列各元素的原子或离子的电离能顺序正确的是(　　)。

A. Li<Na<K　　B. O<F<Ne

C. Ar<Kr<Xe　　D. Mn^{2+}<Cu^{2+}<Fe^{2+}

7. 下列各组离子在强场八面体和弱场八面体中,d 电子分布方式均相同的是(　　)。

A. Cr^{3+} 和 Fe^{3+}　B. Fe^{2+} 和 Co^{3+}　C. Co^{3+} 和 Ni^{2+}　D. Cr^{3+} 和 Ni^{2+}

8. 已知电池(−)Pt|Hg(l)|$[HgBr_4]^{2-}$(aq)‖Fe^{3+}(aq),Fe^{2+}(aq)|Pt(+)的 $E^{\ominus}=0.561V$, $E^{\ominus}(Hg^{2+}/Hg)=0.857V$,$E^{\ominus}(Fe^{3+}/Fe^{2+})=0.771V$,则$[HgBr_4]^{2-}$的 $K_f^{\ominus}$ 应为(　　)。

A. 1.12×10^{36}　B. 7.21×10^{21}　C. 1.06×10^{16}　D. 8.50×10^{10}

9. 在一恒压容器中,300K、100.0kPa 时,反应 $A(g)+2B(g) \rightleftharpoons AB_2(g)$,反应前 $V_A:V_B=1:2$,达到平衡时有 70%发生反应,则该反应的$K^{\ominus}$=(　　)。

A. 17　B. 175　C. 7.0　D. 6.5

10. 下列 AB_2 型分子中,具有直线形构型的是(　　)。

A. CS_2　B. NO_2　C. OF_2　D. SO_2

11. 已知某化学反应是放热反应,如果升高温度,则对反应的反应速率常数 k 和标准平衡常数 $K^{\ominus}$的影响是(　　)。

A. k 增加,$K^{\ominus}$减小　　B. k、$K^{\ominus}$均增加

C. k 减小,$K^{\ominus}$增加　　D. k、$K^{\ominus}$均减小

12. 元素周期表中第五、六周期的ⅣB、ⅤB、ⅥB 族中各元素性质非常相似,这是由于(　　)。

A. s 区元素的影响　　B. p 区元素的影响

C. ds 区元素的影响　　D. 镧系收缩的影响

13. 酸碱滴定中选择指示剂的原则是(　　)。

A. $K_a^{\ominus}=K^{\ominus}(HIn)$

B. 指示剂的变色范围与化学计量点完全吻合

C. 指示剂的变色范围全部或部分落入滴定的 pH 突跃范围内

D. 指示剂变色范围应完全在滴定的 pH 突跃范围内

14. 在配位滴定中,用返滴定测定 Al^{3+}时,若在 pH=5～6 时以某金属离子标准溶液返滴定过量的 EDTA,最合适的金属离子标准溶液是(　　)。

A. Mg^{2+}　B. Zn^{2+}　C. Ag^{+}　D. Bi^{3+}

15. 用莫尔法测定 Cl^- 对测定没有干扰的情况是(　　)。

A. H_3PO_4 介质中测定 NaCl

B. 在氨缓冲溶液(pH=10)中测定 NaCl

C. 在中性溶液中测定 $CaCl_2$

D. 在中性溶液中测定 $BaCl_2$

16. 在 EDTA 滴定中,下列有关掩蔽剂的应用叙述错误的是(　　)。

A. 当 Al^{3+}、Zn^{2+}共存时,可用 NH_4F 掩蔽 Al^{3+} 而测定 Zn^{2+}

B. 测定 Ca^{2+}、Mg^{2+}时,可用三乙醇胺掩蔽少量 Fe^{3+}、Al^{3+}

C. 使用掩蔽剂时,要控制一定的酸度条件

D. Ca^{2+}、Mg^{2+}共存时,可用 NaOH 掩蔽 Ca^{2+}

17. 若忽略离子强度的影响,在电对 $Fe^{3+}+e^- \longrightarrow Fe^{2+}$ 中加入邻二氮菲,则 Fe^{3+} 的氧化

能力和 Fe^{2+} 的还原能力将分别(　　)。已知:邻二氮菲配合物 Fe^{3+}:$\lg\beta=14.1$;Fe^{2+}:$\lg\beta_1\sim\lg\beta_3$ 依次为 5.9、11.1、21.3。

A. 减弱,增强　B. 减弱,减弱　　C. 增强,增强　D. 增强,减弱

18. 在酸性介质中,用 $KMnO_4$ 溶液滴定草酸盐,滴定时应该(　　)。

A. 像酸碱滴定那样快速进行

B. 在开始时缓慢进行,以后逐渐加快至近终点再减慢

C. 始终缓慢进行

D. 开始时快,然后缓慢进行

19. 某化合物在 $\lambda_1=380nm$ 处,$\varepsilon=10^{4.13}$,该纯化合物 0.025g 定容于 1L,以 1.0cm 的吸收池测得 $A=0.760$,因此该纯化合物的摩尔质量为(　　)。

A. 444　　B. 222　　C. 333　　D. 111

20. 在 pH=0.5 时,银量法测定 $CaCl_2$ 中的 Cl^-。合适的指示剂是(　　)。

A. K_2CrO_4　　B. 铁铵矾　　C. 荧光黄　　D. 溴甲酚绿

(三) 填空题(每小题 2 分,共 30 分)

1. 当升高温度时,可使吸热反应速率__________;使放热反应速率__________。

2. 反应 $N_2O_4(g)=\!=\!=2NO_2(g)$,当温度一定,平衡时总压为 100.0kPa 时,$p(N_2O_4)=50.0kPa$,则该温度下,$K^\ominus=$__________;如果保持温度不变,平衡总压增加为 200.0kPa,则 $p(N_2O_4)=$__________ kPa。

3. 在$[CuI_2]^-$配离子中,Cu^+ 采用__________杂化轨道成键,Cu^+ 的电子构型为__________。该配离子的几何构型为__________形,磁矩 $\mu=$__________ B.M.。

4. CO 分子(它是 N_2 分子的等电子体,分子轨道能级与 N_2 相同)的分子轨道式是__________,键级是__________。

5. $[Co(NCS)_4]^{2-}$的稳定性比$[Fe(NCS)_6]^{3-}$__________,$[Cr(OH)_4]^-$的还原性比 Cr^{3+}__________,Fe^{3+} 的水解性比 Fe^{2+}__________,AgOH 的稳定性比 $Cu(OH)_2$__________。

6. 当溶液的 pH 减小时,$PbCl_2(s)$的溶解度将__________,$K_{sp}^\ominus(PbCl_2)$将__________。

7. 已知 298K 时,反应

$H_2(g)+1/2O_2(g)\longrightarrow H_2O(l)$　　$\Delta_fG_m^\ominus(1)=-237.2kJ\cdot mol^{-1}$

$H_2O(g)+Cl_2(g)\longrightarrow 2HCl(g)+1/2O_2(g)$　　$\Delta_fG_m^\ominus(2)=-38.0kJ\cdot mol^{-1}$

$H_2O(l)\longrightarrow H_2O(g)$　　$\Delta_fG_m^\ominus(3)=8.6kJ\cdot mol^{-1}$

则在 298K 时反应 $H_2(g)+Cl_2(g)\longrightarrow 2HCl(g)$的 $\Delta_rG_m^\ominus=$__________ $kJ\cdot mol^{-1}$,$\Delta_fG_m^\ominus(HCl,g)=$__________ $kJ\cdot mol^{-1}$。

8. 在离子晶体中,由于离子极化作用可使键型由离子键向__________转化;化合物的晶体类型也会由离子晶体向__________转化;通常表现出使化合物的熔沸点__________;水中溶解度有可能__________。

9. 下列分子或离子中的中心原子杂化轨道类型为:

PCl_4^-__________;XeF_2__________;SO_2__________;SCl_2__________。

10. 下列配合物中金属原子的表观氧化数

$[Cr(CO)_4]^{4-}$__________;$[Mn(NO)_3(CO)]$__________。

11. EDTA 溶液中，H_2Y^{2-} 和 Y^{4-} 两种形式的分布系数之间的关系为__________。

12. 配制 $KMnO_4$ 标准溶液时必须把 $KMnO_4$ 水溶液煮沸一定时间(或放置数天)，目的是__________。

13. $Ba_3(PO_4)_2$ 的物料平衡为__________。

14. 已知 0.1mol·L^{-1} HB 的 pH=3，那么 0.1mol·L^{-1} NaB 的 pH 为__________。

15. 根据 $E^\ominus(Fe^{2+}/Fe)=-0.44V$，$E^\ominus(Sn^{4+}/Sn^{2+})=0.15V$，$E^\ominus(Sn^{2+}/Sn)=-0.136V$，$E^\ominus(Cu^{2+}/Cu^{+})=0.15V$，$E^\ominus(Cu^{+}/Cu)=0.522V$，判断在酸性溶液中金属铁还原 Sn^{4+} 时生成__________，而还原 Cu^{2+} 时生成__________。

(四) 配平题(每小题 3 分，共 9 分)

1. $ClO_3^- + Fe^{2+} + H^+ \longrightarrow Cl^- + Fe^{3+} + H_2O$
2. $Cr_2O_7^{2-} + I^- + H^+ \longrightarrow Cr^{3+} + I_2 + H_2O$
3. $Al + NO_2^- + OH^- \longrightarrow Al(OH)_4^- + NH_3$

(五) 根据题目要求，解答下列各题(共 25 分)

1. (5 分)根据下列实验确定各字母代表的物质。

(A)、Al^{3+}、(C) $\xrightarrow[NH_4Cl]{NH_3 \cdot H_2O}$

- 溶液 $\xrightarrow{K_2CrO_4}$ (B) 黄色沉淀 $\xrightarrow{NaOH}$ (沉淀不溶)
- 沉淀 $\xrightarrow{过量NaOH}$
  - (D) 无色溶液
  - (E) 红棕色沉淀 $\xrightarrow{HCl,\ KNCS}$ 血红色溶液

2. (5 分)AgCl、AgBr、AgI、LiBr、NaCl 中哪个化合物最具有共价键性质，为什么？

3. (5 分)用重铬酸钾为基准物质标定 $Na_2S_2O_3$ 的浓度时，说明标定的简要步骤，并说明为什么不采用直接法标定而采用间接碘量法标定？

4. (10 分)在生产立德粉($ZnS+BaSO_4$ 的混合白色颜料)过程中，制得的硫酸锌溶液常含有镉。通常除镉的方法是加锌粉置换镉，所得的渣称锌镉渣。拟定一用配位滴定法测定锌镉渣中锌和镉含量的方案，写出主要步骤、主要试剂、结果计算。已知：$\lg K_f^\ominus(ZnY)=16.5$，$\lg K_f^\ominus(CdY)=16.46$。

(六) 计算题(共 36 分)

1. (10 分)在下列溶液中，不断地通入 H_2S，使之饱和：(1) 0.10mol·L^{-1} $Cd(NO_3)_2$ 溶液；(2) 含有 0.10mol·L^{-1} $Cd(NO_3)_2$ 和 0.10mol·L^{-1} HCl 的混合溶液。试计算上述两溶液中残留的 Cd^{2+} 浓度。已知：$K_{sp}^\ominus(CdS)=8.0\times10^{-27}$，$K_{a1}^\ominus(H_2S)=1.32\times10^{-7}$，$K_{a2}^\ominus(H_2S)=7.10\times10^{-15}$。

2. (10 分)已知 Cu 元素的电势图 $Cu^{2+} \xrightarrow{0.159} Cu^{+} \xrightarrow{0.52} Cu$，计算反应 $[Cu(NH_3)_4]^{2+} + Cu = 2[Cu(NH_3)_2]^+$ 的平衡常数 $K^\ominus$。不考虑逐级配位过程，根据下列数据判断 $[Cu(NH_3)_2]^+$ 在溶液中是否稳定，能否被氧化。已知：$[Cu(NH_3)_2]^+$ 的 $\beta_2=10^{10.85}$；$[Cu(NH_3)_4]^{2+}$ 的 $\beta_4=10^{12.03}$；$O_2+2H_2O+4e^- = 4OH^-$，$E^\ominus=0.401V$。

3. (6 分)银量法中常以 K_2CrO_4 溶液为指示剂，以 $AgNO_3$ 溶液为滴定剂，测定溶液中

Cl^- 含量。计算滴定到化学计量点时，理论上需要指示剂 K_2CrO_4 溶液的浓度？已知：$K_{sp}^{\ominus}(AgCl)=1.8\times10^{-10}$，$K_{sp}^{\ominus}(Ag_2CrO_4)=1.1\times10^{-12}$。

4.(10 分)称取 Na_3PO_4-$Na_2B_4O_7\cdot10H_2O$ 试样 1.000g，溶解后，通过氢型阳离子交换树脂收集流出液，以甲基红为指示剂，用 $0.1000mol\cdot L^{-1}$ NaOH 溶液滴定，耗去 30.00mL，随后加入足量的甘露醇，以百里酚酞为指示剂，继续用 NaOH 溶液滴定，耗去 40.00mL。求混合试样中 Na_3PO_4 和 $Na_2B_4O_7\cdot10H_2O$ 的质量分数。已知：$M(Na_3PO_4)=164g\cdot mol^{-1}$，$M(Na_2B_4O_7\cdot10H_2O)=381g\cdot mol^{-1}$。

硕士研究生入学试题(Ⅱ)

(一) 判断题(每题 1 分,共 10 分,正确的请在括号内打√,错误的打×)

1. HNO_3 的沸点比 H_2O 低得多的原因是 HNO_3 形成分子内氢键,H_2O 形成分子间氢键。 ( )

2. 纯水加热到 100℃时,$K_w^\ominus=5.8\times10^{-13}$,所以溶液呈酸性。 ( )

3. Ca^{2+}、Mg^{2+}共存时,可通过控制溶液 pH 对 Ca^{2+}、Mg^{2+}进行分别滴定。 ( )

4. 指示剂与金属离子生成的配合物越稳定,测定准确度越高。 ( )

5. $NaNH_4HPO_4$ 水溶液的质子条件:
$c(H^+)+c(H_2PO_4^-)+2c(H_3PO_4)=c(NH_3)+c(PO_4^{3-})+c(OH^-)$ ( )

6. pH=3.21 的有效数字是 3 位。 ( )

7. 因为难溶盐类在水中的溶解度很小,所以它们都是弱电解质。 ( )

8. 催化剂只能改变反应的活化能,不能改变反应的热效应。 ( )

9. 在一定温度下,将相同质量的葡萄糖和蔗糖溶于相同体积的水中,则两液的沸点升高和凝固点降低值相同。 ( )

10. 纯净物质的标准摩尔生成焓为零。 ( )

(二) 选择题(每题 1.5 分,共 30 分)

1. 0.58%的 NaCl 溶液产生的渗透压接近于( )。

A. 0.58%的 $C_{12}H_{22}O_{11}$溶液　　B. 0.58%的 $C_6H_{12}O_6$ 溶液

C. 0.2mol·L^{-1}的 $C_{12}H_{22}O_{11}$溶液　　D. 0.1mol·L^{-1}的 $C_6H_{12}O_6$ 溶液

2. 用 0.1mol·L^{-1}的 KI 和 0.2mol·L^{-1}的 $AgNO_3$ 两种溶液等体积混合,制成溶胶,下列电解质对它的聚沉能力最强的是( )。

A. $AlCl_3$　　B. Na_2SO_4　　C. $MgCl_2$　　D. Na_3PO_4

3. 下列溶液中 OH^- 浓度最大的是( )。

A. 0.1mol·L^{-1} $NH_3\cdot H_2O$

B. 0.1mol·L^{-1} NH_4Cl

C. 0.1mol·L^{-1} $NH_3\cdot H_2O$+0.1mol·L^{-1} NH_4Cl

4. 欲以 $K_2Cr_2O_7$ 法测定 Fe_2O_3 中 Fe 含量,分解 Fe_2O_3 试样最适宜的溶(熔)剂是( )。

A. H_2O　　B. 浓 HCl　　C. HNO_3　　D. 浓 H_2SO_4

5. 反应 $4NH_3(g)+5O_2(g)=4NO(g)+6H_2O(g)$,$\Delta_rH_m^\ominus(298)=-1166kJ\cdot mol^{-1}$,则该反应( )。

A. 任何温度都自发　　B. 任何温度都非自发

C. 高温时反应自发　　D. 低温时反应自发

6. 向 HAc 溶液中加入 NaAc,会使( )。

A. HAc 的 $K_a^\ominus$ 减小　　B. HAc 的电离度减小

C. $K_a^{\ominus}$ 和 $c(H^+)$减小　　D. 溶液 pH 降低

7. 在相同条件下,由相同的反应物变为相同的产物,反应分两步完成与一步完成比较,两步完成时(　　)。

A. 放热多　　B. 熵变增大

C. 热力学能增大　　D. 焓、熵、热力学能的变化相同

8. 下列电对中,$E^{\ominus}$值最大者为(　　)电对。

A. AgCl/Ag　　B. AgI/Ag

C. $[Ag(NH_3)_2]^+/Ag$　　D. $[Ag(CN)_2]^-/Ag$

9. 反应Ⅰ:$2NO_2(g) \rightleftharpoons N_2O_4(g)$,$\Delta_r G_m^{\ominus} = -5.8 kJ \cdot mol^{-1}$;反应Ⅱ:$N_2(g)+3H_2(g) \rightleftharpoons 2NH_3(g)$,$\Delta_r G_m^{\ominus} = -16.7 kJ \cdot mol^{-1}$,则(　　)。

A. 反应Ⅰ比反应Ⅱ快　　B. 反应Ⅱ比反应Ⅰ快

C. 两反应速率相同　　D. 无法判断两反应速率

10. 液态 H_2 分子间存在的分子间作用力是(　　)。

A. 取向力　　B. 诱导力　　C. 色散力　　D. 氢键

11. 降低 H_3PO_4 的解离度,可加入(　　)。

A. NaOH　　B. NaCl　　C. NaH_2PO_4　　D. H_2O

12. 下列元素中,第一电离能 I_1 最小的是(　　)。

A. N　　B. O　　C. F　　D. Ne

13. 某化学反应速率常数的单位为 $mol \cdot L^{-1} \cdot s^{-1}$,则该反应为(　　)。

A. 零级反应　　B. 一级反应　　C. 二级反应　　D. 三级反应

14. NCl_3 分子中,与 Cl 原子成键的中心原子 N 采用的原子轨道是(　　)。

A. p_x, p_y, p_z　　B. sp 杂化轨道　　C. sp^2 杂化轨道 D. sp^3 杂化轨道

15. 下列有关分子特性中,能用杂化轨道理论解释的是(　　)。

A. 分子中的三电子键　　B. 分子的空间几何构型

C. 分子中键的极性　　D. 分子中化学键的类型

16. 根据酸碱质子理论,下列不属于共轭酸碱对的是(　　)。

A. NH_4^+-NH_3

B. H_3O^+-OH^-

C. $[Fe(H_2O)_6]^{3+}$-$[Fe(H_2O)_5(OH)]^{2+}$

D. Na_2CO_3-$NaHCO_3$

17. 采用碘量法标定 $Na_2S_2O_3$ 溶液浓度时,必须控制好溶液的酸度,$Na_2S_2O_3$ 与 I_2 发生反应的条件必须是(　　)。

A. 在强碱性溶液中　　B. 在强酸性溶液中

C. 在中性或微碱性溶液中　　D. 在中性或微酸性溶液中

18. 钢铁中硫常用直接碘量法测定,其基本原理是将钢样在 1300℃的管式炉中灼烧,使硫生成 SO_2,被水吸收后,以淀粉为指示剂,用稀的碘标准溶液滴定。滴定剂与被测物质之间的化学计量关系 $n(I_2):n(S)$是(　　)。

A. 1∶1　　B. 2∶1　　C. 1∶2　　D. 3∶1

19. 递减称量法(差减法)最适合于称量(　　)。

A. 对天平盘有腐蚀性的物质

B. 剧毒物质

C. 易潮解、易吸收 CO_2 或易氧化的物质

D. 要称几份不易潮解的试样

20. 用一高锰酸钾溶液分别滴定体积相等的 $FeSO_4$ 和 $H_2C_2O_4$ 溶液，消耗的体积相等，则说明两溶液的物质的量浓度的关系是(　　)。

A. $c(FeSO_4)=c(H_2C_2O_4)$　　B. $c(FeSO_4)=2c(H_2C_2O_4)$

C. $c(H_2C_2O_4)=2c(FeSO_4)$　　D. $c(FeSO_4)=4c(H_2C_2O_4)$

(三) 填空题(每空 1 分，共 40 分)

1. $C_6H_{12}O_6$、NaCl、$MgSO_4$、K_2SO_4 四种水溶液 b_B 均为 $0.1mol \cdot kg^{-1}$。蒸气压最大的为__________，最小的为__________。凝固点最高的为__________，最低的为__________。沸点最高的为__________，最低的为__________。

2. 基准物质应具备的条件是：__________；__________；__________；__________。

3. 当测定的次数趋向无限多次时，偶然误差的分布趋向__________，正负误差出现的概率__________。

4. MnO_4^- 与 $C_2O_4^{2-}$ 反应时，由于反应自身产生 Mn^{2+} 使反应速率加快，这种反应称为__________。

5. 已知在某温度时，下列反应的平衡常数：

(1) $2CO_2(g) \rightleftharpoons 2CO(g)+O_2(g)$　　$K_1^\ominus=A$

(2) $SnO_2(s) \rightleftharpoons Sn(s)+O_2(g)$　　$K_2^\ominus=B$

同温度下，反应(3)：$SnO_2(s)+2CO(g) \rightleftharpoons Sn(s)+2CO_2(g)$ 的平衡常数 $K_3^\ominus=$__________。

6. 指出下列分子或离子中 S 的氧化数：

$S_2O_3^{2-}$ __________，$S_4O_6^{2-}$ __________，$S_2O_8^{2-}$ __________，H_2SO_3 __________，S_8 __________。

7. 填充下表

化学式	名称	配位数
	氯化二氯·三氨·水合钴(Ⅲ)	
$[PtCl_2(NH_3)_2]$		

8. 用 NaOH 滴定 HAc，采用的指示剂为__________，用基准物质硼砂($Na_2B_4O_7 \cdot 10H_2O$)标定 HCl，采用的指示剂为__________。

9. HAc 的 $pK_a^\ominus=4.75$，将 $0.5mol \cdot L^{-1}$ HAc 和 $0.5mol \cdot L^{-1}$ NaAc 溶液等体积混合，溶液 pH=__________，溶液缓冲范围 pH 为__________。

10. NaH_2PO_4 可与__________或__________组成缓冲溶液，若抗酸抗碱成分浓度和体积都相等，则前者 pH=__________，后者 pH=__________。已知：H_3PO_4 的 $pK_{a1}^\ominus=2.1$，$pK_{a2}^\ominus=7.2$，$pK_{a3}^\ominus=12.4$。

11. 酸碱滴定中，酸碱的强度越大，滴定的突跃范围__________；酸碱的浓度越低，滴定的突跃范围__________。

12. __________效应使弱电解质的解离度和难溶电解质的溶解度下降，__________效应

使弱电解质的解离度和难溶电解质的溶解度增大。

13. 在原电池中,负极的还原型物质是较强的__________剂,正极的氧化型是较强的__________剂。

14. 物理量 U、H、W、Q、S、G 中,属于状态函数的有__________。

15. 已知 NH_3 的 $K_b^{\ominus}=1.75\times10^{-5}$,将等浓度、等体积的氨水与 NH_4Cl 溶液混合,溶液的 pH=__________,将其稀释一倍,pH=__________。

(四) 简答题(每小题 5 分,共 10 分)

1. 确定电子在原子中运动状态的量子数有哪几个?各量子数的含义是什么?怎样确定它们的可取数值?

2. 用分子轨道理论判断下列分子或离子能否存在,并写出各自的分子轨道表达式、指出键型和键级。

$$H_2^+、Be_2、N_2^+、O_2^+$$

(五) 计算题(每小题 10 分,共 60 分)

1. 某弱酸 $pK_b^{\ominus}=9.21$,现有其共轭碱 NaA 溶液 20.00mL,浓度为 $0.10mol\cdot L^{-1}$,当用 $0.10mol\cdot L^{-1}$ HCl 溶液滴定时,化学计量点的 pH 为多少?化学计量点附近的 pH 突跃为多少?

2. 1223K 时,下列反应在密闭容器中达到平衡:$CO(g)+H_2O(g)\rightleftharpoons H_2(g)+CO_2(g)$,$K^{\ominus}=0.60$。开始时 CO 和 $H_2O(g)$的物质的量相等;平衡时 $n(CO)=n(H_2O)=0.040mol$。如果又加入 $H_2O(g)$和 CO,使它们的物质的量比原平衡时各增加 0.010mol。计算前后两次平衡时 CO_2 和 H_2 的物质的量。

3. 已知 $E^{\ominus}(Ag^+/Ag)$和 $E^{\ominus}(Fe^{3+}/Fe^{2+})$分别为 0.799V 和 0.771V。下列原电池:

(-) Ag | AgBr | $Br^-(1mol\cdot L^{-1})$ ‖ $Fe^{3+}(1mol\cdot L^{-1})$,$Fe^{2+}(1mol\cdot L^{-1})$ | Pt (+)

的标准电动势为 0.700V,求 AgBr 的溶度积常数。

4. 某化合物 4.5g 溶于 250g 水中,水的沸点上升了 0.051℃。已知该化合物的组成为:含 C 40%,H 6.60%,O 53.33%,$K_b^{\ominus}$(水)$=0.52K\cdot kg\cdot mol^{-1}$。求:(1) 相对分子质量;(2) 化合物的分子式。

5. 用 $Na_2C_2O_4$ 在酸性介质中标定 $0.020\,00mol\cdot L^{-1}$ $KMnO_4$ 溶液,如果要使标定时两种溶液消耗的体积相近,则应配制多少浓度的 $Na_2C_2O_4$ 溶液?若配制 500mL 的该溶液,需要多少克 $Na_2C_2O_4$?已知:$M(Na_2C_2O_4)=134.0g\cdot mol^{-1}$。

6. 用配位滴定法测定 Al^{3+}、Zn^{2+}、Mg^{2+} 混合溶液中的 Zn^{2+}。其方法是:在 pH=5.0 时,利用控制溶液酸度消除 Mg^{2+} 的干扰;利用加入 NaF(设平衡时溶液中游离的 F^- 浓度为 $0.10\ mol\cdot L^{-1}$)掩蔽 Al^{3+},然后用 EDTA 滴定 Zn^{2+}。试通过计算说明,在上述条件下,三种离子的条件稳定常数各为多少?并按 $\lg K_f^{\ominus\prime}(MY)\geqslant8$ 作为定量配位时的标准说明上述实验中选择滴定 Zn^{2+} 的可能性。已知:$\lg K_f^{\ominus}(MgY)=8.70$,$\lg K_f^{\ominus}(ZnY)=16.50$,$\lg K_f^{\ominus}(AlY)=16.30$;pH=5.0 时,$\lg\alpha[Y(H)]=6.60$;$[AlF_6]^{3-}$ 的各级累积稳定常数 $\beta_1\sim\beta_6$ 为 $10^{6.13}$,$10^{11.5}$,$10^{15.00}$,$10^{17.75}$,$10^{19.36}$,$10^{19.34}$。

硕士研究生入学试题(Ⅲ)

(一) 选择题(每小题 2 分,共 40 分)

1. 使用 pH 试纸检验溶液的 pH 时,正确的操作是(　　)。

A. 把试纸的一端浸入溶液中,观察其颜色的变化

B. 把试纸丢入溶液中,观察其颜色的变化

C. 试纸放在点滴板(或表面皿)上,用干净玻璃棒蘸取待测溶液涂在试纸上,半分钟后与标准比色卡进行比较

D. 用干净玻璃棒蘸取待测溶液涂在用水润湿的试纸上,半分钟后与标准比色卡进行比较

2. 在热力学温度为 0K 时,石墨的标准摩尔熵(　　)。

A. 等于零　　B. 大于零

C. 小于零　　D. 小于金刚石的标准摩尔熵

3. 将浓度均为 $0.1\text{mol}\cdot\text{L}^{-1}$的下述溶液稀释一倍,其 pH 基本不变的是(　　)。

A. NH_4Cl　　B. NaF　　C. NH_4Ac　　D. $(NH_4)_2SO_4$

4. 下列各组卤化物中,离子键成分大小顺序正确的是(　　)。

A. CsF>RbCl>KBr>NaI　　B. CsF>RbBr>KCl>NaF

C. RbBr>CsI>NaF>KCl　　D. KCl>NaF>CsI>RbBr

5. X 和 Y 两种元素的氢氧化物结构式分别为 H—O—X 和 H—O—Y。在它们的 $0.10\text{mol}\cdot\text{L}^{-1}$ 溶液中,测得前者 pH=5.00,后者 pH=13.00,则 X 和 Y 的电负性大小为(　　)。

A. X>Y　　B. X=Y　　C. X<Y　　D. 无法确定

6. 已知 298K 时,$K_{sp}^{\ominus}(SrF_2)=2.5\times10^{-9}$,则此温度下,$SrF_2$ 饱和溶液中,$c(F^-)$为(　　)$\text{mol}\cdot\text{L}^{-1}$。

A. 5.0×10^{-5}　　B. 3.5×10^{-5}　　C. 1.4×10^{-3}　　D. 1.7×10^{-3}

7. 某元素原子仅有的 2 个价电子填充在 $n=4,l=0$ 亚层上,则该元素的原子序数为(　　)。

A. 14　　B. 19　　C. 20　　D. 33

8. 化学反应达到平衡的标志是(　　)。

A. 各反应物和生成物的浓度等于常数　　B. 各反应物和生成物的浓度相等

C. 各物质浓度不再随时间而改变　　D. 正逆反应的速率常数相等

9. 已知难溶物 AB、AB_2 及 XY、XY_2,且 $K_{sp}^{\ominus}(AB)>K_{sp}^{\ominus}(XY)$,$K_{sp}^{\ominus}(AB_2)>K_{sp}^{\ominus}(XY_2)$,则下列叙述中,正确的是(溶解度量纲为 $\text{mol}\cdot\text{L}^{-1}$)(　　)。

A. AB 溶解度大于 XY,AB_2 溶解度小于 XY_2

B. AB 溶解度大于 XY,AB_2 溶解度大于 XY_2

C. AB 溶解度大于 XY,XY 的溶解度一定大于 XY_2 的溶解度

D. AB_2 溶解度大于 XY_2,AB 的溶解度一定大于 XY_2 的溶解度

10. 用价层电子对互斥理论推测 NF_3 的几何形状为(　　)。

A. 平面三角形　B. 直线形　C. 三角锥　D. "T"字形

11. 乙酸在液氨和液态 HF 中分别是(　　)。

A. 弱酸和强碱　B. 强酸和强碱　C. 强酸和弱碱　D. 弱酸和强酸

12. 已知:$H_2(g)+Br_2(g)\longrightarrow 2HBr(g)$,$\Delta_r H_m^\ominus(1)$;$H_2(g)+Br_2(l)\longrightarrow 2HBr(g)$,$\Delta_r H_m^\ominus(2)$;则 $\Delta_r H_m^\ominus(1)$ 与 $\Delta_r H_m^\ominus(2)$ 的关系是(　　)。

A. $\Delta_r H_m^\ominus(1)>\Delta_r H_m^\ominus(2)$　B. $\Delta_r H_m^\ominus(1)=-\Delta_r H_m^\ominus(2)$

C. $\Delta_r H_m^\ominus(1)=\Delta_r H_m^\ominus(2)$　D. $\Delta_r H_m^\ominus(1)<\Delta_r H_m^\ominus(2)$

13. 在下列半反应中,正确的是(　　)。

A. $SnO_2^{2-}+2OH^- \rightleftharpoons SnO_3^{2-}+H_2O$

B. $Cr_2O_7^{2-}+14H^+ +3e^- \rightleftharpoons 2Cr^{3+}+7H_2O$

C. $SO_3^{2-}+H_2O+2e^- \rightleftharpoons SO_4^{2-}+2H^+$

D. $H_3AsO_3+6H^+ +6e^- \rightleftharpoons AsH_3+3H_2O$

14. 某弱酸 HA 的 $K_a^\ominus=2.0\times10^{-5}$,若需配制 pH = 5.00 的缓冲溶液,与 100mL $1.00mol\cdot L^{-1}$ NaA 相混合的 $1.00mol\cdot L^{-1}$ HA 的体积约为(　　)mL。

A. 200　B. 50　C. 100　D. 150

15. 在最简单的硼氢化物 B_2H_6 中,连接两个 B 之间的化学键是(　　)。

A. 氢键　B. 氢桥　C. 共价键　D. 配位键

16. 已知反应 $A(g)+2B(g)\rightleftharpoons D(g)$ 的 $\Delta_r H_m>0$,升高温度将使(　　)。

A. 正反应速率增大,逆反应速率减小　B. 正反应速率减小,逆反应速率增大

C. 正、逆反应速率均增大　D. 正、逆反应速率均减小

17. 25℃时,在 Cu^{2+} 的氨水溶液中,平衡时 $c(NH_3)=6.7\times10^{-4}\ mol\cdot L^{-1}$,并认为有 50%的 Cu^{2+} 形成了配离子 $[Cu(NH_3)_4]^{2+}$,余者以 Cu^{2+} 形式存在。则 $[Cu(NH_3)_4]^{2+}$ 的不稳定常数为(　　)。

A. 4.5×10^{-7}　B. 2.0×10^{-13}

C. 6.7×10^{-4}　D. 数据不足,无法确定

18. 已知 $Au^{3+}+3e^- \rightleftharpoons Au$,$E^\ominus=1.50V$;$[AuCl_4]^- +3e^- \rightleftharpoons Au+4Cl^-$,$E^\ominus=1.00V$;则 $K_f^\ominus\{[AuCl_4]^-\}=$(　　)。

A. 4.86×10^{26}　B. 3.74×10^{18}　C. 2.18×10^{25}　D. 8.10×10^{22}

19. 已知元素氯的电势图如下:

$$E_a^\ominus \quad ClO_4^- \xrightarrow{1.23} ClO_3^- \xrightarrow{1.21} HClO_2 \xrightarrow{1.64} HClO \qquad (ClO_4^- \sim HClO:\ 1.43)$$

其中氧化性最强的是(　　)。

A. ClO_4^-　B. ClO_3^-　C. $HClO_2$　D. HClO

20. 在定量分析中,精密度与准确度之间的关系是(　　)。

A. 精密度高,准确度必然高　B. 准确度高,精密度也就高

C. 精密度高是保证准确度的前提　D. 准确度高是保证精密度的前提

(二) 完成并配平下列反应(每小题 3 分,共 15 分)

1. $Re+HNO_3$(浓)$\longrightarrow HReO_4+NO$

2. $HIO_3+HI \longrightarrow I_2+H_2O$

3. $SO_2+Br_2+H_2O \longrightarrow HBr+H_2SO_4$

4. $AgCl+H_2O_2+OH^- \longrightarrow Ag+O_2$

5. $[Sn(OH)_4]^{2-}+CrO_4^{2-} \xrightarrow{碱性介质} [Sn(OH)_6]^{2-}+[Cr(OH)_4]^-$

(三) 简答题(共 30 分)

1. (6 分)试用分子轨道理论,写出第一、二周期各元素中能稳定存在的同核双原子分子,并按其键级推测其稳定性大小顺序。

2. (5 分)已知:$E^{\ominus}(Sn^{4+}/Sn^{2+})=0.154V$,$E^{\ominus}[HgCl_2/Hg_2Cl_2(s)]=0.63V$,$K_d^{\ominus}\{[HgI_4]^{2-}\}=1.48\times10^{-30}$。在 $SnCl_2$ 溶液中加入 $HgCl_2$ 溶液,可看到有白色丝状沉淀 Hg_2Cl_2 生成。若在 $HgCl_2$ 溶液中逐滴加入 KI 溶液至橙红色沉淀 HgI_2 消失,KI 再稍过量,此时再加入 $SnCl_2$ 溶液,则不会观察到有 Hg_2Cl_2 沉淀生成。试解释上述现象。

3. (5 分)比较下列物质性质的变化规律,并简要解释。

(1) 氧化性:Bi(Ⅴ)和 Sb(Ⅴ);(2) 碱性:$Sn(OH)_2$ 和 $Pb(OH)_2$;(3) 热稳定性:$NaHCO_3$ 和 Na_2CO_3。

4. (5 分)试解释:(1) NH_3 易溶于水,N_2 和 H_2 均难溶于水;(2) HBr 的沸点比 HCl 高,但又比 HF 低;(3) 常温常压下,Cl_2 为气体,Br_2 为液体,I_2 为固体。

5. (9 分)(1) 相同浓度的 HCl 和 HAc 溶液的 pH 是否相同?若用 NaOH 溶液中和上述相同体积溶液,其用量是否相同?为什么?请简要说明。

(2) pH 相同的 HCl 和 HAc 溶液,其浓度是否相同?若用 NaOH 溶液中和上述相同体积溶液,其用量是否相同?为什么?请简要说明。

(3) 如果用氨水中和同体积同浓度的 HAc、HNO_2、HBr 溶液,所消耗 $n(NH_3)$是否相同,试说明。

(四) 推断题(共 10 分)

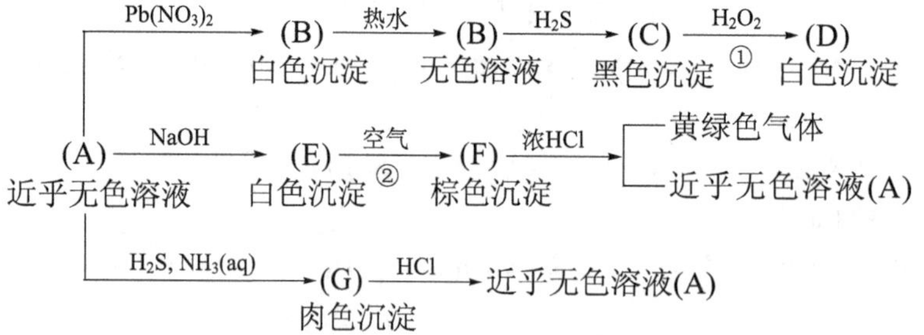

试确定各字母所代表的物质,并写出①、②两个反应方程式。

(五) 计算题(共 55 分)

1. (5 分)有一气相色谱操作新手,要确定自己注射样品的精密度,他注射了 10 次,每次 0.5μL,量得色谱峰高分别是:142.1mm、147.0mm、146.2mm、145.2mm、143.8mm、146.2mm、147.3mm、150.3mm、145.9mm、151.8mm。求标准偏差与相对标准偏差,并作出结论(有经验的色谱工作者,很容易达到 RSD=1%或更小)。

2. (10 分)通过计算说明在含有 $0.10mol\cdot L^{-1}$ $NH_3\cdot H_2O$ 和 $0.0010mol\cdot L^{-1}$ Fe^{3+} 混合溶

液中,能否用加入 NH_4Cl 的方法阻止 $Fe(OH)_3$ 沉淀的生成?推测在 NH_3-NH_4Cl 缓冲溶液中 Fe^{3+} 能否沉淀完全?已知:$K_b^{\ominus}(NH_3 \cdot H_2O)=1.8\times10^{-5}$,$K_{sp}^{\ominus}[Fe(OH)_3]=4.0\times10^{-38}$。

3.(10分)反应 $2CuO(s) \xlongequal{} Cu_2O(s)+1/2O_2(g)$ 在 300K 时 $\Delta_r G_m^{\ominus}=112.0kJ \cdot mol^{-1}$,在 400K 时 $\Delta_r G_m^{\ominus}=102.0kJ \cdot mol^{-1}$。(1) 计算上述反应在 298.15K 时的标准摩尔焓变和标准摩尔熵变;(2) 在标准状态下,该反应自发进行的最低温度是多少?

4.(10分)以 $0.1000mol \cdot L^{-1}$ NaOH 滴定某 $0.1000mol \cdot L^{-1}$ 的二元酸 H_2A 溶液,当滴定至 pH=1.92 时,$c(H_2A)=c(HA^-)$;当滴定至 pH 6.22 时,$c(HA^-)=c(A^{2-})$。计算滴定至第一和第二化学计量点时溶液的 pH。

5.(10分)已知 $K_d^{\ominus}\{[AlF_6]^{3-}\}=1.4\times10^{-20}$,$K_{sp}^{\ominus}[Al(OH)_3]=1.3\times10^{-33}$,$M_r(NaF)=42.0$。在 1.0L $0.10mol \cdot L^{-1}$ Al^{3+} 的溶液中,若 pH=10.00 时,不生成 $Al(OH)_3$ 沉淀,需加入 NaF(s),则其质量至少应为多少?

6.(10分)已知:$E^{\ominus}(Ag^+/Ag)=0.799V$,$K_{sp}^{\ominus}(AgCl)=1.8\times10^{-10}$。若在半电池 $Ag^+(1.0mol \cdot L^{-1})+e^- \xlongequal{} Ag$ 中加入 KCl,生成 AgCl 沉淀后,使 $c(KCl)=1.0mol \cdot L^{-1}$,则其电极电势将增加或降低多少?如果生成 AgCl 沉淀后,$c(Cl^-)=0.10mol \cdot L^{-1}$,则 $E(Ag^+/Ag)$、$E(AgCl/Ag)$ 各为多少?

硕士研究生入学试题(Ⅳ)

(一) 选择题(每小题 1 分,共 20 分)

1. 浮在海面上的冰,其中含盐的量是(　　)。

A. 比海水多　B. 和海水一样　C. 比海水稍少　D. 极少

2. $PbSO_4$ 在下列哪种盐溶液中溶解度最大?(　　)

A. $Pb(NO_3)_2$　B. Na_2SO_4　C. NH_4Ac　D. K_2SO_4

3. 根据酸碱质子理论,下列分子或离子既是酸又是碱的是(　　)。

A. Ac^-　B. HCO_3^-　C. PO_4^{3-}　D. NH_4^+

4. 下述离子哪一个碱性最强?(　　)

A. OH^-　B. F^-　C. NH_2^-　D. CH_3^-

5. EDTA 在 $pH<1$ 的酸性溶液中,相当于几元酸?(　　)

A. 六　B. 四　C. 二　D. 一

6. 符合朗伯-比尔定律的溶液在被适当稀释时,其最大吸收峰的波长位置(　　)。

A. 向长波方向移动　B. 向短波方向移动

C. 不移动　D. 移动方向不确定

7. 紫外可见光度法中,透射光强度(I)与入射光强度(I_0)之比 I/I_0 称为(　　)。

A. 吸光度　B. 吸光系数　C. 摩尔吸光系数　D. 透光度

8. 混合下列试剂溶液,能使红色石蕊试纸变蓝的是(　　)。

A. 3mol NaOH 和 1mol H_3PO_4　B. 1mol NaOH 和 1mol HNO_3

C. 2mol KOH 和 1mol H_2SO_4　D. 1mol Na_2CO_3 和 1mol H_2SO_4

9. 古代白色颜料中含有铅的化合物,使变暗的古油画恢复原来的白色使用的方法是(　　)。

A. 用稀的过氧化氢水溶液擦洗　B. 用钛白粉细心图描

C. 用清水小心清洗　D. 用二氧化硫漂白

10. 钠、钾、铷、铯四种金属,其中以铯最活泼,这是由于铯和其余三个相比,铯的(　　)。

A. 价电子轨道最大　B. 沸点最高

C. 具有最大的价电子数　D. 原子核对价电子的吸引力最大

11. 下述离子中,哪个半径最小?(　　)

A. Ca^{2+}　B. Ti^{4+}　C. Ti^{3+}　D. Sc^{3+}

12. 原子 L 壳层中的电子数目,最多为(　　)。

A. 6　B. 8　C. 32　D. 10

13. $N_2+3H_2 \rightleftharpoons 2NH_3$,$NH_3$ 的标准摩尔生成自由能 $\Delta_f G_m^\ominus$ 的大小如何?(　　)

A. $\Delta_f G_m^\ominus=0$　B. $\Delta_f G_m^\ominus<0$　C. $\Delta_f G_m^\ominus>0$　D. 无法判断

14. 下列物质中能溶于氨水中生成配合物的是(　　)。

A. $Cd(OH)_2$　B. $Fe(OH)_3$　C. $Pb(OH)_2$　D. Ag_2S

15. 有一悬浊液含有 ZnS、CuS、Ag_2S 和 FeS 等难溶物，用 2mol · L^{-1} 盐酸处理，过滤后，滤液中含有的物质是(　　)。

A. 锌和铁　　B. 银和铜　　C. 银和铁　　D. 锌和铜

16. 下列化合物中哪种是剧毒物？(　　)

A. 甘汞　　B. 芒硝　　C. 海波　　D. 升汞($HgCl_2$)

17. 人们非常重视高层大气中的臭氧，因为它(　　)。

A. 能吸收紫外线　　B. 有漂白作用

C. 有毒性　　D. 有消毒作用

18. 可用来分离出化合物 $PbCl_2$、Hg_2Cl_2 和 AgCl 中的一种的试剂是(　　)。

A. 热水　　B. 盐酸　　C. 硫酸　　D. 氢氧化钠

19. 下列原子中，哪个原子第一电离势最大？(　　)

A. 铟　　B. 镓　　C. 铝　　D. 硼

20. 用标准氢氧化钠溶液滴定下列多元弱酸时，可出现两个滴定突跃的是(　　)。

A. $H_2S(K^{\ominus}_{a1}=8.9\times10^{-8}, K^{\ominus}_{a2}=1.2\times10^{-13})$

B. $HOOC(CH_2)_4COOH(K^{\ominus}_{a1}=3.7\times10^{-5}, K^{\ominus}_{a2}=3.9\times10^{-6})$

C. $H_2C_2O_4(K^{\ominus}_{a1}=5.6\times10^{-2}, K^{\ominus}_{a2}=5.1\times10^{-5})$

D. $H_2SO_3(K^{\ominus}_{a1}=1.5\times10^{-2}, K^{\ominus}_{a2}=1.0\times10^{-7})$

(二) 判断题(每小题 1 分，共 10 分，正确的请在括号内打√，错误的打×)

1. 重量分析中杂质被共沉淀产生的误差属于系统误差。(　　)
2. 天平称量时最后一位读数估计不准产生的误差属于偶然误差。(　　)
3. 摩尔吸光系数越大，其方法的灵敏度越高。(　　)
4. 吸光光度分析法测定红色物质时，用红光测定。(　　)
5. 可见光谱分析中所用吸收池是玻璃材料的。(　　)
6. 相对标准偏差也称变异系数(CV)，其计算公式为：$CV=\frac{s}{x}\times100\%$。(　　)
7. HCl 可以用直接法配制成标准溶液。(　　)
8. 邻苯二甲酸氢钾($KHC_8H_4O_4$)可作为基准物质标定氢氧化钠溶液的准确浓度。(　　)
9. 如将草酸($H_2C_2O_4\cdot2H_2O$)基准物质长时间放在有硅胶的干燥器中，用它标定氢氧化钠溶液的浓度时，结果将偏高。(　　)
10. 在 0.1mol · L^{-1} NaH_2PO_4 溶液中，离子浓度由大到小的顺序是($K^{\ominus}_{a1}\approx10^{-3}, K^{\ominus}_{a2}\approx10^{-8}, K^{\ominus}_{a3}\approx10^{-13}$)：$Na^+$、$H_2PO_4^-$、$HPO_4^{2-}$、$H_3PO_4$、$PO_4^{3-}$。(　　)

(三) 设计题(共 10 分)

设计一方案除去硝酸铜中混有的少量硝酸银，最终得到只含硝酸铜的产品。

(四) 简答题(选做 5 题，每小题 8 分，共 40 分)

1. 分别以草酸($H_2C_2O_4\cdot2H_2O$)和邻苯二甲酸氢钾($KHC_8H_4O_4$)标定浓度约 0.1mol · L^{-1} 的氢氧化钠溶液，希望用去的氢氧化钠约 25mL，从减少称量误差的角度考虑，选择哪种基准物质较好？并说明理由。

2. 用 0.1mol·L^{-1}盐酸滴定 0.1mol·L^{-1} Na_2CO_3 溶液，试问第一和第二化学计量点可分别用什么酸碱指示剂来判定？并说明理由。

3. 吸光光度分析法中选择测定波长的原则是什么？若某样品含有 X、Y 两种成分，其吸收光谱见图 1。当需要测定 X 成分的含量时，对图 1 而言，你认为怎样选波长进行测定比较合适？

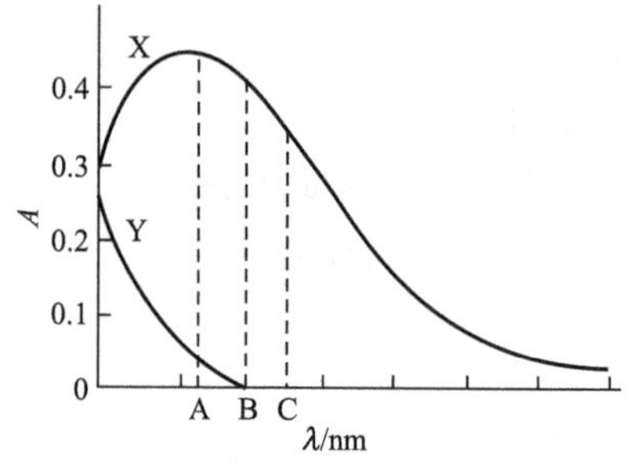

图 1 X 和 Y 的吸收光谱

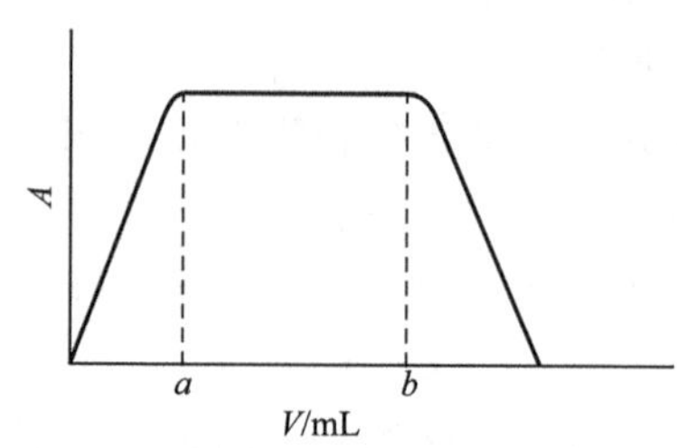

图 2 吸光度与显色剂用量关系曲线

4. 吸光光度分析法中选择显色剂用量的原则是什么？若某显色剂用量实验如图 2 所示，你认为怎样选择显色剂用量进行测定比较合适？

5. 试简述影响配位滴定曲线的滴定突跃范围的主要因素。

6. 写出在 H_2SO_4 介质中，用 $Na_2C_2O_4$ 作基准物质标定 $KMnO_4$ 溶液的反应方程式，说明滴定终点如何判断？并说明理由。

(五) 计算题(选做 7 题，每小题 10 分，共 70 分)

1. 试比较常温下难溶物氯化银和铬酸银在水中溶解度的大小。已知：$K_{sp}^{\ominus}(AgCl)=1.56\times10^{-10}$，$K_{sp}^{\ominus}(Ag_2CrO_4)=9.0\times10^{-12}$。

2. 求 $Ca_3(PO_4)_2$ 在 0.1mol·L^{-1} Na_3PO_4 溶液中的溶解度 s。已知：$K_{sp}^{\ominus}[Ca_3(PO_4)_2]=2\times10^{-29}$。

3. 质量浓度为 25.5μg/50mL 的 Cu^{2+} 溶液，用双环己酮草酰二腙吸光光度分析法进行测定，于波长 600nm 处用 2cm 吸收池测量，测得吸光度 $A=0.297$，试计算摩尔吸光系数 ε。已知：Cu 的相对原子质量为 63.55。

4. 用草酸($H_2C_2O_4\cdot2H_2O$)作基准物质标定 0.1mol·L^{-1}氢氧化钠溶液的准确浓度。今欲把用去的氢氧化钠溶液体积控制在 25mL 左右，应称取基准物质多少克？已知：$H_2C_2O_4\cdot2H_2O$的摩尔质量为 126.7g·mol^{-1}。

5. 用 20.00mL 0.1000mol·L^{-1}氢氧化钠溶液滴定 20.00mL 0.1000mol·L^{-1}盐酸溶液，试计算滴定至化学计量点时及刚好加了 20.02mL 氢氧化钠溶液时被滴定溶液的 pH。

6. 试计算 25℃时，1mol·L^{-1}硫酸溶液中下述反应的条件平衡常数 $K^{\ominus\prime}$。

$$Ce^{4+}+Fe^{2+}=\!=\!=Ce^{3+}+Fe^{3+}$$

已知：$E^{\ominus\prime}(Fe^{3+}/Fe^{2+})=0.68V$，$E^{\ominus\prime}(Ce^{4+}/Ce^{3+})=1.44V$。

7. 已知在苯胺 B 带的峰值波长 280nm 处的摩尔吸光系数为 1430L·mol^{-1}·cm^{-1}。将含有苯胺的化合物配制成 1.00×10^{-2}mol·L^{-1}的溶液，用 1.0cm 的吸收池测得 280nm 处的吸光度为 0.143。求样品中苯胺的质量分数。

8. 某混合溶液含两种吸收组分,它们吸收峰波长分别为 255nm 和 310nm。已知组分 A 在 255nm 处的 $\varepsilon=835L\cdot mol^{-1}\cdot cm^{-1}$,在 310nm 处的 $\varepsilon=1538L\cdot mol^{-1}\cdot cm^{-1}$;组分 B 在 255nm 处的 $\varepsilon=1275L\cdot mol^{-1}\cdot cm^{-1}$,在 310nm 处的 $\varepsilon=648L\cdot mol^{-1}\cdot cm^{-1}$。用 1.0cm 的吸收池测量两组分混合物的吸光度,得 A(255nm)为 0.842,A(310nm)为 0.538。试计算混合溶液中组分 A 和组分 B 的浓度(用 $mol\cdot L^{-1}$表示)。

硕士研究生入学试题(Ⅴ)

(一) 选择题(每小题 2 分,共 30 分)

1. 用洗涤方法可以除去的沉淀杂质是(　　)。

A. 吸附共沉淀杂质　　B. 混晶共沉淀杂质

C. 包藏共沉淀杂质　　D. 后沉淀杂质

2. 用无水 Na_2CO_3 标定 HCl 溶液浓度,下列操作错误的是(　　)。

A. 在盛放 HCl 溶液前,先用少量 HCl 溶液将滴定管荡洗 3 次

B. 在盛放 Na_2CO_3 溶液前,先用少量 Na_2CO_3 溶液将锥形瓶荡洗 3 次

C. 在吸取 Na_2CO_3 溶液前,先用少量 Na_2CO_3 溶液将吸量管荡洗 3 次

D. 在滴定操作时,用左手开启滴定管活塞,右手握锥形瓶,边滴定边旋转振荡锥形瓶

3. 对于一个化学反应,反应速率越大的条件是(　　)。

A. $\Delta_r H_m^{\ominus}$ 越负　B. $\Delta_r G_m^{\ominus}$ 越负　C. $\Delta_r S_m^{\ominus}$ 越正　D. 活化能 E_a 越小

4. 无水 Na_2CO_3[$M(Na_2CO_3)=106.0g \cdot mol^{-1}$]作一级标准物质标定 $0.0500mol \cdot L^{-1}$ HCl 时,欲消耗 HCl 20.00mL,估计应称取 Na_2CO_3 的质量为(　　)g。

A. 0.0265　B. 0.106　C. 0.053　D. 0.0795

5. 用下列物质配制标准溶液时,可采用直接配制法的是(　　)。

A. $KMnO_4$　B. $Na_2S_2O_3$　C. $K_2Cr_2O_7$　D. NaOH

6. 对 $Fe(OH)_3$ 正溶胶和 As_2S_3 负溶胶的聚沉能力最大的是(　　)。

A. Na_3PO_4 和 $CaCl_2$　　B. NaCl 和 $CaCl_2$

C. Na_3PO_4 和 $MgCl_2$　　D. NaCl 和 Na_2SO_4

7. 多电子原子中,下列量子数表征的电子能量最高的是(　　)。

A. $n=2, l=1, m=-1$　　B. $n=2, l=0, m=0$

C. $n=3, l=1, m=-1$　　D. $n=3, l=2, m=-1$

8. $CO_2(g)$的生成焓等于(　　)。

A. 金刚石的燃烧焓　　B. 石墨的燃烧焓

C. CO(g)的燃烧焓　　D. $CaCO_3$ 的燃烧焓

9. 已知天平称量的误差为±0.1mg,若准确称取试样 0.3g 左右,有效数字应取(　　)。

A. 一位　B. 二位　C. 三位　D. 四位

10. 273K,100kPa 时冰融化为水,下列正确的是(　　)。

A. $W<0$　B. $\Delta H=Q_p$　C. $\Delta H<0$　D. $\Delta U<0$

11. 下列物质(a. $CuCl_2$, b. SiO_2, c. NH_3, d. PH_3)熔点由高到低的顺序是(　　)。

A. b>a>c>d　B. a>b>c>d　C. b>a>d>c　D. a>b>d>c

12. 下列组合不能共存的是(　　)。

A. Fe^{3+} 和 Br_2　B. Fe^{2+} 和 I^-　C. Fe^{3+} 和 Fe^{2+}　D. Cu^{2+} 和 I^-

13. 根据质子理论,下列离子中碱性最强的是(　　)。

A. NO_3^-　　B. CO_3^{2-}　　C. ClO_4^-　　D. SO_4^{2-}

14. 某元素的+2价氧化态离子的核外电子结构为 $1s^2 2s^2 2p^6 3s^2 3p^6 3d^5$，此元素在周期表中的位置是(　　)。

A. p区第三周期ⅤA族　　B. d区第四周期Ⅷ族

C. d区第四周期ⅤB族　　D. d区第四周期ⅦB族

15. 根据下列反应设计的电池，不需要惰性电极的是(　　)。

A. $H_2 + Cl_2 = 2HCl(aq)$

B. $Ce^{4+} + Fe^{2+} = Ce^{3+} + Fe^{3+}$

C. $Zn + Ni^{2+} = Zn^{2+} + Ni$

D. $2Hg^{2+} + Sn^{2+} + 8Cl^- = Hg_2Cl_2 + SnCl_6^{2-}$

(二) 判断题(每小题1分，共10分)

1. 非极性分子只存在色散力，极性分子与非极性分子之间只存在诱导力。(　　)

2. 某样品真实值为25.00%，测定值为25.02%，则相对误差为−0.08%。(　　)

3. 多元弱碱在水中各型体的分布取决于溶液的pH。(　　)

4. 在配位滴定中，突跃范围与 $c(M)$ 和 $K^{\ominus\prime}(MY)$ 有关，$K^{\ominus\prime}(MY)$ 越大、$c(M)$ 越大，滴定突跃范围越宽。(　　)

5. 氧化态和还原态的活度都等于 $1mol \cdot L^{-1}$ 时的电极电势，称为标准电极电势。它是一个常数，不随温度而变化。(　　)

6. 吸留或包夹将严重影响沉淀的纯度，这是一种共沉淀现象。(　　)

7. 离子晶体中其晶格能的大小与正负离子电荷绝对值之和成正比；与正负离子的半径之积成反比。(　　)

8. 间接碘量法加入淀粉指示剂的最佳时间是碘的颜色完全褪去时。(　　)

9. 溶液的相对过饱和度越小，可得到较大颗粒的晶形沉淀。(　　)

10. 某反应的 $\Delta_r H_m^{\ominus} < 0$，升高温度其平衡常数减小。(　　)

(三) 填空题(每空1分，共30分)

1. $C_6H_{12}O_6$、$NaCl$、$MgSO_4$、K_2SO_4 四种水溶液 b_B 均为 $0.1mol \cdot kg^{-1}$。蒸气压最大的为________，最小的为________。

2. 条件相同的同一种反应有两种不同的写法：

(1) $N_2(g) + 3H_2(g) \rightleftharpoons 2NH_3(g)$，$\Delta_r G_1$；(2) $1/2N_2(g) + 3/2H_2(g) \rightleftharpoons NH_3(g)$，$\Delta_r G_2$。这里 $\Delta_r G_1$ 和 $\Delta_r G_2$ 的关系是________。

3. $0.1mol \cdot L^{-1}$ KCN($K_a^{\ominus} = 4.93 \times 10^{-10}$)溶液的 pH =________。

4. 在所有过渡元素中，硬度最大的金属是________，导电性最好的金属是________。

5. 电负性是分子中元素的原子________的能力，电负性越大，元素的________越大，________越小。两个元素的电负性相差越大，越易形成________化合物。

6. 按从大到小的顺序排列以下各组物质：

(1) 按离子极化大小排列：$MnCl_2$，$ZnCl_2$，$NaCl$，$CaCl_2$。________。

(2) 按键的极性大小排列：$NaCl$，HCl，Cl_2，HI。________。

7. 用 0.1mol · L^{-1} NaOH 溶液滴定 0.1mol · L^{-1}某二元弱酸 H_2A($K_{a1}^{\ominus}=1.0\times10^{-2}$，$K_{a2}^{\ominus}=1.0\times10^{-7}$)，两个化学计量点的 pH 分别为 ________ 和 ________，分别选 ________ 和 ________ 作指示剂。

8. 在$[FeF_6]^{3-}$配离子中，中心离子 Fe^{3+}采用________杂化，形成________型配合物，空间构型为________；$[FeF_6]^{3-}$的稳定性________$[Fe(CN)_6]^{3-}$稳定性。

9. 在分析过程中，下列情况各造成何种(系统、随机)误差(或过失)。

(1) 天平两臂不等长：________。

(2) 称量过程中天平零点略有变动：________。

(3) 读取滴定管最后一位时，估计不准：________。

(4) 蒸馏水中含有微量杂质：________。

(5) 过滤沉淀时出现穿滤现象：________。

10. 按酸性大小排列：HClO，$HClO_2$，$HClO_3$，$HClO_4$。________。

11. 25.4608 有 ________ 位有效数字，若要求保留 3 位有效数字，保留后的数是________。

12. 溶液中 NH_4Ac 的质子条件式是________，HAc 的分布系数为________。

(四) 简答题(每小题 5 分，共 40 分)

1. 为什么评价定量分析结果的优劣，应从精密度和准确度两个方面衡量？两者是什么关系？它们与系统误差、随机误差有何关系？

2. 碱土金属的熔点比碱金属的高，硬度比碱金属的大。试说明其原因。

3. 试用价层电子对互斥理论推断 ClO_3^- 的空间构型，并指出中心原子杂化轨道类型。

4. 试说明下列分子中哪个分子有偶极矩存在，为什么？

(1) $BeCl_2$；(2) SO_2；(3) CO_2；(4) C_2H_6。

5. 用邻苯二甲酸氢钾标定 NaOH 溶液浓度时，下列哪种情况会造成系统误差？为什么？

(1) 用酚酞作指示剂；　(2) NaOH 溶液吸收了空气中的 CO_2；

(3) 每份邻苯二甲酸氢钾质量不同；　(4) 每份加入的指示剂量略有不同。

6. 简述晶形沉淀陈化的过程和目的。

7. 写出下列配合物的化学式。

硫酸二(乙二胺)合铜(Ⅱ)　　溴化三氯 · 三氨合铂(Ⅳ)

硫酸二氨 · 四水合镍(Ⅱ)　　三氯 · 三亚硝基合钴(Ⅱ)酸钾

四氯合铂(Ⅱ)酸四氨合铜(Ⅱ)

8. 完成并配平下列反应方程式。

(1) $Cu+HNO_3$(稀)$\longrightarrow$　　(2) $Fe^{3+}+H_2S\longrightarrow$

(3) $Cr_2O_7^{2-}+Fe^{2+}\longrightarrow$　　(4) $Na_2O_2+CO_2\longrightarrow$

(5) $ClO_3^-+HNO_2\xrightarrow{\triangle}$

(五) 计算题(共 40 分)

1. (5 分)反应 $2H_2O_2(l)\longrightarrow 2H_2O(l)+O_2(g)$，在 101.3kPa 和 298.15K 下，其 180g H_2O_2(l)分解将释放 519kJ 的热，计算 H_2O_2(l)分解反应的 $\Delta_rH_m^{\ominus}$。已知：$M(H_2O_2)=34.01g\cdot mol^{-1}$。

2.(5 分)计算 $PbSO_4$ 在 0.10mol · L^{-1} HNO_3 溶液中的溶解度。已知:$K_{sp}^{\ominus}(PbSO_4)=1.8\times10^{-8}$,$H_2SO_4$ 的 $K_{a2}^{\ominus}=1.0\times10^{-2}$。

3.(10 分)计算 0.10mol · L^{-1} NH_3 和 0.10mol · L^{-1} NH_4Cl 溶液中 ZnY 的 $\lg K_f^{\ominus\prime}(ZnY^{2-})$ 值,并判断在该种情况下能否用 EDTA 准确滴定 0.010mol · L^{-1} 的 Zn^{2+} 溶液。已知:$\lg K_f^{\ominus}(ZnY^{2-})=16.50$;pH = 9.26 时,$\lg\alpha[Y(H)]=1.01$;$[Zn(NH_3)_4]^{2+}$ 的 β 值分别为 $\beta_1=2.3\times10^2$,$\beta_2=6.5\times10^4$,$\beta_3=2.0\times10^7$,$\beta_4=2.9\times10^9$。

4.(10 分)0.40mol · L^{-1}氨水溶液 20mL 与 0.20mol · L^{-1} HCl 溶液 20mL 混合后,加入等体积的 0.20mol · $L^{-1}$$[Cu(NH_3)_4]Cl_2$ 溶液。混合溶液中有无 $Cu(OH)_2$ 沉淀生成?已知:$K_{sp}^{\ominus}[Cu(OH)_2]=2.2\times10^{-20}$,$\lg K_f^{\ominus}\{[Cu(NH_3)_4]^{2+}\}=2.09\times10^{13}$,$K_b^{\ominus}(NH_3)=1.8\times10^{-5}$。

5.(10 分)已知 298K 时,$E^{\ominus}(Ag^+/Ag)=0.80V$,$E^{\ominus}(Fe^{3+}/Fe^{2+})=0.77V$,如用 Fe^{3+}/Fe^{2+}、Ag^+/Ag 组成电池:

(1) 写出标准状态下自发进行的电池反应,计算反应的平衡常数。

(2) 计算当 $c(Ag^+)=0.10mol\cdot L^{-1}$,$c(Fe^{3+})=c(Fe^{2+})=0.10mol\cdot L^{-1}$时,电池的电动势。

(3) 若在 Ag^+/Ag 电极中加入固体 NaCl,并使 $c(Cl^-)=1.0mol\cdot L^{-1}$,$Fe^{3+}/Fe^{2+}$电极处于标准状态。计算说明 Fe^{3+} 能否氧化 Ag,写出自发进行的反应式。已知:$K_{sp}^{\ominus}(AgCl)=1.8\times10^{-10}$。

模拟试题及硕士研究生入学试题参考答案

模拟试题(Ⅰ)

(一)单项选择题

1. B,2. A,3. A,4. C,5. C,6. A,7. C,8. C,9. C,10. B。

(二)多项选择题

1. A B,2. A B C D,3. B C,4. A B D,5. A B C 。

(三)判断题

1. √,2. ×,3. √,4. √,5. √,6. √,7. √,8. √,9. ×,10. ×,11. ×,12. ×,13. √,14. √,15. ×。

(四)填空题

1. 误差,偏差;2. 始态,终态;3. $c(H_3PO_4)+c(H^+)=c(NH_3)+c(HPO_4^{2-})+2c(PO_4^{3-})+c(OH^-)$;4. 五氰・羰基合铁(Ⅱ)酸钾,+2,6;5. 最后一位,四;6. I_2 的挥发,I^- 的氧化;7. 光源、单色器;8. 指示电极,参比电极;9. $E=E^\ominus+\frac{0.0592}{5}\lg\frac{c(MnO_4^-)\cdot c^8(H^+)}{c(Mn^{2+})}$;10. sp^3,正四面体;11. $A=Kbc$(或 $A=abc$ 或 $A=\varepsilon bc$)。

(五)计算题

1. $\Delta_r H_m^\ominus=-98kJ\cdot mol^{-1}$,$\Delta_r S_m^\ominus=62.82J\cdot mol^{-1}\cdot K^{-1}$,298.15K 时,$\Delta_r G_m^\ominus=-116.73kJ\cdot mol^{-1}$,反应自发进行的方向是自发向右;263.15K 时,$\Delta_r G_m^\ominus=-114.53kJ\cdot mol^{-1}$,反应自发进行的方向是自发向右。

2. $0.96mol\cdot L^{-1}$,pH=8.93。

3. 混合碱的组成是 Na_2CO_3 和 NaOH,$w(Na_2CO_3)=0.4152$,$w(NaOH)=0.3143$。

模拟试题(Ⅱ)

(一)选择题

1. D, 2. C, 3. C, 4. D, 5. A, 6. C, 7. C, 8. A, 9. B, 10. B, 11. B, 12. C, 13. D, 14. A, 15. C,16. D。

(二)判断题

1. ×,2. √,3. √,4. √,5. ×,6. √,7. √,8. √,9. √,10. √。

(三) 填空题

1. 反应速率慢,$H_2C_2O_4$ 分解;2. 4×10^{-4};3. 氢,高;4. 方向性,饱和性;5. 理论变色点;6. 形状,空间伸展方向;7. KI;8. 吸光度,溶液浓度;9. 电极电势,物质浓度,能斯特;10. +4,6,氯·硝基·四氨合铂(Ⅳ)配离子;11. 空轨道,孤对电子;12. 分离法,掩蔽法;13. 指示剂的封闭现象,掩蔽;14. 计量点。

(四)计算题

1. ≤4.65。
2. 11.92kPa。
3. $w(H_3PO_4)=0.9820$。
4. $w(Cu)=0.6075$,$w(Zn)=0.3505$。

模拟试题(Ⅲ)

(一) 选择题

1. B, 2. A, 3. C, 4. C, 5. C, 6. A, 7. C, 8. D, 9. B, 10. B, 11. D, 12. B, 13. D, 14. B, 15. D,16. C。

(二) 判断题

1. ×,2. ×,3. ×,4. ×,5. √,6. ×,7. ×,8. ×,9. √,10. √,11. √,12. ×。

(三) 填空题

1. 反渗透,淡化;2. 放,大于;3. 角量子数,磁量子数;4. 基准物质;5. 中心元素,多齿配体;6. 硫酸四氨合铜(Ⅱ),Cu^{2+},NH_3,N,4;7. 增大;8. 提前,负;9. H^+,缓冲溶液;10. 降低,降低,同离子效应;11. sp^2,sp^3。

(四) 计算题

1. 0.1419。
2. 128.8。
3. 4.75。
4. (1)$\Delta_r H_m^\ominus(298)=42.59\text{kJ}\cdot\text{mol}^{-1}$,$\Delta_r S_m^\ominus(298)=122\text{J}\cdot\text{mol}^{-1}\cdot\text{K}^{-1}$,$\Delta_r G_m^\ominus(298)=6.23\text{kJ}\cdot\text{mol}^{-1}>0$,298K 的标准状态下,$C_2H_5OH(l)$不能自发变成 $C_2H_5OH(g)$;(2)$\Delta_r G_m^\ominus(373)=-2.92\text{kJ}\cdot\text{mol}^{-1}<0$,373K 的标准状态下,$C_2H_5OH(l)$能自发地变成 $C_2H_5OH(g)$;(3)349.1K。

模拟试题(Ⅳ)

(一) 选择题

1. B,2. B,3. C,4. C,5. C,6. A,7. C,8. B,9. D,10. A,11. D,12. A,13. C,14. C,15. B,

16. D，17. B，18. D，19. D，20. D，21. D，22. C，23. B，24. C，25. B，26. D，27. B，28. A、C，29. C，30. D。

（二）判断题

1. ×，2. ×，3. √，4. √，5. ×，6. ×，7. √，8. ×，9. ×，10. ×。

（三）简答题

1. 219.0kJ·mol^{-1}；2. 2.14×10^{-10}；3. (1)无氢键，(2)分子间氢键，(3)分子间氢键，(4)分子内氢键；4. $[(AgCl)_m \cdot nCl^- \cdot (n-x)K^+]^{x-} \cdot xK^+$；5. (−)Cu | $CuSO_4$(c_1) ‖ $AgNO_3$(c_2) | Ag(+)。

（四）简单计算题

1. 5.9×10^{-6}mol·L^{-1}；2. 5.77×10^{3}g·mol^{-1}；3. 3.1×10^{-14}；4. 3.38。

（五）综合题

1. 2.97。

2. $\Delta_r H_m^\ominus=178.32$kJ·$mol^{-1}$，$\Delta_r S_m^\ominus=160.59$J·$mol^{-1}$·$K^{-1}$，$\Delta_r G_m^\ominus=130.44$kJ·$mol^{-1}$，298.15K时不能自发进行。

3. $Q_i=2.7\times10^{-19}$，有沉淀生成。

模拟试题（Ⅴ）

（一）单项选择题

1. C，2. D，3. D，4. B，5. D，6. B，7. A，8. A，9. D，10. B，11. A，12. C，13. D，14. B，15. C，16. C，17. B，18. A，19. B，20. A。

（二）填空题

1. HBr＜HCl＜HF，HF＜HCl＜HBr，HCl＜HBr＜HF；2. $s(CaF_2)>s(AgCl)>s(BaSO_4)$；3. 氯化氯·硫氰根·二(乙二胺)合钴(Ⅲ)，$Co^{3+}$，6，4，$Cl^-$、$SCN^-$、en；4. (−)Pt|$Fe^{2+}$(0.1mol·$L^{-1}$)，$Fe^{3+}$(0.1mol·$L^{-1}$) ‖ MnO_4^-(0.1mol·L^{-1})，H^+(1.0mol·L^{-1})，Mn^{2+}(0.1mol·L^{-1}) | Pt(+)；5. $A=\varepsilon bc$，0.301，0.2～0.8；6. 负，$[(BaSO_4)_m \cdot nBa^{2+} \cdot 2(n-x)Cl^-]^{2x+} \cdot 2xCl^-$或$[(BaSO_4)_m \cdot nBa^{2+} \cdot (2n-x)Cl^-]^{x+} \cdot xCl^-$，$AlCl_3<MgSO_4<K_3[Fe(CN)_6]$；7. sp等性杂化，3，2；8. 单位体积内活化分子的总数增加，活化分子分数增加，改变反应途径和降低反应活化能；9. $c(H^+)+c(H_3PO_4)=c(HPO_4^{2-})+2c(PO_4^{3-})+c(OH^-)$；10. $K_a^\ominus\geqslant10^{-7}$；11. $1s^22s^22p^63s^23p^63d^{10}4s^1$，四，ⅠB，ds；12. 变大(若计算为2.15)；13. 1.06。

（三）判断题

1. ×，2. ×，3. ×，4. ×，5. √，6. ×，7. ×，8. ×，9. √，10. √。

(四) 计算题

1. $\Delta_r H_m^\ominus = 463.87\text{kJ} \cdot \text{mol}^{-1}$，$\Delta_r G_m^\ominus = 298.86\text{kJ} \cdot \text{mol}^{-1}$，$\Delta_r S_m^\ominus = 553.4\text{J} \cdot \text{mol}^{-1} \cdot \text{K}^{-1}$，838.2K。

2. $n(\text{N}) = n(\text{HCl})$，0.1522。

3. 先析出 AgI 沉淀，当 AgCl 开始沉淀时，$c(\text{I}^-) = 4.6 \times 10^{-10}\text{mol} \cdot \text{L}^{-1} < 10^{-5}\text{mol} \cdot \text{L}^{-1}$，$\text{I}^-$ 已沉淀完全，利用分步沉淀可以将二者分离。

4. $c(\text{Fe}^{3+}) > 5.2 \times 10^{-8}\text{mol} \cdot \text{L}^{-1}$。

硕士研究生入学试题(Ⅰ)

(一) 判断题

1. √，2. √，3. √，4. ×，5. ×，6. ×，7. ×，8. ×，9. ×，10. ×。

(二) 选择题

1. B，2. D，3. C，4. B，5. C，6. B，7. D，8. B，9. A，10. A，11. A，12. D，13. C，14. B，15. C，16. D，17. D，18. B，19. A，20. B。

(三) 填空题

1. 增大，增大；2. 0.5，122；3. sp，$3d^{10}$，直线，0；4. $1\sigma^2 2\sigma^2 3\sigma^2 4\sigma^2 1\pi^4 5\sigma^2$，3；5. 小，强，大，小；6. 不变，不变；7. −266.6，−133.3；8. 共价键，分子晶体，降低，减小；9. sp^3d，sp^3d，sp^2，sp^3；10. −4，0；11. $\delta(\text{H}_2\text{Y}^{2-})/\delta(\text{Y}^{4-}) = c^2(\text{H}^+)/(K_{a5}^\ominus \cdot K_{a6}^\ominus)$；12. 使溶液中可能存在的还原性物质完全氧化；13. $2c(\text{Ba}^{2+}) = 3c(\text{PO}_4^{3-}) + 3c(\text{HPO}_4^{2-}) + 3c(\text{H}_2\text{PO}_4^-) + 3c(\text{H}_3\text{PO}_4)$；14. 9；15. Sn^{2+}，Cu。

(四) 配平题

1. $\text{ClO}_3^- + 6\text{Fe}^{2+} + 6\text{H}^+ = \text{Cl}^- + 6\text{Fe}^{3+} + 3\text{H}_2\text{O}$

2. $\text{Cr}_2\text{O}_7^{2-} + 6\text{I}^- + 14\text{H}^+ = 2\text{Cr}^{3+} + 3\text{I}_2 + 7\text{H}_2\text{O}$

3. $2\text{Al} + \text{NO}_2^- + \text{OH}^- + 5\text{H}_2\text{O} = 2\text{Al(OH)}_4^- + \text{NH}_3$

(五) 根据题目要求，解答下列各题

1. A. Ba^{2+}，B. BaCrO_4，C. Fe^{3+}，D. Al(OH)_4^-，E. Fe(OH)_3。

2. AgI，因为 Ag^+ 为 18 电子构型，具有很强的极化力，而 I^- 具有很强的变形性，从而产生较强的极化作用，使键型由离子键变为共价键。

3. 准确称取已干燥过的 $\text{K}_2\text{Cr}_2\text{O}_7$，用适量蒸馏水溶解后，定量转入 250mL 容量瓶中，加水稀释至刻度，摇匀。用移液管取 25.00mL $\text{K}_2\text{Cr}_2\text{O}_7$ 溶液于碘量瓶中，加入 KI 溶液和 $1\text{mol} \cdot \text{L}^{-1}$ H_2SO_4 溶液，在暗处放 5min，然后用蒸馏水稀释，用 $\text{Na}_2\text{S}_2\text{O}_3$ 标准溶液滴定至浅黄绿色，加入淀粉指示剂，继续滴定至蓝色刚好消失为终点，记录滴定所消耗的 $\text{Na}_2\text{S}_2\text{O}_3$ 溶液的体积。

$$Cr_2O_7^{2-} + 6I^- + 14H^+ \longrightarrow 2Cr^{3+} + 3I_2 + 7H_2O$$

$$I_2 + 2S_2O_3^{2-} \longrightarrow S_4O_6^{2-} + 2I^-$$

$K_2Cr_2O_7$ 与 $Na_2S_2O_3$ 不能定量反应，因此采用间接碘量法标定。

4. 主要步骤：准确称取 mg 试样经酸溶后，加入一定量过量的 EDTA 标准溶液 V_1mL，调节 pH 5～6 时，使 Zn^{2+}、Cd^{2+} 全部与 EDTA 配位并过量，以二甲酚橙为指示剂，用 V_2mL Zn^{2+} 标准溶液返滴定过量的 EDTA，测出 Zn、Cd 的总量，然后用 KI 置换出EDTA-Cd中的EDTA，并用 V_3mL Zn^{2+} 标准溶液滴定，测得 Cd 含量，从 Zn、Cd 总量中减去 Cd 量即得 Zn 量。

主要试剂：EDTA 标准溶液，Zn^{2+} 标准溶液，二甲酚橙，KI 溶液。

结果计算：$w(\text{Cd}) = \dfrac{c(Zn^{2+}) \cdot V_3 \cdot M(\text{Cd})/1000}{m}$

$$w(\text{Zn}) = \frac{[c(\text{EDTA}) \cdot V_1 - c(Zn^{2+}) \cdot (V_2 + V_3)] \cdot M(\text{Zn})/1000}{m}$$

（六）计算题

1. (1) 3.4×10^{-6} mol · L^{-1}；(2) 7.7×10^{-6} mol · L^{-1}。
2. 3.9×10^3，$[Cu(NH_3)_2]^+$ 在溶液中不稳定，能被氧化。
3. 6.1×10^{-3} mol · L^{-1}。
4. $w(Na_3PO_4) = 0.4920$，$w(Na_2B_4O_7 \cdot 10H_2O) = 0.0952$。

硕士研究生入学试题（Ⅱ）

（一）判断题

1. √，2. ×，3. √，4. ×，5. √，6. ×，7. ×，8. √，9. ×，10. ×。

（二）选择题

1. C，2. D，3. A，4. B，5. D，6. B，7. D，8. C，9. D，10. C，11. C，12. B，13. A，14. D，15. B，16. B，17. D，18. A，19. D，20. B。

（三）填空题

1. $C_6H_{12}O_6$，K_2SO_4，$C_6H_{12}O_6$，K_2SO_4，K_2SO_4，$C_6H_{12}O_6$；2. 纯度高，组成恒定，稳定性好，易溶于水和有较大的摩尔质量；3. 正态分布规律，相等；4. 自催化反应；5. B/A；6. +2，+2.5，+6，+4，0；7. $[Co(H_2O)(NH_3)_3Cl_2]Cl$，6，二氯·二氨合铂（Ⅱ），4；8. 酚酞，甲基红；9. 4.75，3.75～5.75；10. Na_2HPO_4，H_3PO_4，7.2，2.1；11. 越大，越小；12. 同离子，盐；13. 还原，氧化；14. U、H、S、G；15. 9.24，9.24。

（四）简答题

1. 主量子数 n，取 1、2、3、4、5、6、7 等正整数，它是决定电子能量的主要因素，表示电子离核的远近或电子层数；角量子数 l，取 0、1、2、3、…、$(n-1)$，l 受 n 限制，最大不能超过 n，表示电子的亚层或能级，原子轨道（或电子云）的形状，多电子原子中 l 与 n 一起决定电子的能量；磁量子数 m，取 0、±1、±2、…、±l，磁量子数决定原子轨道或电子云在空间的伸展方向；自旋磁量子数 m_s，取 +1/2 和 −1/2，描述核外电子的自旋状态。

2. 对 H_2^+：$(\sigma_{1s})^1$，1 个单电子 σ 键，键级 = 0.5；

对 Be_2：$(\sigma_{1s})^2(\sigma_{1s}^*)^2(\sigma_{2s})^2(\sigma_{2s}^*)^2$，键级 = 0，分子不存在；

对 N_2^+：$(\sigma_{1s})^2(\sigma_{1s}^*)^2(\sigma_{2s})^2(\sigma_{2s}^*)^2(\pi_{2p_y})^2(\pi_{2p_z})^2(\sigma_{2p_x})^1$，1 个单电子 σ 键，2 个 π 键，键级 = 2.5；

对 O_2^+：$(\sigma_{1s})^2(\sigma_{1s}^*)^2(\sigma_{2s})^2(\sigma_{2s}^*)^2(\sigma_{2p_x})^2(\pi_{2p_y})^2(\pi_{2p_z})^2(\pi_{2p_y}^*)^1$，1 个单电子 σ 键，1 个正常 π 键，1 个 3 电子 π 键，键级 = 2.5。

（五）计算题

1. 5.26，6.21～4.30。

2. 前 $n(CO_2)=n(H_2)=0.031$mol，后 $n(CO_2)=n(H_2)=0.022$mol。

3. 5.0×10^{-13}。

4. 183.53，$C_6H_{12}O_6$。

5. 0.050 00mol · L^{-1}，3.350g。

6. $\lg K_f^{\ominus\prime}(AlY^-)=-4.79$，$\lg K_f^{\ominus\prime}(ZnY^{2-})=9.9$，$\lg K_f^{\ominus\prime}(MgY^{2-})=2.1$，该条件下可以选择滴定 Zn^{2+}。

硕士研究生入学试题（Ⅲ）

（一）选择题

1. C，2. A，3. C，4. A，5. A，6. D，7. C，8. C，9. B，10. C，11. C，12. D，13. D，14. B，15. B，16. C，17. B，18. C，19. C，20. C。

（二）完成并配平下列反应

1. $3Re+7HNO_3$(浓)$=3HReO_4+7NO+2H_2O$

2. $HIO_3+5HI=3I_2+3H_2O$

3. $SO_2+Br_2+2H_2O=2HBr+H_2SO_4$

4. $2AgCl+H_2O_2+2OH^-=2Ag+O_2+2H_2O+2Cl^-$

5. $3[Sn(OH)_4]^{2-}+2CrO_4^{2-}+8H_2O=3[Sn(OH)_6]^{2-}+2[Cr(OH)_4]^-+2OH^-$

（三）简答题

1. 第一周期，H_2：$(\sigma_{1s})^2$，键级 = 1

第二周期，Li_2：$(\sigma_{1s})^2(\sigma_{1s}^*)^2(\sigma_{2s})^2$，键级 = 1

B_2：$(\sigma_{1s})^2(\sigma_{1s}^*)^2(\sigma_{2s})^2(\sigma_{2s}^*)^2(\pi_{2p_y})^1(\pi_{2p_z})^1$，键级 = 1

C_2：$(\sigma_{1s})^2(\sigma_{1s}^*)^2(\sigma_{2s})^2(\sigma_{2s}^*)^2(\pi_{2p_y})^2(\pi_{2p_z})^2$，键级 = 2

N_2：$(\sigma_{1s})^2(\sigma_{1s}^*)^2(\sigma_{2s})^2(\sigma_{2s}^*)^2(\pi_{2p_y})^2(\pi_{2p_z})^2(\sigma_{2p_x})^2$，键级 = 3

O_2：$(\sigma_{1s})^2(\sigma_{1s}^*)^2(\sigma_{2s})^2(\sigma_{2s}^*)^2(\sigma_{2p_x})^2(\pi_{2p_y})^2(\pi_{2p_z})^2(\pi_{2p_y}^*)^1(\pi_{2p_z}^*)^1$，键级 = 2

F_2：$(\sigma_{1s})^2(\sigma_{1s}^*)^2(\sigma_{2s})^2(\sigma_{2s}^*)^2(\sigma_{2p_x})^2(\pi_{2p_y})^2(\pi_{2p_z})^2(\pi_{2p_y}^*)^2(\pi_{2p_z}^*)^2$，键级 = 1

稳定性顺序：$N_2>O_2$、$C_2>H_2$、Li_2、B_2、F_2。

2. $2Hg^{2+}+2Cl^-+Sn^{2+}$ ══ $Hg_2Cl_2\downarrow+Sn^{4+}$，$E^{\ominus}(HgCl_2/Hg_2Cl_2)-E^{\ominus}(Sn^{4+}/Sn^{2+})=0.63V-0.154V=0.476V>0$，表明该反应能进行，从而看到 Hg_2Cl_2 白色沉淀。

$Hg^{2+}+2I^-$ ══ $HgI_2\downarrow$，HgI_2+2I^- ══ $[HgI_4]^{2-}$，总反应 $Hg^{2+}+4I^-$ ══ $[HgI_4]^{2-}$。再加 $SnCl_2$ 溶液后，$2[HgI_4]^{2-}+Sn^{2+}+2Cl^-$ ══ $Hg_2Cl_2+Sn^{4+}+8I^-$。因为 $E^{\ominus}\{[HgI_4]^{2-}/Hg_2Cl_2(s)\}=E^{\ominus}(HgCl_2/Hg_2Cl_2)+0.0592\lg K_d^{\ominus}\{[HgI_4]^{2-}\}=-1.136V$，$E^{\ominus}\{[HgI_4]^{2-}/Hg_2Cl_2(s)\}-E^{\ominus}(Sn^{4+}/Sn^{2+})=-1.136V-0.154V=-1.290V<0$，表明由于$[HgI_4]^{2-}$的形成，其氧化能力大大降低，不能再氧化 Sn^{2+}，因而无 Hg_2Cl_2 白色沉淀生成。

3. (1) 氧化性 Bi(Ⅴ)<Sb(Ⅴ)，前者半径大于后者，吸引电子能力弱。(2) 碱性$Sn(OH)_2<Pb(OH)_2$，半径，电负性。(3) 热稳定性 $NaHCO_3<Na_2CO_3$，前者受热分解成后者。

4. (1) NH_3 分子为极性分子，与 H_2O 的极性相似，同时还可形成氢键，而 N_2 和 H_2 为非极性分子。(2) HBr、HCl、HF，前两者分子间仅存在分子间作用力，而其中色散力为主导，色散力随相对分子质量的增加而增大，HF 除分子间作用力外，分子间存在氢键。(3) Cl_2、Br_2 和 I_2 同为同核双原子分子，分子间仅存在色散力，强弱随相对分子质量增加而增大。

5. (1) pH 不同，HCl 为强酸，溶液 H^+ 浓度和 HCl 浓度一致，而 HAc 为弱酸，仅部分解离；NaOH 溶液用量相同，因为都是一元酸，中和反应时计量关系一样。(2) pH 相同的 HCl 和 HAc 溶液，其浓度不同，因为前者是强酸，后者是弱酸；NaOH 溶液用量不同，因为二者浓度不同。(3) 消耗 $n(NH_3)$相同，因为都是一元酸。

(四) 推断题

A. $MnCl_2$，B. $Pb(Ac)_2$，C. PbS，D. $PbSO_4$，E. $Mn(OH)_2$，F. MnO_2，G. MnS

反应方程式分别为：

$$PbS+4H_2O_2 = PbSO_4\downarrow+4H_2O$$

$$2Mn(OH)_2+O_2 = 2MnO_2\downarrow+2H_2O$$

(五) 计算题

1. 平均值 $\bar{x}=146.6$，标准偏差 $s=2.8$，相对标准偏差为 1.9%。

2. 混合溶液中加 NH_4Cl 阻止 $Fe(OH)_3$ 沉淀的生成，NH_4Cl 浓度应大于 $5.3\times10^5\ mol\cdot L^{-1}$，显然不可能达到这样高的浓度，故不能用加入 NH_4Cl 的方法阻止 $Fe(OH)_3$ 沉淀生成。沉淀完全时 Fe^{3+} 浓度应小于 $10^{-5}mol\cdot L^{-1}$，只需 $c(OH^-)>1.59\times10^{-11}mol\cdot L^{-1}$，即在该 NH_3-NH_4Cl 缓冲溶液中控制 NH_4Cl 浓度应小于 $1.1\times10^5mol\cdot L^{-1}$，故 Fe^{3+} 能沉淀完全。

3. (1)$\Delta_rS_m^{\ominus}=100J\cdot mol^{-1}\cdot K^{-1}$，$\Delta_rH_m^{\ominus}=142kJ\cdot mol^{-1}$；(2) $T=1420K$。

4. 第一计量点时，溶液中形成 NaHA，$pH=1/2(pK_{a1}^{\ominus}+pK_{a2}^{\ominus})=4.07$；第二计量点时，溶液中完全形成 Na_2A，$c(OH^-)=\sqrt{cK_{b1}^{\ominus}}=2.4\times10^{-5}mol\cdot L^{-1}$，pH=9.37。

5. 利用 $Al(OH)_3+6F^-$ ══ $[AlF_6]^{3-}+3OH^-$，求出平衡时 $c(F^-)=1.01mol\cdot L^{-1}$，则应加入 NaF(s)的质量 $m=(1.01+0.6)\times1\times42.0=67.2(g)$。

6. 当 $c(KCl)=1.0mol\cdot L^{-1}$时，$E(Ag^+/Ag)=E^{\ominus}(Ag^+/Ag)+0.0592\lg c(Ag^+)=$

$0.799+0.0592\lg(1.8\times10^{-10})=0.222V$，$E(AgCl/Ag)=E^{\ominus}(AgCl/Ag)=0.222V$；当 $c(KCl)=0.10mol\cdot L^{-1}$时，$E(Ag^{+}/Ag)=0.281V$，$E(AgCl/Ag)=0.281V$。

硕士研究生入学试题(Ⅳ)

(一) 选择题

1. D，2. C，3. B，4. C，5. A，6. C，7. D，8. A，9. A，10. A，11. B，12. B，13. D，14. A，15. A，16. D，17. A，18. A，19. D，20. D。

(二) 判断题

1. √，2. √，3. √，4. ×，5. √，6. √，7. ×，8. √，9. ×，10. √。

(三) 设计题

先用铜丝或铜粉将硝酸银中的银置换出来，再过滤即可。

(四) 简答题

1. 用草酸标定约需 0.16g，用邻苯二甲酸氢钾标定约需 0.51g。因此，从减少称量误差的角度考虑，选择邻苯二甲酸氢钾为基准物质较好。

2. 第一化学计量点时生成 $NaHCO_3$，其 pH 约为 8.3，可用酚酞作指示剂；第二化学计量点生成饱和 CO_2 的水溶液，其浓度约 $0.04mol\cdot L^{-1}$，pH 约为 3.9，可用甲基橙作指示剂。

3. 为使测定结果有较高的灵敏度，应选择被测物质的最大吸收波长的光作为入射光。如果在最大吸收波长处，共存的其他吸光组分也有吸收时，应选择其他能避开干扰组分的入射光波长作为测量波长。对图 1 而言，选择位置 B 处的波长就可以。

4. 根据化学平衡移动原理，为使显色反应完全，应加入过量的显色剂。但显色剂不能过量太多，否则会引起副反应，对测定反而不利，常通过实验确定最佳用量。图 2 中显色剂用量范围应选在出现平台之间，即显色剂用量$[(a+b)/2]$mL 为佳。

5. 配合物的条件稳定常数越大，滴定曲线上的突跃范围也越大。酸效应、配位效应越大，则条件稳定常数就越小，突跃范围也就越小。被测金属的初始浓度越高，滴定突跃就越大。

6. $2MnO_4^{-}+5C_2O_4^{2-}+16H^{+}=2Mn^{2+}+10CO_2\uparrow+8H_2O$，$MnO_4^{-}$ 具有很深的紫红色，反应的产物 Mn^{2+} 几乎无色，滴定到计量点后，稍过量的 MnO_4^{-} 就能使溶液呈现浅粉红色。因此，出现浅红色在 30s 内不褪色，便可认定已达滴定终点。

(五) 计算题

1. $s(AgCl)=\sqrt{K_{sp}^{\ominus}}=1.25\times10^{-5}mol\cdot L^{-1}$，$s(Ag_2CrO_4)=\sqrt[3]{K_{sp}^{\ominus}/4}=1.31\times10^{-4}mol\cdot L^{-1}$。

2. $(3s)^3(2s+0.1)^2=K_{sp}^{\ominus}$，$2s+0.1\approx0.1$，$s=4.2\times10^{-10}mol\cdot L^{-1}$。

3. $c=\dfrac{25.5\times10^{-6}}{63.55\times50\times10^{-3}}=8.03\times10^{-6}(mol\cdot L^{-1})$，$\varepsilon=A/bc=0.297/(2\times8.03\times10^{-6})=1.85\times10^{4}(L\cdot mol^{-1}\cdot cm^{-1})$。

4. $m(H_2C_2O_4\cdot2H_2O)=0.1\times25\times10^{-3}\times(126.7/2)=0.16(g)$。

5. 强酸与强碱反应，计量点时 pH=7。加了 20.02mL 氢氧化钠溶液即过量 0.02mL 时，溶液 pH 按强碱计算，$c(OH^-)=5.0\times10^{-5}mol\cdot L^{-1}$，pH=9.70。

6. $\lg K^{\ominus\prime}=\dfrac{1\times(1.44-0.68)}{0.0592}=12.84$，$K^{\ominus\prime}=6.9\times10^{12}$。

7. 苯胺的浓度 $c=\dfrac{A}{\varepsilon b}=\dfrac{0.143}{1430\times1.0}=1.0\times10^{-4}(mol\cdot L^{-1})$，$w(\text{苯胺})=\dfrac{1.0\times10^{-4}}{1.00\times10^{-2}}=1.0\times10^{-2}$。

8. $c_A=9.89\times10^{-5}mol\cdot L^{-1}$，$c_B=5.96\times10^{-4}mol\cdot L^{-1}$。

硕士研究生入学试题(Ⅴ)

(一) 选择题

1. A，2. B，3. D，4. C，5. C，6. A，7. D，8. B，9. D，10. B，11. A，12. D，13. B，14. D，15. C。

(二) 判断题

1. ×，2. ×，3. √，4. √，5. ×，6. √，7. ×，8. ×，9. √，10. √。

(三) 填空题

1. $C_6H_{12}O_6$，K_2SO_4；2. $\Delta_rG_1=2\Delta_rG_2$；3. 11.15；4. Cr，Ag；5. 吸引电子，第一电离势，金属性，离子；6. (1) $ZnCl_2$、$MnCl_2$、$CaCl_2$、NaCl，(2) NaCl、HCl、HI、Cl_2；7. 4.50，9.76，甲基红，酚酞；8. sp^3d^2，外轨，正八面体，小于；9. (1) 系统误差，(2) 随机误差，(3) 随机误差，(4) 系统误差，(5) 过失；10. $HClO_4>HClO_3>HClO_2>HClO$；11. 6，25.5；12. $c(H^+)+c(HAc)=c(NH_3)+c(OH^-)$，$\delta(HAc)=c(H^+)/[c(H^+)+K_a^{\ominus}]$。

(四) 简答题

1. 测定值与真实值之间的接近程度称为准确度，对同一样品多次平行测定结果之间的符合程度称为精密度。准确度表示测量的准确性，与系统误差和随机误差有关；精密度表示测量的重现性，与随机误差有关。精密度高，只表明随机误差小，不能排除系统误差存在的可能性，即精密度高，准确度不一定高。只有在消除系统误差的前提下，才能以精密度的高低来衡量准确度的高低。如精密度差，实验的重现性低，则该实验方法是不可信的，也就谈不上准确度。

2. 碱土金属有两个价电子，碱金属只有一个价电子，碱土金属的金属键比相应的碱金属的金属键强，因此碱土金属的熔点、硬度均比相应的碱金属高。

3. 价层电子对=(7+1)/2=4，ClO_3^- 的空间构型为三角锥形，锥上存在一对孤对电子，中心原子 Cl 采取不等性 sp^3 杂化。

4. SO_2 分子有偶极矩存在，中心原子 S 采取不等性 sp^2 杂化，其空间构型为 V 形。

5. NaOH 溶液吸收了空气中的 CO_2 造成系统误差，因为用邻苯二甲酸氢钾标定 NaOH 溶液浓度时，计量点 pH 在碱性范围，指示剂应选择酚酞，NaOH 溶液吸收了 CO_2 后其浓度减小，对滴定结果的影响较大。

6. 将沉淀与母液一起放置一段时间，这一过程称为陈化。陈化可使小晶粒溶解，大晶粒进一步长大，同时使原来吸留或包夹的杂质重新进入溶液，从而减少杂质吸附、纯化沉淀。加热和搅拌可加快陈化的进行。

7. $[Cu(en)_2]SO_4$，$[PtCl_3(NH_3)_3]Br$，$[Ni(NH_3)_2(H_2O)_4]SO_4$，$K_4[CoCl_3(NO_2)_3]$,$[Cu(NH_3)_4][PtCl_4]$。

8. (1) $3Cu+8HNO_3$(稀)$\!=\!=\!=3Cu(NO_3)_2+2NO\uparrow+4H_2O$

(2) $2Fe^{3+}+3H_2S=\!=\!=2FeS\downarrow+S\downarrow+6H^+$

(3) $Cr_2O_7^{2-}+6Fe^{2+}+14H^+=\!=\!=2Cr^{3+}+6Fe^{3+}+7H_2O$

(4) $2Na_2O_2+2CO_2=\!=\!=2Na_2CO_3+O_2\uparrow$

(5) $2ClO_3^-+HNO_2+H^+\xlongequal{\triangle}2ClO_2+NO_3^-+H_2O$

(五) 计算题

1. $H_2O_2(l)=\!=\!=H_2O(l)+1/2O_2(g)$,$\Delta_r H_m^\ominus=519/(180/34.01)=98.06(kJ\cdot mol^{-1})$；对 $2H_2O_2(l)=\!=\!=2H_2O(l)+O_2(g)$,$\Delta_r H_m^\ominus=196.12kJ\cdot mol^{-1}$。

2. $PbSO_4(s)+H^+=\!=\!=Pb^{2+}+HSO_4^-$,$K^\ominus=\dfrac{c(Pb^{2+})c(HSO_4^-)}{c(H^+)}=\dfrac{c(Pb^{2+})c(HSO_4^-)}{c(H^+)}\cdot\dfrac{c(SO_4^{2-})}{c(SO_4^{2-})}=\dfrac{K_{sp}^\ominus(PbSO_4)}{K_{a2}^\ominus(H_2SO_4)}=\dfrac{s^2}{0.10}$,$s=4.2\times10^{-4}mol\cdot L^{-1}$。

3. Zn^{2+} 的配位效应系数：$\alpha[Zn(NH_3)]=1+\beta_1c(NH_3)+\beta_2c^2(NH_3)+\beta_3c^3(NH_3)+\beta_4c^4(NH_3)=3.1\times10^5$

$\lg K_f^{\ominus\prime}(ZnY^{2-})=\lg K_f^\ominus(ZnY^{2-})-\lg\alpha[Y(H)]-\lg\alpha[Zn(NH_3)]=16.50-1.01-5.49=10.00>8$,可以准确滴定。

4. 氨水与 HCl 溶液混合后，形成了 NH_3-NH_4Cl 缓冲溶液，可求出体系中 $c(NH_3)=0.05mol\cdot L^{-1}$，$c(NH_4Cl)=0.05mol\cdot L^{-1}$，则 $c(OH^-)=K_b^\ominus(NH_3)\times[c(NH_3)/c(NH_4Cl)]=1.8\times10^{-5}mol\cdot L^{-1}$。溶液中 $c(Cu^{2+})=0.1/(2.09\times10^{13}\times0.05^4)=7.66\times10^{-10}(mol\cdot L^{-1})$，故 $Q_i=c(Cu^{2+})\cdot c^2(OH^-)=2.48\times10^{-19}>K_{sp}^\ominus[Cu(OH)_2]$，有 $Cu(OH)_2$ 沉淀生成。

5. (1) 电池反应为：$Ag^++Fe^{2+}=\!=\!=Ag+Fe^{3+}$,$\lg K^\ominus=n\varepsilon^\ominus/0.0592=0.51$,$K^\ominus=3.21$。

(2) $E(Ag^+/Ag)=0.74V$,$E(Fe^{3+}/Fe^{2+})=0.77V$,$\varepsilon=-0.03V$。

(3) $E(Ag^+/Ag)=0.22V$,$E(Fe^{3+}/Fe^{2+})-E(Ag^+/Ag)=0.55V$,$Fe^{3+}$ 能氧化 Ag，反应式为 $Fe^{3+}+Ag+Cl^-=\!=\!=Fe^{2+}+AgCl$。